21世纪高等学校计算机类专业
核心课程系列教材

U0645357

Visual C++面向对象程序设计教程与实验

第4版·题库·微课视频版

温秀梅 高丽婷 主编

宋淑彩 庞慧 孟凡兴 副主编

清华大学出版社

北京

内 容 简 介

本书将 C++面向对象程序设计的思想和方法作为重点，并结合实例对其进行详细的阐述和分析。除在每章后附有习题外，还在附录中整合了相关实验设计。全书结构严谨、通俗易懂，对读者兼有普及与提高的作用。

全书由三部分组成。第一部分为第 1～8 章，结合实例深入浅出地讲解 C++面向对象程序设计的思想和方法，并配套了丰富的讲解视频；第二部分为第 9～12 章，讲述可视化程序设计的思想与方法；第三部分为附录，包括重要的实验内容设计、程序的调试与运行、Visual C++ 2010 集成开发环境介绍等掌握编程语言的重要环节。

本书遵循少而精的原则，力求做到版面清晰、语言通俗、结构紧凑、例题丰富、实践性强，因此特别适合作为计算机专业的本科教材。同时，还可以作为自学或函授学习的参考书。

图书在版编目(CIP)数据

Visual C++面向对象程序设计教程与实验：题库：微课视频版/温秀梅，高丽婷主编. -- 4 版.
北京：清华大学出版社，2025.8. -- (21 世纪高等学校计算机类专业核心课程系列教材).
ISBN 978-7-302-69893-7

Ⅰ. TP312.8
中国国家版本馆 CIP 数据核字第 2025R5B958 号

责任编辑：黄　芝
封面设计：刘　键
责任校对：李建庄
责任印制：丛怀宇

出版发行：清华大学出版社
　　　　　网　　址：https://www.tup.com.cn，https://www.wqxuetang.com
　　　　　地　　址：北京清华大学学研大厦 A 座　　　邮　　编：100084
　　　　　社 总 机：010-83470000　　　　　　　　邮　　购：010-62786544
　　　　　投稿与读者服务：010-62776969，c-service@tup.tsinghua.edu.cn
　　　　　质量反馈：010-62772015，zhiliang@tup.tsinghua.edu.cn
　　　　　课件下载：https://www.tup.com.cn,010-83470236
印 装 者：小森印刷(天津)有限公司
经　　销：全国新华书店
开　　本：185mm×260mm　　　印　　张：25.25　　　字　　数：614 千字
版　　次：2005 年 9 月第 1 版　　2025 年 9 月第 4 版　　印　　次：2025 年 9 月第 1 次印刷
印　　数：53201～54700
定　　价：79.80 元

产品编号：093253-01

前　言

　　程序设计类课程是高等学校计算机类专业的核心课程,该课程的教学质量是工程教育专业认证的重要指标,掌握面向对象程序设计技术是对计算机类专业毕业生最基本的要求。C++语言既可以进行过程化程序设计,也可以进行面向对象程序设计,很多复杂的算法和设计可以比较容易地用 C++面向对象的思想来实现。C++在系统软件、游戏、网络和嵌入式等领域中广泛使用,是主流的程序设计语言之一。学好 C++面向对象编程技术,能为学习Java、C♯等语言打下坚实的基础。

　　作为专业教材,本书具有如下特点。

　　(1) 本版教材在传统教材的基础上配套了丰富的讲解视频,在结构上将 C++面向对象程序设计的思想和方法作为重点,并结合实例进行了详细的分析,除每章后附有习题外,还在附录中整合了实验设计。全书重点突出、结构严谨、通俗易懂,兼有普及与提高的作用。

　　(2) 本书没有涉及面向过程程序设计的内容,只在第 2 章讲解了 C++语言在结构化程序设计方面对 C 语言的扩充,因此学生应在学习了相关的基础知识后再使用本书。针对初学者的特点,本书力求通过大量的实例,以通俗易懂的语言讲解复杂的概念和方法,帮助读者尽快迈入面向对象程序设计的大门。

　　(3) 本书以现代教育理念为指导,在讲授方式上注意结合应用开发实例,注重培养学生理解面向对象程序设计思想,学会用面向对象思想分析和描述问题,提升学生分析问题和解决问题的能力。

　　(4) 本书选用 Visual C++ 2010 为教学软件平台,旨在与全国计算机等级考试的考试环境一致。在具体实验之前,请读者认真阅读"附录 A 程序的调试与运行",尤其是"A.3 Visual C++ 2010 集成开发环境"部分。本书在标准 C++语言部分(第 1~8 章)所编写的实例,全部采用控制台应用程序方式实现。为了版面清晰,本书中的大部分参考程序做成了单文件形式。学生在上机实践过程中,每个习题最好做成多文件结构,多文件结构参见3.1.2 节。

　　(5) 本书的所有程序均在 Visual C++ 2010 环境下调试通过,绝大部分程序也可以在Visual C++ 6.0 环境下调试成功。各部分内容相互配合。使用本书,对面向对象程序设计课程的学习具有重要的促进作用,对于提升分析问题和解决问题的能力有所裨益。

　　(6) 本书配套有:微课视频、教学大纲、PPT 课件、程序源码、在线作业、模拟考试题、课程拓展阅读、参考课时安排等丰富的教学资源。

　　使用者可以根据教学课时数,选取相应的内容进行教学。如果已经开设过"C++语言程序设计"课程（不是"C 语言程序设计"课程），可以略过第 2 章不讲，第 7 章的部分内容也可以不讲。如果课时不足，第 9～12 章总体可通过一个实例进行讲解，其余的内容让学生自学，也可以在课程开始时布置学生通过实例进行学习。学生在学习程序设计过程中要多读程序、多编程序，更重要的是多调试程序，养成良好的编程习惯。

本书在编写过程中，参阅了许多参考书和相关资料，并阅读了一些外文教材，从中吸收了许多新的思想和方法，现谨向这些资料的作者表示衷心的感谢！在本书的编写和出版过程中得到了清华大学出版社和河北建筑工程学院的大力支持和帮助，在此表示诚挚的感谢！

本书由河北建筑工程学院温秀梅、高丽婷任主编，宋淑彩、庞慧、孟凡兴任副主编，参加编写的还有范晶晶、杨阳、郝娟、穆莹雪，全书由温秀梅教授进行审校并统稿。

由于编者水平有限，书中不足之处在所难免，恳请广大同行和读者批评指正。

编　者

2025 年 5 月

目　录

## 第1章

绪论

拓展阅读

在线习题

观看视频

面向对象程序设计是软件系统设计与实现的新方法,这种方法通过增加软件的可扩充性和可重用性来提高程序员的生产能力,控制软件的复杂性,降低软件维护的开销。因此,它的应用使软件开发的难度和费用大幅度降低,为世界软件产业带来了革命性的突破。

1.1 面向对象方法的起源

"对象"一词在现实生活中经常会遇到,它表示现实世界中的某个具体的事物。社会的进步和计算机科学的发展是相互促进的,随着计算机的普及和应用,人们越来越希望能更直接地与计算机进行交互,而不需要经过专门学习和长时间训练后才能使用它。这使得软件设计人员的负担越来越重,软件的实现越来越复杂,并且对计算机领域自身的发展也提出了新的要求。当利用传统的程序设计思想无法满足这一要求时,人们就开始寻求一种能帮助人类解决问题的自然方法,这就是"面向对象"技术。

20 世纪 50 年代的程序都是用指令代码或汇编语言编写的,这些程序的设计相当复杂,编制和调试一个稍大一点的程序经常要花费很长时间,培养一个熟练的程序员更需经过长期的训练和实践,这种局面严重影响了计算机的普及和应用。

20 世纪 60 年代高级语言的出现大大简化了程序设计,缩短了软件开发周期,显示出了强大的生命力。此后,编制程序已不再是专业软件人员才能做的事了,一般工程技术人员花较短的时间学习后,也可以使用计算机编制程序解题。这个时期,随着计算机日益广泛地渗透到各个学科和技术领域,一系列不同风格、为不同目标服务的程序设计语言发展起来了,其中较为著名的有 FORTRAN、COBOL、ALGOL、LISP、Pascal 等十几种语言。高级语言的蓬勃发展,使得编译原理和形式语言理论日趋完善,这是该时期的主要特征。但是就整个程序设计方法而言,并无实质性的改进。

自 20 世纪 60 年代末到 20 世纪 70 年代初,出现了大型软件系统,如操作系统、数据库,这给程序设计带来了新的问题。大型系统的研制需要花费大量的资金和人力,可是研制出来的产品却可靠性低、错误多、不易维护和修改。一个大型操作系统的研制有时需要每年几千人的工作量,而研制出的系统又常常会隐藏着几百甚至几千个 Bug。当时,人们称这种现象为"软件危机"。

为了克服自 20 世纪 60 年代出现的软件危机,1968 年北约组织提出"软件工程"的概念。对程序设计语言的认识从以表达能力为重点转向以结构化和简明性为重点,将程序从语句序列转为相互作用的模块集合。1969 年,E. W. Dijkstra 首先提出了结构化程序设计的概念,他强调从程序结构和风格上来研究程序设计。在软件工程迫切需要改进的背景下,20 世纪 70 年代结构化语言获得蓬勃发展并得到广泛应用。使用结构化程序设计方法可显著地减少软件的复杂性，提高软件的可靠性、可测试性和可维护性。经过几年的探索和实践，结构化程序设计的应用确实取得了成效，用结构化程序设计的方法编写出来的程序不仅结构良好、易写易读，而且易于验证其正确性。

进入 20 世纪 80 年代，由于一系列高新技术的研究，如第五代计算机、计算机辅助制造（Computer Aided Manufacturing，CAM）和知识工程等领域的研究，都迫切需要大型的软件系统作为支撑。它们所用的数据类型也超出了常规的结构化数据类型的范畴，并且提出了对图像、声音、规则等非结构化信息的管理。为了满足这些应用领域的需要，就迫切要求软件模块具有更强的独立自治性，以便于大型软件的管理、维护和重用。由于结构化语言的数据类型较为简单，采用过程调用机制也不够灵活，独立性较差，所以不能胜任对非结构化数据的定义与管理。

为了适应高新技术发展的需要，消除结构化程序设计语言的局限，自 20 世纪 80 年代以来，出现了面向对象程序设计流派，研制出了多种面向对象程序设计语言（Object-Oriented Programming Language，OOPL），如 Ada、Smalltalk、C++语言和当前在 Internet 上使用且与平台无关的 Java 语言等。

由于 OOPL 的对象、类具有高度的抽象性，所以能很好地表达复杂的数据类型，并且 OOPL 也允许程序员灵活地定义自己所需要的数据类型。类本身具有完整的封装性，可以使用它作为编程中的模块单元，满足模块独立自治的要求。另外，类的继承性和多态性功能更有助于简化大型软件和大量重复定义的模块，从而增强了模块的可重用性，提高了软件的可靠性，缩短了软件的开发周期。

1.2　面向对象是软件方法学的返璞归真

客观世界是由许多具体事物、抽象概念、规则等组成的，人们将任何感兴趣或要加以研究的事、物、概念统称为对象（object）。每个对象都有各自的内部状态和运动规律，不同对象之间通过消息传递进行相互作用和联系就构成了各种不同的系统。面向对象的方法正是以对象作为基本元素的一种分析问题和解决问题的方法。

传统的结构化方法强调的是功能抽象和模块化，每个模块都是一个过程，结构化方法处理问题是以过程为中心的。对象包含数据和对数据的操作，是对数据和功能的抽象和统一。而面向对象强调的是功能抽象和数据抽象，用对象来描述事物和过程，面向对象方法处理问题的过程是对一系列相关对象的操纵，即发送消息到目标对象，由目标对象执行相应的操作。因此面向对象方法是以对象为中心的，这种以对象为中心的方法更自然、更直接地反映现实世界的问题空间，从而具有独特的抽象性、封装性、继承性和多态性的特点，更好地适应了复杂大系统不断发展与变化的要求。

采用对象的观点看待所要解决的问题，并将其抽象为应用系统是极其自然与简单的，因为它符合人类的思维习惯，使得应用系统更容易理解。同时，由于应用系统是由相互独立的对象构成的，系统的修改可以局部化，因此系统维护更加容易。

软件开发从本质上讲就是对软件所要处理的问题域进行正确的认识，并把这种认识正确地描述出来。既然如此，那就应该直接面对问题域中客观存在的事物来进行软件开发，这就是面向对象。另一方面，人类在认识世界的过程中形成的普遍有效的思维方法，在软件开发中也是适用的。在软件开发中尽量采用人们日常生活中习惯的思维方式和表达方式,这就是面向对象方法所强调的基本原则。软件开发从过分专业化的方法、规则和技巧中脱离出来,并重新回到了客观世界,回到了人们的日常思维当中,所以说面向对象方法是软件方法学的返璞归真。

1.3　结构化程序设计与面向对象程序设计

观看视频

要想真正了解面向对象程序设计,首先需要回顾一下结构化程序设计的含义。

1. 结构化程序设计

结构化程序设计是 20 世纪 60 年代诞生的,在 20 世纪 70 年代至 80 年代已遍及全球,成为软件开发设计所有领域及每个程序员都采用的程序设计方法,它的产生和发展形成了现代软件工程的基础。

结构化程序设计的设计思想是:自顶向下、逐步求精;其程序结构按功能划分为若干基本模块,这些模块形成一个树状结构;各模块之间的关系尽可能简单,在功能上相对独立;每个模块内部均由顺序、选择和循环三种基本结构组成;其模块化实现的具体方法是使用子程序、过程或函数。

结构化程序设计由于采用了模块分解、功能抽象、自顶向下、分而治之的手段,从而有效地将一个复杂的软件系统的设计任务分解成许多容易控制和处理的子任务,这些子任务都是可独立编程的子程序模块。每个子程序都有一个清晰的界面,使用起来非常方便。

结构化程序设计方法虽然具有许多优点,但它仍是一种面向过程的设计方法,它把数据和过程分离为相互独立的实体,程序员在编程时必须时刻考虑所要处理的数据格式。对于不同的数据格式即使做同样的处理或对相同的数据格式做不同的处理,都需要编写不同的程序。因此结构化程序的可重用性不好;另一方面,当数据和过程相互独立时,总存在着用错误的数据调用正确的程序模块或用正确的数据调用错误的程序模块的可能性。因此,要使数据和程序始终保持相容,已成为程序员的一个沉重负担,并且随着软件系统的规模越来越大,程序的复杂性越来越难以控制。上述这些问题,结构化程序设计方法本身是解决不了的,需要借助于下面要讨论的面向对象程序设计方法给予解决。

程序设计的任务是描述问题并解决问题,在结构化程序设计中可以用下面的公式表示程序:

程序 = 数据结构 + 算法 + 程序设计语言 + 语言环境

图 1.1 所示为结构化程序设计中程序的结构。

2. 面向对象程序设计——程序设计的新思维

面向对象程序设计既吸取了结构化程序设计的一切优点,又考虑了现实世界与面向对象空间的映射关系,它所追求的目标是将现实世界问题的求解尽可能简单化。

面向对象程序设计将数据及对数据的操作放在一起,作为一个相互依存、不可分割的整体来处理,它采用了数据抽象和信息隐藏技术。它将对象及对对象的操作抽象成一种新的数据类型——类,并且考虑不同对象之间的联系和对象所在类的可重用性。

面向对象程序设计优于传统的结构化程序设计,其优越性表现在,它有希望解决软件工程的两个主要的问题——软件复杂性控制和软件生产效率的提高,此外它还符合人类的思维习惯,能够自然地表现现实世界的实体和问题,它对软件开发过程具有重要的意义。

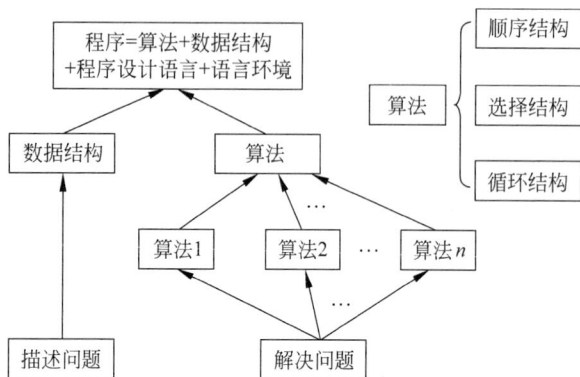

图 1.1 结构化程序设计中程序的结构

面向对象程序设计能支持的软件开发策略如下。

(1) 编写可重用代码。

(2) 编写可维护代码。

(3) 共享代码。

(4) 精简已有代码。

有了高质量的可重用代码就能有效地降低软件的复杂度、提高开发效率。面向对象方法,尤其是它的继承性,是一种代码重用的有效途径。开发者在设计软件时可以利用一些已经精心设计好并且经过测试的代码,这些可重用的代码以类的形式被组织存放在程序设计环境的类库中。类库中的这些类的存在,使以后的程序设计过程变得简单,程序复杂性不断降低、正确性不断提高,程序越来越容易理解、修改和扩充。

在面向对象程序设计中可以用下面的公式表示程序:

程序 = 对象 + 对象 + ⋯ + 对象
对象 = 算法 + 数据结构 + 程序设计语言 + 语言环境

图 1.2 所示为面向对象程序设计中程序的结构。

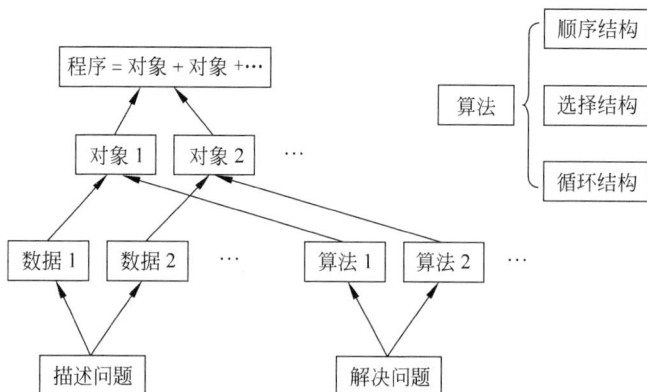

图 1.2 面向对象程序设计中程序的结构

1.4　面向对象的基本概念和面向对象系统的特性

1.4.1　面向对象的基本概念

观看视频

1. 对象（object）

对象是现实世界中一个实际存在的事物，它可以是有形的（如一支粉笔、一块橡皮等），也可以是无形的或无法整体触及的抽象事件（如一项计划、一场球赛、一次借书行为等）。对象是构成世界的一个独立单位，它具有自己的静态特征和动态特征。静态特征可以用某种数据来描述，动态特征即对象所表现的行为或对象所具有的功能，可以用函数来描述。

在面向对象系统中，对象是用来描述客观事物的一个实体，它是构成系统的一个基本单位。一个对象由一组属性和对这组属性进行操作的一组服务构成。属性和服务是构成对象的两个主要因素，属性是一组数据结构的集合，表示对象的状态，对象的状态只供对象自身使用，用来描述静态特征。而服务是用来描述对象动态特征（行为）的一个操作序列，是对象一组功能的体现，包括自操作和它操作。自操作是对象对其内部数据（属性）进行的操作，它操作是对其他对象进行的操作。

一个对象可以包含多个属性和多个服务，对象的属性值只能由这个对象的服务存取和修改。对象是其自身所具有的状态特征及可以对这些状态施加的操作结合在一起所构成的独立实体。对象具有如下的特性。

（1）具有唯一标识名，可以区别于其他对象。

（2）具有一个状态，由与其相关联的属性值集合所表征。

（3）具有一组操作方法即服务，每个操作决定对象的一种行为。

（4）一个对象的成员仍可以是一个对象。

（5）模块独立性。从逻辑上看，一个对象是一个独立存在的模块，模块内部状态不因外界的干扰而改变，也不会涉及其他模块；模块间的依赖性极小或几乎没有；各模块可独立地被系统组合选用，也可被程序员重用，不必担心影响其他模块。

（6）动态连接性。客观世界中的对象之间是有联系的，在面向对象程序设计中，通过消息机制，把对象之间动态连接在一起，使整个机体运转起来，便称为对象的连接性。

（7）易维护性。由于对象的修改、完善功能及其实现的细节都被局限于该对象的内部，不会涉及外部，这就使得对象和整个系统变得非常容易维护。

对象从形式上看是用户自定义的抽象数据类型的变量，当用户定义了一个对象，就创造出了具有丰富内涵的抽象数据类型的实例。

2. 类（class）

在面向对象系统中，并不是将各个具体的对象都进行描述，而是忽略其非本质的特性，找出其共性，将对象划分成不同的类，这一过程称为抽象过程。类是对象的抽象及描述，是具有共同属性和操作的多个对象的相似特征的统一描述体。在类的描述中，每个类要有一个名字标识，用于表示一组对象的共同特征。类的每个对象都是该类的实例。类提供了完整的解决特定问题的能力，因为类描述了数据结构（对象属性）、算法（服务、方法）和外部接口（消息协议），是一种用户自定义的数据类型。

3. 消息（message）

消息是面向对象系统中实现对象间的通信和请求任务的操作，是要求某个对象执行其中某个功能操作的规格说明。发送消息的对象称为发送者，接收消息的对象称为接收者。对象间的联系，只能通过消息来进行。对象在接收到消息时才被激活。

消息具有三个性质。

（1）同一对象可接收不同形式的多个消息，产生不同的响应。

（2）相同形式的消息可以发送给不同对象，所做出的响应可以是截然不同的。

（3）消息的发送可以不考虑具体的接收者，对象可以响应消息，也可以对消息不予理会，对消息的响应并不是必需的。

对象之间传送的消息一般由三部分组成：接收对象名、调用操作名和必要的参数。

在面向对象程序设计中，消息分为两类：公有消息和私有消息。假设有一批消息发向同一个对象，其中一部分消息是由其他对象直接向它发送的，称为公有（public）消息；另一部分消息是它向自己发送的，称为私有（private）消息。

4. 方法（method）

在面向对象程序设计中，要求某一个对象完成某一个操作时，就向对象发送一个相应的消息，当对象接收到发向它的消息时，就调用有关的方法，执行相应的操作。方法就是对象所能执行的操作。方法包括界面和方法体两部分。方法的界面就是消息的模式，它给出了方法的调用协议；方法体则是实现这种操作的一系列计算步骤，也就是一段程序。消息和方法的关系是：对象根据接收到的消息，调用相应的方法；反过来，有了方法，对象才能响应相应的消息。所以消息模式与方法界面应该是一致的。同时，只要方法界面保持不变，方法体的改动不会影响方法的调用方式。在 C++ 语言中方法是通过函数来实现的，称为成员函数。

1.4.2 面向对象系统的特性

1. 抽象性（abstract）

面向对象的方法鼓励程序员以抽象的观点看待程序，即程序是由一组对象组成的。程序员可以将一组对象的共同特征进一步抽象出来，从而形成"类"的概念。抽象是一种从一般的观点看待事物的方法，它要求程序员集中注意于事物的本质特征，而不是具体细节或具体实现。类的概念来自人们认识自然、认识社会的过程。在这一过程中，人们主要使用两种方法：从特殊到一般的归纳法和从一般到特殊的演绎法。在归纳的过程中，人们从一个个具体的事物中把共同的特征抽取出来，形成一个一般的概念，这就是"归类"；在演绎的过程中，人们又把同类的事物，根据不同的特征分成不同的小类，这就是"分类"。对于一个具体的类，它有许多具体的个体，面向对象方法称这些个体为"对象"。

2. 封装性（encapsulation）

所谓数据封装就是指一组数据和与这组数据有关的操作集合组装在一起，形成一个能动的实体，也就是对象。数据封装就是给数据提供了与外界联系的标准接口，无论是谁，只有通过这些接口并使用规范的方式，才能访问这些数据。数据封装是软件工程发展的必然产物，它使得程序员在设计程序时可以专注于自己的对象，同时也切断了不同模块之间数据的非法使用途径，从而减少了出错的可能性。

观看视频

3. 继承性（inheritance）

从已有的对象类型出发建立一种新的对象类型,使它继承原对象的特点和功能,这种思想是面向对象设计方法的主要贡献。继承是对许多问题中分层特性的一种自然描述,因而也是类的具体化和实现重用的一种手段,它所表达的就是一种不同类之间的继承关系。它使得某类对象可以继承另外一类对象的特征和能力。继承所具有的作用有两方面:一方面可以减少冗余代码,另一方面可以通过协调性来减少接口和界面。

从继承源上划分,继承可分为单一继承(单继承)和多重继承(多继承),子类对单个直接父类的继承称为单一继承,子类对多个直接父类的继承称为多重继承。父类也称为基类或超类,子类也称为派生类。单一继承示例如图 1.3 所示,多重继承示例如图 1.4 所示。

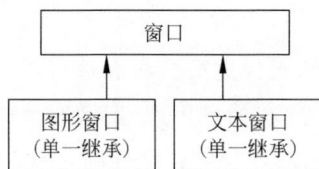

图 1.3　单一继承示例　　　　　图 1.4　多重继承示例

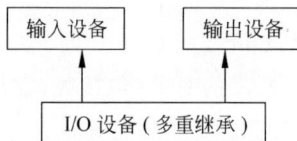

从继承内容上划分,继承可分为取代继承、包含继承、受限继承、特化继承。

(1) 取代继承:例如,一个徒弟从其师傅那里学到师傅的所有技术,则在任何需要师傅的地方都可以由徒弟来代替。

(2) 包含继承:例如,交通工具是一类对象,汽车是一种特殊的交通工具。汽车具有交通工具的所有特征,任何一辆汽车都是一种交通工具,这便是包含继承,即汽车包含了交通工具的所有特征。

(3) 受限继承:例如,鸵鸟是一种特殊的鸟,它不能继承鸟会飞的特征。

(4) 特化继承:例如,教师是一类特殊的人,他们比一般人具有更多的特有信息,这就是特化继承。

4. 多态性（polymorphism）

不同的对象接收到相同的消息时产生完全不同的行为的现象称为多态性。C++语言支持两种多态性,即编译时的多态性和运行时的多态性。编译时的多态性通过重载函数实现,而运行时的多态性通过虚函数实现。使用多态性可以大大提高人们解决复杂问题的能力。

1.5　面向对象的系统开发方法

观看视频

计算机应用系统的开发是一个相当复杂的过程,使用面向对象方法进行系统开发,首要任务是采用面向对象的概念及其抽象机制,将开发的系统对象化和模型化,建立应用系统模型,然后使用面向对象程序设计语言来实现系统中的对象。面向对象的系统开发方法可分为四个阶段。

(1) 系统调查和需求分析:对应用系统将要实现的功能以及用户对系统开发的需求进行调查研究。这是所有开发方都必须进行的。

(2) 分析问题的性质和求解问题:在繁杂的问题域中抽象出对象及其行为、结构、属性、方法等。这一阶段称为面向对象分析,简称为 OOA(Object Oriented Analysis)。

（3）整理问题：对分析的结果进一步抽象、归类、整理，最终以规范的形式描述对象和类。这一步称为面向对象设计，简称为 OOD(Object Oriented Design)。

（4）程序实现：用面向对象程序设计语言将上一步整理的对象和类的描述映射为应用程序软件。这一步一般称为面向对象程序设计，简称为 OOP(Object Oriented Programming)。

面向对象开发方法的几个阶段中最主要的工作是系统的对象化和模型化，并使用对象模型描述系统。OOA 阶段建立初步的对象模型，然后在 OOD 阶段对对象或类进行归类，对类及对象的属性、方法和结构等进行归类，抽象出它们的共同部分，使类的层次结构更加合理。

1.5.1　面向对象分析 OOA

面向对象分析是用面向对象方法对问题域和系统责任进行分析和理解，找出描述问题域及系统责任所需的对象(包括类、继承与派生关系等)和消息传递，定义对象的属性、服务以及它们之间的关系，最后形成面向对象模型，为面向对象设计打下基础。最终的目标是建立一个符合用户需求，并能够直接反映问题和系统责任的 OOA 模型及其详细说明。

问题域是被开发系统的应用领域，即在现实世界中由这个系统进行处理的业务范围。系统责任是所开发的系统应该具备的职能。

1. 面向对象分析模型

在 OOA 过程中，要将本质的或逻辑的系统需求确定为系统基本行为，最终形成 OOA 模型，它由一组相关的类组成，是软件规格说明最重要的组成部分。OOA 模型采用层次结构，分为五层，这五个层次不是构成软件系统的层次，而是分析过程中的层次，可以说是问题的不同侧面。这五个层次分别如下所示。

（1）类与对象层。该层是表达待开发系统的最基本单位，标出系统中的类和对象，并用符号进行规范性的描述和命名。

（2）属性层。属性层定义对象和某些结构中的数据单元，继承结构中所有类的公共属性可放于通用类(基类)中。

（3）服务层。服务层标识对象的服务，即类功能的确定，列出对象需要做什么(方法)，给出对象间的消息连接(并用箭头指示消息从发送者到接收者)。

（4）结构层。结构层识别现实世界中对象之间的关系，当一个对象是另一个对象的一部分时，用整体—部分关系标识，一个对象隶属于另一个对象时，用一般-特殊的继承关系表示。

（5）主题层。主题层是管理较复杂系统的一种方法，一个主题可以看作一个子系统或一个子模型，可将相关类或对象分别归类到各个主题中，并赋予标号和名称。

图 1.5 是常用的描述类和对象的符号，图 1.6 是类和对象的示例。

2. 面向对象分析步骤

面向对象分析的关键是对问题域中事物的识别及其相互关系的判定，即识别对象和对象之间的消息传递方式。基于面向对象的方法学原则进行系统分析时，一般要进行如下的步骤。

（1）定义对象。这一步主要包括确定类与对象层、属性层、服务层、对象之间的消息。

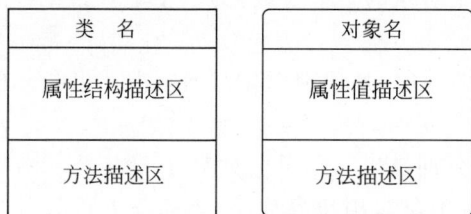

图 1.5　常用的描述类和对象的符号

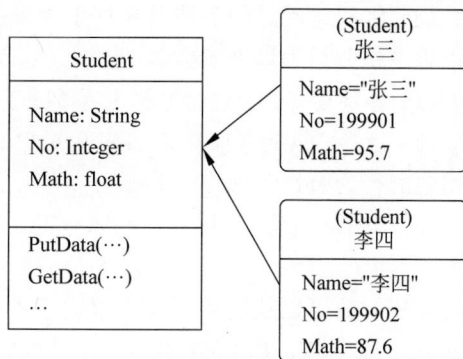

图 1.6　类和对象的示例

（2）确定对象之间的结构关系，即结构层。具体的分析原则：第一是按照一般-特殊结构，确定标识类间的继承关系；第二是按照整体-部分结构，确定一个对象怎样由其他对象构成，或者如何将一些小对象组合成大对象。

（3）标识主题，即主题层。主题可以看作高层次的子模块或子系统，是面向对象模型的整体框架，更精练地表示面向对象模型。

1.5.2　面向对象设计 OOD

面向对象设计 OOD 阶段是 OOA 阶段工作的继续，很难将 OOD 和 OOA 截然分开。OOD 是对在 OOA 中得到的结果进行改进和增补，逐渐扩充 OOA 模型的过程。面向对象设计分两个阶段：低层设计和高层设计。低层设计集中于类的详细设计阶段。这一阶段应考虑对时间与空间的折中、内存管理、开发人员的调配、增加类、属性和关系等。

高层设计阶段主要是开发系统的结构，构造待开发软件的总体模型。该阶段主要解决软件系统所处的计算机环境中的概念和类，主要包括以下四方面。

1. 问题域的设计

对 OOA 模型的改进和修补，对 OOA 中的类、对象、属性、操作及结构等进行组合与分解。

2. 用户界面的设计

通常在 OOA 阶段给出对象所需的属性和操作，在设计阶段必须根据需要把交互的细节加入用户界面的设计中，如人机交互所需的输入提示和显示信息等。

3. 数据管理的设计

数据管理部分提供了在数据管理系统中存储和检索对象的基本结构，根据需要设计数据的管理方式，如文件管理形式、关系型数据库管理系统或面向对象数据库管理系统。

4. 任务管理的设计

当系统中有许多并发过程时，需要依照各个过程的协调和通信关系，划分成不同的进程，每个进程就是一个任务，进程之间协调运行。

1.5.3　OOA 和 OOD 的基本步骤

1. 标识对象和对象的属性

标识应用系统的对象和对象的属性是面向对象设计过程中最艰难的工作。首先要搞清楚系统要解决的问题到底涉及哪些事物以及它们在系统中的作用。按照面向对象的观点,可以将事物归纳为以下三类。

(1) 客观存在物:包括有形对象和角色对象,体现问题的结构特性。

(2) 行为:包括事件对象和交互对象。行为是对象的一部分,行为依赖于对象。它体现问题的行为特性。

(3) 概念:现实世界中事物和它们行为规律的抽象,是识别对象时的一类认识和分析对象。

标识对象可以从应用系统非形式化描述中的名词导出。标识出对象后,还应注意对象之间的类似之处,以建立对象类。例如,Windows 多窗口用户界面中,不同的窗口具有类似的特性,每个窗口都可以看作某些窗口类的实例,每个窗口都具有大小、位置、标题等属性。

2. 标识每个对象所要求的操作和提供的操作

标识出每个对象执行的功能,这些功能描述对象的行为,例如窗口被打开、关闭、缩放和滚动等。同时还应关注由其他对象提供给它的操作,通过标识这些操作有可能导出新对象。

3. 建立对象之间的联系和每个对象的接口

建立对象和对象类之间的联系,标识出与每个对象有关的对象和对象类。这一步中可能找出一些对象的模式,并决定是否要建立一个新类以表示这些对象的共同行为特性。

识别出系统中的对象和类以后,还应该识别出对象之间的相互作用,即对象的外部接口。在面向对象系统中,对象和对象之间的联系是通过消息的发送和响应来完成的。类和对象之间的相互关系可以用类的层次结构图和对象间的消息流图等图形工具来描述。

类的层次结构图用来描述系统中类的层次关系和结构,可以跟踪基类和派生类之间的关系。图 1.7 是一个简单的类层次结构图,表示 Person 类派生出 Teacher 类和 Student 类,Student 类又派生出 PostGraduate 类和 UnderGraduate 类。

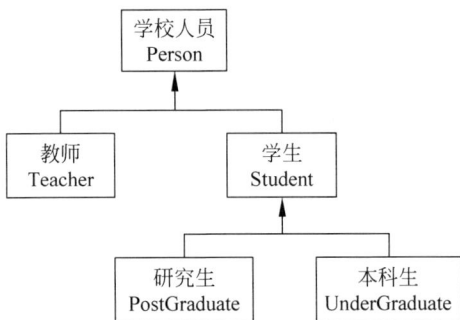

图 1.7 一个简单的类层次结构图

对象间的消息流图用于描述系统中对象间的消息流,它只描述那些相关对象间交换的主要消息。

消息流图有两种,即内向消息流图和外向消息流图。内向消息流图描述一个对象如何从其他对象处接收消息。图 1.8 是一个内向消息流图的示例,对象 B 和对象 C 分别向对象 A 发送一条消息。外向消息流图描述一个特定的对象发送给其他对象的所有消息,与内向消息流图正好相反。图 1.9 是一个外向消息流图的示例,对象 A 分别发送了一条消息给对象 B 和对象 C。

面向对象系统中类的描述可以使用专门的类描述语言来完成,也可以借助于面向对象程序设计语言中类的定义语法来描述,限于篇幅,本书不再详细介绍。

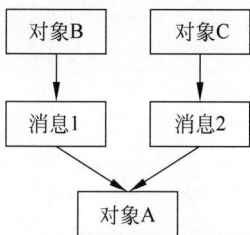

图 1.8 内向消息流图示例

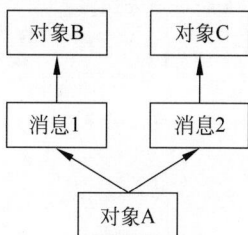

图 1.9 外向消息流图示例

没有完全形式化的方法可以保证使用面向对象方法进行分析和设计结果的唯一性,对象及类的识别、划分以及相互之间的关系并没有唯一的标准,分析和设计的结果是否合理很大程度上依赖于设计人员的经验和技巧。

1.6 面向对象程序设计示例

下面介绍一个简单的面向对象程序,然后从中分析面向对象程序的特点。

【例 1.1】 使用面向对象程序设计方法,编写一个对堆栈进行处理的程序,包括压栈和弹栈操作。

说明:该项目中包含三个文件,分别是头文件 MyStack. h、源文件 MyStack. cpp 和 TestMyStack. cpp。

```cpp
// MyStack.h 类的定义文件
# pragma once                  //避免同一个文件被包含多次
class MyStack                  //定义堆栈类 MyStack
{
public:
    MyStack(void);             //构造函数
    ~MyStack(void);            //析构函数
    bool push(int i);          //压栈成员函数
    bool pop(int & i);         //弹栈成员函数
    void showElements(void);   //显示堆栈中的所有元素
private:
    struct Node
    {
        int content;
        Node * next;
    } * top;                   //栈顶指针 top
};

// MyStack.cpp 类的实现文件
# include "MyStack.h"
# include < iostream >
using namespace std;

MyStack::MyStack(void)
```

```
{
    top = NULL;
}

MyStack::~MyStack(void)
{
}

bool MyStack::push(int i)            //压栈成员函数 push()的定义
{
    Node * p = new Node;
    if (p == NULL)
    {
        cout << "Stack is overflow.\n";
        return false;
    }
    else
    {
        p->content = i;
        p->next = top;
        top = p;
        return true;
    }
}

bool MyStack::pop(int& i)            //弹栈成员函数 pop()的定义
{
    if (top == NULL)
    {
        cout << "\n  Stack is empty.\n";
        return false;
    }
    else
    {
        Node * p = top;
        top = top->next;
        i = p->content;
        delete p;
        return true;
    }
}

void MyStack::showElements(void)   //显示堆栈所有元素成员函数 showElements()的定义
{
    Node * p = top;
    while (p)
    {
        cout << p->content <<"  ";
        p = p->next;
    }
    cout << endl;
}

// TestMyStack.cpp 类的使用文件
# include "MyStack.h"
# include < iostream >
```

```
using namespace std;

int main()
{
    MyStack st1,st2;                    //定义 MyStack 类对象 st1 和 st2
    int x,i;
    for(i = 1;i <= 5;i++)               //将 1~5 五个数字分别压入堆栈 st1 和 st2
    {
        st1.push(i);                    //压栈成员函数的调用
        st2.push(i);                    //压栈成员函数的调用
    }

    cout <<"堆栈 st1 的元素为：";
    st1.showElements();
    cout <<"堆栈 st2 的元素为：";
    st2.showElements();

    cout <<"\n----- 对堆栈 st1 进行操作 ----- "<< endl;
    cout <<"   首先弹出 3 个元素,弹出的 3 个元素分别为：";

    for(i = 1;i <= 3;i++)               //弹出 3 个元素,并输出显示
    {
        st1.pop(x);                     //弹栈成员函数的调用
        cout << x <<"   ";
    }
    cout <<"\n   将 20 压入堆栈,堆栈 st1 的元素为：";
    st1.push(20);
    st1.showElements();

    cout <<"\n----- 对堆栈 st2 进行操作 ----- "<< endl;
    cout <<"   弹出堆栈中的所有元素,弹出的元素分别为：";
    while(st2.pop(x))
        cout << x <<"   ";
    st2.showElements();

    return 0;
}
```

程序的运行结果如图 1.10 所示。

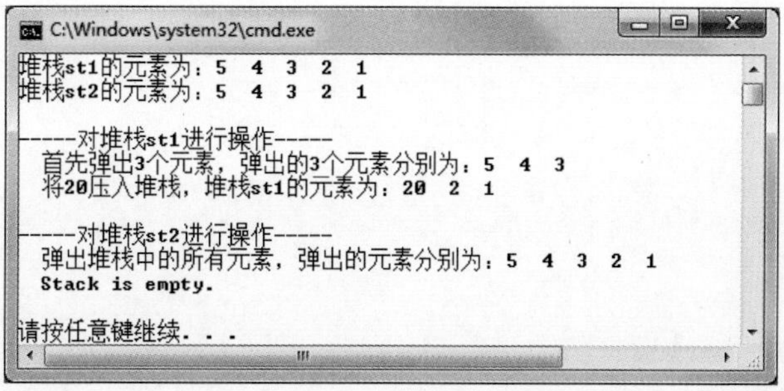

图 1.10　例 1.1 的运行结果

【程序解析】

（1）本例中为了使用输出流对象 cout，包含 iostream 文件，而不是 iostream.h 头文件。♯include＜iostream＞是标准的 C++头文件，任何符合标准的 C++开发环境都要有这个头文件，使用时一定要引入标准命名空间"using namespace std;"。C++ 98 标准尚未订立的时候，C++的标准输入输出流定义在 iostream.h 文件中，iostream.h 继承了 C 语言的标准库文件，未引入名字空间定义，所以可以直接使用。

（2）本例中自定义了 MyStack 类，该类体现数据结构中"堆栈"线性表的特性。MyStack 类封装了堆栈的静态属性（栈顶指针 top）和基本操作，基本操作包括压栈和弹栈（分别通过 push()函数和 pop()函数实现），以及显示堆栈中的元素（通过 showElements()函数实现）。

（3）通过用户自定义数据类型 MyStack 类定义的变量 st1 和 st2 称为对象。类和对象构成面向对象程序设计的不同模块。

（4）通过不同的对象发送消息即可完成相应的操作。本例中通过 st1 和 st2 对象调用成员函数（即发送消息）实现相应的功能。如语句"st1.push(20);"通过 st1 对象调用 push()成员函数实现把 20 压入堆栈的操作。

习　　题

1. 什么是面向对象程序设计？它与传统的结构化程序设计有什么不同？
2. 面向对象程序设计语言有哪几类？
3. 面向对象系统有哪些特性，分别加以解释。
4. 阐述类、对象、消息和方法的概念。

## 第 2 章

C++ 语言对 C 语言的扩充

拓展阅读

在线习题

观看视频

C++语言是在 C 语言的基础上扩充了面向对象的概念及相应的处理机制而形成的一种混合型程序设计语言。本章主要介绍 C++语言在传统的非面向对象方面对 C 语言的扩充，以便为后面章节的学习和编程打下基础。

2.1 C++语言的特点

随着面向对象程序设计思想的日益普及，很多支持面向对象程序设计方法的语言也相继出现，C++语言就是这样一种语言。C++是 Bjarne Stroustrup 于 1980 年在 AT&T 的贝尔实验室开发的一种语言，它是 C 语言的超集和扩展，是在 C 语言的基础上扩充了面向对象的语言成分而形成的。最初这种扩展后的语言称为带类(class)的 C 语言，1983 年才被正式称为 C++语言。

1988 年出现了第一个用于 PC 的 Zortech C++ 2.0 编译系统，次年出现了 Turbo C++ 2.0 编译器。之后，Borland 公司从 1991 年起陆续推出了 Borland C++ 2.0/3.0/4.0 版本。相比之下，Microsoft 公司的动作迟缓了一些，直到 1992 年才推出了基于 DOS 平台的 MS C/C++ 7.0 版本，但由于其把握着 PC 操作系统的命脉，所以发展势头强劲，很快于 1993 年推出了基于 Windows 系统平台的 Visual C++ 1.0，1994 年推出了 Visual C++ 1.5 和可用于 Windows 95 和 Windows NT 系统平台的 Visual C++ 2.0，直至 1998 年推出 Visual C++ 6.0。Visual Studio 是 Microsoft 公司推出的支持多种语言的开发环境，于 2009 年发布。Visual C++ 2010(即 Visual C++ 10.0)是 Visual Studio 2010 的一部分。

C++语言既保留了 C 语言的有效性、灵活性、便于移植等全部精华和特点，又添加了面向对象编程的支持，具有强大的编程功能，可方便地构造出模拟现实问题的实体和操作；编写出的程序具有结构清晰、易于扩充等优良特性，适合于各种应用软件、系统软件的程序设计。用 C++语言编写的程序可读性好，生成的代码质量高，运行效率仅比汇编语言慢 10%~20%。

C++语言由 C 语言扩展而来，并且全面兼容 C，这就使许多 C 代码不经修改就可以为 C++所用；同时它又对 C 语言的发展产生了一定的影响，ANSI C 语言在标准化过程中吸收了 C++语言中某些语言成分。

2.2 C++语言的文件扩展名

为了使编译器能够区别是 C 语言还是 C++语言，C++语言体系规定用.cpp(意即 C Plus Plus)作为 C++语言源文件的扩展名以区别于 C 语言用的.c 文件扩展名。虽然仅差两个字母，但编译时所做的处理却相差甚远。所有操作系统的 C++语言源文件扩展名均为.cpp。

与 C++语言源文件相关的头文件扩展名一般仍用.h,但有些操作系统也有规定使用.hpp 充当头文件扩展名的。

2.3 注 释 符

在 C 语言中用"/ * … * /"符号作为程序注释,这种注释被称为段注释,在 C++语言中也可以使用段注释符,此外 C++语言还增加了注释符"//"。当只做单行注释时便可用"//"符号表示从此符号起至行尾均为行注释内容。程序编译时将忽略所有的注释内容。

2.4 命 名 空 间

命名空间(namespace)也称名字空间、名空间,随标准 C++语言而引入,是可以由用户命名的作用域,用来处理程序中常见的同名冲突。它相当于一个更加灵活的文件域(全局域),可以用花括号把文件的一部分括起来,并以关键字 namespace 开头给它起一个名字,例如:

```
namespace  ns1
{
    float a,b,c;
    fun1(){…}
}
```

花括号括起来的部分称为声明块。声明块中可以包括类、变量(带有初始化)、函数(带有定义)等。在域外使用域内的成员时,需加上命名空间名作为前缀,后面加上作用域运算符"::"。这里添加了命名空间名称的成员名被称为限定修饰名,例如 ns1::a,ns1::fun1()等。

最外层的命名空间称为全局命名空间(global namespace scope),即文件域。

命名空间可分层嵌套,同样有分层屏蔽作用。例如:

```
namespace n1
{
    namespace n2
    {                                      //命名空间嵌套
        class matrix{…}                    //命名空间类成员 matrix
    }
}
```

访问 matrix,可写成 n1::n2::matrix。

使用 using 声明可只写一次限定修饰名。using 声明以关键字 using 开头,后面是被限定修饰的(qualified)命名空间成员名,例如:

```
using n1::n2::matrix;                      //命名空间中的类成员 matrix 的 using 声明
```

以后在程序中使用 matrix 时,就可以直接使用成员名,而不必使用限定修饰名。

注意:如果写成"using namespace n1::n2::matrix;"是错误的。using namespace 后只能加命名空间,而不能加类名或变量名。

使用 using 指示符可以一次性地使命名空间中所有成员都可以直接被使用,比 using 声明方便。using 指示符以关键字 using 开头,后面是关键字 namespace,然后是命名空间的名称。

标准 C++ 库中的所有组件都是在一个被称为 std 的命名空间中声明和定义的。在采用标准 C++ 的平台上使用标准 C++ 库中的组件,只要写一个 using 指示符:

using namespace std;

这样就可以直接使用标准 C++ 库中的所有成员,这是很方便的。需要注意的是,如果使用了命名空间 std,则在使用♯include 编译预处理命令包含头文件时,必须去掉头文件的扩展名.h,否则会出错。

命名空间可以不连续,分为多段,但它们仍是同一个命名空间。命名空间不能定义在函数声明、函数定义或类定义的内部。

2.5　C++ 语言的输入输出

观看视频

在 C 语言中,输入输出是依靠函数来实现的(如标准输入输出用的 scanf( )、printf( )等)。通常只要在程序的最前端用预处理命令包含头文件,如♯include < stdio.h >,就可以调用这类函数。由于此类函数的调用语句书写起来比较冗长,为了简化起见,C++ 语言另外定义了一套保留字与运算符来替代 C 语言中对标准输入、输出函数的调用。C++ 语言中输出和输入的一般格式如下:

```
cout <<输出内容 1 <<输出内容 2 <<…;
//cout 为标准输出流对象(默认输出到显示器),输出内容可以为常量、变量或表达式

cin >>变量 1 >>变量 2 >>…;        //cin 为标准输入流对象(默认从键盘输入)
```

支持 cout 和 cin 这两个流对象的内部函数体在一个名为 iostream(即标准 I/O 流)的头文件中予以声明,所以应用时一定要将其放置在对应的头文件声明部位。有关 C++ 语言的输入输出流详见第 7 章。

【例 2.1】　C++ 语言的输入输出示例。

```
# include < iostream >                //使用命名空间 std,则必须去掉扩展名.h
using namespace std;

int main()
{
    char   name[10];
    int    age;
    cout <<"Please  input  your  name:";
    cin >> name;
    cout <<"How  old  are  you:";
    cin >> age;
    cout <<"Your name  is  "<< name << endl;
    cout <<"Your age  is  "<< age << endl;

    return 0;
}
```

程序的运行结果如图 2.1 所示。

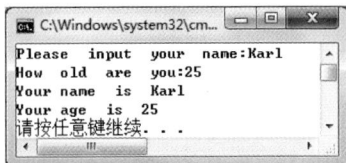

图 2.1　例 2.1 的运行结果

将此例的标准输入、输出语法与 C 语言的 printf( ) 和 scanf( ) 函数的书写语法对比后可以很明显地看出：此种标准的输入、输出语法的书写大大简化了函数格式的描述，而由 C++ 语言编译器按被操作数的类型和具体内容代为选定输入输出格式。

2.6　变量的定义

C++ 语言除了新增的类（即 class）数据类型以外，还继承了 C 语言所支持的所有数据类型。在 C 语言中，局部变量声明必须置于可执行代码段之前，不允许局部变量声明和可执行代码混合在一起。但 C++ 在变量的定义方面做了两种较大的改变，一是允许变量的定义语句出现在程序的任何位置，使得局部变量的定义位置与使用位置不至于离得太远，增强了程序的可读性，而且也不必在编写某一程序块的开始时就考虑要用到哪些变量；二是允许直接使用结构体名定义变量，这种扩展为程序员在编程中提供了不少方便。类似地，在 C++ 语言中，联合名、枚举名也可在定义后独立地作为类型名使用。

【例 2.2】　C++ 语言的变量定义示例。

```cpp
# include < iostream >
using namespace std;

int main()
{
    struct Student
    {
        int no;
        float math;
    };
    int n;
    cout <<"请输入学生学号：";
    cin >> n;
    Student stu1;
    //C++中变量的定义语句可以出现在程序的任意位置
    //可以直接使用结构体名定义变量，而无须加 struct 关键字
    stu1.no = n;
    cout <<"请输入学生的数学成绩：";
    cin >> stu1.math;
    cout <<"\n 学生学号："<< stu1.no <<"\t"
        <<"数学成绩："<< stu1.math << endl;

    return 0;
}
```

程序的运行结果如图 2.2 所示。

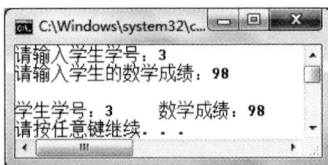

图 2.2　例 2.2 的运行结果

2.7　强制类型转换

在 C 语言中可以利用强制类型转换运算符将一个表达式转换成所需类型,其一般形式如下:

> (数据类型)(表达式)

C++语言除了保留这种转换方式外,还提供了一种更为方便、合理的转换方式,形式如下:

> 数据类型(表达式)

说明:

(1) 通过强制类型转换,得到一个所需类型的中间值,该中间值被引用后即自动释放,原来表达式值的类型并未改变。如下列代码段:

```
int b;
float f;
f = float(b);                          //此时变量 b 仍然为 int 类型
```

(2) 强制类型转换符优先级较高,只对紧随其后的表达式起作用,而对其他部分不起作用,如表达式 float(i) * f 的含义是先将变量 i 强制类型转换为 float 类型,然后与变量 f 运算。

(3) 强制类型转换应当用在不做转换将影响表达式结果的正确性或精度,或不能完成相应运算的场合,而对于系统可以自动转换类型的场合,则没有必要使用。

2.8　动态内存的分配与释放

在程序运行时可使用的内存空间称为堆(heap)。堆内存就是在程序运行时获得的内存空间,在程序编译和连接时不必确定它的大小,它随着程序的运行过程变化,时大时小,因此堆内存是动态的,堆内存也称动态内存。

在软件开发中,常常需要动态地分配和释放内存空间。C 语言是利用库函数 malloc()和 free()分配和释放堆内存空间的。但是使用 malloc()函数时必须指定需要开辟的内存空间的大小,其调用形式为 malloc(size)。size 是字节数,需要事先求出或用 sizeof 运算符由系统求出。此外,malloc()函数只能从用户处知道应开辟空间的大小而不知道数据的类型,因此无法使其返回的指针指向具体的数据,其返回值一律为 void * 类型,且必须在程序中进行强制类型转换,才能使其返回的指针指向具体的数据。

C++语言提供了两种方法进行内存的动态分配和释放,可以使用从 C 标准库中继承来的 malloc()和 free()函数(此时要包含头文件 malloc.h),也可以使用 new 和 delete 运算符。

1. new 运算符

运算符 new 用于分配堆内存,它的使用形式如下:

观看视频

```
指针变量 = new 数据类型;
```

new 从堆内存中为程序分配可以保存某种类型数据的一块内存空间,并返回指向该内存的首地址,该地址存放于指针变量中,指针变量指向的数据类型与 new 后面的数据类型相同。若不能正常进行动态内存分配,则返回 0(即 NULL,一个空指针)。在分配动态内存时,也可以进行初始化,如下述语句:

```
int * p = new int(5);
```

分配的内存空间中初始值为 5。

2. delete 运算符

堆内存可以按照要求进行分配,程序对内存的需求量随时会发生变化,有时程序在运行中会不再需要由 new 分配的内存空间,而且程序还未运行结束,这时就需要把先前占用的内存空间释放给堆内存,以便重新分配,供程序的其他部分使用。

运算符 delete 用于释放 new 分配的内存空间,它的使用形式如下:

```
delete 指针变量;
```

其中的指针变量保存着 new 动态分配的内存的首地址。

3. 注意事项

在使用 new 和 delete 运算符时,应注意以下几点。

(1) 用 new 分配的内存空间,必须用 delete 进行释放。

(2) 对一个指针只能调用一次 delete。

(3) 用 delete 运算符作用的对象必须是用 new 分配的内存空间的首地址。

(4) 动态分配的内存空间只能释放一次。

【例 2.3】 new 与 delete 应用示例。

```cpp
# include < iostream >
using namespace std;

int main()
{
    int * p;
    p = new int;                       //分配内存空间
     * p = 5;
    cout << * p << endl;
    delete p;                          //释放内存空间

    return 0;
}
```

程序的运行结果如图 2.3 所示。

【程序解析】

(1) 该程序用 new 分配可用来保存 int 类型数据的内存空间,并将指向该内存的地址

放在指针变量 p 中。在该变量不再使用后，又使用
delete 将内存空间释放。这样，通过使用 new 和
delete，就在程序中建立了可由程序员控制生存期的
变量。

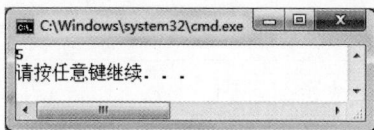

图 2.3　例 2.3 的运行结果

（2）new 所建立的变量的初始值是任意的，故在
程序中使用语句"＊p＝5;"为变量赋初始值，也可以在用 new 分配内存的同时进行初始化。
使用形式如下：

指针变量 ＝ new 数据类型(初始值);

例如例 2.3 中的下列两条语句：

```
p = new int;
* p = 5;
```

也可简写成如下一条语句：

```
p = new int(5);                          //圆括号内给出用于初始化这块内存的初始值
```

（3）若在"delete p;"语句后面再增加一条该语句再次释放内存空间，则运行程序时会
出现如图 2.4 所示的错误提示对话框。

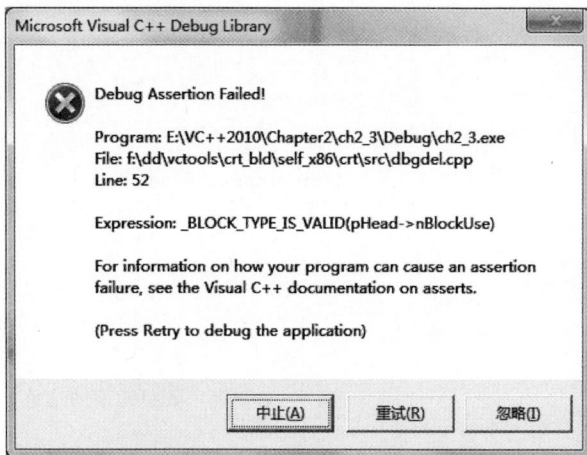

图 2.4　多次释放动态分配的内存出现的错误提示对话框

4. 用 new 建立数组类型的变量

用 new 也可以建立数组类型的变量，使用形式如下：

指针变量 ＝ new 数据类型[数组大小];

此时指针变量指向第一个数组元素的地址（动态分配内存空间的首地址），其中"数组大小"
可为常量、变量或表达式。使用 new 分配数组时，不能提供初始值。使用 new 建立的数组
变量也由 delete 释放。使用形式如下：

delete 指针变量;

或

```
delete[]指针变量;
```

同样,也可以用 new 为多维数组分配空间,但是除第一维可以为变量外,其他维都必须是常量。例如:

```
int ( * p)[10];
int n;
...                          //可由用户对变量 n 赋值
p = new int[n][10];
...

delete[ ]p;
```

注意:在使用 delete 时,不用考虑数组的维数。

有时,并不能保证一定可以从堆内存中获得所需空间,当不能成功地获得所需要的内存时,new 返回 0,即空指针。因此程序员可以通过判断 new 的返回值是否为 0,确认系统中是否有足够的空闲内存供程序使用。例如:

```
int * p = new int[100];
if(p == 0)
{
    cout <<"can't allocate more memory,terminating. "<< endl;
    exit(1);
}
```

其中,exit()函数的作用是终止程序运行。

【例 2.4】 从堆内存中获取一个整型数组,赋值后并打印出来。

```
# include < iostream >
using namespace std;

int main()
{
    int   i,n, * p;                      //n 表示数组元素的个数
    cout <<"请输入数组元素的个数 : ";
    cin >> n;

    if((p = new int[n]) == 0)            //动态内存分配
    {
        cout << "内存分配失败,退出!"<< endl;
        exit(1);
    }

    for( int i = 0;i < n;i++)            //为数组元素赋值
        p[i] = i * 2;

    cout <<"数组中各元素分别为: "<< endl;
    for( i = 0;i < n;i++)
        cout << p[i]<< "   ";
    cout << endl;

    delete [ ]p;                         //释放内存空间
```

```
    return 0;
}
```

程序的运行结果如图 2.5 所示。

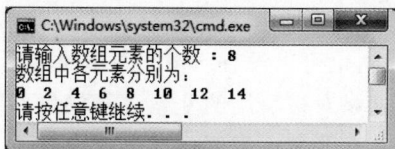

图 2.5　例 2.4 的运行结果

2.9　作用域运算符(::)

通常情况下,如果全局变量与局部变量同名,那么局部变量在其作用域内具有较高的优先权。C 语言规定只能在变量的作用域内使用该变量,不能使用其他作用域中的变量,例如:

```
# include < iostream >
using namespace std;

float a = 2.4;                          //全局变量
int main()
{
    int a = 8;                          //局部变量
    cout << a << endl;
}
```

程序中有两个变量 a,一个是全局变量,另一个是局部变量。如果想在主函数中输出全局变量 a 的值,可采用 C++ 语言中提供的作用域运算符::,它能指定所需的作用域。可以把上述程序代码段改为:

```
# include < iostream >
using namespace std;

float a = 2.4;                          //全局变量

int main()
{
    int a = 8;                          //局部变量
    cout << a << endl;
    cout <<::a << endl;                 //::a 表示全局作用域中的变量 a
}
```

程序运行结果分别为 8 和 2.4。

注意:不能用::访问函数中的局部变量。在 C++ 语言中作用域运算符还用来限定类的成员,具体语法参见第 3 章。

2.10　引　　用

引用是 C++ 语言的一个特殊的数据类型描述,用于在程序的不同部分使用两个以上的变量名指向同一地址,使得对其中任一个变量的操作实际上都是对同一地址单元进行的操作。在这种两个以上变量名的关系上,被声明为引用类型的变量名则是实际变量名的别名。

引用运算符为 &,声明引用的形式如下:

数据类型 & 引用变量名 = 变量名;

运算符 & 左右两侧可以有空格,也可以没有。声明引用时必须进行初始化。

对引用进行操作,实际上就是对被引用的变量进行操作。引用不是值,不占存储空间,声明引用时,目标的存储状态不会改变。引用一旦被初始化,就不能再重新引用其他变量。

【例 2.5】 引用示例。

```cpp
# include < iostream >
using namespace std;

int main()
{
    int num = 50;
    int &ref = num;
    ref += 10;
    cout <<"num = "<< num << endl;
    cout <<"ref = "<< ref << endl;
    num += 40;
    cout <<"num = "<< num << endl;
    cout <<"ref = "<< ref << endl;

    return 0;
}
```

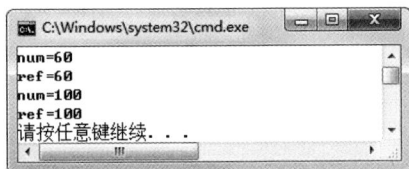

图 2.6 例 2.5 的运行结果

程序的运行结果如图 2.6 所示。

【程序解析】

(1) 在一行上声明多个引用型变量(函数)名时,要在每个变量(函数)名前都冠以 & 符号。

(2) 引用不是变量,所以引用本身不能被修改,在程序中对引用的存取都是对它所引用的变量的存取。

(3) 一个变量被声明为引用时必须进行初始化,除非这个引用是用作函数的参数或返回值,为引用提供的初始值应为变量(包括对象)。引用一旦被初始化,就不能再重新引用其他变量。若 ref 为 int 型引用,则 ref＝&j 是错误的,表示把变量 j 的地址(int * 类型)赋给引用 ref,但 ref＝j 是允许的,表示对 ref 所引用的变量重新赋值为 j。

(4) 由于引用不是变量,所以不能说明引用的引用,也不能说明数组元素的类型为引用,或指向引用的指针,例如:

```cpp
int &a[5];                    //错误
int & * p;                    //错误
```

由于指针变量也是变量,因此可以说明对指针变量的引用,例如:

```
int * a;
int * &p = a;
int b;
p = &b;                                    //a 指向变量 b
```

（5）引用与指针变量不同。指针变量的值是某个变量的内存单元地址，而引用则与初始化它的变量具有相同的内存单元地址。可以对指针变量重新赋值使其指向其他的地址，然而，建立引用时必须进行初始化并且决不会再指向其他不同的地址。

【例 2.6】 引用的地址示例。

```
# include < iostream >
using namespace std;

int main()
{
    int num;
    int &ref = num;
    num = 5;
    cout <<"num = "<< num << endl;
    cout <<"ref = "<< ref << endl;
    cout <<"&num = "<< &num << endl;
    cout <<"&ref = "<< &ref << endl;

    return 0;
}
```

程序的运行结果如图 2.7 所示。

C++语言没有提供访问引用本身地址的方法，因为它与指针或其他变量的地址不同，它没有任何意义。引用总是作为变量的别名使用，引用的地址也就是变量的地址。引用一旦初始化，就不会与初始化它的变量分开。

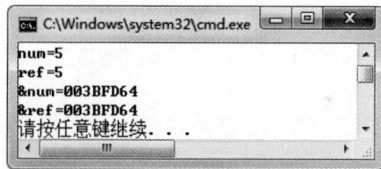

图 2.7　例 2.6 的运行结果

【程序解析】

（1）要注意区分引用运算符和取地址运算符的区别，例如：

```
int num = 50;
int &ref = num;
int * p = &ref;
```

第二条语句的 & 为引用运算符，将 ref 初始化为整型变量 num 的引用。而第三条语句中的 & 是取地址运算符，是将引用 ref 的地址赋予指针变量 p，则指针变量 p 的内容实质是变量 num 的地址。

（2）可以用一个引用初始化另一个引用，例如：

```
int num = 50;
int &ref1 = num;
int &ref2 = ref1;
ref2 = 100;                                //num 被修改为 100
```

其中，ref2 也是对 num 的引用。

（3）可以把函数的参数说明成引用，以建立函数参数的引用传递方式。

引用类型通常被用于主、子函数间需要互传大量数据的设计之中，从而减少大量数据经过堆栈的复制。在C语言中，主、子函数若要对非全局变量实施写操作，只能通过传递实（形）参的指针（地址）来实现，直接使用指针很容易造成地址溢出的错误；而用C++语言编制的同类程序中可使用引用类型使得传递的实参、形参都指向同一个内存地址，既减少了大量数据经过堆栈的复制，又避免了地址溢出错误的发生。这也是C++语言在总结C语言多年编程实践的经验、教训后取得的改进。

【例2.7】 数值交换（引用作为函数参数）示例。

```
# include <iostream>
using namespace std;

void swap(int &x, int &y);

int main()
{
    int x = 10, y = 20;
    cout <<"交换前: x = " << x <<"    y = " << y << endl;
    swap(x, y);
    cout <<"交换后: x = "<< x <<"    y = "<< y << endl;

    return 0;
}

void swap(int &rx, int &ry)                //引用作为形参
{
    int temp = rx;
    rx = ry;
    ry = temp;

    return;
}
```

程序的运行结果如图2.8所示。

【程序解析】

（1）有空指针，无空引用。

（2）引用不能用数据类型来初始化，例如：

int &ref = int;   //error

（3）函数调用可以作为左值。

引用表达式是一个左值表达式，因此它可以出现在形、实参数的任何一方。若一个函数返回了引用，那么该函数的调用也可以被赋值。一般，当返回值不是本函数内定义的局部变量时就可以返回一个引用。在通常情况下，引用返回值只用在需对函数的调用重新赋值的场合，也就是对函数的返回值重新赋值的时候。为避免将局部作用域中变量的地址返回，就

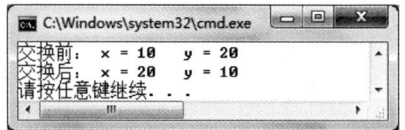

图2.8　例2.7的运行结果

使函数调用表达式作为左值来使用。

【例 2.8】 统计学生中 A 类学生与 B 类学生各为多少个。A 类学生的标准是平均分在 80 分以上，其余都是 B 类学生。

```cpp
# include < iostream >
using namespace std;

int array[6][4] = {{60,80,90,75},
                   {75,85,65,77},
                   {80,88,90,98},
                   {89,100,78,81},
                   {62,68,69,75},
                   {85,85,77,91}
                  };
int &level(int grade[], int size, int &tA, int &tB);

int main()
{
    int typeA = 0, typeB = 0;
    int student = 6;
    int gradesize = 4;
    for(int i = 0; i < student; i++)             //对所有的学生数据进行处理
        level(array[i], gradesize, typeA, typeB)++;  //函数调用作为左值
    cout <<"number of type A is " << typeA << endl;
    cout <<"number of type B is " << typeB << endl;

    return 0;
}

int &level(int grade[], int size, int &tA, int &tB)
{
    int sum = 0;
    for(int i = 0; i < size; i++)                //成绩总分
        sum += grade[i];
    sum/ = size;                                 //计算平均分
    if(sum >= 80)
        return tA;                               //A 类学生
    else
        return tB;                               //B 类学生
}
```

程序的运行结果如图 2.9 所示。

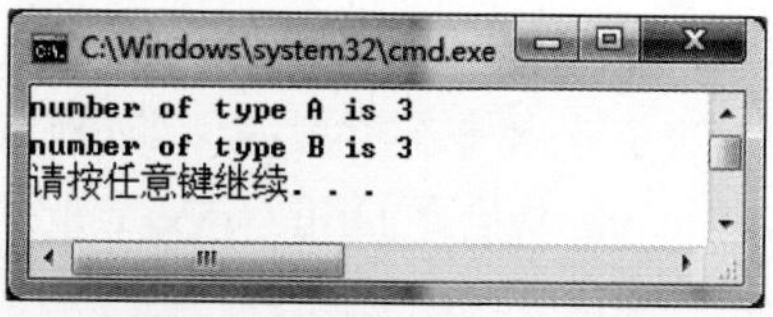

【程序解析】

该程序在 main() 函数中的语句"level(array[i], gradesize，typeA，typeB)++;"调用了 level() 函数，该函数的返回值为引用，返回值实质上是 main() 函数中 typeA 或 typeB 的引用，而引用是可以作为左值的。所以 level() 函数的调用作为左值。

图 2.9　例 2.8 的运行结果

观看视频

【例 2.9】 返回局部作用域内的变量，函数作为左值。

```
# include < iostream >
using namespace std;

float &fn2(float r)
{
    float temp;
    temp = r * r * 3.14f;
    return temp;                                //返回了局部变量
}

int main()
{
    fn2(5.0f) = 12.4f;
    //返回的是局部作用域内的变量,函数调用作为左值使用,此种情况应尽量避免
    return 0;
}
```

此程序在编译时会出现如图 2.10 所示的错误提示信息。

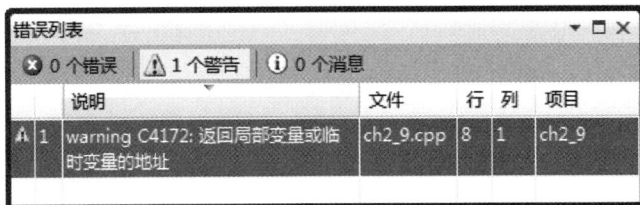

图 2.10 例 2.9 的错误提示信息

2.11 const 修饰符

在 C 语言中,习惯使用 # define 来定义常量,例如:

define PI 3.1415926

C90 标准新增了 const 关键字,用于限定一个变量为只读。

C++语言提供了一种更加灵活、安全的方式来定义常量,即使用 const 修饰符来定义常量,例如:

const float PI = 3.1415926;

这个常量是有类型的,它有地址,可以用指针指向这个值,但不能修改它。C++语言建议用 const 取代 # define 定义常量。

注意:

（1）使用 const 修饰符定义常量时,必须初始化。

（2）常量一旦被定义,在程序中任何地方都不能再更改。

（3）与 # define 定义的常量有所不同,const 定义的常量要有数据类型,这样 C++编译程序可以进行更加严格的类型检查,编译时具有良好的检测性。

（4）函数参数也可以用 const 说明，用于保证实参在该函数内部不被改动，大多数 C++ 编译器能对具有 const 参数的函数进行更好的代码优化。例如，通过函数 max() 求出整型数组 a[100] 中的最大值，函数原型应该为：

```
int max(const int * a);
```

这样做的目的是确保原数组的数据不被破坏，即在函数中对数组元素的操作只许读，不许写。

const 可以修饰引用，引用在定义时必须初始化，引用不能改变其指向。const 在 & 之前表明引用为常引用，常引用不能修改被引用变量的值；const 若在 & 之后，则不起作用。例如下述语句：

```
int i = 5;
const int &ref1 = i;                //等价于 int const &ref1 = i;
ref1 = 6;                           //错误,不能通过 ref1 修改 i 的值
int& const ref2 = i;                //const 不起作用,该语句等价于 int &ref2 = i;
```

const 可以与指针一起使用，它们的组合情况可归纳为三种：指向常量的指针、常指针和指向常量的常指针。设有语句"char parray[20] = "abcd";"。

（1）指向常量的指针是指一个指向常量的指针变量，例如：

```
const char *  pc = parray;              //声明指向常量的指针变量 pc,它指向字符数组 parray
```

由于使用了 const，不允许改变指针所指的常量，因此以下语句是错误的：

```
pc[3] = 'x';
```

但是由于 pc 是一个指向常量的普通指针变量，不是常指针，因此可以改变 pc 的值。例如，以下语句是允许的：

```
pc = "hello";
```

（2）常指针是指指针本身，而不是它指向的对象声明为常量，例如：

```
char * const pc = parray;               //常指针
```

这个语句的含义为：声明一个名为 pc 的指针变量，该指针是指向字符型数据的常指针，用字符数组的起始地址 parray 初始化该常指针。创建一个常指针，就是创建不能移动的固定指针，但是它所指的数据可以改变，例如：

```
pc[3] = 'x';                        //合法
pc = "hello";                       //不合法
```

（3）指向常量的常指针是指整个指针本身不能改变，它所指向的值也不能改变。要声明一个指向常量的常指针，二者都要声明为 const，例如：

```
const char *  const pc = parray;        //指向常量的常指针
```

这个语句的含义为：声明一个名为 pc 的指针变量，它是一个指向字符型常量的常指针，用字符数组的起始地址 parray 初始化该指针。以下两个语句都是错误的：

```
pc[3] = 'x';                        //错误,不能改变指针所指的值
pc = "hello";                       //错误,不能改变指针本身
```

观看视频

2.12　字　符　串

除了计算外，文本处理也是编程过程中一个非常重要的方面。在 C 语言中使用字符数组和字符指针实现字符串，但是在 C++ 语言中提供了一种既方便又好用的 string 类型。下面通过一个简单的例子说明 string 类型的使用。

【例 2.10】　字符串 string 类型的使用。

```
# include <iostream>
# include <string>              //使用字符串 string 类型的程序应包含头文件<string>
using namespace std;

int main()
{
    string s,t;
    cout <<"请输入一个字符串:"<< endl;
    cin >> s;                   /* 由键盘输入一行文本,并把它赋给 string 类型的变量 s,注意: 使用此
                                   方式输入的字符串中不能包含空白字符,具体请参见 7.1.2 节 */
    t = "I like programming!";
    cout <<"字符串的输出:"<< endl
        << s << endl << t << endl;
    cout << s.append(" OK!")<< endl;    //append() 为 string 类型的成员函数

    return 0;
}
```

程序的运行结果如图 2.11 所示。

图 2.11　例 2.10 的运行结果

2.13　C++语言中函数的新特性

C++ 语言中的函数除了继承 C 语言中函数的全部语法规则之外还增加了一些新特性，本节将着重讨论这些新特点及其应用。

2.13.1　函数原型

同 C 语言一样，编制 C++ 语言中的一个函数也要经过先声明（用函数原型（function prototype）来声明该函数的主要特征：函数的返回类型，函数名和参数的类型及个数）、再定义（函数具体过程的编写）和函数调用三个步骤。通常，C 语言中的前两步往往可以合并在一起实现。而 C++ 语言中不仅不提倡这样的编程形式，而且在某些特定条件（参见第 4 章的

友元函数)下甚至是不允许的。合并的另一个缺点就是在函数重载(参见 2.13.4 节)的情况下,很难使人看清不同重载函数之间的区别。C 语言不要求编程者为程序中的每个函数建立原型,而 C++语言要求为每个函数建立原型,用于说明函数的名称、参数个数及类型和函数返回值的类型。其主要目的是让 C++语言编译程序进行类型检查,即形参与实参的类型匹配检查,以及返回值是否与原型相符,以维护程序的正确性,所以应养成将声明与定义分别编写的编程习惯。函数原型与函数的定义要在函数的返回类型、函数名和参数的类型及个数这三条线上保持一致。当然,在编写函数原型时,可以省略形参的名字,因为参数名对编译器没有意义,但如果取名恰当,这些名字可以起到提示参数用途的作用。

2.13.2　内联函数

在执行程序过程中如果要进行函数调用,则系统要将程序当前的一些状态信息存到栈中,之后进行虚实结合,同时转到函数的代码处去执行函数体语句,这些参数保存与传递的过程中需要时间和空间的开销,使得程序执行效率降低,特别是在程序频繁地进行函数调用以及函数代码段语句比较少时,这个问题会变得更为严重。为了解决这个问题,C++引入了内联函数机制。

内联(inline)函数是 C++语言特有的一种附加函数类型,是通过在函数声明之前插入 inline 关键字实现的。编译器会将编译后的全部内联函数的目标机器代码复制到程序内所有的引用位置,并把往返传送的数据也都融合进引用位置的计算当中,用来避免函数调用机制所带来的开销,从而提高程序的执行效率。显然这是以增加程序代码空间为代价换来的。程序员可以将那些仅由少数几条简单语句组成,无 switch 开关语句和循环语句的函数定义为内联函数。即使插入了 inline 关键字的函数,也要由编译器按一定准则判断是否按其指定的 inline 的方式处理。对不同公司和不同版本的 C++编译器,这个判断标准也不一样。有些编译器还会对这类函数中的循环语句(如 for、while 等)报警或报错。

使用内联函数是一种用空间换时间的措施,若内联函数较长,且调用太频繁时,程序将加长很多。因此,通常只有较短的函数才定义为内联函数,对于较长的函数最好作为一般函数处理。

一般情况下,对内联函数做如下的限制。

(1) 不能有递归。

(2) 不能包含静态数据。

(3) 不能包含循环。

(4) 不能包含 switch 和 goto 语句。

(5) 不能包含数组。

若一个内联函数定义不满足以上限制,则编译系统把它当作普通函数处理。

【例 2.11】　内联函数的使用。

```
# include <iostream>
using namespace std;

inline double circumference(double radius);
/*内联函数的声明,如果此处省略 inline 关键字,即使在函数定义时加上 inline 关键字编译程序
    也不认为那是内联函数,对待该函数如普通函数那样产生该函数的调用代码并进行连接 */
```

```
int main()
{
    double r = 3.0,s;
    s = circumference(r);
    cout <<"the circumference is "<< s << endl;
    return 0;
}

inline double circumference(double radius)
//内联函数的定义,此处可以省略 inline 关键字
{
    return 2 * 3.1415926 * radius;
}
```

程序的运行结果如图 2.12 所示。

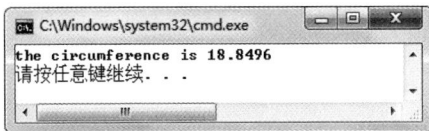

图 2.12　例 2.11 的运行结果

2.13.3　带默认参数的函数

如果在函数声明或函数定义中为形参指定一个初始值（默认值），则称此函数为带默认参数的函数,指定了初始值的参数称为默认参数。如果在函数调用时,指定了形参相对应的实参,则形参使用实参的值,如果未指定相应的实参,则形参使用默认值,这为函数的使用提供了很大的便利。当函数调用发生后,在形参表中赋值后的各默认值将起实参的传递作用。

例如,函数 init() 可以被声明为

```
void init(int x = 4);
```

如果有调用语句:

```
init(10);
```

则这个调用语句传递给形参的值为 10；如果调用语句为

```
init();
```

则这个调用语句传递给形参的值为 4,C++ 编译器根据函数说明补足调用 init() 时缺少的参数。

如果函数有多个默认参数,则默认参数必须是从右向左定义,并且在最右边一个默认参数的右边不能有未指定默认值的参数,例如:

```
void fun(int a, int b = 1, int c = 4, int d = 5);
```

这个函数声明语句是正确的,默认参数从最右边开始,中间没有间隔非默认参数,但是下面的函数声明语句:

```
void fun(int a = 3, int b = 6, int c, int d);
void fun(int a = 65, int b = 3, int c, int d = 3);
```

都是错误的。因为当编译器将实参传递给形参时,是从左到右进行的,如果不提供中间的实

参,编译器就无法区分随后的实参对应于哪个形参。

需要特别注意的是,如果在函数原型的声明中设置了函数参数的默认值,则不可再在函数定义的头部重复设置,否则编译时将出现错误信息。

思考:如果函数原型中参数无默认值,但在函数定义中参数带有默认值,编译能否通过? 当然,这要视情况而定。实质上这样的程序是不健壮的,在这种情况下写默认参数没有任何意义。若某函数原型如下:

```
void display(int a, int b);
```

而函数定义为:

```
void display(int a = 20, int b = 30)
{}
```

则函数调用"display(5,6);"是正确的,而函数调用"display();"是错误的,编译时会提示函数不接受 0 个参数。

请读者考虑如果函数原型和函数说明部分的默认参数若不同,会产生什么结果。

2.13.4 函数重载

观看视频

C++语言编译系统允许为两个或两个以上的函数取相同的函数名,但是形参的个数或者形参的类型不能相同,编译系统会根据实参和形参的类型及个数的最佳匹配,自动确定调用哪一个函数,这就是所谓的函数重载(overload)。函数重载使函数方便使用,便于记忆,也使程序设计更加灵活,增加程序的可读性。例如,求两个数中最大值的函数 max(),不管其参数是整数类型、实数类型、字符串,都可以使用同名函数来实现,调用时只需使用函数max()就可以了,编译器将根据实参的类型判断应该调用哪一个函数。

函数重载无须特别声明,只要所定义的函数与已经定义的同名函数形参形式不完全相同,C++语言编译器就认为是函数的重载,例如:

```
int max(int a, int b)
{
    if(a > b)
        return a;
    else
        return b;
}

float max(float a, float b)
{
    if(a > b)
        return a;
    else
        return b;
}

char * max(char * a, char * b)
{
    if(strcmp(a,b) > 0)
        return a;
    else
        return b;
}
```

这里定义了三个名为 max() 的函数，它们的函数原型不同，C++语言编译器在遇到程序中对 max() 函数的调用时将根据参数形式进行匹配，如果找不到对应的参数形式的函数定义，将认为该函数没有函数原型，编译器会给出错误信息。

C++语言允许重载函数有不同的参数个数。当函数名相同而参数个数不同时，C++语言编译器会自动按参数个数正确地定向到要调用的函数，例 2.12 说明了 C++语言的这一特性。

【例 2.12】 重载函数应用示例。

```cpp
# include <iostream>
using namespace std;

int add(int x, int y)
{
    int sum;
    sum = x + y;
    return sum;
}

int add(int x, int y, int z)
{
    int sum;
    sum = x + y + z;
    return sum;
}

int main()
{
    int a, b;
    a = add(5, 10);
    b = add(5, 10, 20);
    cout <<"a = "<< a << endl;
    cout <<"b = "<< b << endl;

    return 0;
}
```

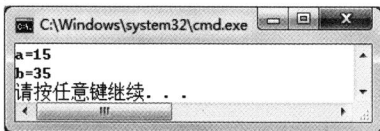

图 2.13 例 2.12 的运行结果

程序的运行结果如图 2.13 所示。

在使用重载函数时要注意：

（1）不可以定义几个具有相同名称、相同参数类型和相同参数个数，只是函数返回值不同的函数。例如，以下的定义是 C++语言不允许的。

```cpp
int func(int x);
float func(int x);
```

由此可见，C++语言是按函数的形参列表分辨相同名称的函数。如果形参列表相同，则不认为是重载函数。

（2）如果某个函数参数有默认值，必须保证其参数默认后调用形式不与其他函数混淆。例如下面的重载是错误的。

```
int f(int a, float b);
void f(int a, float b, int c = 0);
```

因为第二个函数省略参数 c 后,其形式与第一个函数参数形式相同。下面的函数调用语句:

```
f(10, 2.0);
```

具有二义性,既可以调用第一个函数,也可以调用第二个函数,编译器不能根据参数的形式确定到底应该调用哪一个。

2.13.5 函数模板

C++语言中可以使用模板来避免在程序中多次书写相同的代码。所谓模板是一种使用无类型参数来产生一系列函数或类的机制,是 C++语言的一个重要特征。它的实现方法方便了更大规模的软件开发。当设计者还不能确定程序在未来运行时所使用的某种数据类型时,便可使用模板来代替。编译器则会把编译时产生的符号表保留至运行阶段,根据实时传递的数据类型再临时确定分配存储空间算法。模板是以一种完全通用的方法来设计函数和类的,而不必预先说明将被使用的每个对象的数据类型。通过模板可以产生类或函数的集合,使它们操作不同数据类型的数据,从而避免为每一种数据类型产生一个单独的类或函数。

模板分为函数模板(function template)和类模板,类模板将在 5.4 节讲解。模板是建立通用的与数据类型无关的算法的重要手段,在学习与数据结构相关的表、排序与查找的知识和算法时,要逐步熟悉函数模板和类模板的编程方法。

C++语言提供的函数模板可以定义一个对任何类型变量进行操作的函数,从而大大增强了函数设计的通用性。这是因为普通函数只能传递变量参数,而函数模板提供了传递类型的机制。使用函数模板的方法是先说明函数模板,然后实例化成相应的模板函数进行调用执行。

1. 函数模板

函数模板的一般说明形式如下:

```
template<模板参数表>
返回值类型 函数名(模板函数形参表)
```

```
{
    //函数定义体
}
```

<模板参数表>角括号中不能为空,参数可以有多个,用逗号分开。模板参数主要是模板类型参数。模板类型参数(template type parameter)代表一种数据类型,由关键字 class 或 typename 后加一个标识符构成,在这里两个关键字的意义相同,它们表示后面的参数名代表一个基本数据类型或用户自定义数据类型。

如果模板类型参数多于一个,则每个类型参数都要使用 class 或 typename。在<模板参数表>中给出的每个类型参数都必须在模板函数形参表中得到使用,即作为形参的类型使用。

例如,template < class T >,则 T 可以在程序运行时被 C++语言支持的任何数据类型所取代。如有两个以上的模板参数时,使用逗号分隔,如 template < class T1,class T2 >。由于模板是专门为函数安排的，所以模板声明语句必须置于与其相关的函数声明或定义语句之前，但附于函数声明语句和定义语句前的模板参数表的替代类型标识符可以不一致。

函数模板定义不是一个实实在在的函数，编译系统不为其产生任何执行代码。该定义只是对函数的描述，表示它每次能单独处理在模板函数形参表中说明的数据类型。

【例 2.13】 编写一个对具有 n 个元素的数组 a[]求最小值的程序，将求最小值的函数设计成函数模板。

```cpp
# include <iostream>
using namespace std;

template <class T>                    //定义函数模板
T min(T a[ ], int n)
{
    int i;
    T minValue = a[0];
    for(i = 1; i < n; i++)
        if(minValue > a[i])
            minValue = a[i];
    return minValue;
}

int main()
{
    int a[ ] = {1,3,0,2,7,6,4,5,2};
    double b[ ] = {1.2, -3.4,6.8,9,8};
    cout <<"a 数组的最小值为: "<< min(a,9)<< endl;
    cout <<"b 数组的最小值为: "<< min(b,4)<< endl;

    return 0;
}
```

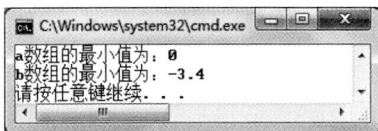

图 2.14　例 2.13 的运行结果

程序的运行结果如图 2.14 所示。

注意： 此例中，如果不采用函数模板，则需要用户自定义以下两个函数（这两个函数的算法完全相同）才可以使程序正常运行，通过此例也可以体会到使用模板的好处。

```cpp
double min(double a[ ], int n)
{
    int i;
    double minValue = a[0];
    for(i = 1; in; i++)
        if(minValue > a[i])
            minValue = a[i];
    return minValue;
}

int min(int a[ ], int n)
{
    int i;
    int minValue = a[0];
```

```
        for (i = 1;i<n;i++)
            if(minValue > a[i])
                minValue = a[i];
        return minValue;
    }
```

2. 模板函数

函数模板只是说明,不能直接执行,需要实例化为模板函数后才能执行。当编译系统发现有一个函数调用

```
    函数名(实参表);
```

时,将根据(实参表)中的类型生成一个重载函数,即模板函数。该模板函数的定义体与函数模板的函数定义体相同,而(形参表)的类型则以(实参表)的实际类型为依据。

模板函数有一个特点,虽然模板参数 T 可以实例化成各种类型,但是采用模板参数 T 的各参数之间必须保持类型完全一致。模板类型并不具有隐式的类型转换,例如在 int 与 char 之间、float 与 int 之间、float 与 double 之间等的隐式类型转换,而这种转换在 C++语言中是非常普遍的。

函数模板方法克服了 C 语言用大量不同函数名表示相似功能的坏习惯;避免了宏定义不能进行参数类型检查的弊端;省去了 C++语言函数重载用相同函数名字重写几个函数的烦琐。因而,函数模板是 C++语言中功能最强的特性之一,具有宏定义和重载的共同优点,是提高软件代码重用率的重要手段。

3. 函数模板与重载函数

当模板函数与重载函数同时出现在一个程序体内时,C++语言编译器的求解次序是先调用重载函数;如果不匹配,则调用模板函数;如果还不匹配则进行强制类型转换;前面几种方法都不对,则最后报告出错。

【例 2.14】　模板函数与重载函数同时出现在一个程序体中示例。

```
# include <iostream>
using namespace std;
# define PI 3.1415926535

template<class T>
double Circle_Square(T x)
{
    return x * x * PI;
}

double Circle_Square(long x)
{
    return x * x * PI;
}

int main()
{
```

```
int r1 = 1;
double r2 = 2.0;
long r3 = 3;
cout <<"The first circle square is   "<< Circle_Square(r1)<< endl
    <<"The second circle square is "<< Circle_Square(r2)<< endl
    <<"The third circle square is   "<< Circle_Square(r3)<< endl;

return 0;
}
```

程序的运行结果如图 2.15 所示。

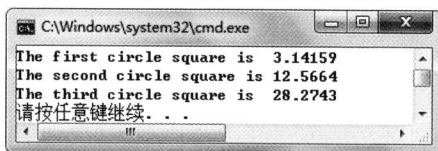

图 2.15 例 2.14 的运行结果

【程序解析】

本例中 Circle_Square(r1)、Circle_Square(r2)调用的是模板函数，而 Circle_Square(r3)调用的是重载函数 double Circle_Square(long x)。

习　　题

1. 分析下列程序的运行结果。

```
# include <iostream>
using namespace std;

int main()
{
    int * p = new int[3];
    for(int i = 0;i < 3;i++)
        p[i] = i;
    cout <<"p[0] = "<< p[0]<<"，  p[1] = "<< p[1]<<"，  p[2] = "<< p[2]<<"\n";

    p[1]++;
    cout <<"p[0] = "<< p[0]<<"，  p[1] = "<< p[1]<<"，  p[2] = "<< p[2]<<"\n";

    delete [1]p;
    cout <<"p[0] = "<< p[0]<<"，  p[1] = "<< p[1]<<"，  p[2] = "<< p[2]<<"\n";

    return 0;
}
```

2. 分析下列程序的运行结果。

```
# include <iostream>
```

```
using namespace std;

int main()
{
    int   i = 0,&l = i,&k = l;
    i = ++l - k;
    cout <<"i = "<< i << endl;

    return 0;
}
```

3. 论述 C++ 语言对 C 语言在结构化程序设计方面进行了哪些扩充。

4. 下述 C++ 程序代码有若干处错误,试找出并纠正之。

```
# include <iostream>
using namespace std;
const float PAI = 3.14159265;

float square(float r)
{
    return PAI * r * r;
}

float square(float high, length = 0)
{
    return high * length;
}

float ( * fs)(float,float = 0);

int main()
{
    fs = &square;
    cout <<"The circle's square is "<< fs(1.0)<<'\n';

    return 0;
}
```

5. 引用类型与指针类型有什么区别?

6. 使用内联函数有何限制?

7. 函数重载有什么好处?

8. 模板有什么作用? 函数模板和模板函数有什么区别?

类和对象

类是 C++语言支持面向对象思想的重要机制,是 C++语言实现数据隐藏和封装的基本单元,它将数据结构与操作紧密地结合起来,是实现面向对象其他特性的基础。类对象是类的实例,用类对象模拟现实世界中的事物比用一般的数据变量更加确切。

3.1 类

类是 C++语言的数据抽象和封装机制,它描述了一组具有相同属性(数据成员)和行为特征(成员函数)的对象。在系统实现中,类是一种共享机制,它提供了本类对象共享的操作实现。类是代码复用的基本单位,它可以实现抽象数据类型、创建对象、实现属性和行为的封装。例如,在学生中,有小学生、中学生、大学生等不同类型,但在描述时,可找出各种类型学生的共性,将其归为一类,即学生类。

对象是类的实例。类是对一组具有相同特征的对象的抽象描述,所有这些对象都是这个类的实例。例如,对于学籍管理系统,学生是一个类,而每个具体的学生则是学生类的一个实例。在程序设计语言中,类是一种数据类型,而对象是该类型的变量,变量名即是某个具体对象的标识。类和对象的关系相当于普通数据类型与其变量的关系。类是一种逻辑抽象概念。声明一个类只是定义了一种新的数据类型,声明对象才真正创建了这种数据类型的物理实体。由同一个类创建的各个对象具有完全相同的数据结构,但它们的数据值可能不同。

类提供了完整的解决特定问题的能力,因为类描述了数据结构(对象属性)、算法(对象行为)和外部接口(消息协议)。

在 C++语言中,一个类的定义包含数据成员和成员函数两部分内容。数据成员定义该类对象的属性,不同对象的属性值可以不同;成员函数定义了该类对象的操作,即行为。

3.1.1 类的定义

类由三部分组成:类名、数据成员和成员函数。类定义的一般格式如下:

```
class 类名
{
private:
    //私有数据成员和成员函数
public:
    //公有数据成员和成员函数
protected:
    //受保护的数据成员和成员函数
};
```

下面是有关类定义的几点说明。

(1) class 是定义类的关键字,类名是一种标识符,必须符合 C++语言标识符的命名规则。一般情况下,类名的首字母大写,以区别于普通的变量和对象。花括号内是类的定义体部分,说明该类的成员,类的成员包括数据成员和成员函数。

(2) 类成员的三种访问控制权限。

类成员有三种访问控制权限,分别是 private(私有成员)、public(公有成员)、protected(受保护成员),在每一种访问控制权限下,均可以定义数据成员和成员函数。

① 私有成员 private:私有成员是在类中被隐藏的部分,它往往是用来描述该类对象属性的一些数据成员,私有成员只能由本类的成员函数或某些特殊说明的函数(如第 4 章中的友元函数)访问,而类的外部函数无法访问私有成员,实现了访问权限的有效控制,使数据得到有效的保护,有利于数据的隐藏;使内部数据不被任意地访问和修改,也不会对该类以外的其余部分造成影响;使模块之间耦合程度降到最低。私有成员若处于类声明中的第一部分,可省略关键字 private。

② 公有成员 public:公有成员对外是完全开放的,公有成员一般是成员函数,它提供了外部程序与类的接口功能,用户通过公有成员访问该类中的数据。

③ 受保护成员 protected:只能由该类的成员函数、友元、公有派生类成员函数访问的成员。受保护成员与私有成员在一般情况下含义相同,它们的区别体现在类的继承中对产生的新类的影响不同,具体内容将在第 5 章中介绍。

默认访问控制(未指定 private、protected、public 访问权限)时,系统默认为私有成员。

类具有封装性,C++语言中的数据封装通过类来实现,外部不能随意访问权限说明为 protected 和 private 的成员。

(3) 由于类的公有成员提供了一个类的接口,所以一般情况下,先定义公有成员,再定义保护成员和私有成员,这样可以在阅读时首先了解这个类的接口。当然,类声明中的三种访问控制权限说明可以按任意顺序出现任意次。

(4) 数据成员可以是任何数据类型,但是不能用自动(auto)、寄存器(register)或外部(extern)进行说明。

(5) 注意在定义类时,不允许初始化数据成员,下面的定义是错误的。

```
class A
{
private:
    int n = 0;              //错误
    int m = 5;              //错误
...
};
```

(6) 结构体和类的区别。

C 语言中的结构体只有数据成员,无成员函数。C++语言中的结构体可有数据成员和成员函数。在默认情况下,结构体中的数据成员和成员函数都是公有的,而在类中是私有的。从外部可以随意修改结构体变量中的数据,对数据的这种操作是很不安全的,程序员不能通过结构体对数据进行保护和控制;在结构体中,数据和其相应的操作是分离的,使得程序的复杂性难以控制,而且程序的可重用性不好,严重影响了软件的生产效率。所以,一般仅有数据成员时使用结构体,当既有数据成员又有成员函数时使用类。

注意:在类定义时不要丢掉类定义的结束标志";"。

例如定义日期类:

```
class Tdate                              //定义日期类
{
public:                                  //定义公有成员函数
    void set(int m, int d, int y);       //设置日期值
    int isLeapYear();                    //判断是否是闰年
    void print();                        //输出日期值
private:                                 //定义私有数据成员
    int month;
    int day;
    int year;
};                                       //类定义体的结束
```

3.1.2 类中成员函数的定义

类的数据成员说明对象的特征,而成员函数决定对象的操作行为。成员函数是程序算法实现的部分,是对封装的数据进行操作的主要途径。类的成员函数有两种定义方法:外联定义和内联定义。

1. 外联定义成员函数(外联函数)

外联定义成员函数是指在类定义体中声明成员函数,而在类定义体外定义成员函数。在类中声明成员函数时,它所带的函数参数可以只指出其类型,而省略参数名;在类外定义成员函数时必须在函数名之前缀上类名,在函数名和类名之间加上作用域区分符"::",作用域区分符"::"指明一个成员函数或数据成员所在的类。作用域区分符"::"前若不加类名,则成为全局数据或全局函数(非成员函数)。

在类外定义成员函数的具体形式如下:

```
返回值类型 类名::成员函数名(形式参数表)
{
    //函数体
}
```

如 3.1.1 节提到的日期类中的三个成员函数分别定义如下:

```
void Tdate::set(int m, int d, int y)          //设置日期值
{
    month = m; day = d; year = y;
}
int Tdate::isLeapYear()                        //判断是否是闰年
{
    return(year % 4 == 0&&year % 100!= 0)||(year % 400 == 0);
}
void Tdate::print()                            //输出日期值
{
    cout << month <<"/"<< day <<"/"<< year << endl;
}
```

2. 内联定义成员函数(内联函数、内部函数、内置函数)

函数调用有一定的时间和空间方面的开销,时间开销影响了程序的执行效率,使用内联函数可以避免函数调用机制所带来的时间开销,提高程序的执行效率。程序在编译时将内联成员函数的代码插入在函数的每个调用处,作为函数体的内部扩展。由于在编译时函数体中的代码被替代到程序中,因此会增加目标程序代码量,进而增加空间开销,而在时间开销上不像函数调用时那么大,所以提高了程序的执行效率。可以将这些仅由少数几条简单语句组成,却在程序中被频繁调用的函数定义为内联成员函数。一般情况下,内联函数体中不包含循环语句和 switch 语句。

内联成员函数有两种定义方法,一种方法是在类定义体内定义,另一种方法是使用 inline 关键字。

(1) 在类定义体内定义内联成员函数(隐式声明)。

```
class Tdate
{
public:
    void set(int m, int d, int y)              //设置日期值
    {
        month = m; day = d; year = y;
    }
    int isLeapYear()                           //判断是否是闰年
    {
        return(year % 4 == 0&&year % 100!= 0)||(year % 400 == 0);
    }
    void print()                               //输出日期值
    {
        cout << month <<"/"<< day <<"/"<< year << endl;
    }
private:
    int month;
    int day;
    int year;
};
```

(2) 使用关键字 inline 定义内联成员函数(显式声明)。

如果在类定义体外定义函数时使用关键字 inline,则可将定义在类定义体外的函数声明为内联成员函数。也可在类定义体内相应函数的前面增加关键字 inline,将该函数声明为内联成员函数。

例如,Tdate 类中 Set()内联函数的定义体为:

```
inline void Tdate::Set(int m, int d, int y)        //设置日期值
{
    month = m; day = d; year = y;
}
```

或

```
void inline Tdate::Set(int m, int d, int y)        //设置日期值
{
    month = m; day = d; year = y;
}
```

3. C++程序的多文件结构

C++语言是混合型语言，它既支持结构化程序设计，又支持面向对象程序设计。C++语言支持面向对象程序设计，主要体现在类的定义和应用上。一般情况下，一个模块由规范说明和实现两部分组成。规范说明部分描述一个模块与其他模块的接口，而实现部分则是模块的实现细节。模块中的规范说明部分作为一个单独的文件存放起来，这个文件被称为头文件，其扩展名为".h"；而实现部分可能由多个扩展名为".cpp"的文件组成。一般一个较大的程序可以分为三种文件来保存。

（1）类的定义。将不同类的定义分别作为一个头文件来保存（主文件名一般为类名），成员函数一般采用外联定义方式。若是内联函数，则其原型和定义一般归入头文件。

（2）类的实现。不同类的实现部分分别作为一个文件（.cpp 文件），用来保存类中成员函数的定义。

（3）类的使用。类的使用放在一个单独的.cpp 文件中，该文件使用♯include 编译预处理命令包含类定义的头文件，在 main()函数中使用不同的类。

模块化是信息隐蔽的重要思想，信息隐蔽对开发大的程序非常有用，可以在极大程度上保证程序的质量。类的用户只需了解类的外部接口，而无须了解类的内部实现。类的用户只能应用类的外部接口，不能修改类的内部结构。

【例 3.1】 在头文件中定义类，在程序文件中定义成员函数示例。

```
//tdate.h 这个头文件只存放有关 Tdate 类的定义说明
#ifndef Tdate_H                        //用来避免重复定义
#define Tdate_H                        //不是类的一部分
class Tdate
{
public:
    void set(int,int,int);             //成员函数原型
    int isLeapYear();
    void print();
private:
    int month;
    int day;
    int year;
};                                     //Tdate 类定义的结束
#endif                                 //Tdate_H

//tdate.cpp 类 Tdate 的实现部分
#include <iostream>    /* 因为 tdate.cpp 文件要访问运算符<< 和 ostream 类对象 cout,而这二者
                          都是定义在 iostream 类中的,所以包含 iostream 头文件 */

#include "tdate.h"     //包含用户自定义的头文件,该文件中提供了 Tdate 类的定义
using namespace std;

void Tdate::set(int m,int d,int y)
{
    month = m; day = d; year = y;
```

```
}

int Tdate::isLeapYear()
{
    return ((year % 4 == 0 && year % 100 != 0)||(year % 400 == 0));
}

void Tdate::print()
{
    cout << month << "/" << day << "/" << year << endl;
}
```

类的应用在此例中没有给出,具体参见例 3.2。

说明:头文件 tdate.h 中前两行

```
# ifndef Tdate_H                            //用来避免重复定义
# define Tdate_H                            //不是类的一部分
```

的作用是,如果一个程序系统中的多个文件均包含 Tdate 类,则在编译时可以避免 Tdate 类中标识符的重复定义。类定义前的这些行可使编译器跳过文件中最后一行♯endif//Tdate_H 之前的所有行。

除了第一次之外,以后编译器每遇到编译预处理命令♯include "tdate.h"则以♯ifndef(如果没有定义)开始的命令行测试标识符 Tdate_H 是否已经定义。如果没有定义,则第二行定义标识符 Tdate_H,且它的值为 NULL,然后编译器处理文件 tdate.h 中的其余行。如果以后再一次包含了 tdate.h 文件,则编译器要处理第一行♯ifndef Tdate_H,确定了标识符 Tdate_H 已经定义,则命令行♯endif 之前的所有行都被跳过,不进行编译,因此避免了类中标识符的重复定义。名字 Tdate_H 没有任何特殊的意义,只是在类名的末尾加了_H。

3.2 对　　象

1. 对象的基本概念

现实生活中,任何事物都可以称为对象,它是无所不在的。用面向对象方法开发一个系统时,对象的识别与描述只限定在待开发的软件系统中与系统目标相关的事物。

用面向对象方法开发的软件系统中,对象是类的实例,是属性和服务的封装体。一个对象就是一个实际问题域中的实体,它包含了数据结构和所需的相关操作功能,形成了一个基本程序模块。

对象的属性用于描述对象的静态数据特征。如人类有大脑、五官、四肢,鸟有翅膀、羽毛,树有根、茎、叶等,这些都是描述对象的静态数据特征。对象的属性可用系统的或用户自定义的数据类型来表示,也可以用抽象的数据类型表示。对象属性值的集合称为对象的状态(state)。

对象的服务用于描述对象的动态特征,也称为行为或性能,它是定义在对象属性基础上的一组操作方法(method)的集合。如人类有思维能力、有语言能力、可直立行走等,鸟类有翅膀可以飞行等。对象的服务是响应消息而完成的算法,它体现了对象的行为能力。对象的服务包括自操作和它操作,自操作是对象对其内部的数据属性进行的操作,它操作是对其他对象进行的操作。

当一个对象映射为软件实现时由以下三部分组成。

(1) 私有的数据:用于描述对象的内部状态。

(2) 处理:也称为操作或方法,对私有数据进行运算。

(3) 接口:这是对象可被共享的部分,消息通过接口调用相应的操作。接口规定哪些操作是允许的,但并不提供操作是如何实现的信息。

2. 对象的定义

对象的定义有两种方法,可以在定义类的同时直接定义,也可以在使用时通过类进行定义。

(1) 方法一:在定义类的同时直接定义。

```
class Location
{
public:
    void init(int x0, int y0);
    int getX(void);
    int getY(void);
private:
    int x, y;
}dot1,dot2;
```

(2) 方法二:在使用时定义对象。

格式如下:

> 类名 标识符,…,标识符;

例如:

```
Location dot1,dot2;
```

3. 成员的访问

定义了类及其对象,就可以调用公有成员函数实现对对象内部属性的访问。当然,不论是数据成员,还是成员函数,只要是公有的(public),在类的外部就可以通过类的对象进行访问。对公有成员的调用可以通过以下几种方法来实现。

(1) 通过对象调用成员。

格式如下:

> 对象名.公有成员

其中,"."称为对象选择符,简称点运算符。

(2) 通过指向对象的指针调用成员。

格式如下:

> 指向对象的指针->公有成员

或

```
( * 对象指针名).公有成员
```

（3）通过对象的引用调用成员。

格式如下：

```
对象的引用.公有成员
```

需要注意的是，对象中的私有成员是类中隐藏的数据，类的外部一般不能访问对象的私有成员（友元除外），需要通过该类的公有成员函数来访问它们。例如定义时钟类：

```cpp
class Clock
{
public:
    void init();
    void update();
    void display();
private:
    int hour, minute, second;
};
int main()
{
    Clock myClock, * pclock;
    //定义对象 myClock 和指向 Clock 类对象的指针 pclock
    myClock.init();                         //通过对象访问公有成员函数
    pclock = &myClock;                      //指针 pclock 指向对象 myClock
    pclock -> display();                    //通过指针访问成员函数
    //myClock.hour = 4;该语句错误,因为对象不能访问其私有成员
    return 0;
}
```

【例 3.2】 类成员的访问示例。

此例的项目文件中包含了例 3.1 中的 tdate.h 头文件和 tdate.cpp 源程序文件以及下述的 ch3_2.cpp 文件，共 3 个文件。在 Visual C++ 2010 环境中新建的项目中添加头文件 tdate.h，添加源文件 tdate.cpp 和 ch3_2.cpp，该项目的文件结构如图 3.1 所示。源程序代码如下：

观看视频

```cpp
// ch3_2.cpp
# include <iostream>
# include "tdate.h"
using namespace std;

void someFunc(Tdate& refs)
{
    refs.print();                           //通过对象的引用调用成员函数
    if(refs.isLeapYear())                   //通过对象的引用调用成员函数
        cout << "Yes\n";
    else
        cout << "No\n";
}

int main()                                  //类的应用部分
{
```

```
Tdate s, * pTdate = &s;                    //pTdate 为指向 Tdate 类对象的指针
s.set(2,15,1998);                          //通过对象调用成员函数
pTdate -> print();                         //通过指向对象的指针调用成员函数
if(( * pTdate).isLeapYear())               //通过指向对象的指针调用成员函数
    cout << "Yes\n";
else
    cout << "No\n";
someFunc(s);                               //对象的地址传给引用

    return 0;
}
```

程序的运行结果如图 3.2 所示。

图 3.1　例 3.1 项目文件结构

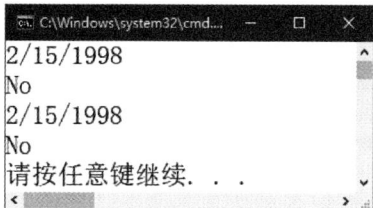

图 3.2　例 3.2 的运行结果

　　为了提高程序的可读性,类的定义和类的实现存放在不同的文件中,也可以采用例 3.3 的方式在项目中添加类,系统会自动创建对应的.h 头文件和.cpp 源文件以简化程序员操作。由于本书中的例题相对比较简单,为方便教材的编写,部分例题仍将类的定义和实现放在同一个文件中。如果程序比较复杂,建议读者将类的定义和实现部分分别放在头文件和对应的源程序文件中。

　　【例 3.3】 堆栈 Cstack 类的实现,该类用于存储字符。

　　在 Visual C++ 2010 环境中新建"Win32 控制台应用程序"项目 ch3_3,在解决方案资源管理器中右击 ch3_3 项目名称,在弹出的快捷菜单中选择"添加"→"类",弹出如图 3.3 所示的"添加类"对话框,在该对话框中选中"C++类",单击"添加"按钮,弹出如图 3.4 所示的"一般 C++类向导"对话框,在"类名"文本框中输入 Cstack,项目中会自动添加 Cstack.h 和 Cstack.cpp 两个文件,单击"完成"按钮。

　　自动生成的 Cstack.h 头文件的内容如下:

```
# pragma once
class Cstack
{
public:
    Cstack(void);
    ~Cstack(void);
};
```

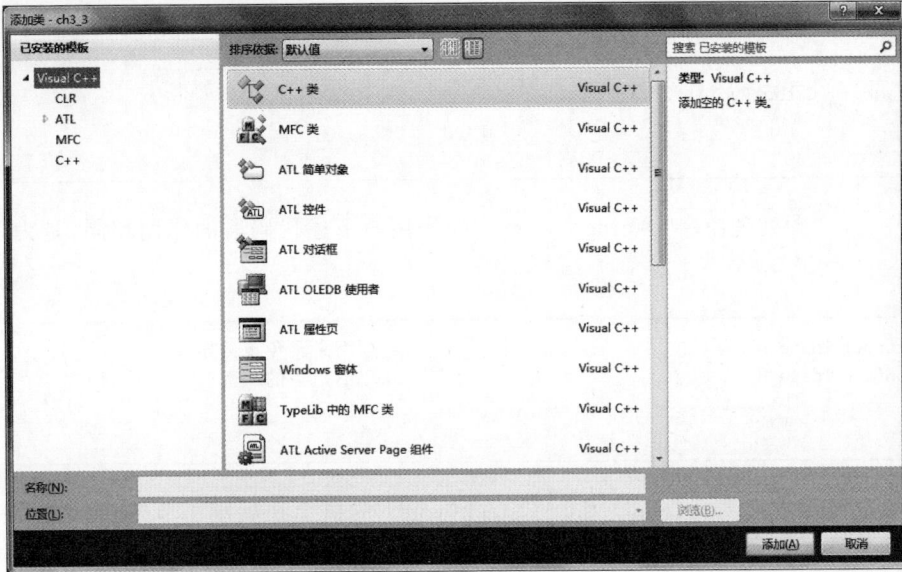

图 3.3　"添加类"对话框

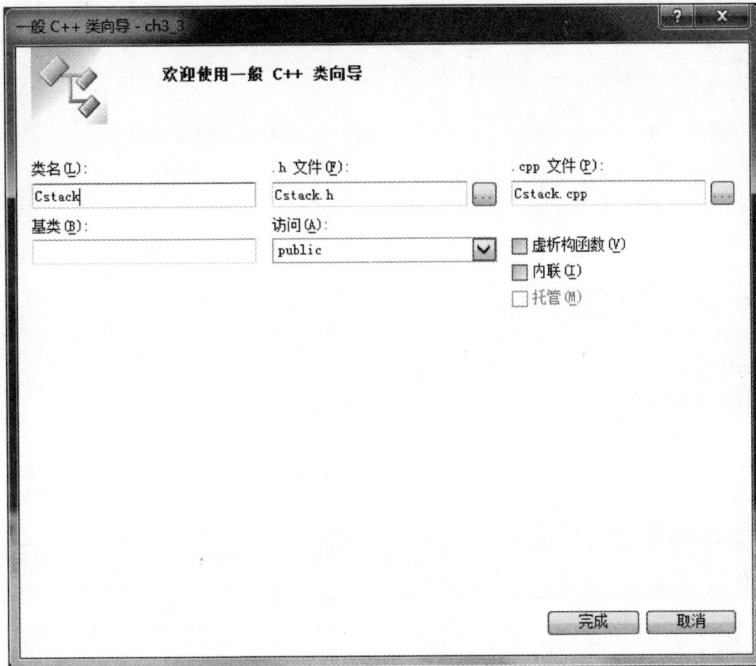

图 3.4　"一般 C++类向导"对话框

自动生成的 Cstack.cpp 源文件的内容如下：

```
# include "Cstack.h"


Cstack::Cstack(void)
{
```

```
}

Cstack::~Cstack(void)
{
}
```

其中，编译预处理命令"♯pragma once"的作用与下述代码段的作用相同，是为了避免重复定义。

```
♯ ifndef Tdate_H                          //用来避免重复定义
♯ define Tdate_H                          //不是类的一部分
…
♯ endif
```

特殊成员函数 Cstack(void) 和 ～Cstack(void) 的概念在后续小节中加以讲解。用户在此基础上修改 Cstack.h 和 Cstack.cpp 文件即可完成类和成员函数的定义，之后再添加 ch3_3.cpp 源文件即可完成该程序。完整的源程序代码如下：

```cpp
// Cstack.h
♯ pragma once

const int SIZE = 10;                      //最多存储字符数

class Cstack
{
public:
    Cstack(void);
    ~Cstack(void);
    void init();
    char  push(char ch);
    char  pop();
private:
    char stk[SIZE];
    int   position;
};
```

```cpp
// Cstack.cpp
♯ include "Cstack.h"
♯ include <iostream>
using namespace std;

Cstack::Cstack(void)
{
}

Cstack::~Cstack(void)
```

```cpp
{
}

void Cstack::init()
{
    position = 0;
}

char Cstack::push(char ch)
{
    if (position == SIZE)
    {
        cout <<"\n 栈已满 \n";
        return 0;
    }
    stk [position++] = ch;
    return   ch;
}


char Cstack::pop()
{
    if (position == 0)
    {
        cout <<"\n 栈已空"<< endl;
        return 0;
    }
    return stk[ -- position];
}
```

```cpp
// ch3_3.cpp
# include <iostream>
# include "Cstack.h"
using namespace std;

int main()
{
    Cstack s;
    s.init();
    char ch;
    cout <<"请输入字符: "<< endl;
    cin >> ch;
    while(ch != '#'&& s.push(ch))
        cin >> ch;
    cout <<"\n 现在输出栈内数据\n";
    while(ch = s.pop())
        cout << ch <<" ";

    return 0;
}
```

程序的运行结果如图 3.5 所示。

4. 名字解析和 this 指针

1）名字解析

在调用成员函数时,通常使用缩写形式,如例 3.2 中的表达式 s.set(2,15,1998) 就是 s.Tdate:: set(2,15,1998)的缩写,因此可以定义两个或多个类的具有相同名字的成员而不会产生二义性。

图 3.5 例 3.3 的运行结果

2）this 指针

当一个成员函数被调用时,C++语言自动向它传递一个隐藏的参数,该参数是一个指向接受该函数调用的对象的指针,在程序中可以使用关键字 this 来引用该指针,因此称该指针为 this 指针。this 指针是 C++语言实现封装的一种机制,它将成员和用于操作这些成员的成员函数连接在一起。例如,Tdate 类的成员函数 set()被定义为

```
void Tdate::set(int m,int d,int y)              //设置日期值
{
    month = m; day = d; year = y;
}
```

其中,对 month、day 和 year 的引用,表示的是在该成员函数被调用时,引用接收该函数调用的对象中的数据成员 month、day 和 year。例如,对于下面的语句:

```
Tdate dd;
dd.set(5,16,1990);
```

当调用成员函数 set 时,该成员函数的 this 指针指向类 Tdate 的对象 dd。成员函数 set 中对 month、day 和 year 的引用表示引用对象 dd 的数据成员。C++语言编译器所认识的成员函数 set 的定义形式为

```
void Tdate::set(int m,int d,int y)              //设置日期值
{
    this -> month = m; this -> day = d; this -> year = y;
}
```

即对于该成员函数中访问的类的任何数据成员,C++语言编译器都认为是访问 this 指针所指向对象的成员。由于不同的对象调用成员函数 set()时,this 指针指向不同的对象,因此,成员函数 set()可以为不同对象的 month、day 和 year 赋初值。使用 this 指针,保证了每个对象可以拥有不同的数据成员值,但处理这些数据成员的代码可以被所有的对象共享。

5. 带默认参数的成员函数和重载成员函数

同普通函数一样,类的成员函数也可以是带默认值的函数,其调用规则与普通函数相同。成员函数也可以是重载函数,类的成员函数的重载与全局函数的重载方法相同。

【例 3.4】 带默认参数的成员函数。

该程序共包括两个源文件 Tdate.h 和 ch3_4.cpp,源程序代码如下:

```
// Tdate.h
# include <iostream>
using namespace std;
```

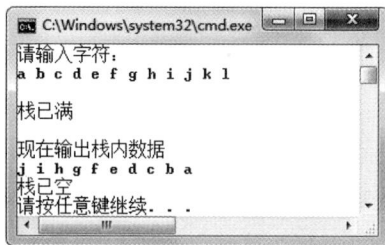

```
class Tdate
{
public:
    void set(int m = 5, int d = 16, int y = 1990)          //设置日期值
    {
        month = m; day = d; year = y;
    }
    void print()                                           //输出日期值
    {
        cout << month <<"/"<< day <<"/"<< year << endl;
    }
private:
    int month;
    int day;
    int year;
};
```

```
// ch3_4.cpp
# include "Tdate. h"

int main()
{
    Tdate a, b, c, d;
    a. set(4, 12, 1996);
    b. set(3);
    c. set(8, 10);
    d. set();
    a. print();
    b. print();
    c. print();
    d. print();

    return 0;
}
```

程序的运行结果如图 3.6 所示。

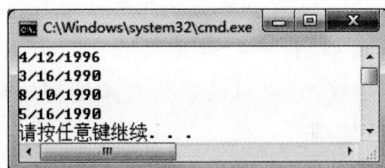

图 3.6　例 3.4 的运行结果

【例 3.5】　重载成员函数示例。

```
// ch3_5.cpp
# include <iostream>
using namespace std;

class Cube
{
public:
```

```
        int volume( int ht, int wd)
        {
            return ht * wd;
        }
        int volume( int ht, int wd, int dp)
        {
            height = ht;
            width = wd;
            depth = dp;
            return height * width * depth;
        }
private:
    int height, width, depth;
};

int main( )
{
    Cube cube1;
    cout << cube1.volume(10,20) << endl;          //调用带 2 个参数的成员函数
    cout << cube1.volume(10,20,30) << endl;       //调用带 3 个参数的成员函数

    return 0;
}
```

程序的运行结果如图 3.7 所示。

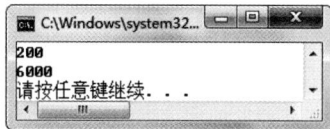

图 3.7　例 3.5 的运行结果

3.3　构造函数和析构函数

观看视频

　　当定义一个对象时,对象的状态(数据成员的取值)是不确定的。但对象表达了现实世界的实体,因此,一旦声明对象,必须有一个有意义的初始值。C++语言中有一个称为构造函数(constructor)的特殊成员函数,它可自动进行对象的初始化,还有一个析构函数在对象撤销时执行清理任务,进行善后处理。

　　构造函数和析构函数是类中的两个特殊的成员函数,具有普通成员函数的许多共同特性,但还具有一些独特的特性,可以归纳成以下几点。

　　(1) 它们都没有返回值说明,也就是说定义构造函数和析构函数时不能指出函数返回值的类型,即使是 void 也不能有,构造函数中可以有无值的 return 语句。

　　(2) 它们不能被继承。

　　(3) 和大多数 C++函数一样,构造函数可以有默认参数。

　　(4) 析构函数可以是虚的(virtual),但构造函数不可以是虚的。

　　(5) 不可取它们的地址。

　　(6) 不能用常规调用方法调用构造函数,当使用完全的限定名(带对象名、类名和函数

名)时可以调用析构函数。比较特殊的是,在对象数组中,初始化数组元素时可以显式调用构造函数,参见例 3.11。

(7) 当定义对象时,编译程序自动调用构造函数；当删除对象时,编译程序自动调用析构函数。

3.3.1 构造函数

对象的初始化是指对象数据成员的初始化,在使用对象前,一定要进行初始化。由于数据成员一般为私有的(private),所以不能直接赋值。对象初始化有以下两种方法。

一种方法是类中提供一个普通成员函数来初始化,但是会造成使用上的不便(使用对象前必须显式调用该函数)和不安全(未调用初始化函数就使用对象)。

另一种方法是使用构造函数对对象进行初始化。下面具体介绍构造函数及其使用方法。

1. 构造函数

构造函数是一个与类同名,没有返回值的特殊成员函数。一般用于初始化类的数据成员,每当创建一个对象时(包括使用 new 动态创建对象),编译系统就自动调用构造函数。构造函数既可在类外定义,也可作为内联函数在类内定义。

构造函数定义了创建对象的方法,提供了初始化对象的一种简便手段。在类外定义构造函数时,其声明格式为

```
<类名>::构造函数名(<形式参数表>)
```

定义了构造函数后,在定义该类对象时可以将参数传递给构造函数来初始化该对象。

一个类可以有多个构造函数,但它们的形式参数的类型和个数不能完全相同,编译器在编译时可以根据参数的不同选择不同的构造函数。

【例 3.6】 构造函数的定义和调用示例。

项目中包含 MyQueue.h、MyQueue.cpp 和 ch3_6.cpp 三个文件。

```cpp
// MyQueue.h
#pragma once
class MyQueue
{
public:
    MyQueue(void);
    ~MyQueue(void);
    void qput(int i);
    int qget();
private:
    int q[100];
    int sloc,rloc;
};

// MyQueue.cpp
#include "MyQueue.h"
#include <iostream>
using namespace std;
```

```
MyQueue::MyQueue(void)
{
    sloc = rloc = 0;
    cout << "queue initialized\n";
}

MyQueue::~MyQueue(void)
{
}

void MyQueue::qput(int i)
{
    if(sloc == 100)
    {
        cout << "queue is full\n";
        return;
    }
    sloc++;
    q[sloc] = i;
}

int MyQueue::qget()
{
    if(rloc == sloc)
    {
        cout << "queue is empty\n";
        return 0;
    }
    rloc++;
    return q[rloc];
}

// ch3_6.cpp
# include "MyQueue.h"
# include <iostream>
using namespace std;

int main()
{
    MyQueue a,b;
    a.qput(10);
    b.qput(20);
    a.qput(20);
    b.qput(19);
    cout << a.qget()<< "    ";
    cout << a.qget()<< "\n";
    cout << b.qget()<< "    ";
    cout << b.qget()<< "\n";
    return 0;
}
```

程序的运行结果如图 3.8 所示。

【程序解析】

MyQueue 类为队列类，队列是一种先进先出的线性表。从此例可以看出，在 main( ) 函数中，构造函数 MyQueue()没有被显式调用。正如前面提到的，构造函数是在定义对象时被系统自动调用的，也就是说在定义对象 a、b 的同时 a. MyQueue：：MyQueue( ) 和 b. MyQueue：：MyQueue()被自动调用执行。

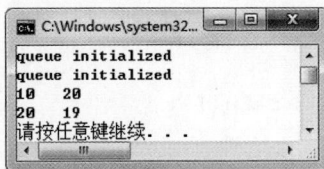

图 3.8　例 3.6 的运行结果

【例 3.7】　构造函数的重载。

项目中包含 TestOverloadConstructor. h、TestOverloadConstructor. cpp 和 ch3_7. cpp 三个文件。

```cpp
// TestOverloadConstructor. h
# pragma once
class TestOverloadConstructor
{
public:
    TestOverloadConstructor(void);
    ~TestOverloadConstructor(void);
    TestOverloadConstructor(int n, float f);          //参数化的构造函数
private:
    int num;
    float f1;
};

// TestOverloadConstructor.cpp
# include "TestOverloadConstructor. h"
# include <iostream>
using namespace std;


TestOverloadConstructor::TestOverloadConstructor(void)
{
    num = 0;
    f1 = 0.0;
    cout <<"Initializing default "<< num <<", "<< f1 << endl;
    cout <<" -------------------------- "<< endl;
}

TestOverloadConstructor::TestOverloadConstructor(int n, float f)
{
    num = n;
    f1 = f;
    cout <<"Initializing "<< num <<", "<< f1 << endl;
    cout <<" -------------------------- "<< endl;
}


TestOverloadConstructor::~TestOverloadConstructor(void)
{
}
```

```
// ch3_7.cpp
# include "TestOverloadConstructor.h"

int main()
{
    TestOverloadConstructor x;                                      //调用无参的构造函数
    TestOverloadConstructor y(10, 21.5f);                           //调用带两个参数的构造函数
    TestOverloadConstructor * px = new TestOverloadConstructor;
    //调用无参的构造函数
    TestOverloadConstructor * py = new TestOverloadConstructor(100,36.6f);
    //调用带两个参数的构造函数

    return 0;
}
```

程序的运行结果如图 3.9 所示。

类的构造函数一般是公有的（public），但有时也声明为私有的，其作用是限制创建该类对象的范围，即只能在本类和友元中创建该类对象。

图 3.9 例 3.7 的运行结果

2. 带默认参数的构造函数

构造函数也可以使用默认参数，但要注意，必须保证参数默认后，函数形式不能与其他构造函数完全相同。即在使用带默认参数的构造函数时，要注意避免二义性。所带的参数个数或参数类型必须有所不同，否则系统调用时会出现二义性。

【例 3.8】 带默认参数的构造函数示例。

项目中包含 Tdate.h、Tdate.cpp 和 ch3_8.cpp 三个文件。

```
// Tdate.h
# pragma once
class Tdate
{
public:
    Tdate(int m = 5, int d = 16, int y = 1990);
    ~Tdate(void);
private:
    int month;
    int day;
    int year;
};

// Tdate.cpp
# include "Tdate.h"
# include <iostream>
using namespace std;

Tdate::Tdate(int m, int d, int y)
{
    month = m;   day = d;   year = y;
    cout << month <<"/" << day <<"/" << year << endl;
}
```

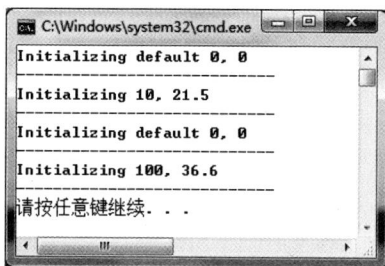

```
Tdate::~Tdate(void)
{
}

// ch3_8.cpp
# include "Tdate.h"

int main()
{
    Tdate aday;
    Tdate bday(2);
    Tdate cday(3,12);
    Tdate dday(1,2,1998);
    return 0;
}
```

程序的运行结果如图 3.10 所示。

【程序解析】

(1) 如果在 Tdate 类增加无参的构造函数 Tdate::Tdate(void)，则编译时会出现如图 3.11 所示的警告和错误信息。警告信息表示 Tdate 类指定了多个默认构造函数。错误信息指编译语句"Tdate aday;"时，对重载函数的调用不明确。

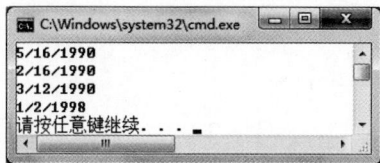

图 3.10　例 3.8 的运行结果

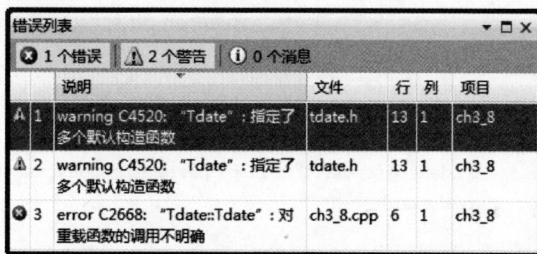

图 3.11　重载函数调用不明确错误的提示信息

(2) 函数声明时加默认参数，则定义时须去掉默认参数。如果在定义函数时的说明部分加默认参数，如下所示：

```
Tdate::Tdate(int m = 5, int d = 16, int y = 1990)
{
    month = m;   day = d;   year = y;
    cout << month <<"/" << day <<"/" << year << endl;
}
```

编译时则会出现如图 3.12 所示的错误信息。

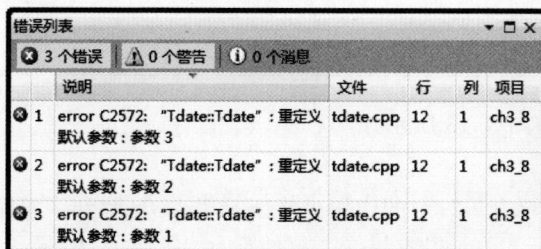

图 3.12　重定义默认参数错误的提示信息

3. 默认构造函数

C++语言规定，每个类必须有一个构造函数，没有构造函数，就不能创建任何对象。若用户未显式定义一个类的构造函数，则 C++语言提供一个默认构造函数，该默认构造函数是一个无参构造函数，其函数体为空，它仅负责创建对象，不做任何初始化工作。

只要一个类定义了一个构造函数（不一定是无参构造函数），C++语言就不再提供默认的构造函数。如果为类定义了一个带参数的构造函数，还想要使用无参构造函数，则必须自己定义。

与变量定义类似，在用默认构造函数创建对象时，如果创建的是全局对象或静态对象，则对象的位模式全为 0；否则，对象值是随机的。

【例 3.9】 默认构造函数示例。

```cpp
// ch3_9.cpp
# include <iostream>
using namespace std;

class Student
{
public:
    Student(char *  pName)
    {
        cout <<"call one parameter constructor"<< endl;
        strncpy_s(name,pName,sizeof(name));
        name[sizeof(name) - 1] = '\0';
        cout <<"the name is "<< name << endl;
    }
    Student(){cout <<"call no parameter constructor"<< endl;}
    void display()
    {
        cout <<"the name of the student is "<< name << endl;
    }
protected:
    char name[20];
};

int main()
{
    static Student noName1;
    Student noName2;
    Student ss("Jenny");
    noName1.display();
    noName2.display();
    return 0;
}
```

程序的运行结果如图 3.13 所示。

【程序解析】

（1）函数 strncpy_s(s1,s2,n)的作用是将字符串 s2 复制到字符串 s1 中，但最多复制 n 个字符。

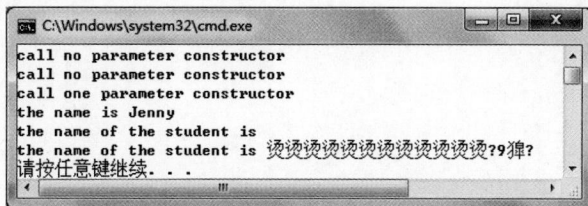

图 3.13 例 3.9 的运行结果

（2）创建 noName1 对象和 noName2 对象时，调用了无参构造函数；而创建 ss 对象时，提供了一个实际参数"Jenny"，所以调用的是带一个参数的构造函数。

（3）noName1 对象为 static 对象，其位模式为 0，输出其姓名为空；noName2 为非 static 的局部变量，其姓名为随机值。

（4）该例中无参构造函数的定义不能省略，在 main()函数中创建对象 noName1 和 noName2 时会调用此函数，因为用户一旦定义了构造函数，系统不再提供默认构造函数。如果省略无参构造函数的定义，则编译时会出现如图 3.14 所示的错误信息。

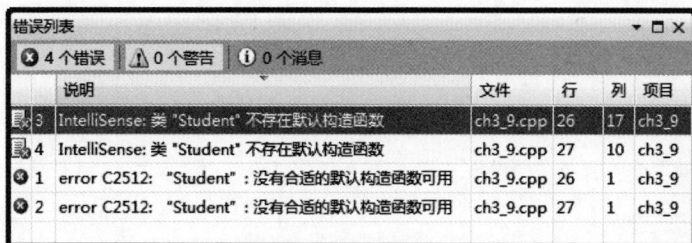

图 3.14 省略无参构造函数错误的提示信息

4. 对象数组

对象数组是指每个数组元素都是对象的数组，也就是说，若某一个类有若干对象，这一系列被创建的对象可用一个数组来存放。

若要说明一个带有构造函数的类的对象数组，这个类一般情况下会定义一个无参构造函数或带有默认参数的构造函数。因为当声明一个对象数组时，编译程序会为这个对象数组的每个元素调用一次构造函数来创建对象，如例 3.10 所示。

若类中没有无参构造函数，则在说明对象数组时必须为数组元素提供初始值，如例 3.11 所示。

观看视频

【**例 3.10**】 对象数组示例 1。

项目中包含 Test.h、Test.cpp 和 ch3_10.cpp 三个文件。

```cpp
// Test.h
#pragma once
class Test
{
public:
    Test(void);
    ~Test(void);
    Test(int n, float f);              //参数化的构造函数
    int getInt();
    float getFloat();
```

```
private:
    int num;
    float f1;
};

// Test.cpp
# include "Test.h"
# include <iostream>
using namespace std;

Test::Test(void)
{
    num = 0;
    f1 = 0.0;
    cout <<"Initializing default"<< endl;
}

Test::Test(int n, float f)
{
    num = n;
    f1 = f;
    cout <<"Initializing "<< num <<", "<< f1 << endl;
}

int Test::getInt()
{return num;}

float Test::getFloat()
{return f1;}

Test::~Test(void)
{
}

// ch3_10.cpp
# include "Test.h"
# include <iostream>
using namespace std;

int main()
{
    cout <<"the main function:"<< endl;
    Test array[5];
    cout <<"the second element of array is "<< array[1].getInt()
        <<"    "<< array[1].getFloat()<< endl;

    return 0;
}
```

程序的运行结果如图 3.15 所示。

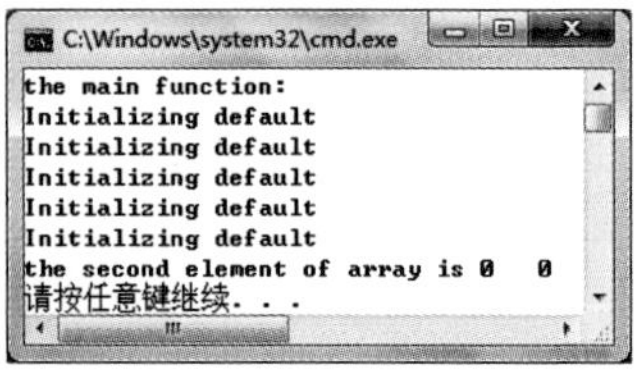

【程序解析】

（1）此程序中若去掉无参构造函数的声明和定义，则编译时会出现以下的错误信息：

error C2512：“Test”：没有合适的默认构造函数可用

图 3.15　例 3.10 的运行结果

因为编译系统需使用无参构造函数创建数组元素对象。用户一旦定义了构造函数,则系统不再提供默认构造函数。

(2) 若把两个构造函数的声明和定义均去掉,则不会出现错误信息。因为编译系统使用默认构造函数创建数组元素对象,其对象的数据成员值为随机值。

【例 3.11】 对象数组示例 2。

```cpp
// ch3_11.cpp
# include <iostream>
using namespace std;

class Test
{
private:
    int num;
    float f1;
public:
    Test(int n);
    Test(int n, float f);
};

Test::Test(int n)
{
    num = n;
    cout <<"Initializing "<< num << endl;
}
Test::Test(int n, float f)
{
    num = n;
    f1 = f;
    cout <<"Initializing "<< num <<", "<< f1 << endl;
}

int main()
{
    Test array1[3] = {1,2,3};
    cout <<" ----------------- "<< endl;
    Test array2[] = {Test(2,3.5),Test(4)};
    cout <<" ----------------- "<< endl;
    Test array3[] = {Test(5.5,6.5),Test(7,8.5)};
    //array3 有 2 个元素
    cout <<" ----------------- "<< endl;
    Test array4[] = {Test(5.5, 6.5), 7.5, 8.5};
    //array4 有 3 个元素

    return 0;
}
```

程序的运行结果如图 3.16 所示。

5. 拷贝构造函数

1) 拷贝构造函数的调用

拷贝构造函数的功能是用一个已有的对象来初始化一个被创建的同类对象,是一种特

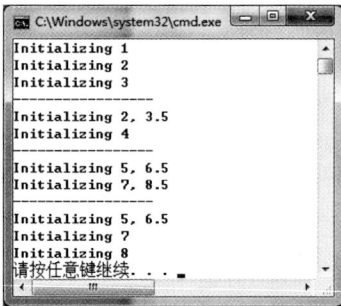

```
C:\Windows\system32\cmd.exe
Initializing 1
Initializing 2
Initializing 3
-------------------
Initializing 2, 3.5
Initializing 4
-------------------
Initializing 5, 6.5
Initializing 7, 8.5
-------------------
Initializing 5, 6.5
Initializing 7
Initializing 8
请按任意键继续. . .
```

图 3.16　例 3.11 的运行结果

殊的构造函数，具有一般构造函数的所有特性；其形参是本类对象的引用，它的特殊功能是将参数代表的对象逐域复制到新创建的对象中。

　　用户可以根据实际问题的需要定义特定的拷贝构造函数，以实现同类对象之间数据成员的传递。如果用户没有声明类的拷贝构造函数，系统就会自动生成一个默认拷贝构造函数，这个默认拷贝构造函数的功能是把初始对象的每个数据成员的值都复制到新建立的对象中。拷贝构造函数的声明形式如下：

类名(类名 & 对象名);

下面定义了一个 Cat 类和 Cat 类的拷贝构造函数：

```cpp
class Cat
{
public:
    Cat();
    Cat(Cat &);                      //拷贝构造函数的声明
    void play();
    void hunt();
private:
    int age;
    float weight;
    char * color;
};

Cat::Cat(Cat &other)
{
    age = other.age;
    weight = other.weight;
    color = other.color;
}
```

在以下四种情况下系统会自动调用拷贝构造函数。

（1）用类的一个对象去初始化另一个对象。

```cpp
Cat cat1;
Cat cat2(cat1);
//创建 cat2 时系统自动调用拷贝构造函数,用 cat1 的数据成员初始化 cat2
```

（2）用类的一个对象去初始化另一个对象时的另外一种形式。

```cpp
Cat cat2 = cat1;                     //注意并非 Cat cat1,cat2; cat2 = cat1;
```

（3）对象作为函数参数传递时，调用拷贝构造函数。

```cpp
f(Cat a){ }                          //定义 f()函数,形参为 Cat 类对象
Cat b;                               //定义对象 b
f(b);                                //进行 f()函数调用时,系统自动调用拷贝构造函数
```

（4）如果函数的返回值是类的对象，函数调用返回时，调用拷贝构造函数。

```cpp
Cat f()                              //定义 f()函数,函数的返回值为 Cat 类的对象
```

```
{
    Cat a;
    ...
    return a;
}
Cat b;                                    //定义对象 b
b = f();                                  //调用 f()函数,系统自动调用拷贝构造函数
```

2）深拷贝构造函数和浅拷贝构造函数

拷贝构造函数分为深拷贝和浅拷贝两种构造函数。由 C++语言提供的默认拷贝构造函数只是对对象进行浅拷贝（逐个成员依次拷贝），即只复制对象空间而不复制资源。图 3.17 所示为浅拷贝的两种情况。

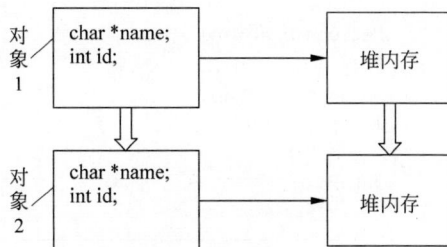

一般情况下,只需使用系统提供的浅拷贝构造函数即可,但是如果对象的数据成员包括指向堆空间的指针,就不能使用这种拷贝方式,因为两个对象都拥有同一个资源,对象析构时,该资源将经历两次资源返还,此时必须自定义深拷贝构造函数,为创建的对象分配堆空间,否则会出现动态分配的指针变量悬空的情况。深拷贝需要同时复制对象空间和资源,如图 3.18 所示。

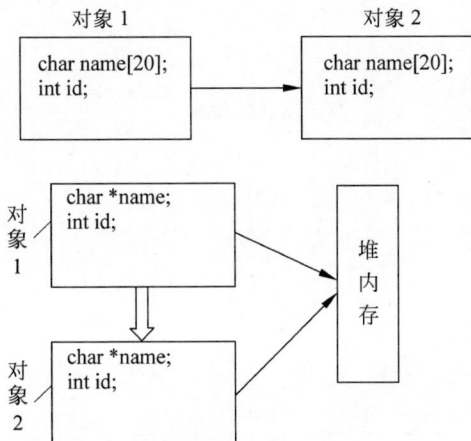

图 3.17　浅拷贝的两种情况示意图　　　　图 3.18　深拷贝示意图

说明：在同时满足以下两个条件时,必须要定义深拷贝构造函数。

① 满足调用拷贝构造函数的四种情况之一。

② 数据成员包括指向堆内存的指针变量。

【**例 3.12**】　深拷贝构造函数示例。

```
// ch3_12.cpp
# include <iostream>
using namespace std;

class Person
{
public:
    Person(char * na)                              //构造函数
    {
        cout <<"call constructor"<< endl;
```

```
        name = new char[strlen(na) + 1];                    //使用 new 进行动态内存分配
        if(name!= 0)
        {strcpy_s(name,strlen(na) + 1,na);}
    }

    Person(Person&p)                                        //深拷贝构造函数
    {
        cout <<"call copy constructor"<< endl;
        name = new char[strlen(p. name) + 1];              //重新分配内存空间
        if(name!= 0)
            strcpy_s(name,strlen(p. name) + 1,p. name);   //复制对象空间
    }

    void printName()
    {
        cout << name << endl;
    }

    ～Person()                                              //析构函数的定义,参见 3.3.2 节
    {
        delete name;
    }
private:
    char * name;
};                                                          //类定义的结束

int main()
{
    Person wang("wang");
    Person li(wang);
    wang. printName();
    li. printName();

    return 0;
}
```

程序的运行结果如图 3.19 所示。

【程序解析】

（1）程序中使用了 strcpy_s()函数而非 strcpy()
函数,这是因为从 Visual C++ 2005 版本开始,微软引
入了一系列安全加强的函数来增强 CRT(C 运行时),
_s 意为 safe,同样的道理,strcat 也是如此。用户仍然

图 3.19 例 3.12 的运行结果

可以使用 strcpy()函数,只是在编译时会出现警告信息。注意并非所有的加强函数都是后
面加_s,比如 stricmp 这个字符串比较函数的增强版名字是_stricmp。

（2）在主函数 main()中,定义了 Person 类的对象 wang,在定义对象 li 时调用了深拷贝
构造函数,如果用户没有定义深拷贝构造函数,则编译系统会调用默认的浅拷贝构造函数,
这样,在程序运行时会出现如图 3.20 所示的错误信息。

所以,使用拷贝构造函数时应考虑是使用深拷贝还是浅拷贝。当有使用 new 动态分配
内存空间的数据成员,在析构函数中使用 delete 进行动态内存空间的释放以及对赋值运算

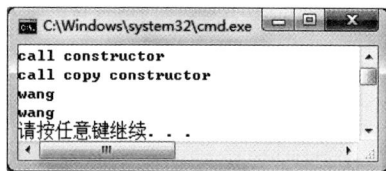

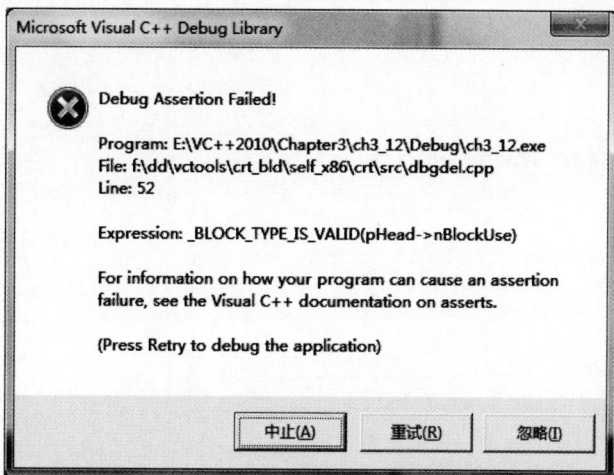

图 3.20　浅拷贝运行出错提示对话框

符进行重载(参见 6.1.4 节的例 6.11)时,应该自定义深拷贝构造函数。

6. 数据成员的初始化

构造函数可以采用以下几种不同的形式初始化数据成员。

(1) 在构造函数的函数体中进行初始化,例如:

```
Circle::Circle(float r)
{
    radius = r;
}
```

(2) 使用构造函数初始化成员列表对数据成员进行初始化,其格式如下:

类名::构造函数(形式参数表):变量 1(初值 1),…, 变量 n(初值 n)
{…}

例如:

```
Circle::Circle(float r):radius(r)
{}
```

对于类的数据成员是一般变量的情况,放在构造函数初始化成员列表中与放在函数体中初始化的作用一样。

注意:① 在以下三种情况下需要使用初始化成员列表。

情况一:需要初始化 const 修饰的类成员或初始化引用数据成员,如例 3.13 所示。

情况二:需要初始化的数据成员是对象(这里包含了在继承情况下,通过显式调用父类的构造函数对父类数据成员进行初始化),并且这个对象所在类只有带参数的构造函数,没有无参构造函数(参见 3.4 节的例 3.16)。

情况三:子类初始化父类的私有成员(参见第 5 章)。

② 数据成员初始化的次序取决于它们在类定义中的声明次序,与它们在成员初始化表中的次序无关。

【例 3.13】 对常量数据成员和引用数据成员初始化示例。

观看视频

```
// ch3_13.cpp
class   SillyClass
{
public:
    SillyClass(int&i):TEN(10),refI(i)
    { }
protected:
    const int TEN;                          //常量数据成员
    int &refI;                              //引用数据成员
};

int main()
{
    int i;
    SillyClass sc(i);

    return 0;
}
```

【程序解析】

若把构造函数定义为下列方式：

```
SillyClass(int & i)
{
    TEN = 10;                               //错误,常量不能重新赋值
    refI = i;                               //错误,引用不能重新指派
};
```

则程序编译时会出现图 3.21 所示的错误提示信息。

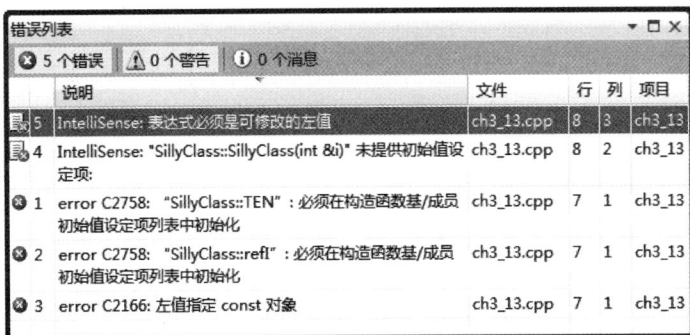

图 3.21   编译错误提示信息

如果类有多个构造函数,那么每个构造函数都必须初始化所有的常量及引用。

（3）混合初始化,例如：

```
Student::Student(int n, int a, char * pname):number(n),age(a)
{
    strcpy(name,pname);
}
```

（4）使用拷贝构造函数进行初始化（如上所述）。

7. 类类型和基本数据类型的转换

类型转换就是将一种类型的值转换为另一种类型的值。一般数据类型之间的转换分为

隐式类型转换和显式类型转换，参见 2.7 节，在此不再详述。在 C++语言中，类是用户自定义的数据类型，它可以像系统预定义的类型那样进行类型转换。类类型和基本数据类型之间的转换可以通过以下几种方法进行。

1) 使用转换构造函数进行类型转换(基本数据类型→类类型)

当一个构造函数只有一个参数，而且该参数又不是本类的 const 引用时，这种构造函数称为转换构造函数。通过转换构造函数可以将基本数据类型转换为类类型，并且这种转换是隐式的，即这个转换动作是由编译器来完成的，不需要程序员提供一个明确的操作。例如：

```
class A
{ …
public:
    A();
    A(int);
};                          //A 类的定义
…
f(A a)                      //f()函数的定义,f()函数的形参为 A 类的对象
{…}
f(1);                       //f()函数的调用
```

上述程序代码段中语句"f(1);"进行了 f()函数的调用，进行 f()函数调用时首先通过转换构造函数 A(int)进行隐式类型转换，将 int 型实参 1 隐式转换成 A 类的对象，然后把 A 类的对象传递给函数 f()的形式参数 a。

注意：这种隐式转换的确为程序员提供了方便，但有时也会导致一些无法预料的错误，而这些错误往往细微得难以察觉。这时，宁愿关闭这种隐式类型转换动作，以保证程序的正确性。如果不想让转换构造函数生效，也就是拒绝其他基本数据类型通过转换构造函数转换为类类型，可以在转换构造函数前面加上 explicit 关键字。声明为 explicit 的构造函数不能在隐式转换中使用。使用 explicit 的好处是：将难以察觉的、后果严重的运行期错误变成了容易改正的编译期错误。

2) 类类型转换函数(类类型→基本数据类型)

通过构造函数进行类类型转换只能从参数类型向类类型转换，类类型转换函数用来将类类型向基本数据类型转换。类类型转换函数的定义和使用分为以下三个步骤。

(1) 在类定义体中声明：

```
operator type();
```

其中，type 为要转换的基本类型名。此函数既没有参数，又没有返回类型，但在函数体中必须返回具有 type 类型的一个值。

(2) 定义转换函数的函数体：

```
类名::operator type()
{
    …
    return type 类型的值;
}
```

(3) 使用类类型转换函数。

使用类类型转换函数与对基本类型进行强制转换一样，就像是一种函数调用过程。

【例 3.14】 类类型转换函数示例。

```cpp
// ch3_14.cpp
# include <iostream>
using namespace std;

class RMB
{
public:
    RMB(double value = 0.0)                      //转换构造函数
    {
        yuan = value;
        jf = ( value - yuan ) * 100 + 0.5;
    }
    operator double()                            //类类型转换函数
    {
        return yuan + jf / 100.0;
    }
    void display()
    {
        cout << (yuan + jf / 100.0) << endl;
    }
private:
    unsigned int yuan;
    unsigned int jf;
};

int main()
{
    RMB d1(2.0), d2(1.5), d3;
    d3 = RMB((double)d1 + (double)d2);           //显式转换
    d3.display();
    d3 = d1 + d2;
    /* 隐式转换,系统首先会调用类类型转换函数把对象 d1 和 d2 隐式转换为 double 数据类型,然
后进行相加,加完的结果再调用构造函数隐式转换为 RMB 类类型,赋值给 d3 */
    d3.display();

    return 0;
}
```

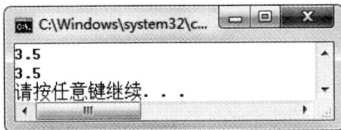

图 3.22 例 3.14 的运行结果

程序的运行结果如图 3.22 所示。

【程序解析】

若在转换构造函数前面加上 explicit 关键字,如
"explicit RMB(double value=0.0);",则转换构造函数
不再进行隐式类型转换,当编译语句"d3=d1+d2;"时会
出现如图 3.23 所示的编译错误提示信息。

	说明	文件	行	列	项目
✖ 3	error C2679: 二进制 "=" :没有找到接受 "double" 类型的右操作数的运算符(或没有可接受的转换)	ch3_14.cpp	31	1	ch3_14

错误列表 ❸ 1 个错误 ⚠ 2 个警告 ⓘ 0 个消息

图 3.23 编译错误提示信息

3.3.2　析构函数

类的另一个特殊的成员函数是析构函数。析构函数的功能是当对象被撤销时,释放该对象占用的内存空间。析构函数的作用与构造函数正好相反,一般情况下,析构函数执行构造函数的逆操作。在对象消亡时,系统将自动调用析构函数,执行一些在对象撤销前必须执行的清理任务,例如将构造函数中动态分配的内存空间释放掉。

与构造函数相同的是在定义析构函数时,不能指定任何的返回类型,也不能使用 void。与构造函数不同的是构造函数可以带参数,可以重载,而析构函数没有参数,每个类只能有一个析构函数。若未显式编写自己的析构函数,编译器会提供一个默认析构函数,析构函数的函数名为类名前加～。

1. 析构函数被自动调用的三种情况

(1) 一个动态分配的对象被删除,即使用 delete 删除对象时,编译系统会自动调用析构函数。

(2) 某个对象的生命周期结束时。

(3) 一个编译器生成的临时对象不再需要时。

2. 析构函数的手工调用

除对象数组之外,构造函数一般由系统自动调用,而析构函数可以使用下述方法手工调用:

> 对象名.类名::析构函数名();　　或　　对象名.析构函数名();

即使用户手工调用了析构函数,系统也会对同一对象再次自动调用析构函数。所以一般情况下,不显式调用析构函数,而由系统自动调用。

3. 析构函数与构造函数的调用顺序

构造函数和析构函数的调用顺序刚好相反,在同一作用域中先构造的对象后析构。

【例 3.15】　析构函数和构造函数的调用顺序示例。

```
// ch3_15.cpp
# include < iostream >
using namespace std;

class Student{
public:
    Student(char *  pName = "no name", int ssId = 0)
    {
        strncpy_s(name,pName,40);
        name[39] = '\0';
        id = ssId;
        cout <<"Constructing new student " << pName << endl;
    }
    Student(Student& s)                              //拷贝构造函数
    {
        cout <<"Constructing copy of "<< s.name << endl;
        strcpy_s(name, "copy of ");
        strcat_s(name,s.name);
```

```
            id = s.id;
        }
        ~Student()
        {
            cout <<"Destructing " << name <<"\t"<< id << endl;
        }
private:
    char name[40];
    int id;
};

void fn(Student s)
{
    cout <<"In function fn()\n";                //fn()函数调用结束时,析构对象 s
    Student zhang("zhang",3);
    static Student zhao("zhao",4);
    //static 局部对象 zhao 只初始化一次,而且延长了局部对象的生命周期,
    //直到整个程序运行结束才析构对象 zhao
}

int main()
{
    Student randy("Randy",1);                   //调用构造函数,创建对象 randy
    Student wang("wang",2);                      //调用构造函数,创建对象 wang
    cout <<" ------------ Calling fn() ------------------ \n";
    fn(randy);                                   //调用 fn()函数,参数传递时调用拷贝构造函数
    cout <<" ------------ Returned from fn() ----------- \n";
    //主函数调用结束时,先析构对象 wang,再析构对象 randy
    cout <<" ------------ 第二次调用 fn 函数 ----------- \n";
    fn(randy);
    cout <<" ------------ Returned from fn() ----------- \n";

    return 0;
}
```

程序的运行结果如图 3.24 所示。请读者仔细分析程序的运行结果。

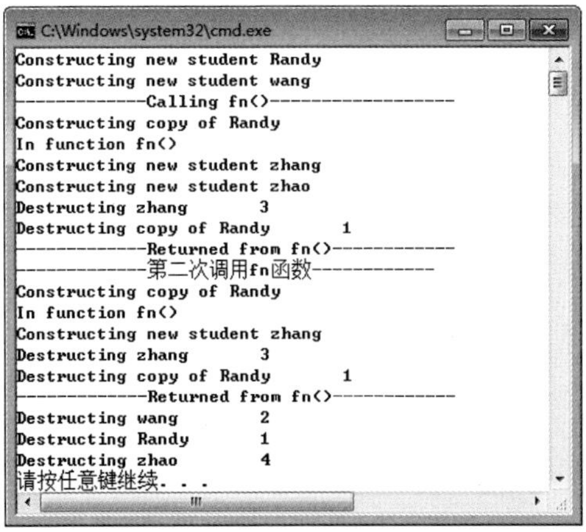

图 3.24　例 3.15 的运行结果

3.4 类的聚集——对象成员

类的聚集也称为对象成员,是指在类的定义中数据成员可以是其他类的对象,即类对象作为另一个类的数据成员。

如果在类定义中包含有对象成员,则在创建类对象时先调用对象成员的构造函数,再调用类本身的构造函数。析构函数和构造函数的调用顺序正好相反。

从实现的角度讲,实际上是首先调用类本身的构造函数,在执行本身构造函数的函数体之前,调用对象成员的构造函数,然后再执行类本身构造函数的函数体。因此,在构造函数的编译结果中包含了对对象成员所在类构造函数的调用,至于调用对象成员的哪一个构造函数,是由成员初始化表指定的;当成员初始化表为空时,则调用对象成员的默认构造函数,这一点解释了当类没有提供任何构造函数时,为什么编译系统要为之产生一个默认构造函数的原因。

【例 3.16】 含有对象成员的类的构造函数和析构函数的调用顺序示例一。

```cpp
// ch3_16.cpp
# include <iostream>
using namespace std;

class StudentID{
public:
    StudentID( int id = 0)                      //带默认参数的构造函数
    {
        value = id;

        cout <<"Assigning student id " << value << endl;
    }
    ~StudentID( )
    {
        cout <<"Destructing id " << value << endl;
    }
private:
    int value;
};

class Student{
public:
    Student(char *  pName = "no name", int ssID = 0):id(ssID)
    {
        cout <<"Constructing student " << pName << endl;
        strncpy_s(name, pName, sizeof(name));
        name[ sizeof(name) - 1] = '\n';
    }
    ~Student()
    {
        cout <<"Deconstructing student   "<< name << endl;
    }
protected:
    char name[20];
    StudentID id;                               //对象成员
```

```
};

int main()
{
    Student s("wang",9901);
    Student t("li");
    cout <<" --------------------- "<< endl;

    return 0;
}
```

程序的运行结果如图 3.25 所示。

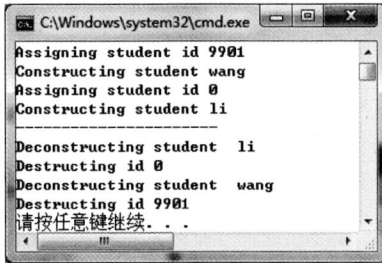

图 3.25　例 3.16 的运行结果

【**例 3.17**】　含有对象成员的类的析构函数和构造函数的调用顺序示例二。

```
// ch3_17.cpp
# include <iostream>
using namespace std;

class Student                              //学生类的定义
{
public:
    Student()
    {
        cout <<"constructing student."<< endl;
        classHours = 100;
        gpa = 3.5;
    }
    ~Student()
    {
        cout <<"destructing student."<< endl;
    }
protected:
    int classHours;
    float gpa;
};

class Teacher                              //教师类的定义
{
public:
    Teacher()
    {
        cout <<"constructing teacher.\n";
    }
```

```
    ~Teacher()
    {
        cout <<"destructing teacher.\n";
    }
};

class Tutorpair                                    //助教类的定义
{
public:
    Tutorpair()
    {
        cout <<"constructing tutorpair."<< endl;
        nomeeting = 0;
    }
    ~Tutorpair()
    {
        cout <<"destructing tutorpair."<< endl;
    }
protected:
    Student student;
    Teacher teacher;
    int nomeeting;                                 //会晤时间
};

int main()
{
    Tutorpair tp;
    cout <<" ------ Back to main function. ------ "<< endl;

    return 0;
}
```

程序的运行结果如图 3.26 所示。

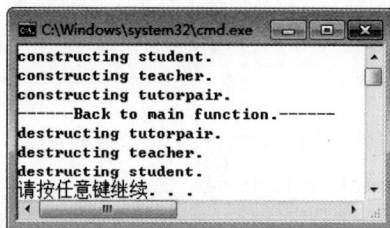

图 3.26 例 3.17 的运行结果

3.5 静 态 成 员

类是一种自定义的数据类型,类中定义了数据成员和成员函数。每个该类对象都有该类数据成员的副本。如果需要所有对象共享某个数据成员时,则可以使用关键字 static 将需要共享的数据成员声明为类的静态数据成员。例如,将鼠标的位置、状态及其操作封装为一个类,不管该类有多少个对象,鼠标始终只有一个,所有的该类对象共享鼠标的位置、状态等数据成员的值。

静态成员的特征是不管这个类创建了多少个对象，其静态成员只有一个副本，此副本被这个类的所有对象共享。静态成员分为静态数据成员和静态成员函数。实际上，这种成员属于类本身，而不属于类的某一个对象。

1. 静态数据成员

静态数据成员被存放在内存的某一单元内，该类的所有对象都可以访问它。无论建立多少个该类的对象，都只有一个静态数据的副本。即使没有创建任何一个该类对象，类的静态成员在存储空间中也是存在的，可以通过名字解析运算符来直接访问。含有静态数据成员的类在创建对象时不为静态数据成员分配存储空间，例如下面的类：

```
class A
{
    static float x, y;
    int a, b;
};
```

在创建一个 A 类的对象时，编译器只分配存储两个整型数据的空间。

实际上可以将静态数据成员看成是一个全局变量，将其封装在某个类中通常有两个目的。

（1）限制该变量的作用范围。例如，将其放在类的私有部分声明，则它只能由该类对象的成员函数直接访问。

（2）将意义相关的全局变量和相关的操作放在一起，可以增加程序的可读性和可维护性。

由于静态数据成员仍是类成员，因而具有很好的安全性能。当这个类的第一个对象被建立时，所有 static 数据都被初始化，并且，以后再建立对象时，就无须再对其初始化。静态数据成员初始化在类体外进行，其格式如下：

> 数据类型 类名::静态数据成员名 = 初始值;

对上面的类 A 的静态成员 x、y 初始化的方法如下：

```
float A::x = 5.0f;
float A::y = 10.0f;
```

如果整个程序分为多个文件进行分块编译，则应该将类的声明放在头文件中，然后将静态成员的初始化放在某一个源程序文件中，这一点类似于 C 语言中全局变量的使用。如果将静态变量的初始化放在头文件中被多个源程序文件所包含，会导致变量的重复初始化。

【例 3.18】 静态数据成员的使用示例。

```
// ch3_18.cpp
#include <iostream>
using namespace std;

class  A
{
public:
    A()
    {
        numbers++;
    }
```

```
    int   getNumbers()
    {
        return   numbers;
    }
    static   int   numbers;                    //定义静态数据成员
};
int   A::numbers = 0;                          //静态数据成员的初始化

int   main()
{
    cout << A::numbers << endl;
    A   a1,a2,a3;
    cout << A::numbers <<'\t'
        << a1.getNumbers()<<'\t'
        << a2.getNumbers()<<'\t'
        << a3.getNumbers()<< endl;
    //显示均为3(因为创建三个对象,三次使得静态数据成员自增1)
    return 0;
}
```

程序的运行结果如图 3.27 所示。

注意：(1) 静态数据成员初始化时,不能加 static 关键字。

(2) 该例中可以删除 getNumbers() 成员函数,而在 main() 函数的输出语句中直接用 a1、a2、a3 对象访问 numbers 数据成员即可。

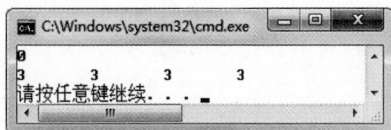

图 3.27　例 3.18 的运行结果

2. 静态成员函数

C++语言中类的成员函数也可以定义为静态的,它的作用与静态数据成员类似,可以将它看成全局函数,将其封装在某个类中的目的与静态数据成员相同。

静态成员函数具有如下特点。

(1) 静态成员函数无 this 指针,它是同类的所有对象共享的资源,只有一个共用的副本,因此它不能直接访问非静态的数据成员,必须通过某个该类对象才能访问非静态数据成员。而一般的成员函数中都含有一个 this 指针,指向对象自身,可以直接访问非静态的数据成员。

请分析以下代码段：

```
class X
{
public:
    static void func(int i, int j, X obj);
private:
    int member_int;
    static int static_int;
};

int X::static_int = 0;
void X::func(int i, int j, X obj)
{
    member_int = i;                           //编译时会出现如下错误提示信息
    / * illegal reference to data member 'X::member_int' in a static member function * /
```

```
    static_int = j;                         //正确,static_int 为静态成员
    obj.member_int = i;                     //正确,指定了被引用的对象
}
```

（2）在静态成员函数中访问的是静态数据成员或全局变量。

（3）由于静态成员函数属于类独占的成员函数,因此访问静态成员函数的消息接收者不是类对象,而是类自身。在调用静态成员函数的前面,必须缀上类名或对象名,经常用类名。

（4）一个类的静态成员函数与非静态成员函数不同,调用静态成员函数时无须向它传递 this 指针,它不需要创建任何该类的对象就可以被调用。静态成员函数的使用虽然不针对某一个特定的对象,但在使用时系统中最好已经存在此类的对象,否则无意义。

（5）静态成员函数不能是虚函数（虚函数的概念参见第 6 章）,非静态成员函数和静态成员函数不能具有相同的名字和参数类型。

【例 3.19】 静态数据成员和静态成员函数使用示例。

```cpp
// ch3_19.cpp
# include <iostream>
using namespace std;

class Student{
public:
    Student(char *  pName  = "no name")
    {
        cout <<"create one student\n";
        strncpy_s(name,pName,40);
        name[39] = '\0';
        numbersOfStudent++;                 //静态成员:每创建一个对象,学生人数增加 1
        cout <<"现有 "<< numbersOfStudent <<" 个学生"<< endl;
    }
    ~Student()
    {
        cout <<"destruct one student\n";
        numbersOfStudent -- ;               //每析构一个对象,学生人数减 1
        cout <<"现有 "<< numbersOfStudent <<" 个学生"<< endl;
    }
    static int getNumbers()                 //静态成员函数
    {
        return numbersOfStudent;
    }
private:
    static int numbersOfStudent;            //若写成 numbersOfStudent = 0;则非法
    char name[40];
};
int Student::numbersOfStudent = 0;          //静态数据成员在类外分配空间和初始化

void fn()
{
    cout <<" ------- In fn function ------- "<< endl;
    Student s1;
    Student s2;
}
```

```cpp
int main()
{
    fn();
    cout <<" ------- Back to main function ------- "<< endl;
    //调用静态成员函数用类名引导
    cout <<"现有 "<< Student::getNumbers()<<" 个学生"<< endl;

    return 0;
}
```

程序的运行结果如图 3.28 所示。

此例中,如果在 main()函数中"fn();"语句之前增加如下语句:

Student wang;

则程序的运行结果如图 3.29 所示。

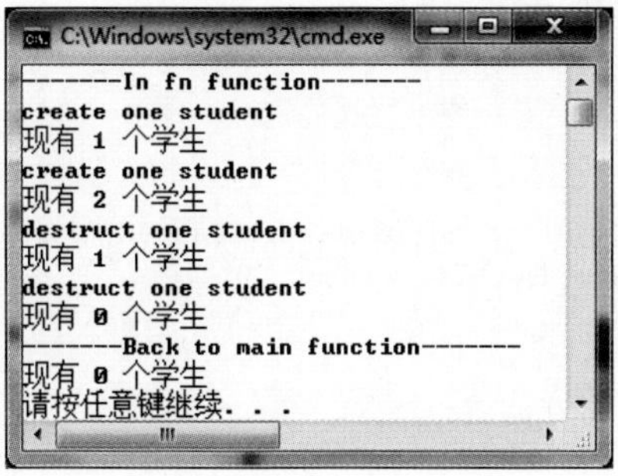

图 3.28　例 3.19 的运行结果 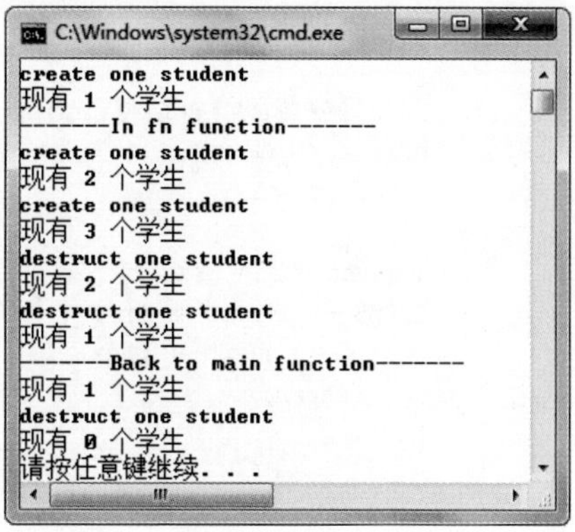　　　　图 3.29　修改例 3.19 后的运行结果

请读者仔细分析此运行结果。

【例 3.20】　静态成员(学生链表的构建和使用)示例。

观看视频

```cpp
// Student.h
# pragma once
class Student
{
public:
    Student(void);
    ～Student(void);
    Student(char * pName);
protected:
    static Student * pFirst;
    Student * pNext;
    char name[40];
};

// Student.cpp
# include "Student.h"
# include <iostream>
using namespace std;
```

```cpp
Student * Student::pFirst = 0;
Student::Student(void)
{
}

Student::Student(char * pName)
{
    cout <<"Construct "<< pName << endl;
    strncpy_s(name, pName, sizeof(name));
    name[sizeof(name) - 1] = '\0';
    pNext = pFirst;                          //每新建一个结点(对象),就将其挂在链首
    pFirst = this;
}

Student::~Student(void)
{
    cout << "Deconstruct "<< name << endl;
    if(pFirst == this)
    {
        //如果要删除链首结点,则只需将链首指针指向下一个结点
        pFirst = pNext;
        return;
    }
    for(Student * pS = pFirst; pS; pS = pS -> pNext)
        if(pS -> pNext == this){             //找到时,pS 指向当前结点的前一结点
            pS -> pNext = pNext;             //pNext 即 this -> pNext
            return;
        }
}

// ch3_20.cpp
# include <iostream>
# include "Student.h"
using namespace std;

Student * fn()
{
    cout <<" ------ In fn() ------ "<< endl;
    Student * p = new Student("Jenny");
    Student s3("Jone");
    return p;
}

int main()
{
    Student s1("Jamsa");
    Student * ps = fn();
    cout <<" ------ Back to main() ------ "<< endl;
    Student s2("Tracey");
    delete ps;

    return 0;
}
```

程序的运行结果如图 3.30 所示。

【程序解析】

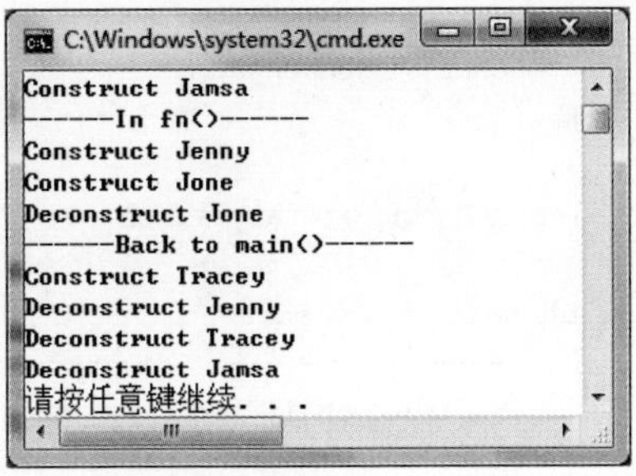

（1）当程序运行时，析构对象时会调用析构函数，输出该对象的 name 数据成员值。

（2）程序首先创建对象 s1（其 name 成员值为 Jamsa），然后调用 fn()函数。在 fn()函数体中首先使用 new 运算符为 p 进行动态内存分配（此时，要调用 Student 类的构造函数，该内存中的 name 成员值为 Jenny），然后创建对象 s3（其 name 成员值为 Jone），之后把 p 返回给主函数中的 ps 指针变量（即 ps 指向动

图 3.30　例 3.20 的运行结果

态内存单元），这时 fn()函数调用结束，系统会自动释放 fn()函数中的局部变量所占的内存单元，所以 p 不再指向分配的动态内存单元（但是该动态内存单元未释放，使用 delete 运算符或整个程序运行结束才会释放该动态内存单元），系统自动析构局部于 fn()函数的 s3 对象，输出 Jone。

（3）接着，执行 main()函数中的第 4 条语句，创建对象 s2（其 name 成员值为 Tracey）。

（4）然后执行 main()函数中的第 5 条语句，释放 ps 指向的动态内存单元（此时会调用 Student 类的析构函数），输出 Jenny。

（5）main()函数中所有语句执行完后，系统会释放局部变量所占的内存单元。先构造的后析构，所以首先析构 s2，输出 Tracey；然后析构 s1，输出 Jamsa。整个程序运行结束。

学习了上面的两个实例后，再来分析下面的程序代码段：

```
// ch3_20_1.cpp
# include <iostream>
# include <string>
using namespace std;

class MyString                          //定义一个字符串类
{
public:
    MyString(char * s)                  //定义构造函数
    {
        length = strlen(s);             //取字符串长度
        contents = new char[length + 1]; //为字符串分配存储空间
        strcpy_s(contents, length + 1, s); //字符串复制
    }

    static int get_total_length()
    {
        total_length += length;
        return total_length;
    }
    ~MyString()
    {
        delete[]contents;
    }
private:
    static int total_length;            //定义一个静态变量,用来存放所有字符串的总长度
```

```
    int length;                        //存放此字符串长度的变量
    char * contents;                   //存放字符串内容
};

int MyString::total_length = 0;        //给静态变量赋初值

int main()
{
    MyString obj1("the first object");
    cout << obj1.get_total_length()<< endl;
    MyString obj2("the second object");
    cout << obj2.get_total_length()<< endl;

    return 0;
}
```

【程序解析】

上面的程序段中，static int get_total_length()是静态成员函数，不含有 this 指针。在此函数体中，下列语句存在问题：

```
    total_length += length;
```

其中，total_length 是静态数据成员，有一个共用副本，在这里使用它没有任何问题。但 length 是一个一般的数据成员，每个对象都有自己的一个副本，但静态成员函数中无 this 指针，它无法判断当前是哪个对象，因而无法取值，所以在这里此种表达方式是不合适的。上面的静态成员函数有以下两种改法。

方法一：

```
static int get_total_length(MyString obj)
{
    total_length += obj.length;
    return total_length;
}
```

如果采用此种改法，则调用此静态成员时，实参对象要传递给形参对象，系统会调用默认拷贝构造函数（浅拷贝），而在此例中构造函数使用 new 运算符进行了动态内存分配，析构函数使用 delete 运算符进行了动态内存释放。所以用户还必须自定义深拷贝构造函数如下：

```
MyString(MyString &str)
{
    length = str.length;
    contents = new char[length + 1];
    strcpy_s(contents, length + 1, str.contents);
}
```

方法二：

```
static int get_total_length(MyString & obj)
{
    total_length += obj.length;
    return total_length;
}
```

相应地，修改 main()函数如下：

```
int main()
{
    MyString obj1("the first object");
    cout << MyString::get_total_length(obj1)<< endl;
    MyString obj2("the second object");
    cout << MyString::get_total_length(obj2)<< endl;

    return 0;
}
```

程序的运行结果如图 3.31 所示。

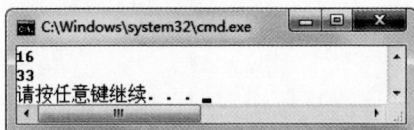

图 3.31　程序的运行结果

【例 3.21】　编写程序：已有若干学生数据，包括学号、姓名、成绩，要求输出这些学生数据并计算所有学生的平均分。

```cpp
// ch3_21.cpp
# include <iostream>
using namespace std;

class Student
{
public:
    Student(int id1,char name1[], int score1)
    {
        id = id1;
        score = score1;
        strcpy_s(name, name1);
        sum += score1;              //求学生成绩总和
        number++;                   //学生人数自增
    }
    static double average()
    {
        return sum / number;        //求所有学生的平均分
    }
    void display()
    {
        cout << id <<'\t'<< name <<'\t'<< score << endl;
    }
private:
    int id;
    char name[10];
    int score;
    static double sum;
    static int number;
};

double Student::sum = 0.0;
int Student::number = 0;
```

```
int main()
{
    Student s1(1,"Li",89),s2(2,"Chen",78),s3(3,"Zheng",95);
    cout <<"学号    姓名    成绩"<< endl;
    s1.display();
    s2.display();
    s3.display();
    cout <<"所有学生的平均分 = "<< Student::average()<< endl;

    return 0;
}
```

程序的运行结果如图 3.32 所示。

【程序解析】

本例中设计了学生类 Student，除了包括 id(学号)、name(姓名)和 score(成绩)数据成员外，还有两个静态数据成员 sum 和 number，分别用来存放学生总分和总人数，另有一个构造函数、一个普通成员函数 display()和一个静态成员函数 average()，average()函数用于计算所有学生的平均分。

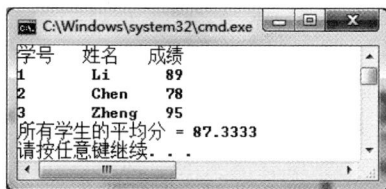

图 3.32　例 3.21 的运行结果

3.6　综 合 示 例

【例 3.22】　实现一个大小固定的整型数据元素集合及其相应操作。

实现该功能的项目中包含 Set.h 头文件，Set.cpp 和 ch3_22.cpp 两个源程序文件。程序代码如下：

```
// Set.h
#pragma once

const int maxCard = 16;              //集合中元素个数的最大值,默认为 int 型
enum ErrCode {noErr, overflow};      //错误代码
enum Bool {False, True};             //Bool 类型定义

class Set                            //定义集合类
{
public:
    Set(void);
    ～Set(void);
    void EmptySet(){card = 0;}
    Bool Member(int);                //判断一个数是否为集合中的元素
    ErrCode AddElem(int);            //向集合中添加元素
    void RmvElem(int);               //删除集合中的元素
    void Copy(Set *);                //把当前集合复制到形参指针指向的集合中
    Bool Equal(Set *);               //判断两个集合是否相等
    void Print();
    void Intersect(Set *, Set *);    //交集
    ErrCode Union(Set *, Set *);     //并集
private:
```

```cpp
    int elems[maxCard];                    //存储元素的数组
    int card;                              //集合中元素的个数
};

// Set.cpp
# include "Set.h"
# include <iostream>
using namespace std;

Set::Set(void)
{
}

Set::~Set(void)
{
}

Bool Set::Member(int elem)
{
    for(int i = 0;i < card;++i)
        if(elems[i] == elem)
            return True;
    return False;
}

ErrCode Set::AddElem(int elem)
{
    if(Member(elem))
        return noErr;
    if(card < maxCard)
    {
        elems[card++] = elem;
        return noErr;
    }
    return overflow;
}

void Set::RmvElem(int elem)
{
    for(int i = 0; i < card; ++i)
        if(elems[i] == elem)
        {
            for(;i < card - 1;++i)
                elems[i] = elems[i + 1];
            -- card;
            return;
        }
}

void Set::Copy(Set * set)
{
    for(int i = 0; i < card; ++i)
        set -> elems[i] = elems[i];
    set -> card = card;
}

Bool Set::Equal(Set * set)
```

```
{
    if(card != set->card)
        return False;
    for(int i = 0; i < card;++i)
        //判断当前集合的某元素是否是 Set 所指集合中的元素
        if(!set->Member(elems[i]))
            return False;
    return True;
}

void Set::Print()
{
    cout <<"{";
    for(int i = 0; i < card; ++i)
        cout << elems[i]<< ";";
    cout <<"}\n";
}

void Set::Intersect(Set * set, Set * res) //交集: * this∩ * set-> * res
{
    res->card = 0;
    for(int i = 0; i < card; ++i)
        for(int j = 0; j < set->card; ++j)
            if(elems[i] == set->elems[j]){
                res->elems[res->card++] = elems[i];
                break;
            }
}

ErrCode Set::Union(Set * set,Set * res)   //并集: * set∪ * this-> * res
{
    set->Copy(res);
    for(int i = 0; i < card; ++i)
        if(res->AddElem(elems[i]) == overflow)
            return overflow;
    return noErr;
}

// ch3_22.cpp
# include "Set.h"
# include <iostream>
using namespace std;

//下面是测试用的程序代码
int main()
{
    Set s1, s2, s3;
    s1.EmptySet();
    s2.EmptySet();
    s3.EmptySet();
    s1.AddElem(10);
    s1.AddElem(20);
    s1.AddElem(30);
    s1.AddElem(40);
    s2.AddElem(30);
    s2.AddElem(50);
    s2.AddElem(10);
```

```
s2.AddElem(60);
cout <<"s1 = "; s1.Print();
cout <<"s2 = "; s2.Print();
s2.RmvElem(50);
cout <<"s2 - {50} = "; s2.Print();
if(s1.Member(20))
    cout <<"20 is in s1\n";
s1.Intersect(&s2,&s3);
cout <<"s1 intsec s2 = "; s3.Print();
s1.Union(&s2,&s3);
cout <<"s1 union s2  = "; s3.Print();
if(!s1.Equal(&s2))
    cout <<"s1!= s2\n";

    return 0;
}
```

程序的运行结果如图 3.33 所示。

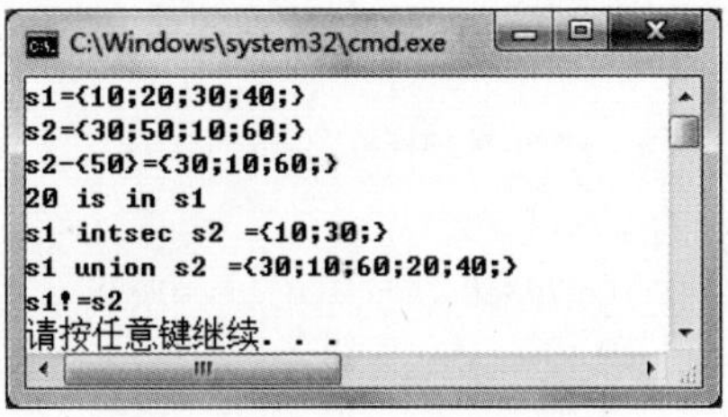

【例 3.23】　实现一个大小可变的整型数据元素集合，集合可存储的数据元素个数在对象构造时给定，由构造函数为数据元素分配存储空间，在对象被释放时由析构函数释放存储空间。

实现该功能的项目中包含 Set.h 头文件，Set.cpp 和 ch3_23.cpp 两个源程序文件。程序代码如下：

图 3.33　例 3.22 的运行结果

```
// Set.h
# pragma once

const int maxCard = 16;                  //集合中元素个数的默认最大值
enum ErrCode {noErr, overflow};          //错误代码
enum Bool {False, True};                 //Bool 类型定义
class Set
{
public:
    Set(int sz = maxCard);
    ~Set();
    Bool Member(int);                    //判断一个数是否为集合中的元素
    ErrCode AddElem(int);                //向集合中添加元素
    void RmvElem(int);                   //删除集合中的元素
    void Copy(Set *);                    //把当前集合复制到形参指针指向的集合中
    Bool Equal(Set *);                   //判断两个集合是否相等
    void Print();
    void Intersect(Set *, Set *);        //交集
    ErrCode Union(Set *, Set *);         //并集
private:
    int size;                            //元素的最大个数
    int * elems;                         //存储元素的数组
    int card;                            //集合中元素的个数
};

// Set.cpp
# include "Set.h"
```

```cpp
# include <iostream>
using namespace std;

Set::Set(int sz)
{
    card = 0;
    size = sz;
    elems = new int[size];
}

Set::~Set(void)
{
    delete []elems;
}

Bool Set::Member(int elem)
{
    for(int i = 0;i < card;++i)
        if(elems[i] == elem)
            return True;
    return False;
}

ErrCode Set::AddElem(int elem)
{
    if(Member(elem))
        return noErr;
    if(card < size)
    {
        elems[card++] = elem;
        return noErr;
    }
    return overflow;
}

void Set::RmvElem(int elem)
{
    for(int i = 0;i < card;++i)
        if(elems[i] == elem)
        {
            for(;i < card - 1;++i)
                elems[i] = elems[i + 1];
            -- card;
            return;
        }
}

void Set::Copy(Set * set)
{
    if(set -> size < size)
    {
        delete [ ]set -> elems;
        set -> elems = new int [size];
        set -> size = size;
    }
    for(int i = 0;i < card;++i)
        set -> elems[i] = elems[i];
```

```cpp
        set -> card = card;
}

Bool Set::Equal(Set * set)
{
    if(card!= set -> card)
        return False;
    for(int i = 0;i < card;++i)
        if(! set -> Member(elems[i]))
            return False;
    return True;
}

void Set::Print()
{
    cout <<"{";
    for(int i = 0;i < card - 1;++i)
        cout << elems[i]<< ";";
    if(card > 0)
        cout << elems[card - 1];
    cout <<"}\n";
}

void Set::Intersect(Set * set, Set * res)
{
    if(res -> size < size)
    {
        delete [ ]res -> elems;
        res -> elems = new int[size];
        res -> size = size;
    }
    res -> card = 0;
    for(int i = 0;i < card;++i)
        for(int j = 0;j < set -> card;++j)
            if(elems[i] == set -> elems[j])
            {
                res -> elems[res -> card++] = elems[i];
                break;
            }
}

ErrCode Set::Union(Set * set, Set * res)
{
    if(res -> size < size + set -> size)
    {
        delete [ ]res -> elems;
        res -> elems = new int[size + set -> size];
        res -> size = size + set -> size;
    }
    set -> Copy(res);
    for(int i = 0;i < card;++i)
        if(res -> AddElem(elems[i]) == overflow)
            return overflow;
    return noErr;
}

// ch3_23.cpp
```

```
# include "Set.h"
# include <iostream>
using namespace std;

int main()
{
    Set s1, s2, s3;
    s1.AddElem(10);
    s1.AddElem(20);
    s1.AddElem(30);
    s1.AddElem(40);
    s2.AddElem(30);
    s2.AddElem(50);
    s2.AddElem(10);
    s2.AddElem(60);
    cout <<"s1 = "; s1.Print();
    cout <<"s2 = "; s2.Print();
    s2.RmvElem(50);
    cout <<"s2 - {50} = "; s2.Print();
    if(s1.Member(20))
        cout <<"20 is in s1\n";
    s1.Intersect(&s2,&s3);
    cout <<"s1 intsec s2 = "; s3.Print();
    s1.Union(&s2,&s3);
    cout <<"s1 union s2  = "; s3.Print();
    if(!s1.Equal(&s2))
        cout <<"s1!= s2\n";
    return 0;
}
```

程序的运行结果与例 3.22 相同。

习　　题

1. 为什么要引入构造函数和析构函数？

2. 类的公有、私有和保护成员之间的区别是什么？

3. 什么是拷贝构造函数？它何时被调用？

4. 设计一个计数器类，当建立该类的对象时其初始状态为 0，考虑为计数器定义哪些成员？

5. 定义一个时间类，能提供和设置由时、分、秒组成的时间，并编写出应用程序，定义时间对象，设置时间，输出该对象提供的时间。

6. 设计一个学生类 Student，它具有的私有数据成员是：注册号、姓名、数学成绩、英语成绩、计算机成绩；具有的公有成员函数是：求三门课总成绩的函数 sum()；求三门课平均成绩的函数 average()；显示学生数据信息的函数 print()；获取学生注册号的函数 get_reg_num()；设置学生数据信息的函数 set_stu_inf()。

编制主函数 main()，说明一个 Student 类对象的数组并进行全班学生信息的输入与设置，而后求出每一学生的总成绩、平均成绩、全班学生总成绩最高分、全班学生平均分，并在输入一个注册号后，输出该学生有关的全部数据信息。

7. 模拟栈模型的操作,考虑顺序栈和链栈两种形式。

8. 写出下列程序的运行结果:

```cpp
// ex3_8.cpp
# include <iostream>
using namespace std;

class Tx
{
public:
    Tx(int i, int j);
    ~Tx();
    void display();
private:
    int num1, num2;
};

Tx::Tx(int i, int j = 10)
{
    num1 = i;
    num2 = j;
    cout <<"Constructing "<< num1 <<"    "<< num2 << endl;
}

void Tx::display()
{
    cout <<"display: "<< num1 <<"    "<< num2 << endl;
}

Tx::~Tx()
{
    cout <<"Destructing "<< num1 <<"    "<< num2 << endl;
}

int main()
{
    Tx t1(22,11);
    Tx t2(20);
    t1.display();
    t2.display();

    return 0;
}
```

友元

类具有封装和信息隐藏的特性。一般情况下,类的成员函数才能访问类的私有成员,程序中的其他函数无法访问类中的私有成员。非成员函数可以通过对象访问类中的公有成员,但是如果将数据成员都定义为公有的,这又破坏了隐藏的特性。另外,在某些情况下,特别是在对某些成员函数多次调用时,由于参数传递、类型检查和安全性检查等都需要时间开销,而影响程序的运行效率。

为了解决上述问题,提出一种使用友元的方案。通过友元,一个普通函数或另一个类中的成员函数可以访问类中的私有成员和保护成员。C++语言中的友元为封装隐藏这堵不透明的墙开了一个小孔,外界可以通过这个小孔窥视内部的实现机制。友元(使用 friend 关键字)提供了在不同类的成员函数之间、类的成员函数与一般函数之间进行数据共享的机制。

作为一种编程技术手段,友元为程序员提供了一种面向对象程序和面向过程程序相互衔接的接口。从根本上说,面向对象的分析与设计方法并不能彻底解决现实世界中的一切需求。许多按照对象化设计的软件系统常常保留一些供早期程序访问的接口,扩大自身功能,提高软件产品的竞争能力。

友元的正确使用能提高程序的运行效率(即减少了类型检查和安全性检查等的时间开销),但破坏了类的封装性和数据的隐蔽性,使得非成员函数可以访问类的私有成员,导致程序可维护性变差,因此一定要谨慎使用。友元较为实际的应用是第 6 章中的运算符重载,可以提高软件系统的灵活性。

友元分为友元函数、友元成员和友元类三种,友元声明可放在类的公有、私有或受保护部分,结果是一样的,下面分别加以介绍。

4.1 友元的概念和定义

遵循一定规则而使对象以外的软件系统能够不经过消息传递方式而直接访问对象内封装的数据成员的技术方法便是友元。友元是面向对象系统与面向过程系统衔接的纽带。

在用 C++语言以非完全的面向对象的设计方法编制一个学生成绩管理系统时会出现这种情况,每个学生每学期都有不同课程的不同成绩,而学生的学号、姓名等数据是保持不变的。为了避免重复,应将这两类数据分开声明。每当执行具体应用时再将两者合并。这样可设计出如例 4.1 所示的 C++程序。

【例 4.1】 没有使用友元时的学生成绩管理系统。

```
// ch4_1.cpp
# include <iostream>
# include < string >
```

```
using namespace std;

class   Student
{
public:
    Student(char * s1, char * s2)
    {
        strcpy_s(name, s1);
        strcpy_s(num, s2);
    }
    void display()
    {
        cout <<"Name:"<< name << endl
            <<"Number:"<< num << endl;
    }
private:
    char name[10], num[15];
};

class Score
{
public:
    Score(unsigned int i1, unsigned  int i2, unsigned int  i3)
:mat(i1), phy(i2), eng(i3)
    {    }
    void  displayScore()
    {
        cout <<"Mathematics:"<< mat
            <<"\nPhyics:"<< phy
            <<"\nEnglish:"<< eng << endl;
    }
private:
    unsigned int mat, phy, eng;
};

int main()
{
    Student   student1("Wang","20163030101");
    Score   score1(72,82,92);
    student1.display();
    score1.displayScore();

    return 0;
}
```

程序的运行结果如图 4.1 所示。

为使程序易懂,记录学生成绩的 Score 类中没有使用数组。由于两个类彼此独立,故例中显示一个学生的全部数据时,只能以对象为单位在规定的作用域内访问各自的函数。按照面向对象的设计方法,例中的 Score 类应当作为 Student 类的一个成员被嵌入其中。但若按照传统的面向过程的设计方法,就希望

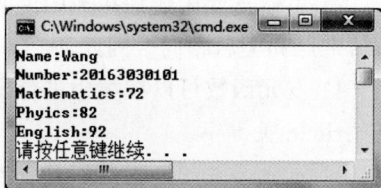

图 4.1　例 4.1 的运行结果

Score 类与 Student 类能够相互访问对方的数据成员。既然 C++语言也支持传统的面向过程的设计方法，就必然要提供相应的语法手段，友元就是其中的一种手段。

只要将外界的某个对象说明为一个类的友元，那么这个外界对象就可以访问这个类对象中的私有成员。

声明为友元的外界对象既可以是另一个类的成员函数，也可以是不属于任何类的一般函数，还可以是整个类（这样，此类中的所有成员函数都成为友元函数）。

友元声明包含在私有成员可被作为友元函数的外界对象访问的类定义中，也就是将 friend 关键字放在函数名或类名的前面。此声明可以放在公有部分，也可以放在私有部分，其结果是相同的。

友元函数定义则在类的外部，一般与类的成员函数定义放在一起。因为类重用时，一般友元是一起重用的。例如以下 point 类的声明及其包含的友元函数：

```
class Point
{
public:
    Point(int,int);
    friend void print();
private:
    int x,y;
};
```

在这个例子中，void print()是 Point 类的友元，它可以访问 Point 类对象的私有成员 x 和 y。

4.2　友元函数

观看视频

友元函数是一种说明在类定义体内的非成员函数。说明友元函数的方法如下：

> friend 返回值类型 函数名(参数表);

说明：

（1）友元函数是在类中说明的函数，它不是该类的成员函数，但允许访问该类的所有成员，它是独立于任何类的一般的外界函数。友元并不在类的范围中，它们也不用成员选择符（．或→）调用，除非它们是其他类的成员。

（2）由于友元函数不是类的成员，所以没有 this 指针，访问该类对象的成员时，必须使用对象名，而不能直接使用类的成员名。

（3）虽然友元函数是在类中说明的，但其名字的作用域在类外，作用域的开始点在说明点，结束点和类名相同。因此，友元说明可以代替该函数的函数说明。

（4）友元函数可以在类中进行定义，也可以在类外定义，若在类外定义友元函数则必须去掉 friend 关键字。

（5）友元函数的声明可以放在类的私有部分，也可以放在公有部分，它们是没有区别的，都说明是该类的一个友元函数。

（6）一个函数可以是多个类的友元函数，只需要在各个类中分别声明。

【例 4.2】　友元函数的定义和使用示例一。

```cpp
// ch4_2.cpp
# include <iostream>
# include <string>
using namespace std;

class  Student
{
public:
    Student(char   * s1,char   * s2)
    {  strcpy_s(name,s1);strcpy_s(num,s2);   }
private:
    char name[10],num[10];
    friend void show(Student& st)              //友元函数的声明和定义
    {
        cout <<"Name:"<< st. name << endl <<"Number:"<< st. num << endl;
    }
};
class  Score
{
public:
    Score (unsigned   int   i1,unsigned int   i2,unsigned   int i3):mat(i1),phy(i2),eng(i3)
    {  }
private:
    unsigned   int   mat,phy,eng;
    friend   void   show_all (Student&,Score * );       //友元函数的声明
};

void   show_all(Student&st,Score *   sc)              //友元函数的定义
{
    show(st);
    cout <<"Mathematics:"<< sc -> mat
        <<"\nPhyics:"<< sc -> phy
        <<"\nEnglish:"<< sc -> eng << endl;
}
int main()
{
    Student   wang("Wang","9901");
    Score   ss(72,82,92);
    show_all(wang,&ss);

    return 0;
}
```

程序的运行结果如图 4.2 所示。

【程序解析】

（1）例中分别声明了两个友元函数。show()函数是声明与定义合二为一放在类 Student 中的；show_all()是声明在 Score 类中但在全局作用域内独立定义的函数。两者无本质的区别

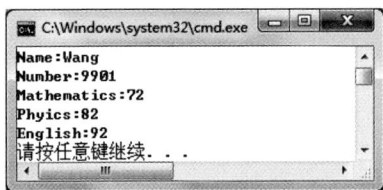

图 4.2　例 4.2 的运行结果

观看视频

且都是全局可用的函数。

（2）在类外定义友元函数时不能再使用 friend 关键字，否则编译程序时会出现下列错误信息：

a friend function can only be declared in a class

【例 4.3】　友元函数的定义和使用示例二。

假如有两个集合类，一个是整数集合类，另一个是浮点数集合类，现在需要写两个函数，分别将整数集合转换成浮点数集合，浮点数集合转换成整数集合。若不使用友元概念，可以将函数作为类中的成员函数，程序写成如下形式：

```cpp
// ch4_3.cpp
#define MAXLENGTH 32
# include < iostream >
# include < iomanip >
using namespace std;

class RealSet;
enum errcode
{ noerr, overflow };                        //定义枚举类型 errcode

class IntSet                                //定义整数集合类 IntSet
{
public:
    IntSet()
    {
        card = 0;
    }
    errcode addElem(int);                   //向集合中增加元素
    void print();
    void setToReal(RealSet * set);
    //将当前对象表示的整数集合转换为 set 指向的浮点数集合

private:
    int elem[MAXLENGTH];
    int card;
};

class RealSet                               //定义一个浮点数集合类 RealSet
{
public:
    RealSet()
    {
        card = 0;
    }
    errcode addElem(float);
    void setToInt(IntSet * set);
    //将当前对象表示的浮点数集合转换为 set 指向的整数集合
    void print();
private:
    float elem[MAXLENGTH];
    int card;
};
```

```
errcode IntSet::addElem(int elem1)
{
    for(int i = 0;i < card;i++)
        if(elem[i] == elem1)
            return noerr;
    if(card < MAXLENGTH)
    {
        elem[card++] = elem1;
        return noerr;
    }
    else return overflow;
}

void IntSet::print()
{
    cout << "{";
    for(int i = 0;i < card - 1;++i)
        cout << elem[i]<<'\t';
    if(card > 0)
        cout << elem[card - 1];
    cout << "}\n";
}

void IntSet::setToReal(RealSet * set)
{
    for(int i = 0;i < card;i++)
        set - > addElem((float)elem[i]);
}

void RealSet::setToInt(IntSet * set)
{
    for(int i = 0;i < card;i++)
        set - > addElem((int)elem[i]);
}

errcode RealSet::addElem(float elem1)
{
    for(int i = 0;i < card;i++)
        if(elem[i] == elem1)
            return noerr;
    if(card < MAXLENGTH)
    {
        elem[card++] = elem1;
        return noerr;
    }
    else return overflow;
}

void RealSet::print()
{
    cout << "{";
    for(int i = 0;i < card - 1;++i) /* 此处 i < card - 1 若写成 i <= card - 1,则可以省略下面的 if
语句,但是输出格式欠美观 */
        cout << elem[i]<<'\t';
    if(card > 0)
        cout << elem[card - 1];
    cout << "}\n";
```

```
    }

int main()
{
    IntSet intSet1, * intSetPtr = new IntSet;
    RealSet realSet1, * realSetPtr = new RealSet;

    intSet1.addElem(12.23);                     //整数集合中添加 4 个元素
    intSet1.addElem(278);
    intSet1.addElem(54);
    intSet1.addElem(459);
    intSet1.print();
    intSet1.setToReal(realSetPtr);              //整数集合转换为浮点数集合
    realSetPtr -> print();

    realSet1.addElem(12.345f);                  //浮点数集合中添加 3 个元素
    realSet1.addElem(18.79f);
    realSet1.addElem(36.28f);
    realSet1.print();
    realSet1.setToInt(intSetPtr);               //浮点数集合转换为整数集合
    intSetPtr -> print();

    delete intSetPtr;
    delete realSetPtr;

    return 0;
}
```

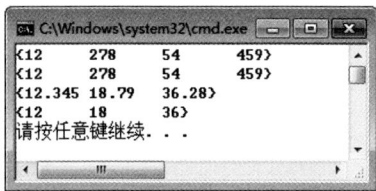

图 4.3　例 4.3 的运行结果

程序的运行结果如图 4.3 所示。

【程序解析】

（1）在程序的开头，整数集合类定义之前要给出 class RealSet 的声明。

（2）在转换函数中传递的参数是指向浮点数集合对象的指针，而不是浮点数集合对象本身。

（3）在整数集合向浮点数集合的转换函数中，它是通过调用浮点数集合类中的成员函数 addElem()完成的；也就是说，对于整数集合中的每一个元素的转换都必须完成一次函数调用。这样，若集合中元素较多，函数调用的开销就太大。因此，这种方法虽然没有语法错误，但却是不合理的。

（4）在这两个类的成员函数定义中可以发现，两个 print()函数完全一样，但是由于它们访问的都是私有成员，所以只能作为成员函数。

上面的例子引入友元概念以后，程序将变为如下形式：

```
// ch4_3_1.cpp
# define MAXLENGTH 32
# include < iostream >
# include < iomanip >
using namespace std;

class RealSet;
enum errcode
```

```
{ noerr,overflow };                                  //定义枚举类型

class IntSet                                         //定义整数集合类 IntSet
{
public:
    IntSet()
    {
        card = 0;
    }
    errcode addElem(int);                            //向集合中增加元素
    void print( );
    friend void setToReal(IntSet *, RealSet *);      //声明友元函数
    friend void setToInt(IntSet *, RealSet *);       //声明友元函数
private:
    int elem[MAXLENGTH];
    int card;
};

class RealSet                                        //定义浮点数集合类 RealSet
{
public:
    RealSet()
    {
        card = 0;
    }
    errcode addElem(float);
    void print();
    friend void setToReal(IntSet *,RealSet *);       //声明友元函数
    friend void setToInt(IntSet *, RealSet *);       //声明友元函数
private:
    float elem[MAXLENGTH];
    int card;
};

errcode IntSet::addElem(int elem1)
{
    for(int i = 0;i < card;i++)
        if(elem[i] == elem1)
            return noerr;
    if(card < MAXLENGTH)
    {
        elem[card++] = elem1;
        return noerr;
    }
    else return overflow;
}

void IntSet::print()
{
    cout << "{";
    for(int i = 0;i < card - 1;++i)
        cout << elem[i]<<'\t';
    if(card > 0)
        cout << elem[card - 1];
    cout << "}\n";
}
```

```
errcode RealSet::addElem(float elem1)
{
    for(int i = 0; i < card; i++)
        if(elem[i] == elem1)
            return noerr;
    if(card < MAXLENGTH)
    {
        elem[card++] = elem1;
        return noerr;
    }
    else return overflow;
}

void RealSet::print()
{
    cout << "{";
    for(int i = 0; i < card - 1; ++i)
        cout << elem[i]<<'\t';
    if(card > 0)
        cout << elem[card - 1];
    cout << "}\n";
}

void setToReal(IntSet * set1, RealSet * set2)          //定义友元函数
{
    set2 -> card = set1 -> card;
    for(int i = 0; i < set1 -> card; i++)
        set2 -> elem[i] = (float)set1 -> elem[i];
}

void setToInt(IntSet * set1, RealSet * set2)           //定义友元函数
{
    set1 -> card = set2 -> card;
    for(int i = 0; i < set2 -> card; i++)
        set1 -> elem[i] = (int)set2 -> elem[i];
}

int main()
{
    IntSet * intSetPtr = new IntSet;
    RealSet * realSetPtr = new RealSet;
    intSetPtr -> addElem(12.23);          //intSetPtr 指向的整数集合中添加 4 个元素
    intSetPtr -> addElem(278);
    intSetPtr -> addElem(54);
    intSetPtr -> addElem(459);
    intSetPtr -> print( );
    //intSetPtr 指向的整数集合转换为 realSetPtr 指向的浮点数集合
    setToReal(intSetPtr, realSetPtr);
    realSetPtr -> print();

    delete realSetPtr;
    realSetPtr = new RealSet;

    realSetPtr -> addElem(12.345f);
    //realSetPtr 指向的浮点数集合中添加 3 个元素
    realSetPtr -> addElem(18.79f);
    realSetPtr -> addElem(36.28f);
```

```
realSetPtr->print();
setToInt(intSetPtr,realSetPtr);
//realSetPtr 指向的浮点数集合转换为 intSetPtr 指向的整数集合
intSetPtr->print();

delete intSetPtr;
delete realSetPtr;

return 0;
}
```

4.3 友 元 成 员

一个类的成员函数可以作为另一个类的友元,只是在声明成员函数时要指明其所在的类名,该成员函数称为友元成员。声明如下:

> friend 函数返回值类型 类名::成员函数名(形参列表);

注意:友元成员只是一个类中的成员函数,friend 授权该函数可以访问宣布其为友元的类中的所有成员。

【**例 4.4**】 友元成员示例。

```cpp
// ch4_4.cpp
# include <iostream>
using namespace std;

class  Student;                              //声明 Student 为类名
class  Score
{
public:
    Score(unsigned int i1,unsigned int i2,unsigned int i3):mat(i1),phy(i2),eng(i3){}
    void  show()
    {
        cout <<"Mathematics:"<< mat
            <<"\nPhysics:"<< phy
            <<"\nEnglish:"<< eng << endl;
    }
    void  show(Student&);
private:
    unsigned  int  mat,phy,eng;
};

class Student
{
public:
    Student(char * s1,char * s2)
    {
        strcpy_s(name,s1);
        strcpy_s(num,s2);
    }
    friend void Score::show(Student&);              //声明友元成员
```

```
private:
    char name[10],num[10];
};

void  Score::show(Student&  st)
{
    cout <<"Name:"<< st.name <<"\n";
    show();
}

int main()
{
    Student  wang("Wang","9901");
    Score  ss(72,82,92);
    ss.show(wang);

    return 0;
}
```

程序的运行结果如图 4.4 所示。

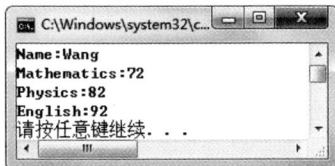

图 4.4　例 4.4 的运行结果

【程序解析】

该程序 Student 类的定义体中，声明 Score 类的成员函数 show(Student &)为 Student 类的友元成员，所以在 Score 类的成员函数 show(Student &)的定义体中可以使用 st(st 为 Student 类的引用)直接访问 Student 类的私有成员 name。

观看视频

4.4　友　元　类

某一个类可以是另一个类的友元，这样作为友元的类中的所有成员函数都可以访问声明其为友元类的类中的全部成员。友元类的说明方式如下：

friend class 类名;

【例 4.5】　友元类示例一。

```
// ch4_5.cpp
# include <iostream>
using namespace std;

class Student
{
public:
    Student(char * s1,char * s2)
    {
        strcpy_s(name,s1);
        strcpy_s(num,s2);
```

```
    }
    friend class Score;                              //声明 Score 类为 Student 类的友元类
private:
    char name[10],num[10];
};

class Score
{
public:
    Score(unsigned int i1,unsigned int i2,unsigned int i3):mat(i1),phy(i2),eng(i3)
    {  }
    void show()
    {
        cout <<"Mathematics:"<< mat <<"\nPhyics:"<< phy <<"\nEnglish:"<< eng << endl;
    }
    void show(Student&);
private:
    unsigned int mat,phy,eng;
};

void Score::show(Student& st)
{
    cout <<"Name:"<< st.name <<"\n";
    show();
}

int main()
{
    Student wang("Wang","9901");
    Score ss(72,82,92);
    ss.show(wang);

    return 0;
}
```

程序的运行结果与例 4.4 相同。

【程序解析】

例中由于声明 Score 类为 Student 类的友元类,此时 Score 类中的所有成员函数均可以直接访问 Student 类对象的成员。这样 Score 的成员函数 show()中的 st.name 的引用方式才是允许的。

【例 4.6】 友元类示例二。

本例实现堆栈的压栈和弹栈操作。有两个类,一个是结点类,它包含结点值和指向上一结点的指针;另一个类是堆栈类,数据成员为堆栈的头指针,它是结点类的友元,程序实现如下:

```
// ch4_6.cpp
```

```cpp
# include <iostream>
using namespace std;

class    Stack;                          //超前声明 Stack 类,因为 Node 类中要将它声明为友元
class    Node                            //定义 Node 类
{
public:
    Node( int d, Node * n)               //构造函数
    {
        data = d;
        prev = n;
    }
    friend class Stack;                  //声明友元类
private:
    int data;                            //结点值
    Node * prev;                         //指向上一结点的指针
};

class Stack                              //定义堆栈类
{
public:
    Stack()
    {
        top = 0;
    }
    void push( int i);                   //压栈
    int pop();                           //弹栈
private:
    Node * top;                          //堆栈头指针
};

void Stack::push( int i)
{
    Node * n = new Node( i, top);
    top = n;
}

int Stack::pop()
{
    Node * t = top;
    if( top)
    {
        top = top -> prev;
        int c = t -> data;
        delete t;
        return c;
    }
    return 0;
}

int main()
{
    int data, i;
    Stack s;
    cout <<"请输入 10 个整数: "<< endl;
    for( i = 0; i < 10; i++)
```

```
    {
        cin >> data;
        s.push(data);
    }
    for(i = 0; i < 10; i++)
        cout << s.pop()<<"   ";
    cout << "\n";

    return 0;
}
```

程序的运行结果如图 4.5 所示。

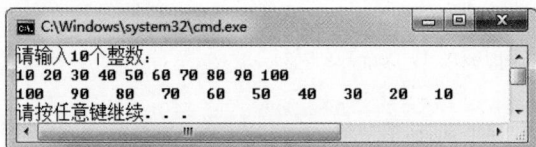

图 4.5 例 4.6 的运行结果

【程序解析】

(1) 在例 4.6 中堆栈类 Stack 为结点类 Node 的友元,因此 Stack 类中的所有成员函数都有权访问 Node 类对象的私有成员。程序执行中,Stack 类的 pop()成员函数对 Node 类对象的私有成员 data 和 prev 进行了操作。

(2) 从运行结果可以看出,输出结果正好与输入结果相反,这就是堆栈所遵循的先进后出规则。

注意:

(1) 友元关系不具有传递性。假设类 A 是类 B 的友元,类 B 是类 C 的友元,除非在类 C 中声明了类 A 是它的友元类,否则类 A 并不是类 C 的友元。

(2) 友元关系是单向的,不具有交换性。假设类 A 是类 B 的友元(即在类 B 定义中声明 A 为友元类),类 B 是否是 A 的友元,要看在类 A 中是否有相应的声明。

4.5 友元综合示例

【例 4.7】 定义复数类 Complex,使用友元函数,完成复数的加法、减法和乘法运算,以及复数的输出。

```
// ch4_7.cpp
# include <iostream>
using namespace std;

class Complex
{
public:
    Complex(double r = 0, double i = 0)
    {
        real = r; image = i;
    }
```

```cpp
        friend void inputcomplex(Complex &comp);
        friend Complex addcomplex(Complex &c1, Complex &c2);
        friend Complex subcomplex(Complex &c1, Complex &c2);
        friend Complex mulcomplex(Complex &c1, Complex &c2);
        friend void outputcomplex(Complex &comp);
private:
        double real;
        double image;
};

void inputcomplex(Complex &comp)
{
        cin >> comp.real >> comp.image;
}

Complex addcomplex(Complex &c1, Complex &c2)
{
        Complex c;
        c.real = c1.real + c2.real;
        c.image = c1.image + c2.image;
        return c;
}

Complex subcomplex(Complex &c1, Complex &c2)
{
        Complex c;
        c.real = c1.real - c2.real;
        c.image = c1.image - c2.image;
        return c;
}

Complex mulcomplex(Complex &c1, Complex &c2)
{
        Complex c;
        c.real = c1.real * c2.real - c1.image * c2.image;
        c.image = c1.real * c2.image + c1.image * c2.real;
        return c;
}

void outputcomplex(Complex &comp)
{
        cout << "(" << comp.real << "," << comp.image << ")";
}

int main()
{
        Complex c1,c2,result;
        cout <<"请输入第一个复数的实部和虚部:"<< endl;
        inputcomplex(c1);
        cout <<"请输入第二个复数的实部和虚部:"<< endl;
        inputcomplex(c2);
        result = addcomplex(c1,c2);
        outputcomplex(c1);
        cout <<" + ";
        outputcomplex(c2);
        cout <<" = ";
        outputcomplex(result);
```

```
        cout <<"\n ------------------------ "<< endl;
        result = subcomplex(c1,c2);
        outputcomplex(c1);
        cout <<" - ";
        outputcomplex(c2);
        cout <<" = ";
        outputcomplex(result);
        cout <<"\n ------------------------ "<< endl;
        result = mulcomplex(c1,c2);
        outputcomplex(c1);
        cout <<" * ";
        outputcomplex(c2);
        cout <<" = ";
        outputcomplex(result);
        cout << endl;

        return 0;
}
```

程序的运行结果如图 4.6 所示。

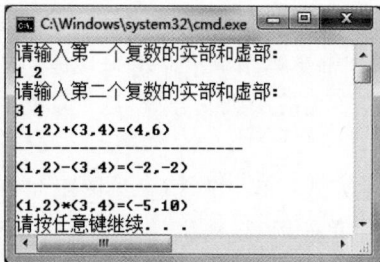

图 4.6　例 4.7 的运行结果

说明：此例中，通过友元函数实现了复数的加法、减法和乘法运算，以及复数的输入和输出，复数的除法运算读者可以自己编程实现。当然，可以考虑能不能用简单的＋、－、＊、/运算符来实现复数的四则运算，这是将在第 6 章讲到的运算符重载。

习　　题

1. 友元的作用是什么？
2. 友元概念的引入方便了类之间的数据共享，但是否削弱了对象的封装性？
3. 友元的作用之一是（　　）。

   A. 提高程序的运行效率　　　　　　　　　B. 加强类的封装性

   C. 实现数据的隐藏性　　　　　　　　　　D. 增加成员函数的种类

4. 在下面有关友元函数的描述中，正确的说法是（　　）。

   A. 友元函数是独立于当前类的外部函数

   B. 一个友元函数不能同时定义为两个类的友元函数

   C. 友元函数必须在类的外部定义

   D. 在类的外部定义友元函数时，必须加关键字 friend

继承与派生

继承性是面向对象程序设计的第二个重要特性,通过继承实现了数据抽象基础上的代码重用。继承的作用是减少代码冗余,通过协调来减少接口和界面。

继承是面向对象程序设计的关键。它的好处非常多,最重要的有以下两点。

(1)抽取对象类之间的共同点,消除冗余。仅仅用处于同一层次的类来构建软件是不可取的,实际上很多类之间都存在共同点,忽略这些共同点将会带来很大的冗余。

(2)继承带来了软件的复用。用已经实现的类作为基类,派生出新的类,可以做到"站在巨人的肩膀上",能快速开发出高质量的程序。

继承反映了类的层次结构,并支持对事物从一般到特殊的描述。继承使得程序员可以以一个已有的较一般的类为基础建立一个新类,而不必从零开始设计。建立一个新的类,可以从一个或多个先前定义的类中继承数据成员和成员函数,而且可以重新定义或加进新的数据成员和成员函数,从而建立了类的层次或等级,这个新类称为派生类或子类,而先前有的类称为基类、超类或父类。

在 C++语言中,有两种继承方式:单一继承(参见图 1.3 单一继承示例)和多重继承(参见图 1.4 多重继承示例)。对于单一继承,派生类只能有一个直接基类;对于多重继承,派生类可以有多个直接基类。

5.1　单　一　继　承

5.1.1　继承与派生的概念

C++语言的重要目标之一是代码重用。为了实现这个目标,面向对象程序设计主要采用两种方法:对象成员和继承。在面向对象的程序设计中,大量使用继承和派生。类的继承实际上是一种演化、发展过程,即通过扩展、更改和特殊化,从一个已知类出发建立一个新类。通过类的派生可以建立具有共同关键特征的对象家族,从而实现代码重用。这种继承和派生的机制对于已有程序的发展和改进是极为有利的。

派生类同样也可以作为基类再派生新的类,这样就形成了类的层次结构。类的继承和派生的层次结构,是人们对自然界中的事物进行分类、分析和认识的过程在程序设计中的体现。现实世界中的事物都是相互联系、相互作用的,人们在认识自然的过程中,根据事物的实际特征,抓住其共同特性和细小差别,利用分类的方法分析和描述这些实体或概念之间的相似点和不同点。

派生类具有如下特点。

(1)派生类可在基类的基础上包含新的成员。

(2)派生类可隐藏基类的成员函数。

基类与派生类的关系如下。

(1) 派生类是基类的具体化。

(2) 派生类是基类定义的延续。

(3) 派生类是基类的组合。

5.1.2　派生类的定义

观看视频

在 C++语言中,派生类的定义如下:

```
class 派生类名:[继承方式]基类名
{
// 派生类成员声明或定义
};
```

其中:

(1) 派生类名是新生成类的类名。

(2) 继承方式规定了如何访问从基类继承的成员。继承方式关键字为 private、public
和 protected,分别表示私有继承、公有继承和保护继承,默认情况下是私有(private)继承。
类的继承方式指定了派生类成员以及类外对象对于从基类继承来的成员的访问权限,将在
5.1.3 节中详细介绍。

(3) 派生类成员除了包括从基类继承来的所有成员之外,还包括新增加的数据成员和
成员函数。这些新增加的成员正是派生类不同于基类的关键所在,是派生类对基类的发展。
重用和扩充已有的代码,就是通过在派生类中新增成员来添加新的属性和功能的。

例如,定义如下的汽车类 Vehicle。

```
class Vehicle                                  //定义基类 Vehicle
{
public:                                        //公有成员函数
    void init_Vehicle(int in_wheels,float in_weight);   //数据成员初始化
    int   get_wheels();                        //取车轮数
    float get_weight();                        //取汽车载重
    float wheelloading();                      //车轮承重
private:                                       //私有数据成员
    int wheels;                                //车轮数
    float weight;                              //表示汽车载重
};
```

在基类 Vehicle 的基础上,定义了如下的派生类 Car 和 Truck,在派生类中新增了一些
数据成员和成员函数。

```
class Car:public Vehicle                       //定义派生类 Car
{
public:                                        //新增公有成员函数
    void intitialize(int in_wheels,float in_weight,int people = 5);
    int passengers();
private:
    int passenger_load;                        //新增私有数据成员,表示载客数
};

class Truck:public Vehicle                     //定义派生类 Truck
```

```
{
public:                                      //新增公有成员函数
    void init_Truck(int,float);
    int passengers();
    float weight_loads();
private:                                     //新增私有数据成员
    int passenger_load;
    float weight_load;
};
```

在 C++语言程序设计中,进行派生类的定义,给出该类成员函数的实现之后,整个类就定义好了,这时就可以由它来生成对象,进行实际问题的处理。派生新类的过程主要包括吸收基类成员、改造基类成员和添加新的成员,下面分别加以介绍。

1. 吸收基类成员

面向对象的继承和派生机制,其最主要的目的是实现代码的重用和扩充。吸收基类成员就是一个重用的过程,而对基类成员进行调整、改造以及添加新成员就是原有代码的扩充过程,二者是相辅相成的。

C++语言的类继承,首先是基类成员的全盘吸收,这样,派生类实际上就包含了它的所有基类的除构造函数和析构函数之外的所有成员。很多基类的成员,特别是非直接基类的成员,尽管在派生类中很可能根本不起作用,也被继承下来,在生成对象时要占据一定的内存空间,造成资源浪费,要对其进行改造。

2. 改造基类成员

对基类成员的改造包括两方面,一是通过派生类的继承方式来控制基类成员的访问,二是对基类数据成员或成员函数的覆盖,即在派生类中定义一个和基类数据成员或成员函数同名的成员,由于作用域不同,产生成员覆盖(member overridden,又叫同名覆盖,即当一个已在基类中声明的成员名又在派生类中重新声明所产生的效果),基类中的成员就被替换成派生类中的同名成员。

成员覆盖使得派生类的成员掩盖了从基类继承得到的同名成员。这种掩盖既不是成员的丢失,也不是成员的重载。因为经类作用域声明后仍可引用基类的同名成员,而且可以由派生类的成员函数去引用从基类继承来的同名成员(参见例 5.6),这是重载所没有的效果。基于这一成员覆盖的机制,可以充分体现派生的优越性。那就是派生类可以在继承基类的基础上继续扩充原设计中未考虑到的内容,从而使一个软件系统的生命周期大大地延长,这便是可重用软件设计思想的最终目标。

3. 添加新的成员

继承与派生机制的核心是在派生类中加入新的成员,程序员可以根据实际情况的需要,给派生类添加适当的数据成员和成员函数,实现必要的新功能。在派生的过程中,基类的构造函数和析构函数是不能被继承下来的。同时,在派生类中,一些特殊的初始化和扫尾清理工作,也需要重新定义新的构造函数和析构函数。

5.1.3 类的继承方式

在面向对象程序中,基类的成员可以有 public(公有)、protected(保护)和 private(私有)三种访问类型。在基类内部,自身成员可以对任何一个其他成员进行访问,但是通过基类的对象,就只能访问基类的公有成员。

　　派生类继承了基类的全部数据成员和除了构造函数、析构函数之外的全部成员函数,但是这些成员的访问属性在派生的过程中是可以调整的。从基类继承的成员,其访问属性由继承方式控制。

　　类的继承方式有 public(公有)继承、protected(保护)继承和 private(私有)继承三种。对于不同的继承方式,会导致基类成员原来的访问属性在派生类中有所变化。表 5.1 列出了不同继承方式下基类成员访问属性的变化情况。

表 5.1　不同继承方式下基类成员的访问属性

继承方式	访 问 属 性		
	public	protected	private
public	public	protected	不可访问的
protected	protected	protected	不可访问的
private	private	private	不可访问的

说明:

　　表 5.1 中第一列给出三种继承方式,第一行给出基类成员的三种访问属性,其余单元格内容为基类成员在派生类中的访问属性。

　　从表中可以看出以下几点。

　　(1) 基类的私有成员在派生类中均是不可访问的,它只能由基类的成员访问。

　　(2) 在公有继承方式下,基类中的公有成员和保护成员在派生类中的访问属性不变。

　　(3) 在保护继承方式下,基类中的公有成员和保护成员在派生类中均为保护的。

　　(4) 在私有继承方式下,基类中的公有成员和保护成员在派生类中均为私有的。

注意:

　　保护成员与私有成员唯一的不同是当发生派生后,基类的保护成员可被派生类直接访问,而私有成员在派生类中是不可访问的。在同一类中私有成员和保护成员的用法完全一样。

1. 公有继承

　　公有继承方式创建的派生类对基类各种成员的访问权限如下。

　　(1) 基类公有成员相当于派生类的公有成员,即派生类可以像访问自身公有成员一样访问从基类继承的公有成员。

　　(2) 基类保护成员相当于派生类的保护成员,即派生类可以像访问自身的保护成员一样,访问基类的保护成员。

　　(3) 基类的私有成员,派生类内部成员无法直接访问。派生类使用者也无法通过派生类对象直接访问。

　　【例 5.1】 公有继承示例。

　　从基类 Vehicle(汽车)公有派生 Car(小汽车)类,Car 类继承了 Vehicle 类的全部特征,同时,Car 类自身也有一些特点,这就需要在继承 Vehicle 类时添加新的成员。

```
# include <iostream>
using namespace std;

class Vehicle                          //基类 Vehicle 类的定义
```

```cpp
{
public:                                      //公有成员函数
    Vehicle(int in_wheels,float in_weight)
    {
        wheels = in_wheels;weight = in_weight;
    }
    int get_wheels()
    {
        return wheels;
    }
    float get_weight()
    {
        return weight;
    }
private:                                     //私有数据成员
    float weight;
    int wheels;
};

class Car:public Vehicle                     //派生类 Car 类的定义
{
public:                                      //新增公有成员函数
    Car(int in_wheel,float in_weight,int people = 5):Vehicle(in_wheel, in_weight)
    {
        passenger_load = people;
    }
    int get_passengers()
    {
        return passenger_load;
    }
private:                                     //新增私有数据成员
    int passenger_load;
};

int main()
{
    Car car1(4,1000);                        //声明 Car 类的对象
    cout <<"The message of car1(wheels,weight,passengers):"<< endl;
    cout << car1.get_wheels()<<",";          //访问派生类从基类继承来的公有函数
    cout << car1.get_weight()<<",";          //访问派生类从基类继承来的公有函数
    cout << car1.get_passengers()<< endl;    //访问派生类的公有函数

    return 0;
}
```

程序的运行结果如图 5.1 所示。

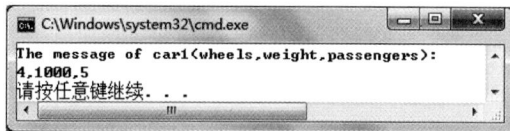

图 5.1　例 5.1 的运行结果

这里首先声明了基类 Vehicle。派生类 Car 继承了 Vehicle 类的全部成员（构造函数和

析构函数除外)。因此,派生类实际所拥有的成员就是从基类继承过来的成员与派生类新声明的成员的总和。继承方式为公有继承,这时基类中的公有成员在派生类中的访问属性保持不变,派生类的成员函数及派生类对象可以访问基类的公有成员,但是无法访问基类的私有数据(例如基类的 wheels 和 weight)。

基类原有的外部接口(如基类的 get_wheels()函数和 get_weight()函数)变成了派生类外部接口的一部分。当然,派生类自己新增的成员之间都是可以互相访问的。

Car 类继承了 Vehicle 类的成员,也就实现了代码的重用。同时,通过新增成员,加入了自身的独有特征,实现了程序的扩充。

2. 私有继承

派生类对基类各种成员访问权限如下。

(1) 基类公有成员和保护成员都相当于派生类的私有成员,派生类只能通过自身的成员函数访问它们。

(2) 基类的私有成员,无论派生类内部成员或派生类的对象都无法直接访问。

【例 5.2】　私有继承示例。

```cpp
# include <iostream>
using namespace std;

class Vehicle                              //基类 Vehicle 类的定义
{
public:                                    //公有成员函数
    Vehicle(int in_wheels,float in_weight)
    {
        wheels = in_wheels;weight = in_weight;
    }
    int get_wheels()
    {
        return wheels;
    }
    float get_weight()
    {
        return weight;
    }
private:                                   //私有数据成员
    int wheels;
    float weight;
};

class Car:private Vehicle                  //定义派生类 Car 类
{
public:                                    //新增公有成员函数
    Car(int in_wheels,float in_weight,int people = 5):Vehicle(in_wheels,in_weight)
    {
        passenger_load = people;
    }
    int get_wheels()                       //重新定义 get_wheels()
    {
        return Vehicle::get_wheels();
    }
    float get_weight()                     //重新定义 get_weight()
```

```
    {
        return Vehicle::get_weight();
    }
    int get_passengers()
    {
        return passenger_load;
    }
private:                                    //新增私有数据成员
    int passenger_load;
};

int main()
{
    Car car1(4,1000);                       //定义 Car 类对象
    cout <<"The message of car1(wheels,weight,passengers):"<< endl;
    cout << car1.get_wheels()<<","          //输出小汽车的信息
        << car1.get_weight()<<","
        << car1.get_passengers()<< endl;

    return 0;
}
```

程序的运行结果同图 5.1。

在私有继承情况下，为了保证基类的部分外部接口特征保留在派生类中，就必须在派生类中重新定义同名的成员函数。

同例 5.1 相比较，本例对程序修改的只是派生类的内容，基类和主函数部分没有做任何改动。由此可以看到面向对象程序设计封装性的优越性：Car 类的外部接口不变，内部成员的实现做了改造，根本没有影响到程序的其他部分，这正是面向对象程序设计可重用性与可扩充性的一个实际体现。

3. 保护继承

保护继承方式创建的派生类对基类各种成员访问权限如下。

（1）基类公有成员和保护成员都相当于派生类的保护成员，派生类可以通过自身的成员函数或其子类的成员函数访问它们。

（2）基类的私有成员，无论派生类内部成员或派生类的对象都无法直接访问。

【**例 5.3**】 保护继承示例。

```
# include <iostream>
using namespace std;

class Vehicle                               //定义基类 Vehicle
{
public:                                     //公有成员函数
    Vehicle(int in_wheels,float in_weight)
    {
        wheels = in_wheels;weight = in_weight;
    }
    int get_wheels()
    {
        return wheels;
    }
}
```

```
        float get_weight()
        {
            return weight;
        }
    private:                            //私有数据成员
        int wheels;
    protected:                          //保护数据成员
        float weight;
};

class Car:protected Vehicle             //定义派生类 Car
{
public:                                 //新增公有成员函数
    Car(int in_wheels,float in_weight,int people = 5):Vehicle(in_wheels,in_weight)
    {
        passenger_load = people;
    }
    int get_wheels()                    //重新定义 get_wheels()
    {
        return Vehicle::get_wheels();
    }
    float get_weight()                  //重新定义 get_weight()
    {
        return weight;
    }
    int get_passengers()
    {
        return passenger_load;
    }
private:                                //新增私有数据成员
    int passenger_load;
};

int main()
{
    Car car1(4,1000);                   //定义 Car 类的对象
    cout <<"The message of car1(wheels,weight,passengers):"<< endl;
    cout << car1.get_wheels()<<","      //输出小汽车的信息
        << car1.get_weight()<<","
        << car1.get_passengers()<< endl;

    return 0;
}
```

程序的运行结果同图 5.1。

在保护继承情况下,为了保证基类的部分外部接口特征保留在派生类中,就必须在派生类中重新定义同名的成员函数。根据同名覆盖的原则,在主函数中调用的是派生类的成员函数。

总之,不论是哪种继承方式,派生关系具有下述特征。

(1) 派生类没有独立性,即派生类不能脱离基类而独立存在。

(2) 派生类对其所继承的基类成员的可访问程度因继承方式的不同而不同。

(3) 无论派生类能否直接访问其所继承的基类成员,除构造函数和析构函数之外的基

类成员都是派生类成员。

5.1.4 派生类的构造函数和析构函数

基类的构造函数和析构函数不能被继承，在派生类中，如果对派生类新增的成员进行初始化，就必须加入新的构造函数；与此同时，对所有从基类继承来的成员的初始化工作，还是应由基类的构造函数完成，因此必须在派生类中对基类的构造函数所需要的参数进行设置。同样，对派生类对象的扫尾、清理工作也需要编写析构函数。

1. 派生类的构造函数

在下面两种情况下，必须定义派生类的构造函数：一是派生类本身需要构造函数，二是在定义派生类对象时，其相应的基类对象或对象成员需调用带有参数的构造函数。

派生类对象的初始化也是通过派生类的构造函数实现的。具体来说，就是为该类的数据成员赋初值。派生类的数据成员由所有基类的数据成员与派生类新增的数据成员共同组成，如果派生类新增成员中包括有内嵌的其他类对象（对象成员），派生类的数据成员中实际上还间接包括了这些对象所在类的数据成员。

因此，初始化派生类对象，就要对基类数据成员、新增数据成员和对象成员进行初始化。派生类的构造函数需要以合适的初值作为参数，隐含调用基类和新增的内嵌对象成员的构造函数来初始化它们各自的数据成员，然后再加入新的语句对新增普通数据成员进行初始化。

派生类构造函数声明的一般语法形式如下：

```
派生类构造函数名(总参数表):基类构造函数名(参数表 1),对象成员 1(参数表 2),…,对象成员 n
(参数表 n+1)
{
    派生类新增成员的初始化语句;
}
```

其中：

（1）派生类构造函数名与派生类名相同。

（2）总参数表需要列出初始化基类数据、新增内嵌对象数据及新增一般数据成员所需要的全部参数。

（3）冒号之后列出需要使用参数进行初始化的基类构造函数名和对象成员名及各自的参数表，各项用逗号分隔开。

（4）派生类新增数据成员的初始化也可以放在构造初始化表中。

在定义派生类对象时构造函数的执行顺序是先"祖先"（基类，调用顺序按照它们继承时说明的顺序），再"客人"（对象成员，调用顺序按照它们在类中说明的顺序），后"自己"（派生类本身）。

【例 5.4】 派生类构造函数示例。

```
# include <iostream>
using namespace std;

class ST_COM                          //学生公共课类
```

```
{
public:
    ST_COM(char * na, unsigned int n, float ma, float en, float ph): num(n),math(ma),
english(en),physics(ph)
    {
        strcpy_s(name,na);
    }
protected:
    char name[10];
    unsigned int num;
    float mathematics,English,Physics;
};

class EL_DEP:public ST_COM                    //电子系专业课类
{
public:
    EL_DEP(char * na,unsigned int n,float ma,float en,float ph,float pe,float el,float d): ST_
COM(na,n,ma,en,ph), exchange(pe), elnet(el),dst(d)
    { }
    void show()
    {
        cout <<"Name:"<< name <<"             Number:"<< num << endl;
        cout <<"Mathematics Score:"<< math << endl;
        cout <<"English Score     :"<< english << endl;
        cout <<"Physics Score     :"<< physics << endl;
        cout <<"Exchange Score     :"<< exchange << endl;
        cout <<"Elec_net Score     :"<< elnet << endl;
        cout <<"Data_structure Score :"<< dst << endl;
    }
private:
    float exchange,elnet,dst;
};

int main()
{
    EL_DEP aStudent("LiQiang",1,71,72,73,81,82,83);
    aStudent.show();

    return 0;
}
```

程序的运行结果如图 5.2 所示。

【程序解析】

本例中，ST_COM 类是学生公共课（数学、英语、物理）的数据结构。EL_DEP 可以代表电子系所开设专业课（程控交换、电信网络、数据结构）的数据结构。EL_DEP 类继承了 ST_COM 类的成员而成为其派生类。在定义 EL_DEP 类的对象时初始化了基类的全部数据成员。

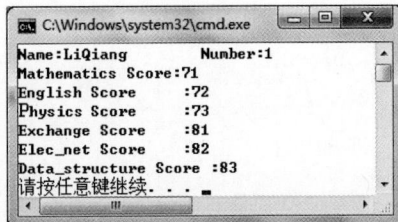

图 5.2　例 5.4 的运行结果

【例 5.5】　构造函数的调用顺序示例。

```cpp
# include <iostream>
using namespace std;

class Data
{
public:
    Data( int x)
    {
        Data::x = x;
        cout <<"class Data\n";
    }
private:
    int x;
};

class A
{
public:
    A( int x):d1(x)
    {
        cout <<"class A\n";
    }
private:
    Data d1;
};

class B:public A
{
public:
    B( int x):A(x),d2(x)
    {
        cout <<"class B\n";
    }
private:
    Data d2;
};

class C:public B
{
public:
    C( int x):B(x)
    {
        cout <<"class C\n";
    }
};

int main()
{
    C object(5);

    return 0;
}
```

程序的运行结果如图 5.3 所示。

从程序运行的结果可以看出,构造函数的调用严格地按照先"祖先"、再"客人"、后"自己"的顺序执行。

【例 5.6】　类派生引出的成员覆盖的示例。

在例 5.4 的两个类中各插入一个同名的 show 函数和用于记录平均成绩的数据成员 avg 来观察成员覆盖后的情形。

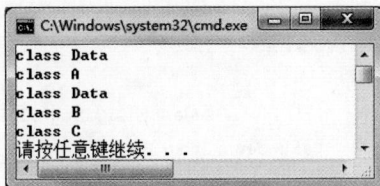

图 5.3　例 5.5 的运行结果

```cpp
# include <iostream>
using namespace std;

class ST_COM
{
public:
    ST_COM(char * na, unsigned int n, float ma, float en, float ph): num(n),math(ma),
english(en),physics(ph)
    {
        strcpy_s(name,na);
        avg = (math + english + physics)/3;
    }
    void show()
    {
        cout <<"Name:"<< name <<"          Number:"<< num << endl;
        cout <<"Mathematics Score:"<< math << endl;
        cout <<"English Score     :"<< english << endl;
        cout <<"Physics Score     :"<< physics << endl;
    }
protected:
    char name[10];
    unsigned int num;
    float math,english,physics,avg;
};

class EL_DEP:public ST_COM
{
public:
    EL_DEP(char * na,unsigned int n,float ma,float en,float ph,float pe,float el,float d): ST_
COM(na,n,ma,en,ph), exchange(pe), elnet(el),dst(d)
    {
        avg = ((exchange + elnet + dst)/3 + ST_COM::avg)/2;
    }
    void show()
    {
        ST_COM::show();
        cout <<"Exchange Score     :"<< exchange << endl;
        cout <<"Elec_net Score     :"<< elnet << endl;
        cout <<"Data_struct Score  :"<< dst << endl;
        cout <<"Average Score      :"<< avg << endl;
    }
private:
    float exchange,elnet,dst;
};
```

```
int main()
{
    EL_DEP aStudent("LiQiang",1,71,72,73,81,82,83);
    aStudent.show();

    return 0;
}
```

程序的运行结果如图 5.4 所示。

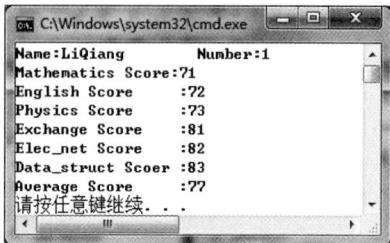

图 5.4　例 5.6 的运行结果

通过以上几个例子，可以得到以下结论。

（1）当基类构造函数不带参数时，派生类不一定需要定义构造函数，然而当基类的构造函数哪怕只带有一个参数时，派生类都必须定义构造函数，甚至所定义的派生类构造函数的函数体可能为空，仅仅起传递参数的作用。

（2）如果派生类的基类也是一个派生类，每个派生类只需负责其直接基类的构造，依次上溯。

（3）构造函数的执行顺序：在调用派生类的构造函数时将优先调用声明在成员初始化表内的基类构造函数，也就是先初始化由基类派生来的成员，然后再执行自身的构造函数。即使有意把调用的基类构造函数部分写在一系列的初始化表的最后面也不会改变这种调用顺序。

（4）默认调用关系：如在派生类构造函数的成员初始化表中没有指明要调用的基类构造函数，则一定会调用基类的无参构造函数（若类没有无参构造函数，则调用默认构造函数）。另一方面，当然不能在派生类的成员初始化表中去无中生有地调用不存在的基类构造函数，甚至是其他属于基类的成员函数。

2. 派生类的析构函数

派生类析构函数与基类的析构函数没有什么联系，彼此独立，它们只做各自类对象消亡前的善后工作。派生类析构函数的功能与没有继承关系的类中析构函数的功能一样，也是在对象消亡之前进行一些必要的清理工作。在派生过程中，基类的析构函数不能继承，如果需要析构函数的话，就要在派生类中重新定义。析构函数没有类型，也没有参数，如果没有显式定义过某个类的析构函数，系统会自动生成一个默认的析构函数，完成清理工作。

派生类析构函数的定义方法与没有继承关系的类中析构函数的定义方法完全相同，只要在函数体中负责把派生类新增的非对象成员的数据成员的清理工作做好就够了，系统会自己调用基类及对象成员的析构函数来对基类及对象成员进行清理。

析构函数的执行顺序和构造函数正好严格相反：先"自己"（派生类本身），再"客人"（对象成员），后"祖先"（基类）。

【例 5.7】　构造函数和析构函数的调用顺序示例。

```
# include < iostream >
using namespace std;
```

```cpp
class Person
{
public:
    Person()
    {   cout <<"the constructor of class Person!\n";   }
    ~Person()
    {   cout <<"the destructor of class Person!\n";   }
private:
    char * name;
    int age;
    char * address;
};

class Course
{
public:
    Course()
    {   cout <<"the constructor of class Course!\n";   }
    ~Course()
    {   cout <<"the destructor of class Course!\n";   }
private:
    float math,english;
};

class Student:public Person
{
public:
    Student()
    {cout <<"the constructor of class Student!\n";}
    ~Student()
    {cout <<"the destructor of class Student!\n";}
private:
    char * department;
    Course course;
};

class Teacher:public Person
{
public:
    Teacher()
    {   cout <<"the constructor of class Teacher!\n";   }
    ~Teacher()
    {   cout <<"the destructor of class Teacher!\n";   }
private:
    char * major;
    float salary;
    Course course;

};

int main()
{
    Student student1;
    cout <<" -------------------------------- "<< endl;
    Teacher teacher1;
    cout <<" ------ main function finished ------ "<< endl;
```

```
        return 0;
    }
```

程序的运行结果如图 5.5 所示。

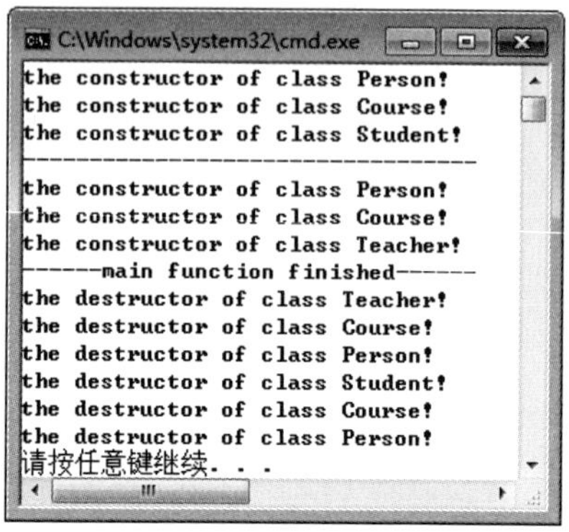

图 5.5   例 5.7 的运行结果

注意：由于析构函数是不带参数的，在派生类中是否要定义析构函数与它所属的基类无关，基类的析构函数不会因为派生类没有析构函数而得不到执行，它们是各自独立的。

5.1.5   派生类对基类成员的继承

下面主要介绍对于一些特殊的情况，如何调整派生类的访问权限。

1. 如何访问基类的私有成员

不管是哪种继承方式，派生类无权直接访问基类的私有成员。派生类要想使用基类的私有成员，只能通过调用基类成员函数的方法实现，也就是使用基类所提供的接口。这种方式对于要频繁访问基类私有成员的派生类来说，使用起来不方便，每次访问都需要进行函数调用。可以采用以下两种方式访问基类的私有成员。

（1）在类定义体中增加保护段成员。

为了便于派生类的访问，可以将基类私有成员中需提供给派生类访问的部分定义为保护段成员。保护段成员可以被它的派生类访问，但是对于外界是隐藏起来的。这样，既方便了派生类的访问，又禁止外界对私有成员的访问。

这种方式的缺点是在公有派生的情况下，如果把成员设为保护访问控制，则为外界访问基类的保护段成员提供了机会，而三种派生方式中，经常使用的是公有派生。

（2）将派生类声明为基类的友元类。

这样派生类中的所有成员函数均成为基类的友元函数，可以访问基类的私有成员。此外也可直接将需访问基类私有成员的派生类的部分成员函数声明为基类的友元。

2. 通过访问声明调整访问域

在定义私有派生类时，基类中的公有成员在派生类中变为私有成员，必要时可通过访问声明来调整其访问域（即调整基类中的公有成员和保护成员在派生类中的访问控制权限），但需遵守以下的规则。

（1）访问声明仅仅调整名字的访问，不可为它说明任何类型；成员函数在访问声明时，也不准说明任何参数，例如：

```
class Base                        //定义基类
{
public:
    int b;
    int f(int i,int j);
private:
    int a;
};

class Derive:private base         //定义私有派生类
{
public:
    int base::b;                  //错误,说明了数据类型,应改为 base::b;
    base::f(int i,int j);         //错误,访问声明不应说明函数参数,应改为 base::f;
private:
    int c;
};
```

通过调整访问域,基类中的公有成员在私有派生类中变为公有成员。

(2) 访问声明只能调整基类的保护成员和公有成员在派生类中的访问域,不能改变基类的私有成员在派生类中的访问域,这样可以保持封装性。

(3) 可以在派生类中降低基类公有成员和保护成员的可访问性,也可以把保护成员提升为 public 成员。

(4) 对重载函数的访问声明将调整基类中具有该名的所有函数的访问域。若基类中的这些重载函数处在不同 public 或 protected 访问域,那么,在派生类中也可以调整其访问域,例如:

```
class Base
{
public:
    x();
    x(int a);
    x(char * p);
};

class Derive:private Base
{
public:
    Base::x;                      //基类中的所有名为 x 的重载函数在派生类中将变为公有成员
};
```

5.2　多　重　继　承

5.2.1　多重继承的概念和定义

在派生类的声明中,基类可以有一个,也可以有多个。如果只有一个基类,则这种继承方式称为单一继承;如果基类有多个,则这种继承方式称为多重继承,这时的派生类同时得到了多个已有类的特征。在多重继承中,各个基类名之间用逗号隔开。多重继承定义的语法如下：

```
class 派生类名:[继承方式] 基类名1,[继承方式] 基类名2,…,[继承方式] 基类名n
{
    //定义派生类自己的成员;
};
```

从这个一般形式可以看出，每个基类有一个继承方式来限制其中成员在派生类中的访问权限，如果省略，则默认为 private 继承。其规则和单一继承情况是一样的，多重继承可以看作是单一继承的扩展，单一继承可以看作多重继承的一个最简单的特例。

在派生过程中，派生出来的新类也同样可以作为基类再继续派生新的类。此外，一个基类可以同时派生出多个派生类。也就是说，一个类从父类继承来的特征也可以被其他新的类所继承，一个父类的特征，可以同时被多个子类继承。这样就形成了一个相互关联的类的家族，称为类族。在类族中，直接参与派生出某类的基类称为直接基类；基类的基类甚至更高层的基类称为间接基类。

5.2.2 二义性和支配规则

1. 二义性的两种情况

（1）当一个派生类由多个基类派生而来时，假如这些基类中的成员有成员名相同的情况，这时使用一个表达式引用了这些同名的成员，就无法确定是引用了哪个基类的成员，这种对基类成员的访问就是二义性的。

要避免此种情况，可以使用成员名限定来消除二义性，也就是在成员名前用对象名及基类名来限定。

【例 5.8】 多重继承中的二义性问题示例。

```
#include <iostream>
using namespace std;

class Bed
{
public:
    Bed(){}
    void sleep()
    {   cout <<"sleeping...\n";   }
    void setWeight(int i)
    {   weight = i;   }
protected:
    int weight;
};

class Sofa
{
public:
    Sofa(){}
    void watchTV()
    { cout <<"Watching TV.\n"; }
    void setWeight(int i)
    { weight = i; }
```

```
protected:
    int weight;
};

class SleeperSofa:public Bed, public Sofa                  //多重继承
{
public:
    SleeperSofa(){}
    void foldOut(){ cout <<"Fold out the sofa.\n"; }
};

int main()
{
    SleeperSofa ss;
    ss.watchTV();
    ss.foldOut();
    ss.sleep();
    ss.setWeight(20);                                      //出现二义性

    return 0;
}
```

【程序解析】

① 此例中 SleeperSofa 类是 Bed 类和 Sofa 类的公有派生类,而 Bed 类和 Sofa 类中均有成员函数 setWeight(),对象 ss 调用 setWeight()函数时存在二义性,所以当程序编译时将出现如图 5.6 所示的错误提示信息。

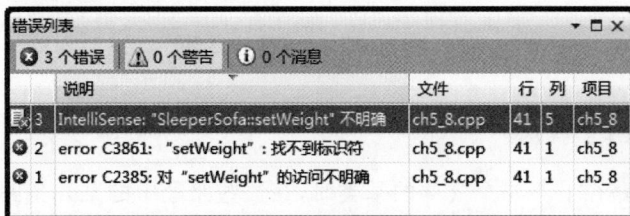

图 5.6　编译时的错误提示信息

② 使用作用域运算符限定成员名可以消除上述二义性。例如:

```
ss.Bed::setWeight(10);
ss.Sofa::setWeight(10);
```

(2) 如果一个派生类从多个基类中派生,而这些基类又有一个共同的基类,则在这个派生类中访问这个共同基类中的成员时会产生二义性。要避免此种情况,可以利用 5.3 节讲到的虚基类。

2. 作用域规则

当基类中的成员名字在派生类中再次声明时,派生类中的名字就屏蔽掉基类中相同的名字(也就是派生类的自定义成员与基类成员同名时,派生类的成员优先)。如果要使用被屏蔽的成员,可由作用域操作符实现。它的形式是:类名::类成员标识符。作用域操作符不仅可以用在类中,也可以用在函数调用时。

3. 支配规则

一个派生类中的名字将优先于它基类中相同的名字，这时二者之间不存在二义性，当选择该名字时，使用支配者（派生类中）的名字，称为支配规则。

5.2.3　赋值兼容规则

所谓赋值兼容规则就是在公有派生的情况下，一个派生类对象可以作为基类对象使用的地方（在公有派生的情况下，每一个派生类的对象都是基类的一个对象，它继承了基类的所有成员并没有改变其访问权限）。

具体地说，有三种情况可以把一个公有派生类的对象作为基类对象来使用。

（1）派生类对象可以赋给基类的对象，例如（约定类 Derived 是从类 Base 公有派生而来的）：

```
Derived d;
Base b;
b = d;
```

（2）派生类对象可以初始化基类的引用，例如：

```
Derived d;
Base &br = d;
```

（3）派生类对象的地址可以赋给指向基类对象的指针，例如：

```
Derived d;
Base * pb = &d;
```

5.3　虚　基　类

5.3.1　虚基类的概念

当在多条继承路径上有一个公共的基类时，在这些路径中的某几条路径汇合处，这个公共的基类就会产生多个实例（或多个副本），若想只保存这个基类的一个实例，可以将这个公共基类说明为虚基类。从基类派生新类时，使用关键字 virtual 可以将基类说明成虚基类。一个基类，在定义它的派生类时，在作为某些派生类的虚基类的同时，又可以作为另一些派生类的非虚基类。

【例 5.9】　利用虚基类避免产生二义性示例。

```
# include <iostream>
using namespace std;

class Furniture                              //定义家具类
{
public:
    Furniture(){}
    void setWeight(int i){ weight = i; }
    int getWeight(){ return weight; }
protected:
    int weight;
```

```
};

class Bed:virtual public Furniture        //Furniture 类作为 Bed 类的虚基类
{
public:
    Bed(){}
    void sleep(){ cout <<"sleeping...\n"; }
};

class Sofa:virtual public Furniture       //Furniture 类作为 Sofa 类的虚基类
{
public:
    Sofa(){}
    void watchTV(){ cout <<"Watching TV.\n"; }
};

class SleeperSofa:public Bed, public Sofa
{
public:
    SleeperSofa():Sofa(),Bed(){}
    void foldOut(){ cout <<"Fold out the sofa.\n"; }
};

int main()
{
    SleeperSofa ss;
    ss.watchTV();
    ss.foldOut();
    ss.sleep();
    ss.setWeight(20);
    cout <<"weight:"<< ss.getWeight()<< endl;

    return 0;
}
```

程序的运行结果如图 5.7 所示。

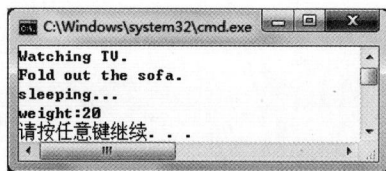

图 5.7 例 5.9 的运行结果

【程序解析】

此例中,Furniture 类作为 Sofa 类和 Bed 类的虚基类,如果不加关键字 virtual,在编译时会出现如图 5.8 所示的错误提示信息。

5.3.2 多重继承的构造函数和析构函数

多重继承情况下,严格按照派生类定义时多个基类从左到右的顺序来调用构造函数,而析构函数的调用顺序刚好与构造函数的相反。如果基类中有虚基类,则构造函数的调用顺

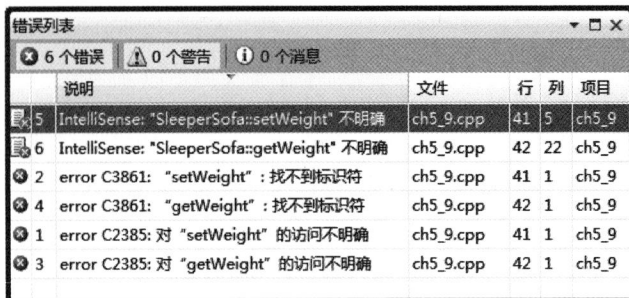

图 5.8　编译时的错误提示信息

序采用下列规则。

（1）虚基类的构造函数在非虚基类构造函数之前调用。

（2）若同一层次中包含多个虚基类，这些虚基类的构造函数按照它们说明的次序调用。

（3）若虚基类由非虚基类派生而来，则仍然先调用基类构造函数，再调用派生类的构造函数。

需要特别注意，当一个派生类同时有多个基类时，所有需要对成员进行初始化的基类，都要显式给出基类名和参数表。对于使用默认构造函数的基类，可以不给出类名。同样，对于对象成员，如果使用默认构造函数，也不需要写出对象名和参数表，而对于单一继承，只需要写一个基类名就可以了。

【例 5.10】　虚基类使用示例。

```cpp
#include <iostream>
using namespace std;

class Base
{
public:
    Base()
    {   cout <<"This is Base class!\n";   }
};

class Base2
{
public:
    Base2()
    {   cout <<"This is Base2 class!\n";   }
};

class Level1:public Base2,virtual public Base
{
public:
    Level1()
    {   cout <<"This is Level1 class!\n";   }
};

class Level2:public Base2,virtual public Base
{
public:
    Level2()
```

```
    {  cout <<"This is Level2 class!\n";   }
};

class TopLevel:public Level1,virtual public Level2
{
public:
    TopLevel()
    {  cout <<"This is TopLevel class!\n";   }
};

int main()
{
    TopLevel topObject;

    return 0;
}
```

程序的运行结果如图 5.9 所示。

【程序解析】

（1）构造函数的调用顺序是先"祖先"，再"客人"，后"自己"。调用基类构造函数时按照派生类定义时冒号后面的基类顺序进行调用，但是若有虚基类，则先调用虚基类的构造函数，再调用非虚基类的构造函数。

图 5.9　例 5.10 的运行结果

（2）该例中 main() 函数创建 TopLevel 类的对象 topObject 时，先调用虚基类 Level2 的构造函数，再调用非虚基类 Level1 的构造函数，最后调用 TopLevel 类的构造函数。调用虚基类 Level2 的构造函数时，调用顺序是：虚基类 Base() → 非虚基类 Base2() → Level2()；调用非虚基类 Level1 的构造函数时，调用顺序是：非虚基类 Base2() → Level1()，因为 Base 类作为 Level1 和 Level2 类的虚基类，而 Level1 和 Level2 类又是 TopLevel 类的父类，所以在继承路径上只产生一个实例，此时不再调用 Base 类的构造函数。

【例 5.11】　多重继承中构造函数和析构函数的调用顺序示例。

```
# include <iostream>
using namespace std;

class OBJ1
{
public:
    OBJ1()
    {  cout <<"Constructing OBJ1"<< endl;   }
    ~OBJ1()
    {  cout <<"Destructing OBJ1"<< endl;   }
};

class OBJ2
{
public:
    OBJ2()
    {  cout <<"Constructing OBJ2"<< endl;   }
    ~OBJ2()
```

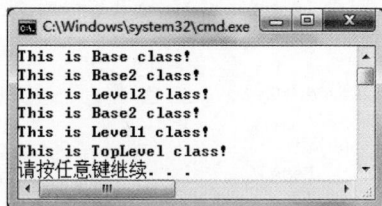

```
        {  cout <<"Destructing OBJ2"<< endl;   }
};

class Base1
{
public:
    Base1()
    {  cout <<"Constructing Base1"<< endl;   }
    ~Base1()
    {  cout <<"destructing Base1"<< endl;   }
};

class Base2
{
public:
    Base2()
    {  cout <<"Constructing Base2"<< endl;   }
    ~Base2()
    {  cout <<"Destructing Base2"<< endl;   }
};

class Base3
{
public:
    Base3()
    {  cout <<"Constructing Base3"<< endl;   }
    ~Base3()
    {  cout <<"Destructing Base3"<< endl;   }
};

class Base4{
public:
    Base4()
    {  cout <<"Constructing Base4"<< endl;   }
    ~Base4()
    {  cout <<"Destructing Base4"<< endl;   }
};

class Derive:public Base1,virtual public Base2,public Base3,virtual public Base4
{
public:
    Derive():Base4(),Base3(),Base2(),Base1(),obj2(),obj1()
    {
        cout <<"Constructing Derive"<< endl;
    }
    ~Derive()
    {  cout <<"Destructing Derive"<< endl;   }
protected:
    OBJ1 obj1;
    OBJ2 obj2;
};

int main()
{
    Derive deriveObject;
    cout <<" -------------------- "<< endl;
```

```
    return 0;
}
```

程序的运行结果如图 5.10 所示。

【程序解析】

（1）创建 Derive 类对象 deriveObject 时，先调用虚基类 Base2 和 Base4 的构造函数，再调用非虚基类 Base1 和 Base3 的构造函数。

（2）调用对象成员所在类的构造函数时按照对象成员定义时的顺序 obj1 和 obj2 进行，该例中 Derive 类的构造初始化表可以去掉，本例只是为了说明调用时不按照构造初始化表的顺序进行调用。

（3）析构函数的调用顺序与构造函数的调用顺序刚好相反。

图 5.10 例 5.11 的运行结果

5.4 类 模 板

在第 2 章讲到模板的作用和函数模板，本节讲解类模板。

类模板为类定义一种模式，使得类中的某些数据成员、某些成员函数的参数、某些成员函数的返回值，能取任意类型（包括系统预定义的和用户自定义的数据类型）。

如果一个类中数据成员的类型不能确定，或者是某个成员函数的参数或返回值的类型不能确定，就必须将此类声明为模板，它的存在不是代表一个具体的实际的类，而是代表着一类类。

C++语言编译系统根据类模板和特定的数据类型来产生一个类，即模板类（这是一个类）。类模板是一个抽象的类，而模板类是实实在在的类，是由类模板和实际类型结合后由编译系统产生的一个实实在在的类。这个类名就是抽象类名和实际数据类型的结合，如：TclassName<int> 整体是一个类名，包括尖括号和 int。通过这个类才可以产生对象（类的实例）。

对象是类的实例，而模板类是类模板的实例。

类模板由 C++语言的关键字 template 引入，定义的语法形式如下：

```
template<class 类型参数 1,class 类型参数 2,…>
class 类模板名
{
    //类定义体
};

template<class 类型参数 1,class 类型参数 2,…>
<返回类型><类名><类型名表>::<成员函数 1>(形参表)
{
    //成员函数定义体
}
```

其中，用尖括号括起来的是类型参数表，多个类型参数之间用逗号隔开，每个类型参数由关键字 class 或 typename 引入。

类模板必须用类型实参将其实例化为模板类后，才能用来生成对象。其表示形式一般为

> 类模板名 <类型实参表> 对象名(值实参表);

其中，类型实参表表示将类模板实例化为模板类时所用到的类型（包括系统固有的类型和用户已定义类型），值实参表表示将该模板类实例化为对象时模板类构造函数所用到的变量。一个类模板可以用来实例化多个模板类。

下面通过一个简单的例子来介绍如何定义和使用类模板及模板类。

【例 5.12】 类模板和模板类的使用示例。

```
#include <iostream>
using namespace std;

template <class T>
class ClassTemplateTest
{
public:
    ClassTemplateTest(T);
    ~ClassTemplateTest()
    {
        cout <<"call deconstructor function"<< endl;
    }
    T getSize()
    {
        return size;
    }
private:
    T size;
};

template <class T>
ClassTemplateTest <T>::ClassTemplateTest(T n)
{
    size = n;
    cout <<"call constructor function"<< endl;
}

int main()
{
    ClassTemplateTest <int> object1(5);
    ClassTemplateTest <double> object2(6.66);
    cout <<" ------------------------------ "<< endl;
    cout <<"the class name of object1 is: "<< typeid(object1).name()<< endl;
    cout <<"object1.getSize() is "<< object1.getSize()<< endl;
    cout <<"the class name of object2 is: "<< typeid(object2).name()<< endl;
    cout <<"object2.getSize() is "<< object2.getSize()<< endl;
    cout <<" ------------------------------ "<< endl;

    return 0;
}
```

程序的运行结果如图 5.11 所示。

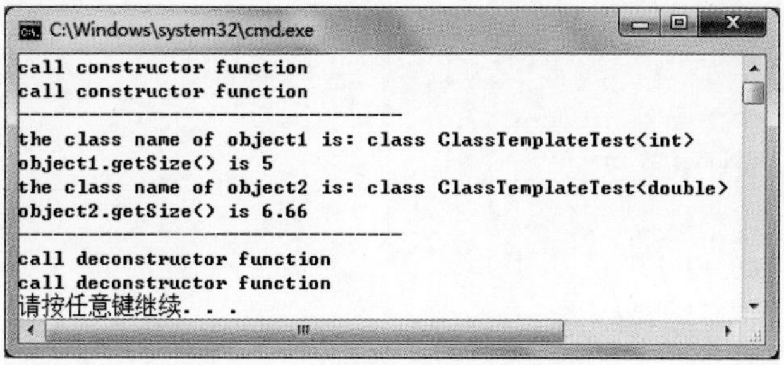

图 5.11 例 5.12 的运行结果

这个例子中定义了一个类模板 ClassTemplateTest,它有一个类型参数 T,类模板的定义由 template<class T>开始,下面的类模板定义体部分与普通类定义的方法相同,只是在部分地方用参数 T 表示数据类型。

类模板的每一个非内联函数的定义是一个独立的模板,同样以 template<class T>开始,函数头中的类名由类模板名加模板参数构成,如例子中的 ClassTemplateTest<T>。

类模板在使用时必须指明参数,形式为:类模板名<模板参数表>。主函数中的 ClassTemplateTest<int>即是如此,编译器根据参数 int 生成一个实实在在的类,即模板类,理解程序时可以将 ClassTemplateTest<int>看成一个完整的类名。在使用时 ClassTemplateTest 不能单独出现,它总是和尖括号中的参数表一起出现。

上面的例子中模板只有一个表示数据类型的参数,多个参数以及其他类型的参数也是允许的。

【例 5.13】 定义一个单向链表的模板类,分别实现增加、删除、查找和打印操作。

```cpp
# include <iostream>
using namespace std;

template<class T>                      //定义类模板
class List
{
public:
    List();
    void addNode(T&);                  //增加结点
    void removeNode(T&);               //删除结点
    T * findNode(T&);                  //查找结点
    void printList();                  //打印输出链表各结点值
    ~List();
protected:
    struct  Node
    {
        Node * pNext;
        T * Pt;
    };
    Node *   pFirst;
};

template<class T>
List<T>::List()
{
```

```
        pFirst = 0;
    }

    template < class T >
    void List < T >::addNode(T& t)
    {
        Node *  temp  = new Node;
        temp - > Pt  = &t;
        temp - > pNext  = pFirst;
        pFirst  = temp;
    }

    template < class T >
    void List < T >::removeNode(T&t)
    {
        Node  * q = 0;
        if( * pFirst - > Pt == t)
        {
            q = pFirst;
            pFirst = pFirst - > pNext;
        }
        else
        {
            for(Node * p = pFirst;p - > pNext;p = p - > pNext)
                if( * (p - > pNext - > Pt) == t)
                {
                    q = p - > pNext;
                    p - > pNext = q - > pNext;
                    break;
                }
        }
        if(q)
        {
            cout <<"delete node of value "<< t << endl;
            delete q - > Pt;
            delete q;
        }
        else
            cout <<"In removeNode function: No node of value "<< t << endl;
    }

    template < class T >
    T *   List < T >::findNode(T& t)
    {
        for(Node *  p = pFirst;p;p = p - > pNext)
        {
            if( * (p - > Pt) == t)
                return p - > Pt;
        }
        return  0;
```

```
}

template < class T >
void List < T >::printList()
{
    cout <<"链表中各结点值为: ";
    for(Node *  p = pFirst;p;p = p - > pNext)
    {
        if(p!= pFirst)
            cout <<" - >";
        cout << * (p - > Pt);
    }
    cout << endl;
}

template < class T >
List < T >::~List()
{
    Node *  p = pFirst;
    while (p)
    {
        pFirst = pFirst - > pNext;
        delete p - > Pt;
        delete p;
        p = pFirst;
    }
}

int main()
{
    List < int > intList;                    //intList 是模板类 List < int >的对象
    for(int i = 1;i < 7;i++)
    {
        intList. addNode( * new int(i));     //向链表中插入结点
    }
    intList. printList();
    int   b = 9;
    int *  pa = intList. findNode(b);
    if(pa)
        intList. removeNode( * pa);
    else
        cout <<"In main function: No node of value "<< b << endl;
    intList. removeNode( * new int(5));
    intList. removeNode( * new int(1));
    intList. removeNode( * new int(10));
    intList. printList();

    return 0;
}
```

程序的运行结果如图 5.12 所示。

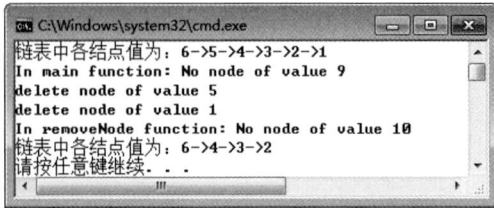

图 5.12　例 5.13 的运行结果

5.5　应用示例

【例 5.14】　本例定义了一个基类 Person 类及其两个派生类（Teacher 类和 Student 类），显示不同对象的相关信息。

```cpp
#include <iostream>
using namespace std;

class Person
{
public:
    Person(char * name, int age, char sex)
    {
        strcpy_s(m_strName, name);
        m_nSex = ( sex == 'm'?0:1 );
        m_nAge = age;
    }
    void ShowMe()
    {
        cout <<"  姓    名: "<< m_strName << endl;
        cout <<"  性    别: "<<(m_nSex == 0?"男":"女")<< endl;
        cout <<"  年    龄: "<< m_nAge << endl;
    }
protected:
    char m_strName[20];
    int m_nSex;
    int m_nAge;
};

class Teacher: public Person
{
public:
    Teacher(char * name, int age, char sex, char * dept, int salary)
        :Person(name, age, sex)
    {
        strcpy_s(m_strDept, dept);
        m_fSalary = salary;
    }
    void ShowMe()
    {
        Person::ShowMe();
        cout <<"  工作单位: "<< m_strDept << endl;
```

```
        cout <<"  月    薪: "<< m_fSalary << endl;
    }
private:
    char m_strDept[30];
    int  m_fSalary;
};

class Student: public Person
{
public:
    Student(char * name, int age, char sex, char * ID, char * Class)
        :Person(name, age, sex)
    {
        strcpy_s(m_strID, ID);
        strcpy_s(m_strClass, Class);
    }
    void ShowMe()
    {
        cout <<"  学    号: "<< m_strID << endl;
        Person::ShowMe();
        cout <<"  班    级: "<< m_strClass <<"\n";
    }
private:
    char m_strID[12];
    char m_strClass[50];
};

int main()
{
    Teacher teacher1("李强", 38, 'm', "信息工程学院", 3800);
    Student student1("马丽", 20, 'f', "03016003", "计科 173");
    cout <<" ------ 教师信息如下: ------ "<< endl;
    teacher1.ShowMe();
    cout <<" ------ 学生信息如下: ------ "<< endl;
    student1.ShowMe();

    return 0;
}
```

程序的运行结果如图 5.13 所示。

【例 5.15】 某单位所有员工根据领取薪金的方式分为时薪工(HourlyWorker)、计件工(PieceWorker)、经理(Manager)、佣金工(CommissionWorker)四类。时薪工按工作的小时支付工资,对于每周超过 40 小时的加班时间,按照附加 50%薪水支付工资。按生产的每件产品给计件工支付固定工资,假定该工人仅制造一种产品。经理每周得到固定的工资。佣金工每周得到少许的固定保底工资,加上该工人在一周内总销售的固定百分比。试编制一个程序来实现该单位的所有员工类,并加以测试。

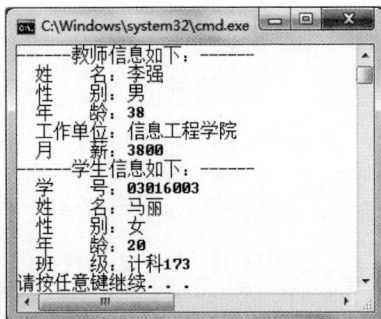

图 5.13 例 5.14 的运行结果

```
# include <iostream>
using namespace std;

class Employee                                      //雇员类
{
public:
    //设置雇员的基本信息
    void setInfo(char * empname, int empsex, char * empid)
    {
        strcpy_s(name, empname);
        strcpy_s(emp_id, empid);
    }
    void getInfo(char * empname, char * empid)      //取得雇员的基本信息
    {
        strcpy_s(empname, strlen(name) + 1, name);
        strcpy_s(empid, strlen(emp_id) + 1, emp_id);
    }
    double getSalary()                              //取得所应得的总薪金数
    {
        return salary;
    }
protected:
    char name[10];                                  //姓名
    char emp_id[8];                                 //职工号
    double salary;                                  //薪金数
};

class HourlyWorker:public Employee                  //时薪工类
{
public:
    HourlyWorker()
    {
        hours = 0;
        perHourPay = 15.6;
    }
    int getHours()                                  //取得某人工作的小时数
    {
        return hours;
    }
    void setHours(int h)                            //设置某人工作的小时数
    {
        hours = h;
    }
    double getperHourPay()                          //取得每小时应得的报酬
    {
        return perHourPay;
    }
    void setperHourPay(double pay)                  //设置每小时应得的报酬
    {
        perHourPay = pay;
    }
    void computePay()                               //计算工资
    {
        if(hours <= 40)
            salary = perHourPay * hours;
```

```
        else
            salary = perHourPay * 40 + (hours - 40) * 1.5 * perHourPay;
    }
protected:
    int hours;                              //工作的小时数
    double perHourPay;                      //每小时应得的报酬
};

class PieceWorker:public Employee          //计件工类
{
public:
    PieceWorker()
    {
        pieces = 0; perPiecePay = 26.8;
    }
    int getPieces()
    {return pieces;}
    void setPieces(int p)                   //设置生产的工件总数
    {pieces = p;}
    double getperPiecePay()
    {return perPiecePay;}
    void setperPiecePay(double ppp)
    { perPiecePay = ppp;}
    void computePay()
    { salary = pieces * perPiecePay;}
protected:
    int pieces;                             //每周所生产的工件数
    double perPiecePay;                     //每个工件所应得的工资数
};

class Manager:public Employee              //经理类
{
public:
    void setSalary(double s)                //设置经理的工资数
    {   salary = s;   }
};

class CommissionWorker:public Employee     //佣金工类
{
public:
    CommissionWorker()
    {
        baseSalary = 500;
        total = 0;
        percent = 0.01;
    }
    double getBase()
    { return baseSalary;}
    void setbase(double base)
    { baseSalary = base;}
    double getTotal()
    { return total;}
    void setTotal(double t)
    { total  = t;}
    double getPercent()
    { return percent;}
    double setPercent(double p)
```

```
    { percent = p; }
    void computePay()
    { salary = baseSalary + total * percent; }
protected:
    double baseSalary;                   //保底工资
    double total;                        //一周内的总销售额
    double percent;                      //提成的额度
};

int main()
{
    char name[10], emp_id[9];

    HourlyWorker hworker;                //时薪工
    hworker.setInfo("John", 0, "001");
    hworker.setHours(65);
    hworker.getInfo(name, emp_id);
    hworker.computePay();
    cout <<" ------ HourlyWorker ------ "<< endl
        <<"    "<< name <<"'s id is "<< emp_id << endl
        <<"    "<< name <<"'s salary is "<< hworker.getSalary()<< endl;

    PieceWorker pworker;                 //计件工
    pworker.setInfo("Mark", 0, "002");
    pworker.setPieces(100);
    pworker.computePay();
    pworker.getInfo(name, emp_id);
    cout <<" ------ PieceWorker ------ "<< endl
        <<"    "<< name <<"'s id is "<< emp_id << endl
        <<"    "<< name <<"'s salary is:"<< pworker.getSalary()<< endl;

    CommissionWorker cworker;            //佣金工
    cworker.setTotal(234.6);
    cworker.setInfo("Jane", 0, "003");
    cworker.computePay();
    cworker.getInfo(name, emp_id);
    cout <<" ------ CommissionWorker ------ "<< endl
        <<"    "<< name <<"'s id is "<< emp_id << endl
        <<"    "<< name <<"'s salary is:"<< cworker.getSalary()<< endl;

    Manager manager;                     //经理
    manager.setInfo("Mike", 1, "004");
    manager.setSalary(3500);
    manager.getInfo(name, emp_id);
    cout <<" ------ Manager ------ "<< endl
        <<"    "<< name <<"'s id is "<< emp_id << endl
        <<"    "<< name <<"'s salary is:"<< manager.getSalary()<< endl;

    return 0;
}
```

程序的运行结果如图 5.14 所示。

【例 5.16】 从二叉排序树中删除一个结点。

分析：

（1）被删除结点为叶结点，则只需修改其双亲结点对应指针为 NULL，并释放该结点。

（2）被删结点只有左子树或右子树，此时只要将其左子树或右子树直接变成其双亲结点的左子树或右子树。

（3）若被删结点 K 左右子树均不空，需循该结点的右子树根结点 M 的左子树，一直向左子树找，直到某结点 x 的左子树为空，则把 x 的右子树改为其父结点的左子树，而用 x 结点取代 K 结点。递归的说法：用结点 x 取代 K，再从右子树中删去结点 x。实际就是用 K 结点的中序下一结点 x 取代 K 结点，也可以用 K 结点中序前一结点 y 来取代 K 结点，一句话，用最接近被删结点值的结点来代替它。

源程序如下：

图 5.14　例 5.15 的运行结果

```cpp
#include <iostream>
using namespace std;

template <typename T>
class BinaryTree;

template <typename T>
class Node
{
public:
    Node()
    {
        lChild = NULL; rChild = NULL;
    }
    Node(T data, Node <T> * left = NULL, Node <T> * right = NULL)
    {
        info = data;
        lChild = left;
        rChild = right;
    }
    friend class BinaryTree <T>;
private:
    Node <T> * lChild, * rChild;
    T info;
};

template <typename T>
class BinaryTree
{
public:
    BinaryTree()                          //构造函数
    {   root = NULL;   }
    ~BinaryTree()                         //析构函数
    {   destroyTree(root);   }
    void creatTree(T * data, int n);      //建立(排序)二叉树
    void inOrder()
    {   inOrder(root);   }                //中序遍历
    void removeNode(const T &data)        //删除结点
```

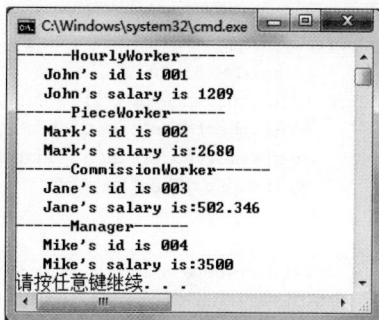

```
    { removeNode(data,root,root); }
private:
    Node<T> * root;                                  //二叉树的根指针
    void inOrder(Node<T> * Current);                 //中序遍历
    void insertNode(const T &data,Node<T> * &b);     //插入结点,第二个参数为引用
    void removeNode(const T &data,Node<T> * &a,Node<T> * &b);   //删除结点
    void destroyTree(Node<T> * Current);             //删除树
};

template<typename T>
void BinaryTree<T>::destroyTree(Node<T> * Current)
{
    if(Current!= NULL)
    {
        destroyTree(Current-> lChild);
        destroyTree(Current-> rChild);
        delete Current;                              //后序释放根结点
    }
}


template<typename T>
void BinaryTree<T>:: insertNode(const T &data,Node<T> * &b)
{
    if(b == NULL)                                    //空树,插入
    {
        b = new Node<T>(data);
        if(b == NULL)
        {
            cout <<"空间不足"<< endl;
            exit(1);
        }
    }
    else if(data < b-> info)                         //小于,向左子树去插入
        insertNode(data,b-> lChild);
    else                                             //大于或等于,向右子树去插入
        insertNode(data,b-> rChild);
}

template<typename T>
void BinaryTree<T>::creatTree(T * data,int n)        //建立一棵二叉排序树
{
    for(int i = 0;i < n;i++)
        insertNode(data[i],root);
}

template<typename T>
void BinaryTree<T>::inOrder(Node<T> * Current)
{
    if(Current!= NULL)                               //递归终止条件
    {
        inOrder(Current-> lChild);                   //中序遍历左子树
        cout << Current-> info <<"  ";               //访问根结点,注意所放位置
        inOrder(Current-> rChild);                   //中序遍历右子树
    }
}

template<typename T>
```

```
void BinaryTree < T >::removeNode(const T &data, Node < T > * &a, Node < T > * &b)
{
    Node < T > * temp1, * temp2;
    if(b == NULL)
        return;
    if(data < b -> info)
        removeNode(data, b, b -> lChild);            //所查数小,去左子树
    else if(data > b -> info)
        removeNode(data, b, b -> rChild);            //所查数大,去右子树
    else if (b -> lChild!= NULL&&b -> rChild!= NULL)
    {
        //查到值为 data 的结点,它有两个子树
        temp2 = b;
        temp1 = b -> rChild;                         //向右一步
        if(temp1 -> lChild!= NULL)
        {
            while(temp1 -> lChild!= NULL)
            {
                //向左到极左的结点,将要用来取代被删除结点
                temp2 = temp1;
                temp1 = temp1 -> lChild;
            }
            temp2 -> lChild = temp1 -> rChild;
            //把选中结点的右子树或 NULL,接到该结点的父结点的左子树上
        }
        else
            temp2 -> rChild = temp1 -> rChild;       //向右一步后无左子树
        b -> info = temp1 -> info;
        delete temp1;
    }
    else
    {   //只有一个子树或是叶结点
        temp1 = b;
        if(b -> rChild!= NULL)                       //只有右子树
        {
            temp1 = b -> rChild;
            b -> info = temp1 -> info;
            b -> rChild = temp1 -> rChild;
            b -> lChild = temp1 -> lChild;
        }
        else if(b -> lChild!= NULL)                  //只有左子树
        {
            temp1 = b -> lChild;
            b -> info = temp1 -> info;
            b -> rChild = temp1 -> rChild;
            b -> lChild = temp1 -> lChild;
        }
        else if(b == root) root = NULL;              //叶结点,仅有根结点
        else if(a -> rChild == temp1) a -> rChild = NULL;   //被删除结点在父结点右边
        else
            a -> lChild = NULL;                      //被删除结点在父结点左边
        delete temp1;
    }
}

int main()
{
```

```
const int n = 15;
int i,a[n] = {10,5,15,8,3,18,13,12,14,16,20,1,4,6,9};
BinaryTree < int > btree;
btree.creatTree(a,n);
cout <<"输入数据: "<< endl;
for( i = 0;i < n;i++)
cout << a[ i ]<<"   ";
cout << endl <<"中序: "<< endl;
btree.inOrder();                           //中序遍历,升序输出
btree.removeNode(a[13]);                    //删除叶结点
cout << endl <<"中序: "<< endl;
btree.inOrder();                           //中序遍历,升序输出
btree.removeNode(a[3]);                     //删除子树结点
cout << endl <<"中序: "<< endl;
btree.inOrder();
btree.removeNode(a[9]);                     //删除叶结点
cout << endl <<"中序: "<< endl;
btree.inOrder();
btree.removeNode(a[2]);                     //被删除结点的右子树根结点无左子树
cout << endl <<"中序: "<< endl;
btree.inOrder();
btree.removeNode(a[0]);                     //删除根结点
cout << endl <<"中序: "<< endl;
btree.inOrder();
int a1[1] = {10};                          //仅有根结点
BinaryTree < int > btree1;
btree1.creatTree(a1,1);
cout <<"\n 输入数据: "<<'\t'<< a1[0]<<'\t';
cout << endl <<"中序: "<<'\t';
btree1.inOrder();
btree1.removeNode(a[0]);                    //删除叶结点
cout << endl <<"中序: "<< endl;
btree1.inOrder();                          //中序遍历,升序输出,输出为空

return 0;
}
```

程序的运行结果如图 5.15 所示。

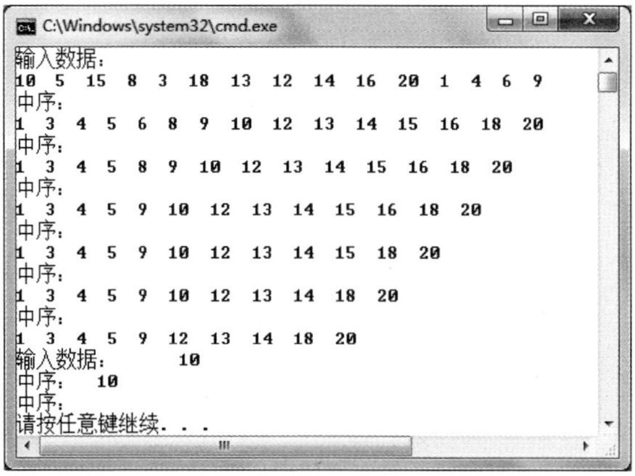

图 5.15　例 5.16 的运行结果

习　　题

1. 什么是类的继承与派生？

2. 类的三种继承方式之间的区别是什么？

3. 派生类能否直接访问基类的私有成员？若否,应如何实现？

4. 派生类构造函数和析构函数的执行顺序是怎样的？在多重继承中,派生类构造函数和析构函数的执行顺序又是怎样的？

5. 派生类的构造函数和析构函数的作用是什么？

6. 多重继承一般应用在哪些场合？

7. 在类的派生中为何引入虚基类？在含有虚基类的派生类中,当创建它的对象时,构造函数的执行顺序如何？

8. 设计一个大学的类系统,学校中有学生、教师、职员,他们之间有相同的地方,又有自己的特性。利用继承机制定义这个系统中的各个类及类中必需的操作。

9. 假定车可分为货车和客车,客车又可分为轿车、面包车和公共汽车。请设计相应的类层次结构。

10. 设计一个能细分为矩形、三角形、圆形和椭圆形的图形类。使用继承将这些图形分类,找出能作为基类部分的共同特征(如宽、高、中心点等)和方法(如初始化、求面积等),并看看这些图形能否进一步划分为子类。

11. 考虑大学的学生情况,试利用单一继承来实现学生和毕业生两个类,设计相关的数据成员及函数,编写程序对继承情况进行测试。

提示：作为学生一定有学号、姓名、性别、学校名称及入学时间等基本信息,而毕业生除了这些信息外,还应有毕业时间、所获学位的信息,可根据这些内容设计类的数据成员,也可加入一些其他信息,除了设计对数据进行相应操作的成员函数外,还要考虑到成员类型、继承模式,并在 main() 函数中进行相应测试。可设计多种继承模式来测试继承的属性。

12. 定义一个哺乳动物类,再由此派生出人类、狗类和猫类,这些类中均有 speak() 函数,观察在调用过程中,到底使用了哪一个类的 speak() 函数。

13. 通过多重继承定义研究生类,研究生既有学生的属性,又有教师的属性。

14. 定义类模板 SortedSet,即元素的有序集合,集合元素的类型和集合元素的最大个数可由使用者确定。要求该类模板对外提供以下三种操作。

(1) insertElement()：插入一个新的元素到合适的位置上,并保证集合元素的值不重复。

(2) getAddress()：返回比给定值大的最小元素的地址。若不存在,返回 0。

(3) deleteElement()：删除与给定值相等的那个元素,并保持剩余元素的有序性。

15. 定义一堆栈类模板,使其具有如下操作。

(1) void push(T)：压栈操作。

(2) T pop()：弹栈操作。

(3) bool empty()：判空操作。

(4) T display(int)：显示指定位置的元素值。

## 第6章

多态性和虚函数

拓展阅读

在线习题

封装性、继承性和多态性是面向对象程序设计(OOP)的三大基本支柱。在面向对象语言中,多态性允许程序员以向对象发送消息的方式来完成一系列动作,无须涉及软件系统如何实现这些动作。在面向对象系统中有两种编译方式,即"静态联编(也叫早期联编)"和"动态联编(也叫滞后联编)"。"静态联编"是指系统在编译时就决定如何实现某一个动作,它提供了执行速度快的优点;而"动态联编"是指系统在运行时动态实现某一个动作,它提供了灵活和高度问题抽象的优点。这两种编译方式都支持多态性的一般概念。

C++语言支持两种多态性:编译时的多态性和运行时的多态性。编译时的多态性通过使用重载来获得,运行时的多态性通过使用继承和虚函数获得。在 C++语言中,重载包括函数重载和运算符重载,函数重载已经在第 2 章讲过,本章主要讲解运算符重载和运行时的多态性。

6.1 运算符重载

6.1.1 运算符重载概述

观看视频

1. 运算符重载定义

运算符重载是对已有的运算符赋予多重含义,同一个运算符作用于不同类型的数据导致不同行为。C++语言中预定义的运算符的操作对象只能是基本数据类型,实际上,对于很多用户自定义类型,也需要有类似的运算操作,这就提出了对运算符进行重新定义和赋予已有符号新功能的要求。

重载运算符增强了 C++语言的可扩充性,使 C++代码更直观、易读,并且易于对对象进行操作。在 C++语言中,定义一个类就是定义了一个新数据类型。因此,类对象和变量一样,可以作为参数传递,也可以作为函数的返回值。在基本数据类型上,系统提供了许多预定义的运算符,如加、减、乘、除等,它们可以用一种简洁的方式工作。为了表达上的方便,可以将预定义的运算符用在特定类的对象上以新的含义进行解释,即用户重新定义已有运算符的功能,这就是运算符重载。在 C++语言中运算符重载都是通过函数来实现的,所以其实质为函数重载。同一个运算符的不同功能的选择由操作数的数据类型决定。

运算符重载的主要优点就是允许改变系统内部运算符的操作方式,以适应用户自定义类型的类似运算。

在 C++语言中除了以下五个运算符不能被重载外,其他运算符均可重载。

(1)成员访问运算符"."。

(2)作用域运算符"::"。

(3)条件运算符"?:"

（4）成员指针运算符"＊"

（5）编译预处理命令的开始符号"＃"

2．运算符重载的规则

运算符重载的规则如下。

（1）C++语言中的运算符除了少数几个以外，几乎全部可以重载，程序员不能定义新的运算符，只能重载已有的这些运算符。

（2）重载之后运算符的优先级和结合性都不改变。

（3）运算符重载是针对新类型数据的实际需要，对原有运算符进行适当的改造。一般来讲，重载的功能应当与原有功能类似，不能改变原运算符所需操作数的个数，同时至少要有一个操作数是自定义类型的操作数。

总之，当 C++语言原有的一个运算符被重载之后，它原来所具有的语义并没有消失，只相当于针对一个特定的类定义了一个新的运算符。

3．运算符重载的形式

运算符重载可以使用成员函数和友元函数两种形式。究竟采用哪一种形式，没有定论，这主要取决于实际情况和程序员的习惯，可以参考以下的经验。

（1）只能使用成员函数重载的运算符有＝、()、[]、->、new、delete。

（2）单目运算符最好重载为成员函数。

（3）对于复合的赋值运算符，如＋＝、－＝、＊＝、/＝、&＝、!＝、~＝、%＝、>>＝、<<＝，建议重载为成员函数。

（4）对于其他运算符，建议重载为友元函数。

除了赋值运算符外，其他运算符函数都可以由派生类继承，并且派生类还可有选择地重载自己所需要的运算符（包括基类重载的运算符）。

运算符重载的实质就是函数重载。在实现过程中，首先把指定的运算表达式转换为对运算符函数的调用，运算对象转换为运算符函数的实参，然后根据实参的类型确定需要调用的函数，这个过程是在编译过程中完成的。

6.1.2　用成员函数重载运算符

在 C++语言中，通常将重载运算符的成员函数称为运算符函数。在类定义体中声明运算符函数的形式为：

观看视频

```
type operator @(参数表)
```

其中，type 为运算符函数的返回值类型，operator 是运算符重载时不可缺少的关键字，@为所要重载的运算符符号，参数表中列的是该运算符所需要的操作数。

若运算符是一元的，则参数表为空，此时当前对象作为此运算符的单操作数；若运算符是二元的，则参数表中有一个操作数，此时当前对象作为此运算符的左操作数，参数表中的操作数作为此运算符的右操作数，以此类推。

运算符函数的定义方式与一般成员函数相同，对类成员的访问与一般成员函数相同，定义格式如下：

```
type 类名::operator @(参数表)
{
    //运算符处理程序代码
}
```

　　重载运算符的使用方法同原运算符一样，只是它的操作数一定是定义它的特定类的对象。

　　注意：运算符重载后，其原有的功能仍然保留，没有丧失或改变。通过运算符重载，扩大了 C++ 语言已有运算符的作用范围，使之能用于类对象。

　　【例 6.1】 用成员函数重载运算符示例一。

```cpp
#include <iostream>
using namespace std;

class RMB{
public:
    RMB(unsigned int d, unsigned int c);
    RMB operator + (RMB&);                      //声明运算符函数,重载 + ,只有一个参数
    RMB& operator++();                          //声明运算符函数,重载++,无参数
    void display(){ cout << (yuan + jf / 100.0) <<" 元"<< endl; }
protected:
    unsigned int yuan;
    unsigned int jf;
};

RMB::RMB(unsigned int d, unsigned int c)
{
    yuan = d;
    jf = c;
    while(jf >= 100){
        yuan ++;
        jf -= 100;
    }
}

RMB RMB::operator + (RMB& s)                    //定义运算符函数
{
    unsigned int c = jf + s.jf;
    unsigned int d = yuan + s.yuan;
    RMB result(d,c);                            //创建 RMB 对象 result
    return result;
}

RMB& RMB::operator++()                          //定义运算符函数
{
    jf ++;
    if(jf >= 100)
    {
        jf -= 100;
        yuan++;
    }
    return * this;                              //返回当前对象
}
```

```
int main()
{
    RMB d1(1, 60);
    cout <<"d1: ";
    d1.display();
    RMB d2(2, 50);
    cout <<"d2: ";
    d2.display();
    RMB d3(0, 0);
    d3 = d1 + d2;            //调用重载运算符函数 operator +，使 RMB 类的两个对象可以相加
    cout <<"d3 = d1 + d2: ";
    d3.display();
    ++d3;                    //调用重载运算符函数 operator++，使 RMB 类的对象 d3 可以自增
    cout <<"++d3: ";
    d3.display();

    return 0;
}
```

程序的运行结果如图 6.1 所示。

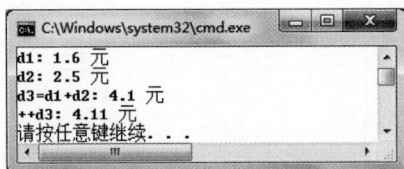

图 6.1 例 6.1 的运行结果

【例 6.2】 用成员函数重载运算符示例二。

以成员函数重载运算符＋实现两字符串连接，源程序如下：

```
#include<iostream>
using namespace std;

class MyString
{
public:
    MyString(char * str)
    {
        strcpy_s(name,str);
    }
    MyString() { }
    ~MyString(){ }
    MyString operator + (const MyString&);
    void display()
    {
        cout <<"MyString is: "<< name << endl;
    }
private:
    char name[256];
};

static char * str;
```

```
MyString MyString::operator + (const MyString& a)
{
    strcpy_s(str,strlen(name) + 1,name);
    strcat_s(str,strlen(str) + strlen(a.name) + 1,a.name);
    //第二个参数是目标缓冲区的总大小
    return MyString(str);
}

int main()
{
    str = new char[256];
    MyString demo1("Visual C++");
    MyString demo2("2010");
    demo1.display();
    demo2.display();
    MyString demo3 = demo1 + demo2;
    demo3.display();
    MyString demo4 = demo3 + " Programming.";
    demo4.display();
    delete str;

    return 0;
}
```

程序的运行结果如图 6.2 所示。

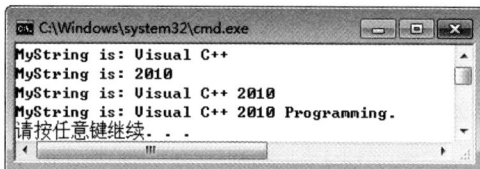

图 6.2　例 6.2 的运行结果

【程序解析】

（1）strcat_s 函数的第二个参数是目标缓冲区的总大小。

（2）考虑表达式：

demo3 + "Programming."

如果将此运算符重载为成员函数，则上述表达式被解释为

demo3.operator + ("Programming.")

然后编译程序将调用 MyString 类的构造函数将"Programming."转换为 MyString 类的对象，最后被解释为

demo3.operator + (MyString("Programming."))

匹配如下的成员函数得最后结果：

String operator + (const MyString&);

（3）operator＋函数体中的最后一条语句"return MyString(str);"执行时不调用拷贝构造函数。但是若此函数定义改为

```
MyString MyString::operator + (const MyString &a)
{
    MyString s;
    strcpy(s.name,name);
    strcat(s.name,a.name);
    return s;
}
```

则返回 s 时要调用拷贝构造函数。

（4）main()函数中的语句"My String demo3＝demo1＋demo2;"不调用对赋值号的重载函数，也不调用拷贝构造函数创建 demo3，这只是初始化语句，如果把该语句改为：

```
string demo3;
demo3 = demo1 + demo2;
```

这时会调用对＝的重载函数。

（5）若此程序改为如下的代码段：

```
// ch6_2_1.cpp
# include < iostream >
using namespace std;

class MyString
{
public:
    MyString(char * str)
    {
        cout <<"constructor with one parameter, char * -----> String"<< endl;
        strcpy_s(name,str);
    }
    MyString(MyString &s)
    {
        cout <<"copy constructor"<< endl;
        strcpy_s(name,s.name);
    }
    MyString()
    {
        cout <<"no parameter constructor"<< endl;
    }
    ~MyString()
    {
        cout <<"deconstructor "<<( * this).name << endl;
    }
    MyString operator + (const MyString&);
    void operator = (const MyString &s)
    {
        cout <<"operator = "<< endl;
        strcpy_s(name,s.name);
    }
    void display()
    {
        cout <<"MyString is: "<< name << endl;
    }
private:
    char name[256];
};
```

```cpp
static char * str;

MyString MyString::operator + (const MyString& a)
{
    cout <<"operator  +  "<< endl;
    MyString s;
    strcpy_s(s.name, name);
    strcat_s(s.name, a.name);
    return s;
}

int main()
{
    str = new char[256];
    MyString demo1("Visual C++");
    MyString demo2("2010");
    demo1.display();
    demo2.display();
    MyString demo3;
    demo3  =  demo1 + demo2;
    cout <<" ---------------------------------------------------- "<< endl;
    demo3.display();
    MyString demo4;
    demo4  =  demo3 + " Programming.";
    demo4.display();
    delete str;
    cout <<" ---------------------------------------------------- "<< endl;
    MyString demo5 = demo4;
    demo5.display();

    return 0;
}
```

程序的运行结果如图 6.3 所示。

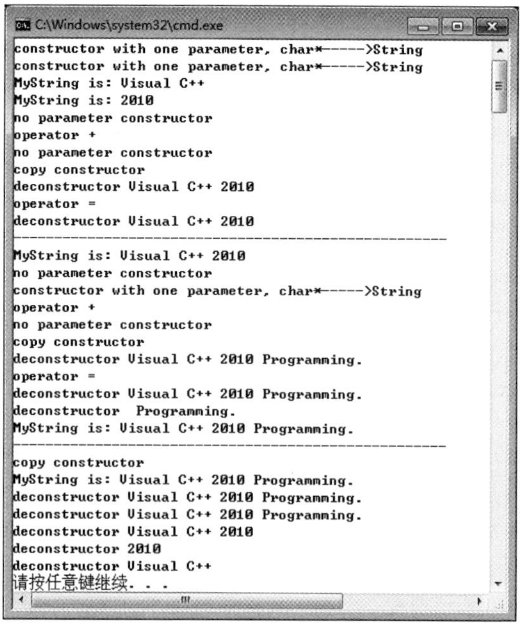

图 6.3　修改例 6.2 的运行结果

请读者仔细分析该运行结果。

6.1.3　用友元函数重载运算符

观看视频

可以用友元函数重载运算符,使用友元函数重载运算符比使用成员函数重载更灵活,因为使用成员函数重载运算符必须通过类对象来调用,调用重载运算符函数的左边必须是相应类的对象,否则,只有使用友元运算符函数才能达到预期的设计目的。

在类定义体中声明友元运算符函数的形式如下:

```
friend type operator @(参数表);
```

友元运算符函数的类外定义如下:

```
type operator @(参数表)
{
    //运算符处理程序代码
}
```

友元运算符函数也可在类内直接定义,但要注意它并不是类的成员函数。

友元函数不属于任何类,它没有 this 指针,这与成员函数完全不同。若运算符是一元的,则参数表中有一个操作数;若运算符是二元的,则参数表中有两个操作数。也就是说,在用友元函数重载运算符时,所有的操作数均需要用参数来传递。友元运算符函数与成员运算符函数的主要区别在其参数个数不同。当运算符的左操作数是一个常数时,就不能使用成员函数重载运算符,因为常数没有 this 指针,应当用友元函数重载,参见例 6.4 的说明(2)。

【例 6.3】　用友元函数重载运算符示例。

```
# include <iostream>
using namespace std;

class RMB
{
public:
    RMB(unsigned int d, unsigned int c);
    friend RMB operator + (RMB&, RMB&);         //声明友元运算符函数
    friend RMB& operator ++(RMB&);              //声明友元运算符函数
    void display(){ cout <<(yuan + jf / 100.0) <<" 元" << endl; }
protected:
    unsigned int yuan;
    unsigned int jf;
};

RMB::RMB(unsigned int d, unsigned int c)
{
    yuan = d;
    jf = c;
    while (jf >= 100)
    {                                           //确保角分值小于100
        yuan ++;
```

```
        jf -= 100;
    }
}

RMB operator + (RMB& s1, RMB& s2)              //定义友元运算符函数
{
    unsigned int jf = s1.jf + s2.jf;
    unsigned int yuan = s1.yuan + s2.yuan;
    RMB result(yuan, jf);
    return result;
}

RMB& operator ++(RMB& s)
{
    s.jf ++;
    if(s.jf >= 100)
    {
        s.jf -= 100;
        s.yuan++;
    }
    return s;
}

int main()
{
    RMB d1(1, 60);
    cout <<"d1: ";
    d1.display();
    RMB d2(2, 50);
    cout <<"d2: ";
    d2.display();
    RMB d3(0, 0);
    d3 = d1 + d2;
    cout <<"d3 = d1 + d2: ";
    d3.display();
    ++d3;
    cout <<"++d3: ";
    d3.display();

    return 0;
}
```

程序的运行结果与例 6.1 相同。

【例 6.4】 用友元函数重载运算符＋实现两字符串连接。

```
# include <iostream>
using namespace std;

class MyString
{
public:
    MyString(char * str)
    {
        strcpy_s(name,str);
    }
```

```
    MyString(){ }
    ~MyString(){ }
    friend MyString operator + (const MyString&, const MyString&);
    void display()
    {
        cout <<"The MyString is :"<< name << endl;
    }
private:
    char name[256];
};

static char * str;

MyString operator + (const MyString& a, const MyString& b)
{
    strcpy_s(str, strlen(a.name) + 1, a.name);
    strcat_s(str, strlen(str) + strlen(b.name) + 1, b.name);
    return MyString(str);
}

int main()
{
    str = new char[256];
    MyString demo1("Visual c++");
    MyString demo2(" 6.0");
    demo1.display();
    demo2.display();
    MyString demo3 = demo1 + demo2;
    demo3.display();
    MyString demo4 = demo3 + " Programming.";
    demo4.display();
    MyString demo5 = "Programming. " + demo4;
    demo5.display();
    delete str;

    return 0;
}
```

程序的运行结果如图 6.4 所示。

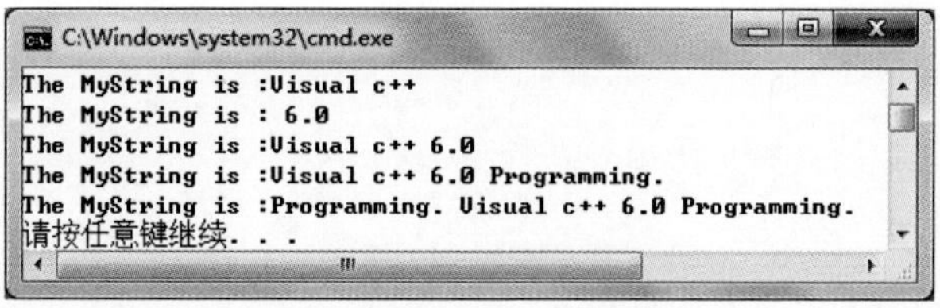

图 6.4 例 6.4 的运行结果

说明：

（1）考虑表达式：

demo3 + "Programming."

如果将此运算符重载为友元函数,则此表达式被解释为

operator + (demo3, "Programming.")

然后编译程序将调用 MyString 类的构造函数将"Programming."转换为 MyString 类的对象，最后被解释为

```
operator + (demo3, MyString("Programming."))
```

匹配成员函数：

```
friend MyString operator + (const MyString&, const MyString&);
```

（2）再考虑表达式：

```
"Programming." + demo4
```

如果将此运算符重载为成员函数，则此表达式被解释为

```
"Programming.".operator + (demo4)
```

但"Programming."不是一个对象，不能调用成员函数，所以编译系统将报告如下的错误：

```
error C2677: binary ' + ': no global operator defined which takes type 'classMyString' (or there
is no acceptable conversion)
```

如果将此运算符重载为友元函数，则此表达式被解释为

```
operator + ("Programming.", demo4)
```

然后编译程序将调用 MyString 类的构造函数将"Programming."转换为 MyString 类的对象，最后被解释为

```
operator + (MyString("Programming."), demo4)
```

最后匹配成员函数：

```
friend MyString operator + (const MyString&, const MyString&);
```

【例 6.5】 用重载运算符的方法进行复数运算。

```cpp
# include < iostream >
using namespace std;

class Complex
{
public:
    Complex(float r = 0, float i = 0)
    {   real = r;   imag = i;   }
    void print();
    friend Complex operator + (Complex &, Complex &);
    friend Complex operator - (Complex &, Complex &);
    friend Complex operator * (Complex &, Complex &);
    friend Complex operator /(Complex &, Complex &);
private:
    float real, imag;                              //复数的实部和虚部
};

void Complex::print()
{
    cout << real;
    if(imag > 0) cout <<" + ";                     //若 image 小于 0, 则自带 -
    if(imag!= 0) cout << imag <<"i\n";
```

```
}

Complex operator + (Complex &a,Complex &b)
{
    Complex temp;
    temp.real = a.real + b.real;
    temp.imag = a.imag + b.imag;

    return temp;
}

Complex operator - (Complex &a,Complex& b)
{
    Complex temp;
    temp.real = a.real - b.real;
    temp.imag = a.imag - b.imag;

    return temp;
}

Complex operator * (Complex& a,Complex& b)
{
    Complex temp;
    temp.real = a.real * b.real - a.imag * b.imag;
    temp.imag = a.real * b.imag + a.imag * b.real;

    return temp;
}

Complex operator/(Complex& a,Complex& b)
{
    Complex temp;
    float tt;
    tt = 1/(b.real * b.real + b.imag * b.imag);
    temp.real = (a.real * b.real + a.imag * b.imag) * tt;
    temp.imag = (b.real * a.imag - a.real * b.imag) * tt;

    return temp;
}

int main()
{
    Complex c1(2.3f,4.6f),c2(3.6f,2.8f),c3;
    cout <<"c1:   ";   c1.print();
    cout <<"c2:   ";   c2.print();
    c3 = c1 + c2;
    cout <<"c1 + c2:   ";   c3.print();
    c3 = c1 - c2;
    cout <<"c1 - c2:   ";   c3.print();
    c3 = c1 * c2;
    cout <<"c1 * c2:   ";   c3.print();
    c3 = c1/c2;
    cout <<"c1/c2:   ";   c3.print();

    return 0;
}
```

程序的运行结果如图 6.5 所示。

为复数类重载了这些运算符后，再进行复数运算时，不再需要按照给出的表达式进行烦琐的运算，只需像其他一般的数值运算一样书写即可，这样给使用复数类带来了很大的方便，并且还很直观。

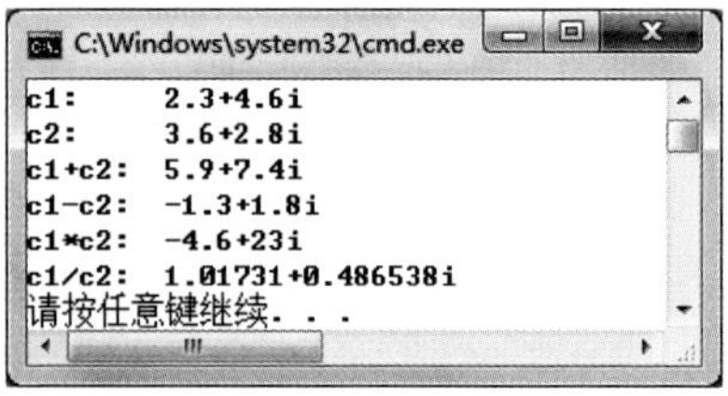

图 6.5　例 6.5 的运行结果

6.1.4　几个常用运算符的重载

1. 运算符"!"和"[ ]"的重载

【**例 6.6**】　运算符"!"和"[ ]"的重载示例。

```cpp
# include <iostream>
using namespace std;

class   Student
{
public:
    void operator[] (Student&);             //求每个学生的平均分
    Student (char * na, float ma = 0, float en = 0, float ph = 0)
    {
        score[0] = ma; score[1] = en; score[2] = ph; strcpy_s(name, na);
    }
    void   operator !()                     //求所有学生各门课程的平均成绩
    {
        if(sum > 0)
            cout <<"Mat:"<< score[0]/sum
                 <<"Eng:"<< score[1]/sum
                 <<"Phy:"<< score[2]/sum << endl;
    }
private:
    char   name[10];
    float   score[3];
    static   unsigned   int   sum;          //静态成员 sum 表示参加计算的学生人数
};

void   Student::operator[] (Student &s)
{
    unsigned   int   i;
    float   nt = 0.;
    for(i = 0; i < 3; i++)
    {
        score[i] += s.score[i];
        nt += s .score[i];
    }
    cout << s.name <<":"<< nt/3 << endl;
    sum++;
}

unsigned   int   Student::sum = 0;

int main()
{
    int   i;
```

```
Student    sa[] = {Student("Wang",60,70,80),Student("Li",70,80,90),
                Student("Zhang",50,60,70)},total("Total");
for(i = 0;i < 3;i++)
    total[sa[i]];
!total;

    return 0;
}
```

程序的运行结果如图 6.6 所示。

本例中说明了对象数组的使用,全部对象都作为
数组元素,但请注意初始化的形式。重载运算符函数
operator[]用来求每个学生的平均分,并用一个静态
变量 sum 记录已参加计算的学生人数,同时分类累
加,最后用"!"重载输出所有学生各门课的平均成绩。

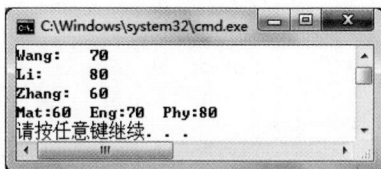

图 6.6　例 6.6 的运行结果

注意:只能重载完整的运算符"[]",而不能重载"["或"]"。

2. 前自增(减)和后自增(减)运算符"++""－－"的重载

++和－－运算符既可以使用成员函数重载,也可以使用友元函数重载。

前自增运算符"++"和前自减运算符"－－"使用成员函数重载的语法格式如下:

```
DataType operator++();
DataType operator －－ ();
```

后自增运算符"++"和后自减运算符"－－"使用成员函数重载的语法格式如下:

```
DataType operator++(int);
DataType operator －－ (int);
```

如果使用友元函数重载++和－－运算符,则多加一个形式参数。

使用前自增运算符的语法格式如下:

```
++对象;
```

使用后自增运算符的语法格式如下:

```
对象++;
```

使用前自增运算符时,先对对象(操作数)进行增量修改,然后再返回该对象。所以前自
增运算符操作时,参数与返回值是同一个对象。这与基本数据类型的前自增运算符类似,返
回的也是左值。

使用后自增运算符时,必须在增量之前返回原有的对象值。为此,需要创建一个临时对
象存放原有的对象,以便对操作数(对象)进行增量修改时,保存最初的值。后自增运算符操
作时返回的是临时对象的值,不是原有对象,原有对象已经被增量修改,所以返回的应该是
存放原有对象值的临时对象。

【例 6.7】　用成员函数重载前自增和后自增运算符。

观看视频

```cpp
# include <iostream>
using namespace std;

class Increase
{
public:
    Increase(int x):value(x){}
    Increase & operator++();            //前自增
    Increase operator++(int);           //后自增
    void display()
    {
        cout <<"the value is " << value << endl;
    }
private:
    int value;
};

Increase & Increase::operator++()
{
    value++;                            //先增量
    return * this;                      //再返回原对象
}

Increase Increase::operator++(int)
{
    Increase temp( * this);             //临时对象存放原有对象值
    value++;                            //原有对象增量修改
    return temp;                        //返回原有对象值
}

int main()
{
    Increase n(20);
    n.display();
    (n++).display();                    //显示返回的临时对象值
    n.display();                        //显示原有对象自增之后的 value 值
    ++n;
    n.display();
    ++(++n);
    n.display();
    (n++)++;              //对返回的临时对象进行第二次增量操作,对象 n 的 value 值只自增了一次
    n.display();

    return 0;
}
```

程序的运行结果如图 6.7 所示。

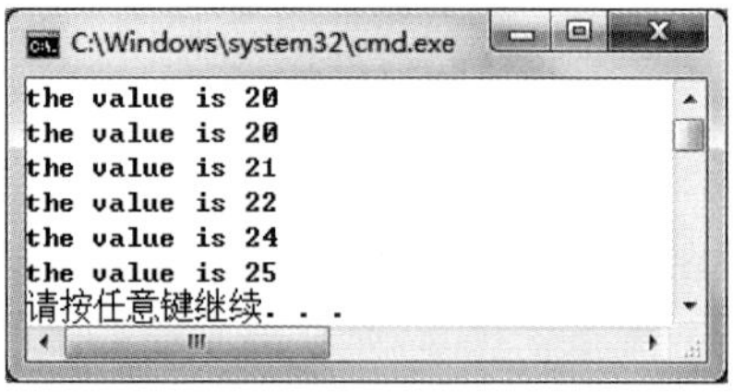

图 6.7　例 6.7 的运行结果

【**例 6.8**】　用友元函数重载前自增和后自增运算符。

```cpp
# include <iostream>
using namespace std;

class Increase
{
public:
    Increase(int x):value(x){}
    friend Increase & operator++(Increase & );      //前自增
    friend Increase operator++(Increase &,int);      //后自增
    void display()
    {
        cout <<"the value is " << value << endl;
    }
private:
    int value;
};

Increase & operator++(Increase & a)
{
    a.value++;                                      //先增量
    return a;                                       //再返回原对象
}

Increase operator++(Increase& a, int)
{
    Increase temp(a);                               //通过拷贝构造函数保存原有对象值
    a.value++;                                      //原有对象增量修改
    return temp;                                    //返回原有对象值
}

int main()
{
    Increase n(20);
    n.display();
    (n++).display();                                //显示返回的临时对象值
    n.display();                                    //显示原有对象自增之后的 value 值
    ++n;
    n.display();
    ++(++n);
    n.display();
    (n++)++;            //对返回的临时对象进行第二次增量操作,对象 n 的 value 值只自增了一次
    n.display();

    return 0;
}
```

程序的运行结果与例 6.7 相同。

3. 运算符"->"的重载

运算符"->"是成员访问运算符,这种一元的运算符只能被重载为成员函数,所以也决定了它不能定义任何参数。一般成员访问运算符的典型用法为

```
对象 ->成员
```

成员访问运算符->函数重载的一般格式为

```
type class_name::operator ->();
```

【例 6.9】 重载运算符"->"示例。

```cpp
#include <iostream>
using namespace std;

class TestOperator
{
public:
    TestOperator * operator ->()
    {
        return this;
    }
    void setInt(int n)
    {
        num = n;
    }
    int getInt()
    {
        return num;
    }
private:
    int num;
};

int main()
{
    TestOperator object1;
    object1 -> setInt(10);
    cout <<"object1.getInt() is:  "<< object1.getInt()<< endl;
    cout <<"object1 -> getInt() is: "<< object1 -> getInt()<< endl;

    return 0;
}
```

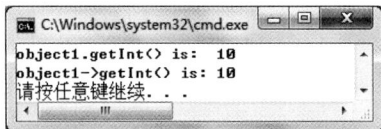

图 6.8　例 6.9 的运行结果

程序的运行结果如图 6.8 所示。

【程序解析】

在上面的代码中重载了运算符"->"，重载函数返回一个 this 指针，这样 object1-> m 实际上就是 this-> m，而 object1. m 和 object1-> m 就是实质相同、形式不同的表达式。

4. 赋值运算符"＝"的重载

赋值运算符"＝"的原有含义是将赋值号右边表达式的结果复制给赋值号左边的变量，通过运算符"＝"的重载将赋值号右边对象的数据成员依次复制到赋值号左边对象的数据成

员中。在正常情况下,编译系统会为每一个类自动生成一个默认的完成上述功能的赋值运算符,当然,这种赋值只限于同一个类说明的对象之间赋值,相当于浅拷贝构造函数。

如果一个类包含指针成员,指针指向动态分配的内存空间。采用默认的按成员赋值方式,当这些成员撤销后,内存的使用将变得不可靠。假如有一个类 Sample,其中有一个指向某个动态内存分配区的指针成员 p,定义该类的两个实例 inst1 和 inst2,在执行赋值语句 inst2＝inst1(使用默认的赋值运算符)之后,这两个对象的指针成员 p 所指向的内存分配如图 6.9(a)所示,现在它们都指向同一内存区。当不需要 inst1 和 inst2 对象后,调用析构函数(两次)来撤销同一内存,会产生运行错误,相当于浅拷贝构造函数的调用。

可以用重载运算符"＝"来解决这个问题。重载该运算符"＝"的成员函数如下:

```
Sample &operator = (Sample &s)
{
    p = new char[strlen(s.p) + 1];
    strcpy(p,s.p);
    return * this;
}
```

在执行 inst2＝inst1 后,p 指针对应的内存分配结果如图 6.9(b)所示。当不需要 inst1 和 inst2 对象后,调用析构函数(两次)来撤销两块不同内存,便不会产生运行错误,相当于深拷贝构造函数的调用。

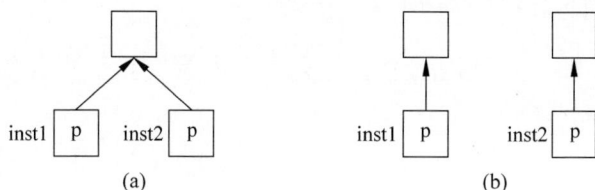

图 6.9　对象内存分配示意图

【例 6.10】 赋值运算符"＝"的重载示例一。

```
# include <iostream>
using namespace std;

class Sample
{
public:
    Sample() { }
    Sample(int i)
    {
        num = i;
    }
    Sample & operator = (Sample);
    void disp()
    {
        cout <<"num = "<< num << endl;
    }
private:
    int num;
};
```

```
Sample& Sample::operator = (Sample s)
{
    Sample::num = s.num;
    return * this;
}

int main()
{
    Sample s1(10),s2;
    s2 = s1;
    s2.disp();

    return 0;
}
```

程序的运行结果如图 6.10 所示。

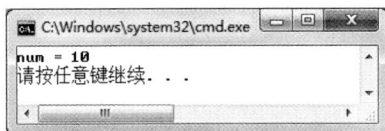

图 6.10　例 6.10 的运行结果

【**例 6.11**】　赋值运算符"="的重载示例二。

```
#include < iostream >
using namespace std;

class Person
{
public:
    Person(char  * na)
    {
        cout <<"call constructor"<< endl;
        name = new char[strlen(na) + 1];              //使用 new 进行动态内存分配
        if(name!= 0)
        {   strcpy_s(name,strlen(na) + 1,na);   }
    }
    Person(Person&p)                                  //深拷贝构造函数
    {
        cout <<"call copy constructor"<< endl;
        name = new char[strlen(p.name) + 1];          //动态分配内存空间
        if(name!= 0)
            strcpy_s(name,strlen(p.name) + 1,p.name);  //字符串拷贝
    }
    void printname()
    {
        cout << name << endl;
    }
    ~Person()
    {
        cout <<"call deconstructor"<< endl;
        delete name;
    }
    Person operator =  (Person &p)
```

```
    {
        cout <<"call operator override"<< endl;
        name = new char[strlen(p.name) + 1];          //动态分配内存空间
        if(name!= 0)
            strcpy_s(name, strlen(p.name) + 1, p.name);  //字符串拷贝
        return * this;
    }
private:
    char * name;
};                                                    //类定义的结束

int main()
{
    Person wang("wang");
    Person li(wang);                                   //调用拷贝构造函数
    li = wang;                                         //调用运算符重载函数
    li.printname();

    return 0;
}
```

程序的运行结果如图 6.11 所示。

【程序解析】

此例中,如果没有赋值运算符的重载,则在程序运行时会弹出如图 6.12 所示的警告对话框。通过此例可以看到,一般情况下赋值运算符重载函数的函数体和深拷贝构造函数的函数体一样。

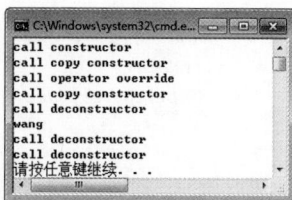

图 6.11 例 6.11 的运行结果

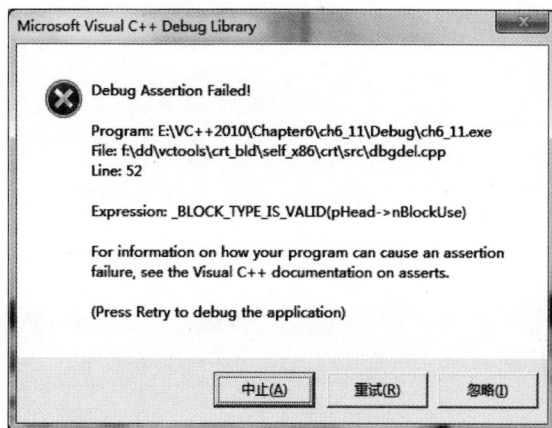

图 6.12 错误提示对话框

请读者再仔细思考,此例中如果去掉深拷贝构造函数,是否可以?为什么?如果重载赋值运算符函数的形参为 Person p,那么是否可以去掉深拷贝构造函数?为什么?程序的运行结果又会是什么?

【例 6.12】 赋值运算符"="的重载示例三。

```
# include < string >
# include <iostream >
```

```
using namespace std;

class Name
{
public:
    Name(){ pName = 0; }
    Name(char * pn){ copyName(pn); }
    ~Name(){ deleteName(); }
    Name & operator = (Name & s)                    //重载赋值运算符
    {
        copyName(s.pName);
        return * this;
    }
    void display(){ cout << pName << endl; }
protected:
    void copyName(char * pN);
    void deleteName();
    char * pName;
};

void Name::copyName(char * pN)
{
    pName = new char[strlen(pN) + 1];
    if(pName)
        strcpy_s(pName,strlen(pN) + 1,pN);
}

void Name::deleteName()
{
    if(pName)
    {
        delete pName;
        pName = 0;
    }
}

int main()
{
    Name s("Jone");
    Name t("temporary");
    t.display();
    t = s;                                           //对象赋值
    t.display();

    return 0;
}
```

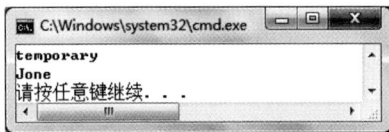

图 6.13　例 6.12 的运行结果

程序的运行结果如图 6.13 所示。

5. 逗号运算符",",的重载

逗号运算符是双目运算符,和其他运算符一样,也可以通过重载逗号运算符来完成期望完成的工作。逗号运算符构成的表达式为"左操作数,右操作数",该表达式返回右操作数的值。如果用类的成员函数来重载逗号运算符,则只带一个右操作数,而左操作数由指针 this 提供。

【例 6.13】 逗号运算符","重载示例。

```cpp
# include <iostream>
using namespace std;

class Rectangle
{
public:
    Rectangle()  { }
    Rectangle(int l, int w)
    {
        length = l; width = w;
    }
    void disp()
    {
        cout << length * width << endl;
    }
    Rectangle operator,(Rectangle r)
    {
        Rectangle temp;
        temp.length = r.length;
        temp.width = r.width;
        return temp;
    }
    Rectangle operator + (Rectangle r)
    {
        Rectangle temp;
        temp.length = r.length + length;
        temp.width = r.width + width;
        return temp;
    }
private:
    int length, width;
};

int main()
{
    Rectangle r1(1,2), r2(3,4), r3(5,6);
    cout << "r1 的面积为: "; r1.disp();
    cout << "r2 的面积为: "; r2.disp();
    cout << "r3 的面积为: "; r3.disp();
    cout << "(r1, r2 + r3, r3)的面积为: "; (r1, r2 + r3, r3).disp();
    cout << "(r1, r3, r2 + r3)的面积为: "; (r1, r3, r2 + r3).disp();

    return 0;
}
```

程序的运行结果如图 6.14 所示。

【程序解析】

程序中 Rectangle 类的"Rectangle operator,(Rectangle r)"重载逗号运算符成员函数返回参数 r 对象的复制对象,而 r 对象就是逗号表达式的右操作数,这样也就返回了右操作数,从而使重载后的逗号运算功能与原有功能接近。计算表达式(r1,r2+r3,r3)时,先计算

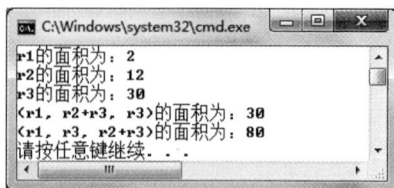

图 6.14　例 6.13 的运行结果

(r1,r2＋r3)，返回 r2＋r3 的结果，将其与 r3 进行逗号运算，返回 r3 的结果。

6.2　虚　函　数

在继承中，如果基类和派生类中定义了同名的成员函数，当用基类指针指向公有派生类的对象后，可以使用虚函数来实现通过基类指针找到相应的派生类成员函数。虚函数允许函数调用与函数体之间的联系在运行时才建立，也就是在运行时才决定如何动作，即所谓的"动态连接"。C++语言运行时的多态性是通过虚函数来实现的。

6.2.1　为什么要引入虚函数

根据赋值兼容规则，任何被说明为指向基类对象的指针都可以指向它的公有派生类对象，而试图指向它的私有派生类对象是被禁止的。反之，不能将一个声明为指向派生类对象的指针指向其基类对象。

声明为指向基类对象的指针，当它指向公有派生类对象时，只能利用它来直接访问派生类中从基类继承来的成员，不能直接访问公有派生类中其他成员。若想访问其公有派生类的其他成员，可以将基类指针显式类型转换为派生类指针来实现。

【例 6.14】　引入虚函数示例。

```cpp
#include <iostream>
using namespace std;

class Base
{
public:
    void who()
    {   cout <<"this is the class of Base!"<< endl;   }
};

class Derive1:public Base
{
public:
    void who()
    {   cout <<"this is the class of Derive1!"<< endl;   }
};

class  Derive2:public Base
{
public:
    void who()
```

```
    {    cout <<"this is the class of Derive2!"<< endl;    }
};

int main()
{
    Base obj1, * p;
    Derive1 obj2;
    Derive2 obj3;
    p = &obj1;
    p -> who();
    p = &obj2;
    p -> who();
    ((Derive1 * )p) -> who();
    p = &obj3;
    p -> who();
    ((Derive2 * )p) -> who();
    obj2.who();
    obj3.who();

    return 0;
}
```

程序的运行结果如图 6.15 所示。

此例中,定义了指向基类的指针变量 p,程序的
意图为当 p 指向不同的对象时,可以执行不同对象所
在类的成员函数。通过指针引起的普通成员函数调
用,仅仅与指针的类型有关,而与此刻正指向什么对
象无关。在这种情况下要调用派生类同名函数,可以
采用显式调用派生类中的函数成员的方法 obj2.
who(),也可以采用对指针的强制类型转换的方法
((Derive1 *)p)-> who()。

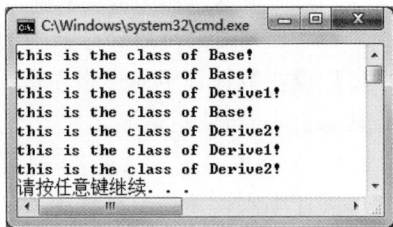

图 6.15　例 6.14 的运行结果

使用对象指针是为了表达一种动态的性质,即当指针指向不同对象时执行不同的操作,
要实现此功能,需引入虚函数的概念。

6.2.2　虚函数的定义与使用

1. 虚函数的定义

虚函数是引入了派生概念后,用来表现基类和派生类的成员函数之间的一种关系的。
虚函数定义是在基类中进行的,虚函数提供了一种接口界面。在基类中的某个成员函数被
声明为虚函数后,此成员函数就可以在一个或多个派生类中被重新定义。在派生类中重新
定义虚函数时,都必须与基类中的原型完全相同。

虚函数是一种非静态的成员函数,说明虚函数的格式如下:

```
virtual 类型 函数名(参数表)
```

在使用虚函数时应注意以下几点。

(1)虚函数是在基类和派生类中说明相同而实现不同的成员函数,在派生类中重新定

义基类中的虚函数时，可以不加 virtual，因为虚特性可以传递，但函数原型必须与基类中的完全相同，否则会丢失虚特性。

（2）基类中说明的虚函数具有下传给派生类的性质。

（3）析构函数可以是虚函数，但构造函数则不能是虚函数。若某类中定义有虚函数，则其析构函数也应当说明为虚函数。特别是在析构函数需要完成一些有意义的操作时，比如释放内存，尤其应当如此。

（4）在类体系中访问一个虚函数时，应使用指向基类的指针或对基类的引用，以满足运行时多态性的要求。当然，也可以像调用普通成员函数那样利用对象名来调用一个虚函数，这时会丢失虚特性。

（5）在派生类中重新定义虚函数时，必须保证派生类中该函数的返回值和参数与基类中的说明完全一致，否则就属于重载（如果参数不同）或是一个错误（参数相同，仅返回值不同）。

（6）若在派生类中没有重新定义虚函数，则派生类的对象将使用其基类中的虚函数代码。

（7）虚函数必须是类的一个成员函数，不能是友元，但它可以是另一个类的友元。另外，虚函数不能是一个静态成员函数。

（8）构造函数只能用 inline 进行修饰，不能是虚函数。

（9）一个类的虚函数仅对派生类中重定义的函数起作用，对其他函数没有影响。在基类中使用虚函数保证了通过指向基类对象的指针调用基类的一个虚函数时，系统对该调用进行动态绑定，而使用普通函数则是静态绑定。

（10）使用虚函数方法后，不得再使用类作用域区分符强制指明要引用的虚函数。因为此法将破坏多态性而使编译器无所适从。

（11）若派生类中没有再定义基类中已有的虚函数，则用指向该类对象的指针或引用名引用虚函数时总是引用距离其最近的一个基类中的虚函数。

（12）若在基类的构造（析构）函数中也引用虚函数，则所引用的只能是本类的虚函数，因为此时派生类中的构造（析构）函数的执行尚未完成。

2. 虚函数与重载函数的关系

虚函数和重载函数的区别如下。

（1）重载函数要求函数有相同的函数名称，并有不同的参数序列；而虚函数则要求函数名、函数的返回值类型和参数序列完全相同。

（2）重载函数可以是成员函数或友元函数，而虚函数只能是成员函数。

（3）重载函数的调用是以所传递参数序列的差别作为调用不同函数的依据的，虚函数是根据对象的不同去调用不同类的虚函数的。

（4）虚函数在运行时表现出多态性，这是 C++ 语言的精髓；而重载函数则在编译时表现出多态性。

若在派生类中重新定义基类中的虚函数时，则要求函数名、返回类型、参数个数、参数类型和顺序都与基类中原型完全相同，不能有任何的不同。若出现不同，系统会根据不同情况分别处理，有以下两种情况。

（1）仅仅返回类型不同，其余均相同，系统会当作出错处理，因为仅仅返回类型不同的

函数本质上是含糊的。

（2）函数原型不同，仅函数名相同，此时，系统会将它认为是一般的函数重载，将丢失虚特性。

【例 6.15】 虚函数与重载函数的关系示例。

```cpp
# include < iostream >
using namespace std;

class Base
{
public:
    virtual void f1()
    {   cout <<"f1 function of Base"<< endl;   }
    virtual void f2()
    {   cout <<"f2 function of Base"<< endl;   }
    virtual void f3()
    {   cout <<"f3 function of Base"<< endl;   }
    void f4()
    {   cout <<"f4 function of Base"<< endl;   }
};

class Derive:public Base
{
    void f1()                                      //仍为虚函数
    {   cout <<"f1 function of Derive!"<< endl;   }
    void f2(int x)                                 //丢失虚特性,变为一般的重载函数
    {   cout <<"f2 function of Derive"<< endl;   }
    //int f3()                                     //错误,只有返回类型不同
    //{cout <<"f3 function of Derive"<< endl;}
    void f4()                                      //一般的重载函数
    {   cout <<"f4 function of Derive"<< endl;   }
};

int main()
{
    Base obj1, * ptr;
    Derive obj2;
    ptr = &obj1;
    ptr -> f1();
    ptr -> f2();
    ptr -> f3();
    ptr -> f4();
    cout <<" ------------------- "<< endl;
    ptr = &obj2;
    ptr -> f1();
    ptr -> f2();
    ptr -> f3();
    ptr -> f4();

    return 0;
}
```

程序的运行结果如图 6.16 所示。

3. 虚函数的使用

定义一个基类类型的对象指针或引用便可使其在需要时指向相应的类对象，并用此指针或引用去引用该对象所对应的类中已被"虚化"的函数，从而实现真正的运行时多态性。

如把例 6.14 的基类 Base 的成员函数 who()定义成虚函数，即函数前加 virtual 关键字。程序的运行结果如图 6.17 所示。

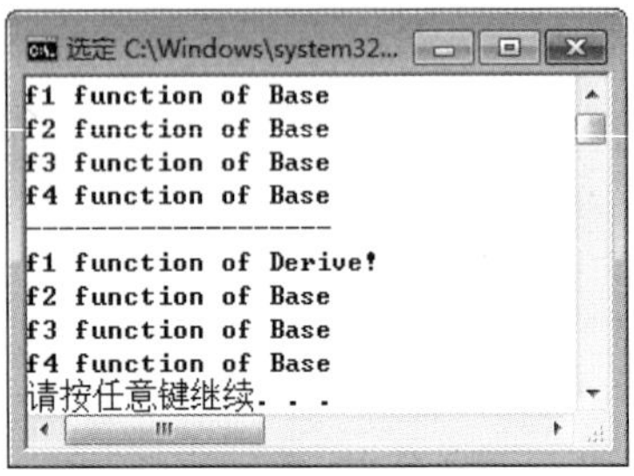

图 6.16　例 6.15 的运行结果

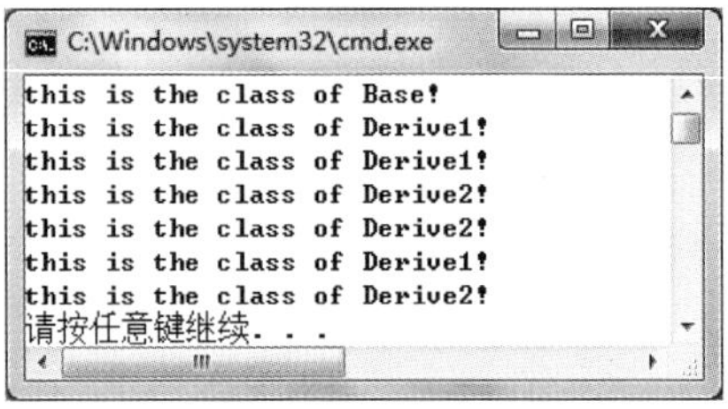

图 6.17　修改例 6.14 的运行结果

【例 6.16】　虚函数的使用示例。

```cpp
#include <iostream>
using namespace std;

class A
{
public:
    A()
    {
        cout <<"the constructor of class A"<< endl;
        f();
    }
    virtual void f()
    {   cout <<"A::f()"<< endl;   }
    void g()
    {   cout <<"A::g()"<< endl;   }
    void h()
    {
        cout <<"A::h()"<< endl;
        f(); g();
    }
};
class B: public A
{
public:
    void f()
    {   cout <<"B::f()"<< endl;   }
    void g()
    {   cout <<"B::g()"<< endl;   }
};

int main()
{
    A a;                          //调用 a.A::A(), a.A::f
    B b;                          //调用 b.B::B(), b.A::A(), b.A::f
```

```
    A * p = &b;
    p - > f();                       //调用 p - > B::f
    p - > g();                       //调用 p - > A::g
    p - > h();                       //调用 p - > A::h, p - > B::f, p - > A::g
    cout <<" ----------------- "<< endl;
    a.f();                           //编译成 a.A::f()
    a.g();                           //编译成 a.A::g()
    a.h();                           //编译成 a.A::h()
    cout <<" ----------------- "<< endl;
    b.f();                           //编译成 b.B::f()
    b.g();                           //编译成 b.B::g()
    b.h();                           //编译成 b.B::h()

    return 0;
}
```

程序的运行结果如图 6.18 所示。

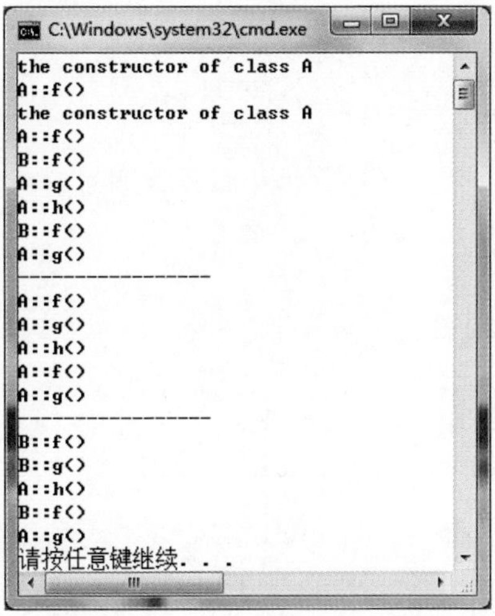

图 6.18　例 6.16 的运行结果

请读者仔细分析此程序的运行结果,对原程序做一些改动,如在类 B 中加入成员函数 h(),或把类 A 中的 h() 改为虚函数等,看程序的运行结果有何不同。

【例 6.17】　异质链表的实现:有三个类 Student、Teacher、Staff,再定义一个链表类,此类用来存放这几个不同类的对象;将链表 List 声明为所有这些类的友元,使它可以访问这些类的私有成员。程序如下:

```
# include <iostream>
using namespace std;

class Person{
public:
    Person (char * ,int,char * ,char * );
    virtual void print();
    virtual void insert(){};
    friend class List;
protected:
```

```
        char name[30];
        int age;
        char add[40];
        char tele[20];
        static Person * ptr;
        Person * next;
};

class Student:public Person{
public:
        Student(char * ,int,char * ,char * ,int,float);
        void print();
        void insert();
private:
        friend class List;
        int level;
        float grade_point_average;
};

class Teacher:public Person{
public:
        Teacher(char * ,int,char * ,char * ,float);
        void print();
        void insert();
private:
        friend class List;
        float salary;
};

class Staff:public Person{
public:
        Staff(char * ,int,char * ,char * ,float);
        void print();
        void insert();
private:
        friend class List;
        float hourly_wages;
};

class List{
public:
        List(){root = 0;}
        void insert_Person(Person * node);
        void remove(char * name);
        void print_List();
private:
        Person * root;
};

Person::Person(char * name,int age,char * add,char * tele)
{
        strcpy_s(Person::name,name);
        strcpy_s(Person::add,add);
        strcpy_s(Person::tele,tele);
        Person::age = age;
        next = 0;
}
```

```
void Person::print()
{
    cout <<"\nname:"<< name <<"\n";
    cout <<"age:    "<< age <<"\n";
    cout <<"address:"<< add <<"\n";
    cout <<"telephone number:"<< tele <<"\n";
}

Student::Student(char * name, int age, char * add, char * tele, int level, float grade_point_
average):Person(name,age,add,tele)
{
    Student::level = level;
    Student::grade_point_average = grade_point_average;
}

void Student::print()
{
    Person::print();
    cout <<"grade point average:   "<< grade_point_average << endl;
    cout <<"level "<< level << endl;
}

void Student::insert()
{
    ptr = new Student(name,age,add,tele,level,grade_point_average);
}

Teacher::Teacher(char * name, int age, char * add, char * tele, float salary):Person(name,age,
add,tele)
{
    Teacher::salary = salary;
}

void Teacher::print()
{
    Person::print();
    cout <<"salary:   "<< salary <<"\n";
}

void Teacher::insert()
{
    ptr = new Teacher(name,age,add,tele,salary);
}

Staff::Staff(char * name, int age, char * add, char * tele, float hourly_wages):Person(name,
age,add,tele)
{
    Staff::hourly_wages = hourly_wages;
}

void Staff::print()
{
    Person::print();
    cout <<"hourly_wages:"<< hourly_wages <<"\n";
}
```

```cpp
void Staff::insert()
{
    ptr = new Staff(name,age,add,tele,hourly_wages);
}

void List::insert_Person(Person * node)
{
    char key[20];
    strcpy_s(key,node->name);
    Person * curr_node = root;
    Person * previous = 0;
    while(curr_node!= 0&&strcmp(curr_node->name,key)< 0)
    {
        previous = curr_node;
        curr_node = curr_node->next;
    }
    node->insert();
    node->ptr->next = curr_node;
    if(previous == 0)
        root = node->ptr;
    else previous->next = node->ptr;
}

void List::remove(char * name)
{
    Person * curr_node = root;
    Person * previous = 0;
    while(curr_node!= 0&&strcmp(curr_node->name,name)!= 0)
    {
        previous = curr_node;
        curr_node = curr_node->next;
    }
    if(curr_node!= 0&&previous == 0)
    {
        root = curr_node->next;
        delete curr_node;
    }
    else if (curr_node!= 0&&previous!= 0)
    {
        previous->next = curr_node->next;
        delete curr_node;
    }
}

void List::print_List()
{
    Person * cur = root;
    if (cur == 0)                        //如果链表为空
    {
        cout <<"链表为空"<< endl;
        return;
    }
    while(cur!= 0)
    {
        cur->print();
        cur = cur->next;
    }
```

```
}

Person * Person::ptr = 0;

int main()
{
    List people;
    Student stu("wangchong",20,"shanghai","021 - 55578628",3,2);
    Teacher tea("lili",43,"beijing","010 - 63716193",563);
    Staff sta("chenling",42,"qingdao","0532 - 65109037",20);
    people.insert_Person(&stu);
    people.insert_Person(&tea);
    people.insert_Person(&sta);
    people.print_List();
    cout << endl <<"删除 2 个结点后的链表结点信息为: "<< endl;
    people.remove("chenling");
    people.remove("lili");
    people.print_List();
    cout << endl <<"删除最后一个结点"<< endl;
    people.remove("wangchong");
    people.print_List();

    return 0;
}
```

程序的运行结果如图 6.19 所示。

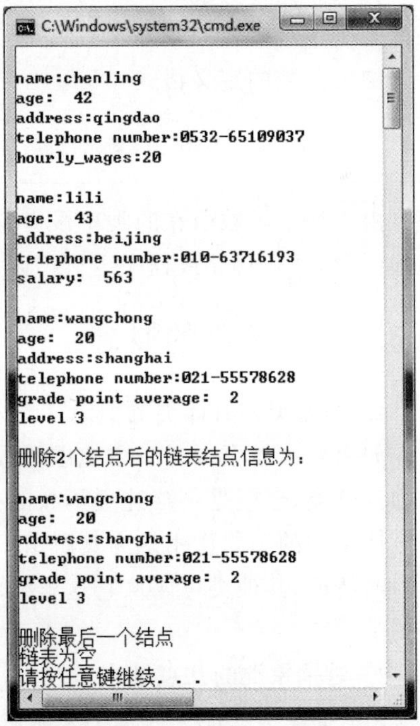

【程序解析】

(1) 抽象出一个公共的基类。

这三个类中有许多相同的信息,抽象出一个公共基类后,可避免许多重复定义。要实现异质链表,也就是在这个链表中三个类的对象可以共存,结点之间需用指针链接起来,到底使用哪个类的指针,无法确定,相互之间独立的类的指针是不能随意传递的。因此就需要抽象出一个基类,在基类中定义一个基类指针,用来指向链表中下一个对象;此指针可以指向任何一个派生类对象,因为指向基类的指针可以指向它的派生类对象。这样,就可以利用它,将异质链表上的各结点对象链接起来。

(2) 向异质链表中插入对象。

异质链表中的各结点可以存放三个类乃至基类中的任何一个类对象,往链表中插入哪个类的对象,可通过参数来传递。异质链表类中的插入函数传递的参数为 person * node,node 为基类指针,它也可以指向派生类对象。在调用此函数时,只需传递一个对象的指针。

图 6.19 例 6.17 的运行结果

在异质链表中各结点元素是按关键字顺序排列的,按照一个共同具有的数据成员 name 排列,即用 name 作为关键字。

向异质链表插入对象时，由于各结点元素是属于不同类的对象，因此它们具有不同的数据成员，所占据的存储空间也各不相同，在向链表中插入不同对象时需调用不同的方法，因此在基类 Person 中定义了一个虚函数 insert()，在每个派生类中都具有它的重定义版本。在执行时，可根据所插入的不同对象，调用不同版本的虚函数。insert()函数的功能是为基类定义的静态指针分配存储空间，并将本类的对象赋予它。在插入操作中，只需将此指针插入链表中即可完成。

（3）输出异质链表中的各元素。

print()是基类定义的虚函数，在各派生类中均有它的重定义版本。输出是顺着链进行的，在每个结点处均用 cur-> print()来调用输出函数，cur 为指向当前对象的指针，对于不同类型的对象，cur-> print()可调用 print()的不同版本。

此例充分体现了面向对象系统运行时的多态性。

6.3　纯虚函数和抽象类

观看视频

6.3.1　纯虚函数的概念

如果基类只表达一些抽象的概念，而并不与具体的对象相联系，但它又必须为它的派生类提供一个公共的界面，在这种情况下，可以将基类中的虚函数定义成纯虚函数。纯虚函数是一种没有具体实现的特殊的虚函数。一个基类中有一个纯虚函数时，则在它的直接或间接派生类中至少有一个虚函数，否则纯虚函数是无意义的。

纯虚函数的定义格式如下：

```
virtual　数据类型　函数名(参数表) = 0;
```

由于纯虚函数所在的类中没有它的定义，在该类的构造函数和析构函数中不允许调用纯虚函数，否则会导致程序运行错误，但其他成员函数可以调用纯虚函数。

6.3.2　抽象类的概念

1. 抽象类和具体类的概念

如果一个类至少有一个纯虚函数，那么就称该类为抽象类。能够建立实例化对象的类称为具体类，也就是不含纯虚函数的类为具体类。

抽象类的主要作用是为其所组织的继承层次结构提供一个公共的基类，它反映了公有行为的特征，其他类可以从它这里继承和实现接口，纯虚函数声明的接口由其具体的派生类来提供。

2. 对抽象类的几点规定

（1）抽象类只能作为基类来派生新类，不能建立抽象类的对象。

（2）抽象类不能用作参数类型、函数返回值类型或显式转换的类型。

（3）可以声明指向抽象类的指针和引用，此指针可以指向它的公有派生类，进而实现多态性。

（4）从一个抽象类派生的具体类必须提供纯虚函数的实现代码。

（5）如果基类中含有纯虚函数，而其派生类却并没有重新定义这些纯虚函数的覆盖成员函数，那么这个派生类也是抽象类，因此也不能用来定义对象。但此情况不会影响以后的派生类。

（6）含有纯虚函数的类中可以包含非纯虚函数，但这些非纯虚函数只能通过其派生类的对象才能被引用。

（7）如果派生类中给出了基类所有纯虚函数的实现，则该派生类不再是抽象类。

（8）在成员函数内可以调用纯虚函数（程序员很少这样做），但在构造函数或析构函数内调用纯虚函数将导致程序连接有错误，因为没有为纯虚函数定义代码。

3. 抽象类示例

【例 6.18】　计算不同形状图形的总面积。

```cpp
# include <iostream>
using namespace std;

class Shape                          //抽象类的定义
{
public:
    virtual float area() = 0;
};

class Triangle:public Shape          //三角形类
{
public:
    Triangle(float h,float w)
    {   height = h;width = w;   }
    float area()
    {   return height * width * 0.5f;   }
protected:
    float height,width;
};

class Rectangle:public Triangle      //矩形类
{
public:
    Rectangle(float h,float w):Triangle(h,w)
    {}
    float area()
    {   return height * width;   }
};

class Circle:public Shape            //圆类
{
private:
    float radius;
public:
    Circle(float r)
    {   radius = r;   }
    float area()
    {   return radius * radius * 3.14f;   }
};

float total(Shape *  s[],int n)      //求所有图形的总面积
```

```
{
    float sum = 0;
    for( int i = 0;i < n;i++)
        sum += s[i] -> area();
    return sum;
}

int main()
{
    Shape * s[4];                      //指针数组
    s[0] = new Triangle(3,4);
    s[1] = new Rectangle(2,4);
    s[2] = new Circle(5);
    s[3] = new Circle(8);
    float sum = total(s,4);
    cout <<"sum  =  "<< sum << endl;

    return 0;
}
```

程序的运行结果如图 6.20 所示。

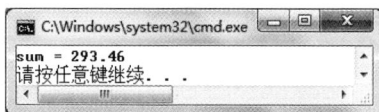

图 6.20　例 6.18 的运行结果

6.4　虚析构函数

由于抽象类的析构函数可以被声明为纯虚函数，这时，应该至少提供该析构函数的一个实现。一个好的实现方式是在抽象类中提供一个默认的析构函数，该析构函数保证至少有析构函数的一个实现存在。

由于派生类的析构函数不可能和抽象类的析构函数同名，因此，提供一个默认的析构函数的实现是完全必要的。这也是纯虚析构函数和其他纯虚成员函数的一个最大的不同之处。一般情况下，抽象类的析构函数是在释放派生类对象时由派生类的析构函数隐式调用的。

虚析构函数的说明方法：在虚析构函数前面加上关键字 virtual，则该析构函数被说明为虚析构函数。

如果一个基类的析构函数被说明为虚函数，则它的派生类的析构函数无论是否使用 virtual 进行说明，都自动成为虚析构函数。

说明虚析构函数的作用在于使用 delete 运算符删除一个对象时，由于采取动态联编方式选择析构函数，确保释放对象较为彻底。

当指向基类的指针指向新建立的派生类对象而且基类和派生类都调用 new 向堆申请空间时，必须将基类的析构函数声明为虚函数，从而派生类的析构函数也为虚函数，这样才能在程序结束时自动地调用它，从而将派生类对象申请的空间退还给堆。

观看视频

【例 6.19】 虚析构函数的使用示例。

```cpp
#include <iostream>
using namespace std;

class Base
{
public:
    Base(int sz, char * bptr)
    {
        p = new char[sz];
        strcpy_s(p,strlen(bptr) + 1,bptr);
        cout <<"Construct Base "<< p << endl;
    }
    virtual ~Base()
    {
        cout << "Destruct Base "<< p << endl;
        delete p;
    }
private:
    char * p;
};

class Derive: public Base
{
public:
    Derive(int sz1, int sz2, char * bp, char * dptr) : Base(sz1, bp)
    {
        pp = new char [sz2];
        strcpy_s( pp,strlen(dptr) + 1,dptr);
        cout <<"Construct Derive "<< pp << endl;
    }
    ~Derive()
    {
        cout << "Destruct Derive "<< pp << endl;
        delete pp;
    }
private:
    char * pp;
};

int main()
{
    Base * px = new Derive(20 ,20, "base", "derive");
                //指向基类的指针可以指向公有派生类的对象
    cout <<" --------------------------- "<< endl;
    delete px;    //执行 delete 自动调用析构函数
    cout <<" --------------------------- "<< endl;
    Derive d(20 ,20, "base1", "derive1");

    return 0;
}
```

程序的运行结果如图 6.21 所示。

【程序解析】

（1）如果不使用虚析构函数，即去掉 Base 类析构函数前的 virtual 关键字，则派生类动态申请的内存空间不能正常地退还给堆，程序的运行结果如图 6.22 所示。

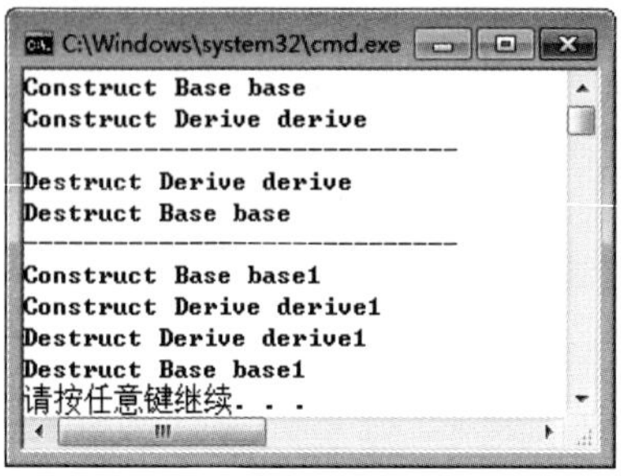

图 6.21 例 6.19 的运行结果

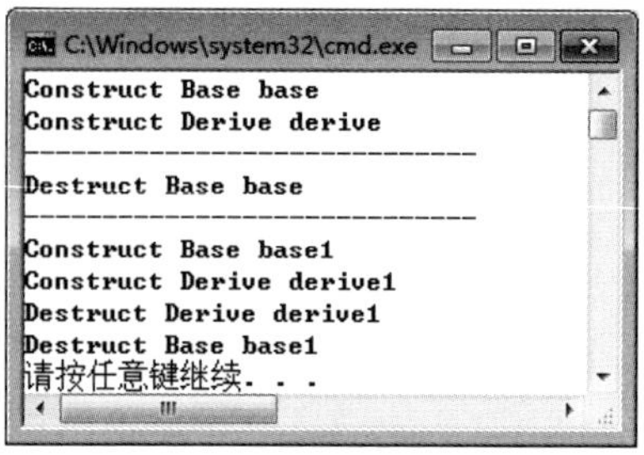

图 6.22 修改例 6.19 的运行结果

（2）如果在主函数中定义 Derive 类对象，不使用赋值兼容规则，则使用静态联编，正常调用构造函数和析构函数。

（3）特殊地，抽象类中的纯虚析构函数必须定义为

```
virtual ~shape() = 0
{}                                              //花括号{}不能省略
```

习　　题

1. 虚函数和重载设计方法上有何相同和不同之处？

2. 什么是纯虚函数？什么是抽象类？抽象类的特性是什么？

3. 给字符串类定义下列重载运算符函数：

（1）赋值运算符＝。

（2）连接运算符＋。

（3）关系运算符>、<、>=、<=、==、!=。

4. 有一个学校信息管理系统，在其中包含的信息有三方面，即教师、学生和职工。利用一个菜单来实现对它们的操作，要求使用虚函数。

5. 分析下列程序，写出程序的运行结果。

```cpp
# include <iostream>
using namespace std;

class Fairy_tale{
public:
    virtual void act1()
    {
        cout <<"Princess meets frog.\n";
        act2();
    }
```

```
        void act2()
        {
            cout <<"Princess kisses frog.\n";
            act3();
        }

        virtual void act3()
        {
            cout <<"Frog turns into prince.\n";
            act4();
        }

        virtual void act4()
        {
            cout <<"They live happy ever after.\n";
            act5();
        }

        virtual void act5()
        {
            cout <<"The end.\n";
        }
};

class Unhappy_tale:public Fairy_tale
{
        void act3()
        {
            cout <<"Frog stays with another frog.\n";
            act4();
        }
        void act4()
        {
            cout <<"Princess runs away in disgust.\n";
            act5();
        }
        void act5()
        {
            cout <<"The not-so-happy end.\n";
        }
};

int main()
{
    char ch;
    Fairy_tale * tale;
    cout <<"which tale would you like to hear(f/u): ";
    cin >> ch;
    if(ch == 'f')
        tale = new Fairy_tale;
    else
        tale = new Unhappy_tale;
    tale -> act1();
    delete tale;

    return 0;
}
```

6. 编写程序,计算汽车行驶的时间,首先建立基类 Car,其中含有数据成员 distance 存储两点间的距离。假定距离以 mile 计算,速度为 80mile/h(1mile≈1.61km),使用虚函数 travel_time()计算并显示通过这段距离的时间。在派生类 Truck 中,假定距离以千米计算,速度为 120km/h,使用函数 travel_time()计算并显示通过这段距离的时间。

7. 编写一个程序,分别用成员函数和友元函数重载运算符＋和－,将两个二维数组相加和相减,要求第一个二维数组的值由构造函数设置,第二个二维数组的值由键盘输入。

8. 对含有时、分、秒的时间编程设计＋＋、－－运算符的重载。

9. 设计一个基类 Animal 和它的派生类 Tiger(老虎)、Sheep(羊),实现虚函数。

提示:可自行定义这些类的成员变量,但 Animal 基类中应有动物性别的成员变量,但要说明每种动物的叫 soar()及吃 eat()的成员函数,可用 cout 输出来表示。要求每个派生类生成两个对象,打乱次序存在一个数组中,然后用循环程序访问其 soar()与 eat()的成员函数,必须用到虚函数。

10. 有三角形、正方形和圆形三种图形,求它们各自的面积。可以从中抽象出一个基类,在基类中声明一个虚函数,用来求面积,并利用单界面、多实现版本设计各个图形求面积的方法。

11. 设计一个学生类 Student,包括姓名和三门课程成绩,利用重载运算符＋将所有学生的成绩相加放在一个对象中,再对该对象求各门课程的平均分。

12. 某公司有两类职员:雇员 Employee 和经理 Manager,Manager 是一种特殊的 Employee。每个 Employee 对象所具有的基本信息为:姓名、年龄、工作年限、部门号。Manager 对象除具有上述基本信息外,还有级别(level)信息。公司中的两类职员都具有两种基本操作。

(1) display():输出 Employee/Manager 对象的个人信息。

(2) retire():判断是否到了退休年龄,若是,则做退休标志。公司规定:Employee 类对象的退休年龄为 55 岁,Manager 类对象的退休年龄为 60 岁。

要求:

(1) 定义并实现 Employee 类和 Manager 类。

(2) 分别输出公司中两类职员的人数(注意,Manager 亦属于 Employee)。

C++ 语言的输入输出流库

前面章节中已经使用了 C++ 语言的流式输入输出(I/O)语句(即 cin >>···或 cout <<···形式的语句)来进行较为简单的标准输入输出。C++ 系统提供了一个用于输入输出操作的类体系,这个类体系提供了对基本数据类型进行输入输出操作的能力,程序员也可利用这个类体系进行自定义数据类型的输入输出操作。

本章所讲的内容是在微软公司的基础类库 MFC(Microsoft Foundation Class)中定义的,这一点需要读者注意。

7.1 C++ 语言标准输入输出

7.1.1 C++ 语言输入输出流库简介

1. C++ 语言输入输出流库的概念

像 C 语言一样,C++ 语言中也没有专门的输入输出语句。C++ 语言的输入输出是以字节流的形式实现的,每一个 C++ 编译系统都带有一个面向对象的输入输出软件包,这就是输入输出流类库。其中,流是输入输出流类库的中心概念。

所谓流,是指数据从一个对象流向另一个对象,是从源到目的地的数据流的抽象引用,它是描述数据流的一种方式。C++ 语言的输入输出系统是对流的操作,也就是将数据流向流对象,或从流对象流出数据。在 C++ 程序中,数据可以从键盘流入程序中,也可以从程序中流向屏幕或磁盘文件,把数据的流动抽象为流。流在使用前要被建立,使用后要被删除,还要使用一些特定的操作从流中获取数据或向流中添加数据。从流中获取数据的操作称为提取操作,向流中添加数据的操作称为插入操作。

流是 C++ 语言流库用继承方法建立起来的一个输入输出类库,它具有两个平行的基类即 streambuf 类和 ios 类,所有其他的流类都是从它们直接或间接地派生出来的。

在 C++ 语言系统中所有的流式输入输出操作都是借助 ios 类及其派生类对象实现的。与 cout 和 cin 相关的类名为输出流类 ostream 和输入流类 istream,这两个类都是 ios 类的派生类。cin 是 istream 类的一个对象;cout 是 ostream 类的一个对象。这两个对象的特殊之处在于它们是编译系统能直接识别的系统级的对象。实际上,C++ 语言所支持的流式输入输出的许多保留名都是某个具体类的对象名或对象成员名。

由 ios 类可派生出许多派生类,而每个类的对象也不只是内定的 cin 和 cout,甚至可由用户定义对象用于支持不同要求的流式输入输出。符号"<<"和">>"则是在派生类中定义的重载运算符。

2. C++语言所有输入输出类的继承关系

1）streambuf 类

streambuf 类用来提供物理设备的接口，它提供缓冲或处理流的通用方法，几乎不需要任何格式。

缓冲区由一字符序列和两个指针组成，这两个指针分别指向字符要被插入和被提取的位置。

streambuf 类提供对缓冲区的低级操作，如设置缓冲区、对缓冲区指针进行操作、从缓冲区提取字符、向缓冲区存储字符等。

streambuf 类可以派生出三个类，即 filebuf 类、strstreambuf 类和 conbuf 类，它们都是流库中的类。

2）ios 类

ios 类及其派生类为用户提供使用流类的接口，它们均有一个指向 streambuf 类的指针。它使用 streambuf 类完成检查错误的格式化输入输出，并支持对 streambuf 类的缓冲区进行输入和输出时的格式化或非格式化的转换。

ios 类作为流库中的一个基类，可以派生出许多的子类。

ios 类有四个直接派生类，即输入流类（istream）、输出流类（ostream）、文件流基类（fstreambase）和字符串流基类（strstreambase），此为流库中的基本流类。

以输入流、输出流、文件流和字符串流为基础，可组合出多种实用的流，它们是输入输出流（iostream）、输入输出文件流（fstream）、输入输出字符串流（strstream）、输入文件流（ifstream）、输出文件流（ofstream）、输入字符串流（istrstream）、输出字符串流（ostrstream）等。这些类之间的关系如图 7.1 所示。

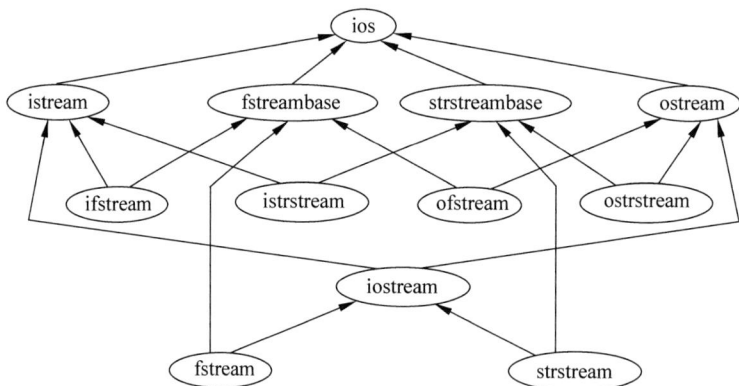

图 7.1 C++语言输入输出流类的派生层次图

3）标准输入输出对象

cin：标准输入，默认设备为键盘，是 istream 类的对象。

cout：标准输出，默认设备为屏幕，是 ostream 类的对象。

cerr：标准错误输出，没有缓冲，发送给它的内容立即被输出，默认设备为屏幕，是 ostream 类的对象。

clog：带缓冲的标准出错信息输出，当缓冲区满时被输出，默认设备为打印机，是 ostream 类的对象。

上面的四个对象的声明包含在 iostream 标准头文件中。

下面简单说明经常用到的 cin 和 cout 对象。

cout 是 ostream 类的全局对象,它在头文件 iostream 中的定义如下:

```
ostream cout;
```

ostream 类存在运算符函数,它们都在 ostream.h 中声明。例如:

```
ostream& operator <<(int n);
ostream& operator <<(float f);
ostream& operator <<(const char * psz);
```

如下列语句:

```
cout <<"How old are you ?";
```

cout 是 ostream 类的对象,<<是插入运算符,右面是 char * 类型,所以应该匹配上面第三个
运算符函数。它将整个字符串输出,并返回 ostream 流对象的引用。

同理,cin 是 istream 类的全局对象,>>是提取运算符。istream 类也存在运算符函数,
例如:

```
istream& operator >>(float &f);
istream& operator >>(int &n);
istream& operator >>(char * psz);
```

7.1.2　C++语言格式化输入输出

1. 使用 ios 类中的枚举常量

在根基类 ios 中定义了三个用户需要使用的枚举类型,由于它们是在公有成员部分定
义的,所以其中的每个枚举类型常量再加上 ios::前缀后都可以被本类成员函数和所有外部
函数访问。在三个枚举类型中有一个无名枚举类型,其中定义的每个枚举常量都是用于设
置控制输入输出格式的标志使用的。该枚举类型定义如下:

```
enum
{
    skipws,left,right,internal,dec,oct,hex,showbase,showpoint,
    uppercase,showpos,scientific,fixed,unitbuf,stdio
};
```

各枚举常量的含义如下。

1) skipws

利用它设置对应标志后,从流中输入数据时跳过当前位置及后面的所有连续的空白字
符,从第一个非空白字符起读数,否则不跳过空白字符。空格、制表符"\t"、回车符"\r"和换
行符"\n"统称为空白符。系统默认为设置。

2) left,right,internal

left 在指定的域宽内按左对齐输出,right 按右对齐输出,而 internal 使数值的符号按左
对齐、数值本身按右对齐输出。域宽内剩余的字符位置用填充符填充。系统默认为 right
设置。在任一时刻只有一种有效。

3) dec,oct,hex

设置 dec 对应标志后,使以后的数值按十进制输出,设置 oct 后按八进制输出,设置 hex

后按十六进制输出。系统默认为 dec 设置。

4) showbase

设置对应标志后使数值输出的前面加上"基数指示符",八进制数的基数指示符为数字 0,十六进制数的基数指示符为 0x,十进制数没有基数指示符。系统默认为不设置基数指示符,即在数值输出的前面不加基数指示符。

5) showpoint

强制输出的浮点数中带有小数点和小数尾部的无效数字 0。系统默认为不设置。

6) uppercase

使输出的十六进制数和浮点数中使用的字母为大写。系统默认为不设置,即输出的十六进制数和浮点数中使用的字母为小写。

7) showpos

使输出的正数前带有正号"+"。系统默认为不设置,即输出的正数前不带任何符号。

8) scientific,fixed

进行 scientific 设置后使浮点数按科学表示法输出,进行 fixed 设置后使浮点数按定点表示法输出。只能任设其一,默认时由系统根据输出的数值选用合适的表示法输出。

9) unitbuf,stdio

这两个常量较少使用,感兴趣的读者请自行查阅文档。

2. 使用输入输出控制符

当使用 cin、cout 进行数据的输入和输出时,不管处理何种类型的数据,都能自动按照默认格式处理,但需要按特定的格式输入输出时,默认格式就不能满足要求了。

例如,double pi=3.1415,如果需要输出 pi 并换行,设置域宽为 5 个字符,小数点后保留两位有效数字,则简单地使用如下语句不能满足要求:

```
cout << pi <<"\n";        //系统默认显示六位有效数字
```

为此 C++语言提供了控制符(manipulators),用于对输入输出流的格式进行控制。使用控制符,把上述语句改为如下形式则可满足要求:

```
cout << setw(5)<< setprecision(3)<< pi << endl;
```

控制符是在头文件 iomanip 中预定义的对象,可以直接插入流中。使用控制符时,要在源文件中添加#include<iomanip>预处理命令,并使用 std 命名空间。

输入输出流的常用控制符如表 7.1 所示。

表 7.1 输入输出流的常用控制符

控　制　符	描　述
endl	插入换行符并刷新流
dec	数值数据采用十进制表示
hex	数值数据采用十六进制表示
oct	数值数据采用八进制表示
setiosflags(ios∷uppercase)	设置十六进制数大写输出
resetiosflags(ios∷uppercase)	取消十六进制数大写输出
setw(n)	设置域宽为 n 个字符

控　制　符	描　　　述
setfill(c)	设置填充字符为 c
setprecision(n)	设置浮点数的精度为 n 位
setiosflags(ios::fixed)	用定点方式表示浮点数,默认是小数 6 位数,不包含整数,若小数位超出 6 位,则四舍五入到 6 位数
setiosflags(ios::scientific)	用科学记数法表示浮点数
setiosflags(ios::left)	左对齐
setiosflags(ios::right)	右对齐
setiosflags(ios::showpoint)	强制显示小数点和无效 0
setiosflags(ios::showpos)	强制显示正数符号

注意：使用 setprecision(n) 时,如果输出格式是自动的(既不设置成 scientific,也不设置成 fixed),n 值表示设置总的有效位数(包括整数部分和小数部分,但不包括小数点),此设置直到下一次重新设置才改变。如果设置的是 scientific 或 fixed 的输出格式,setprecision(n)设置的 n 值是指小数点后的位数。

下面示例说明控制符的用法。

【**例 7.1**】　使用控制符 oct、hex 和 dec 控制输出八进制数、十六进制数和十进制数。

```cpp
# include <iostream>
# include <iomanip>
using namespace std;

int main()
{
    int x = 30, y = 300, z = 1024;
    cout <<"Decimal:\t"<< x <<'\t'<< y <<'\t'<< z << endl;          //按十进制输出
    cout <<"Octal:\t\t"<< oct << x <<'\t'<< y <<'\t'<< z << endl;   //按八进制输出
    cout <<"Hexadecimal:\t"<< hex << x <<'\t'<< y <<'\t'<< z << endl; //按十六进制输出
    cout << setiosflags(ios::uppercase);                           //设置数值中字母大写输出
    cout <<"Hexadecimal:\t"<< x <<'\t'<< y <<'\t'<< z << endl;      //仍按十六进制输出
    cout << resetiosflags(ios::uppercase);                         //设置数值中字母小写输出
    cout <<"Hexadecimal:\t"<< x <<'\t'<< y <<'\t'<< z << endl;      //仍按十六进制输出
    cout <<"Decimal:\t"<< dec << x <<'\t'<< y <<'\t'<< z << endl;   //恢复按十进制输出

    return 0;
}
```

程序的运行结果如图 7.2 所示。

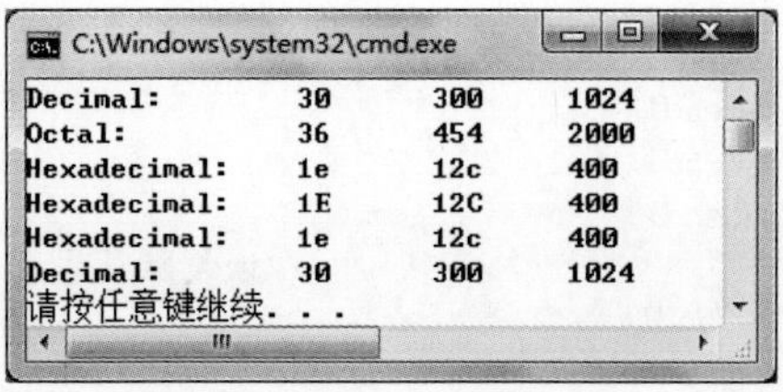

图 7.2　例 7.1 的运行结果

【例 7.2】 使用 setw 设置输出宽度示例。

```cpp
# include <iostream>
# include <iomanip>
using namespace std;

int main()
{
    int a = 10;
    int b = 1000;
    cout <<"a = "<< setw(5)<< a <<"\n";
    cout <<"b = "<< setw(2)<< b << endl;

    return 0;
}
```

程序的运行结果如图 7.3 所示。

【程序解析】

（1）setw 操作符主要用来输出预留空格数，若空间多余则向右对齐；若空间不够，按数据长度输出。

（2）setw 操作符只对紧接其后的待输出变量有效，例如：

```cpp
int a = 10, b = 1000;
cout << setw(5)<< a << b << endl; /* setw(5)只对 a 有效,输出结果第一位数字前有三个空格 */
```

上述程序代码段的运行结果如图 7.4 所示。

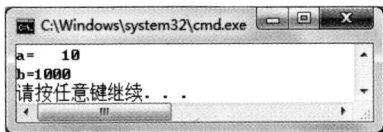

图 7.3 例 7.2 的运行结果

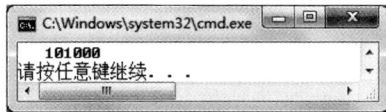

图 7.4 修改例 7.2 的运行结果

【例 7.3】 用 setfill 控制符设置填充字符示例。

```cpp
# include <iostream>
# include <iomanip>
using namespace std;

int main()
{
    cout << setfill('*')                    //设置填充符号为"*"
        << setw(2)<<"OK"<< endl
        << setw(3)<<"OK"<< endl
        << setw(4)<<"OK"<< endl;
    cout << setfill(' ');                    //恢复默认设置,填充空格
    cout << setw(5)<<"OK"<< endl;

    return 0;
}
```

程序的运行结果如图 7.5 所示。

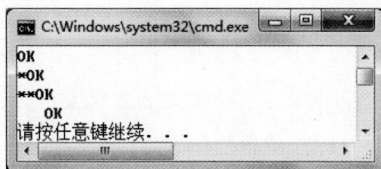

图 7.5　例 7.3 的运行结果

【例 7.4】　控制浮点数值显示示例。

```cpp
//本程序分别用浮点、定点和指数的方式表示一个实数
# include < iostream >
# include < iomanip >
using namespace std;

int   main()
{
    double test = 22.0 / 7;
    cout << test << endl;                       //C++默认的输出数值有效位为 6,输出 3.14286
    cout << setprecision(0)<< test << endl      //输出 3.14286
        << setprecision(1)<< test << endl       //输出 3
        << setprecision(2)<< test << endl       //输出 3.1
        << setprecision(3)<< test << endl       //输出 3.14
        << setprecision(4)<< test << endl;      //输出 3.143
    cout <<" ---------- "<< endl;
    cout << setiosflags(ios::fixed)
        << setprecision(0)<< test << endl       //输出 3,小数点后 0 位
        << setprecision(4)<< test << endl;      //输出 3.1429,小数点后 4 位
    cout << resetiosflags(ios::fixed);          //取消定点数输出
    cout << setiosflags(ios::scientific)<< test << endl;    //输出 3.1429e + 000
    cout << resetiosflags(ios::scientific);     //取消科学记数法显示
    cout << setprecision(6);                    //重新设置成 C++语言默认输出数值有效位数

    return 0;
}
```

程序的运行结果如图 7.6 所示。

【程序解析】

(1) 小数位数截短显示时,进行四舍五入处理。

(2) 使用 setprecision(n)时,如果输出格式是自动的(既不设置成 scientific,也不设置成 fixed),n 值表示设置总的有效位数(包括整数部分和小数部分,但不包括小数点),此设置直到下一次重新设置才改变。如果设置的输出格式是自动的,setprecision(0)中的 0 值是无效的,使用系统默认的 6 位有效数字进行输出,所以该例中第 2 个输出为 3.14286。

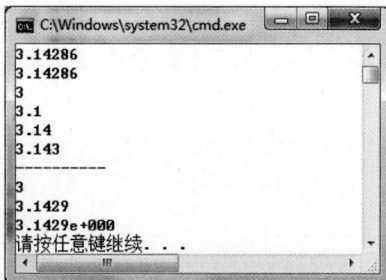

图 7.6　例 7.4 的运行结果

(3) 如果设置的是 scientific 或 fixed 的输出格式,setprecision(n)设置的 n 值是指小数点后的位数,所以相应的输出为 3 和 3.1429。

(4) setiosflags(ios::scientific)表示用科学记数法表示的输出形式,其有效位数沿用上次的设置值 4(小数点后 4 位)。

【例 7.5】 对齐输出示例。

```cpp
#include <iostream>
#include <iomanip>
using namespace std;

int main()
{
    cout << right                    //设置右对齐输出,空格在前
        << setw(5) << -1
        << setw(5) << 2
        << setw(5) << 3 << endl;
    cout << left                     //设置左对齐输出,空格在后
        << setw(5) << -1
        << setw(5) << 2
        << setw(5) << 3 << endl;
    cout << internal
        << setw(5) << -1
        << setw(5) << 2
        << setw(5) << 3 << endl;

    return 0;
}
```

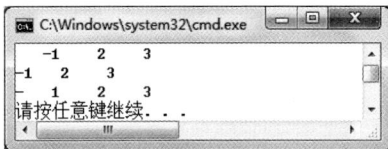

图 7.7 例 7.5 的运行结果

程序的运行结果如图 7.7 所示。

注意:系统默认是右对齐。设置对齐时,最好直接使用语句"cout << left;"、"cout << right;"和"cout << internal;",这样可使输出结果无误。如果连续使用函数 setiosflags(flag)(其中的 flag 使用 ios::left、ios::right 或 ios::internal)来设置对齐方式,则第二个 setiosflags()函数不起作用,具体可使用下述三种方法进行修正。

方法一:直接使用"cout << left;"、"cout << right;"或"cout << internal;"语句。建议使用此方法。

方法二:在两个函数之间使用 setiosflags(ios::adjustfield)来调节。

方法三:使用 resetiosflags(flag)来取消原来设置的格式(不建议使用此方法,因为使用 resetiosflags(ios::right)可能会与 resetiosflags(ios::left)产生冲突,从而以默认方式处理)。

上述程序若改为

```cpp
/ ***********************************************
 * 连续使用函数 setiosflags(flag)的效果示例 *
 *********************************************** /
#include <iostream>
#include <iomanip>
using namespace std;
```

```
int main()
{
    cout << setiosflags(ios::right)              //设置右对齐输出,空格在前
        << setw(5) << -1
        << setw(5) << 2
        << setw(5) << 3 << endl;
    cout << setiosflags(ios::left)               //此时设置的格式不起作用
        << setw(5) << -1
        << setw(5) << 2
        << setw(5) << 3 << endl;
    cout << setiosflags(ios::internal)           //此时设置的格式不起作用
        << setw(5) << -1
        << setw(5) << 2
        << setw(5) << 3 << endl;

    return 0;
}
```

上述程序的运行结果如图 7.8 所示。

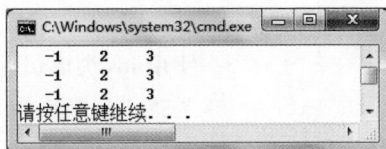

图 7.8　连续使用 setiosflags() 函数的运行结果

【例 7.6】　强制显示小数点示例。

```
# include <iostream>
# include <iomanip>
using namespace std;

int main()
{
    double x = 66, y = -8.246;
    cout <<"x = "<< x <<"\t\t"
        <<"y = "<< y << endl;
    cout << setiosflags(ios::showpoint);         //设置强制显示小数点和无效 0
    cout <<"x = "<< x <<'\t'
        <<"y = "<< y << endl;

    return 0;
}
```

程序的运行结果如图 7.9 所示。

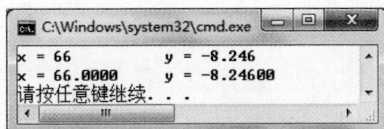

图 7.9　例 7.6 的运行结果

【例 7.7】 强制显示数值符号示例。

```
# include <iostream>
# include <iomanip>
using namespace std;

int main()
{
    double x = 66, y = -8.246;
    cout << x << "\t" << y << endl;
    cout << setiosflags(ios::showpos);          //设置强制显示正号
    cout << x << "\t" << y << endl;

    return 0;
}
```

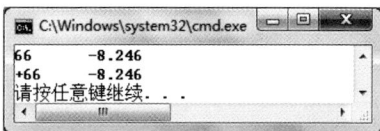

图 7.10　例 7.7 的运行结果

程序的运行结果如图 7.10 所示。

注：默认时，输入输出流仅在负数之前显示数值的符号。

3. 使用 ios 类成员函数

ios 类提供成员函数对流的状态进行检测和输入输出格式控制等操作，下面简要说明常用的成员函数。

1) istream & getline(char * pch, int nCount, char delim = '\n')

该函数从输入流中提取一行，直到遇到文件结束符或遇到结束符 delim 或已读入 nCount−1 个字符。getline() 函数不会跳过输入流中的前导空白字符（空白字符包括空格和一些非打印字符，如行结束符和文件结束符。输入运算符>>会跳过输入流中的前导空白字符，然后读取连续的非空白字符），读入的字符存放在指针 pch 所指的字符串中。

如下的程序代码段：

```
string firstName;
string lastName;
getline(cin, firstName);
getline(cin, lastName);
```

若运行时输入的信息为

Joe Hernandez 23

则字符串 firstName 的值为 Joe Hernandez 23，而字符串 lastName 未赋值。若把最后两条语句改为

```
cin >> firstName >> lastName;
```

则字符串 firstName 的值为 Joe，而字符串 lastName 的值为 Hernandez。

2) int get()

该函数从输入流中读取一个字符并返回该字符。

3) istream & get(char * pch, int nCount, char delim = '\n')

该函数与 getline() 基本相同，唯一不同的是 getline() 函数从输入流中输入一系列字符时包括分隔符，而 get() 函数不包括分隔符。

4）int peek（）

返回输入流中的下一个字符，但不从输入流中提取字符。

5）istream & putback(char ch)

将刚刚从输入流中提取的字符放回输入流中。

6）istream & ignore(int nCount＝1, int delim＝EOF)

该函数忽略输入流中 nCount 个字符，如果在第 nCount 个字符前遇到 delim 字符，则返回。

7）istream & read(char * pch, int nCount)

该函数从输入流中读取 nCount 个字符到缓冲区 pch 中，一般用于读取二进制流。

8）int gcount（）

该函数返回最近一次非格式化读取操作读取的字符的个数。

9）int bad（）

操作出错时返回非 0 值。

10）int eof（）

该函数读取到流中最后的文件结束符时返回非 0 值。

11）int fail（）

操作失败时返回非 0 值。

12）void clear（）

该函数清除 bad、eof 和 fail 所对应的标志状态，使之恢复为正常状态。

13）char fill（）

该函数返回当前使用的填充字符。

14）char fill(char c)

该函数重新设置流中用于输出数据的填充字符为 c 的值，返回此前的填充字符。系统预设置填充字符为空格。

15）long flags（）

该函数返回当前用于输入输出控制的格式状态字。

16）long flags(long f)

该函数重新设置格式状态字为 f 的值，返回此前的格式状态字。

17）int good（）

操作正常时返回非 0 值，当操作出错、失败和读到文件结束符时均为不正常，则返回 0。

18）int precision（）

该函数返回浮点数输出精度，即输出的有效数字的位数。

19）int precision(int n)

该函数设置浮点数的输出精度为 n，返回此前的输出精度。系统预设置的输出精度为六位，即输出的浮点数最多具有六位有效数字。

20）int rdstate（）

操作正常时返回 0，否则返回非 0 值，它与 good（）函数正好相反。

21）long setf(long f)

该函数根据参数 f 设置相应的格式化标志，返回此前的设置。该参数 f 所对应的实参

为无名枚举类型中的枚举常量（又称格式化常量），可以同时使用一个或多个常量，每两个常量之间要用按位或操作符连接。如需要左对齐输出，并使数值中的字母大写，则调用该函数的实参为 ios::left | ios::uppercase。

22）long unsetf(long f)

该函数根据参数 f 清除相应的格式化标志，返回此前的设置。如要清除此前的左对齐输出设置，恢复默认的右对齐输出设置，则调用该函数的实参为 ios::left。

23）int width()

该函数返回当前的输出域宽。若返回数值 0，则表明没有为刚才输出的数值设置输出域宽。输出域宽是指输出的值在流中所占有的字节数。

24）int width(int w)

该函数设置下一个数据值的输出域宽为 w，返回输出上一个数据值时所规定的域宽，若无规定则返回 0。注意：此设置不是一直有效，而只是对下一个输出数据有效。

25）ostream &put(char ch)

该函数将一个字符写入到输出流中。

26）ostream &write(const char * pch, int nCount)

该函数将缓冲区 pch 中 nCount 个字符写入到输出流中。

【例 7.8】 从键盘读取一行文本，每遇到一个逗号就结束一次输入。

```cpp
# include <iostream>
using namespace std;

int main()
{
    char str[250];
    cout <<"请输入一字符串:\n";
    cin.getline(str,sizeof(str), ',');
    cout <<"输入的字符串为: "<< str << endl;
    cin.getline(str,sizeof(str), ',');
    cout <<"输入的字符串为: "<< str << endl;

    return 0;
}
```

程序的运行结果如图 7.11 所示。

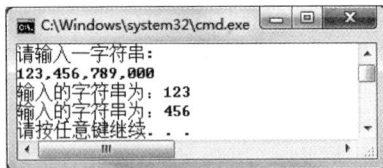

图 7.11 例 7.8 的运行结果

【例 7.9】 分析下列程序的运行结果。

```cpp
# include <iostream>
# include <iomanip>
```

```cpp
using namespace std;

int main()
{
    int x = 123;
    double y = - 3.456789;
    cout <<"x = ";
    cout.width(10);                     //设置输出下一个数据的域宽为 10
    cout << x;                          //按默认的右对齐输出,剩余位置填充空格字符
    cout <<"y = ";
    cout.width(10);                     //设置输出下一个数据的域宽为 10
    cout << y << endl;
    cout.setf(ios::left);              //设置按左对齐输出
    cout <<"x = ";
    cout.width(10);
    cout << x;
    cout <<"y = ";
    cout.width(10);
    cout << y << endl;
    cout.fill('*');                    //设置填充字符为'*'
    cout.precision(3);                 //设置浮点数输出精度为 3
    cout.setf(ios::showpos);           //设置正数的正号输出
    cout <<"x = ";
    cout.width(10);
    cout << x;
    cout <<"y = ";
    cout.width(10);
    cout << y << endl;
    cout.precision(2);
    cout.setf(ios::scientific);        //设置按科学记数法输出
    cout << x <<' '<< y << endl;

    return 0;
}
```

程序的运行结果如图 7.12 所示。

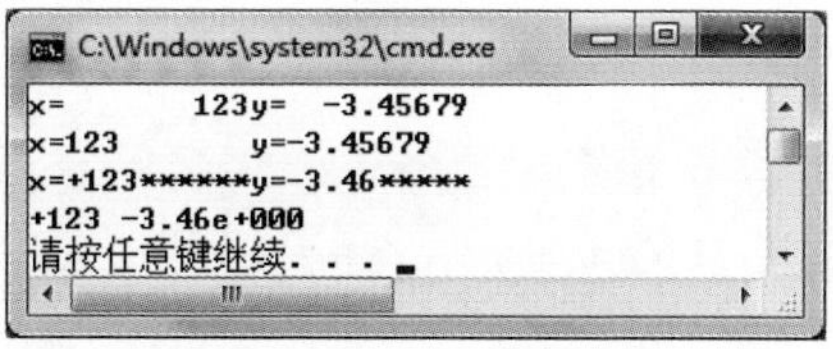

图 7.12 例 7.9 的运行结果

7.2 用户自定义数据类型的输入输出流

前面所介绍的是系统预定义数据类型的输入和输出。用户自定义数据类型的输入与输出也可以像系统标准数据类型的输入输出那样直接、方便,用户可根据自己的需要为提取和插入运算符赋予新的含义,使它按用户的意愿输入输出类的内容,这在 C++语言中采用重载运算符>>和<<来实现。

观看视频

1. 重载提取运算符

通过重载提取运算符>>来实现用户自定义数据类型的输入,定义格式如下:

```
istream & operator >>(istream & in, user_type & obj)
{
    in >> obj.item1;
    in >> obj.item2;
    in >> obj.item3;
    //…
    return in;
}
```

其中,user_type 为用户自定义数据类型,obj 为用户自定义数据类型的对象的引用,item1、item2 和 item3 为用户自定义数据类型中的各成员。

2. 重载插入运算符

通过重载插入运算符<<来实现用户自定义数据类型的输出,定义格式如下:

```
ostream & operator <<(ostream & out, user_type & obj)
{
    out << obj.item1;
    out << obj.item2;
    out << obj.item3;
    //…
    return out;
}
```

其中,user_type 为用户自定义数据类型,obj 为用户自定义数据类型的对象的引用,item1、item2 和 item3 为用户自定义数据类型中的各成员。

3. 重载输入输出运算符的示例

【例 7.10】 重载插入运算符使其能输出 RMB 类对象。

```
# include <iostream>
# include <iomanip>
using namespace std;

class RMB
{
public:
    RMB(double v = 0.0)
    {
        yuan = unsigned(v);
        jf = unsigned((v - yuan) * 100.0 + 0.5);
    }
    operator double()                         //类类型转换函数
    {
        return yuan + jf/100.0;
    }
    void display(ostream& out)
    {
        out << yuan <<'.'<< setfill('0')
            << setw(2)<< jf << setfill(' ');
    }
protected:
    unsigned int yuan;
```

```
        unsigned int jf;
};

ostream& operator << (ostream& ot, RMB& d)
{
    d.display(ot);
    return ot;
}

int main()
{
    RMB rmb(2.3);
    cout <<"Initially rmb = "<< rmb <<"\n";          //调用重载插入运算符函数
    rmb = 2.0 * rmb;
    cout <<"then rmb = "<< rmb <<"\n";

    return 0;
}
```

程序的运行结果如图 7.13 所示。

【程序解析】

该例中定义的 operator <<运算符函数为全局的
普通函数,不是 RMB 类的友元函数,所以不能通过
RMB 类的引用 d 直接访问类的 protected 成员,但是

图 7.13　例 7.10 的运行结果

d 可以直接访问 public 成员函数 display,这样便间接地访问了 protected 成员 yuan 和 jf。

【例 7.11】　在由实部和虚部组成的复数中,重载>>和<<运算符,使用户能直接输入和
输出复数。

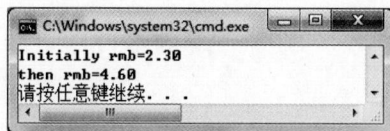

```
# include <iostream>
using namespace std;

class Complex
{
public:
    Complex(float r = 0, float i = 0)
    {
        real = r;
        imag = i;
    }
    friend ostream & operator <<(ostream &, Complex &);
    friend istream & operator >>(istream &, Complex &);
private:
    float real, imag;
};

ostream & operator <<(ostream &output, Complex &obj)
{
    output << obj.real;
    if(obj.imag > 0) output << " + ";
    if(obj.imag!= 0) output << obj.imag <<"i";
    return output;
}
```

```cpp
istream & operator >>(istream &input,Complex &obj)
{
    cout << "Input the real , imag of the complex:\n";
    input >> obj.real;
    input >> obj.imag;
    return input;
}

int main()
{
    Complex c1(2.3f,4.6f), c2(3.6f,2.8f), c3;
    cout << "the value of c1 is :"<< c1 << "\n";
    cout << "the value of c2 is :"<< c2 << "\n";
    cin >> c3;
    cout <<"the value of c3 is :"<< c3 << "\n";

    return 0;
}
```

程序的运行结果如图 7.14 所示。

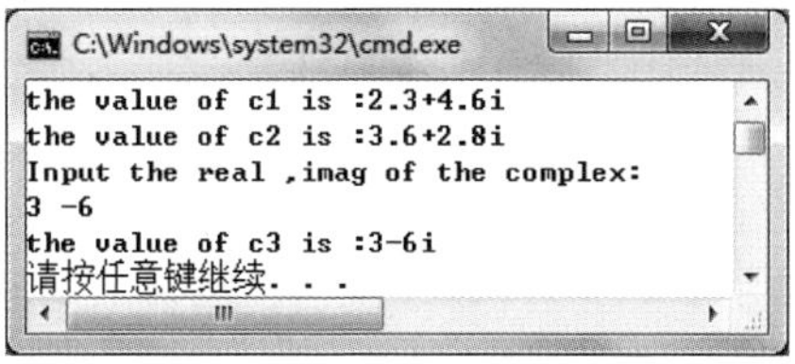

图 7.14　例 7.11 的运行结果

7.3　文件输入输出流

7.3.1　文件输入输出流简介

观看视频

文件是指存储在外部介质上的具有名字的一组相关数据的集合。系统和用户都可以将具有一定功能的程序模块、一组数据命名为一个文件。

文件是程序设计中一个重要的概念。在程序运行时，常常需要将一些数据输出到磁盘上，以后需要时再从磁盘上输入计算机内存，这就要用到磁盘文件。可以说，任何一个有使用价值的程序都离不开文件，因为只有通过文件才能使数据永久地保留在外部存储器中。

C++ 语言中把文件看作一个字符（字节）序列，即文件由一个个字符（字节）按顺序组成。根据数据的组织形式，文件分为 ASCII 码文件和二进制文件。

ASCII 码文件又称为文本文件，每字节存放一个 ASCII 码，代表一个字符。二进制文件是把内存中的数据按其在内存中的存储形式原样输出到磁盘文件存放起来。如十进制整数 12345，转换为二进制数为 11000000111001（十六进制数为 0x3039），假设 C++ 语言中用短整型表示，保存在二进制文件中，占用 2 字节，而如果将它保存在 ASCII 码文件中，则分别存储字符 "1""2""3""4""5" 的 ASCII 值 49、50、51、52 和 53，占用 5 字节，由于 ASCII 码形式与字符一一对应，因此便于对字符进行输入和处理，但它要占用较多的存储空间，若存放于二进制文件中,则可以节省存储空间。

C++语言定义的 ofstream 类、ifstream 类和 fstream 类用于文件处理,各文件流类的功能如下。

ofstream 类:输出文件流类,用于向文件中写内容。

ifstream 类:输入文件流类,用于从文件中读内容。

fstream 类:输入输出文件流类,用于既要读又要写的文件的操作。

根据需要相应地将流说明为 ofstream 类、ifstream 类以及 fstream 类的对象。

7.3.2　文件的打开与关闭

C++语言提供了以下两种打开文件的方式。

1. 将文件流对象直接与需要操作的文件相连

这种方式可通过调用输入输出流类的构造函数来完成。以输出文件流类 ofstream 为例,其中一个常用的构造函数定义如下:

```
ofstream::ofstream(const char * fileName, int openMode = ios::out, int prot = ios_base::
_Openprot)
```

第一个参数指文件路径及文件名字符串,第二个参数说明文件打开方式,第三个参数说明文件保护方式,一般较少设置,而使用默认值 ios_base::_Openprot,表示兼容共享方式。文件打开方式选择项如表 7.2 所示。

表 7.2　文件打开方式选择项

标　志	含　义
ios::in	打开文件进行读操作,如果文件不存在则打开失败(ifstream 默认)
ios::out	打开文件进行写操作,如果文件不存在则新建文件,如果文件存在将清空文件内容再进行写操作(ofstream 默认)
ios::ate	打开时文件指针定位到文件尾。如果创建 ofstream 类对象,若文件不存在,则新建文件,数据可以写入文件的任何位置。如果创建 ifstream 类对象,若文件不存在,则打开文件失败
ios::app	在文件结尾处追加数据。默认以写的方式打开,如果文件不存在,则新建文件
ios::trunc	如果文件已存在则清空原文件(ofstream 默认),如果文件不存在则新建文件
ios::binary	以二进制方式打开文件,若不指定此模式,则以文本模式打开

注意:文件不能连续打开两次,否则读取文件内容时有误。

【例 7.12】　下面的程序可由用户输入任意一些字符串并按行保存到磁盘文件中。

```cpp
#include <iostream>
#include <fstream>
using namespace std;

int main()
{
    ofstream myf("d:\\myabc.txt");          //默认 ios::out 和 ios::trunc 方式
    char txt[255];
    while (1)
    {
        cin.getline(txt,255);
```

```
        if (strlen(txt) == 0)
            break;
        myf << txt << endl;
    }

    return 0;
}
```

注意：

（1）文件名说明其路径时要使用双斜杠，因为 C++ 编译系统将单斜杠理解为转义字符。

（2）创建 ofstream 类对象 myf 时，使用了一个实参，其他参数使用默认值。打开方式默认为 ios::out|ios::trunc，即该文件用于接受程序的输出。如果该文件已存在，则其内容必须先清除，否则就新建文件。

（3）如果只在文件末尾添加内容，则选择打开方式为 ios::app。

（4）如果要打开一个同时用于输入和输出的文件，则用如下方式：

```
fstream fc("myfile",ios::in|ios::out);
```

【例 7.13】 编写程序将上述文件内容输出到屏幕上。

```
#include <iostream>
#include <fstream>
using namespace std;

int main()
{
    ifstream myf("d:\\myabc.txt");
    if (myf.fail())                        //如果要检查文件是否打开,则须调用成员函数 fail()
    {
        cout <<"file no exist!"<< endl;
        return 0;
    }
    char txt[255];
    while (!myf.eof())
    {
        myf.getline(txt,255);
        cout << txt << endl;
    }

    return 0;
}
```

2. 先定义文件流对象，再与文件连接

这种方式是先定义文件流对象，再用 open() 函数将其与需要操作的文件相连。成员函数 open() 的声明形式如下：

```
void open(const char * filename, int mode, int prot = (int)ios_base::_Openprot);
```

其中，三个参数与打开文件第 1 种方式中构造函数形参的含义相同，对于 ifstream 流，mode 的默认值为 ios::in，表示打开文件进行读操作；对于 ofstream 流，mode 的默认值为 ios::out|ios::trunc，表示打开文件进行写操作，若文件存在则清空文件内容。与其他状态标志

一样,mode 的符号常量可以用位或运算符"|"组合在一起,如 ios::in| ios::binary 表示以只读方式打开二进制文件。

　　打开文件操作并不能保证总是正确的,若文件不存在、文件被占用、权限不足、磁盘损坏等原因可能造成打开文件失败。可以调用文件流对象的 fail()成员函数检查文件是否正确打开,若打开文件失败则 fail()函数返回 true。

　　此种方式打开的文件需要用户调用 close()函数关闭文件,使文件流与对应的物理文件断开联系。但流对象仍然存在,并可以重新连接到同一个文件或另一个文件。成员函数 close()的声明形式如下:

```
void close();
```

　　例如关闭一个文件,可用下面的语句:

```
ifstream ifile;
ifile.open("myfile dat",ios::in);
ifile.close();
```

7.3.3　文件的读写操作

1. 文件的读写

　　由于文件流 ifstream、ofstream 和 fstream 是从 istream 类、ostream 类和 iostream 类派生的,所以在标准输入输出流类中的输入输出操作,仍适用于文件输入输出操作。

　　对文件进行读写操作一般包括以下几个步骤。

　　(1) 使用编译预处理命令包含头文件♯include <fstream. h>。

　　(2) 建立文件流对象。

　　(3) 文件流对象和磁盘文件建立关联(打开文件)。使用 open()函数打开文件后,一般调用 fail()函数测试 open()操作是否成功。

　　(4) 进行读写操作(用于标准输入输出的控制符、函数等均可用于文件输入输出流)。

　　(5) 关闭文件(若用构造函数打开文件,则不用关闭)。

　　以上的第(2)步和第(3)步可以合二为一。

　　文件的读写可以采用以下两种方式。

　　(1) 使用流运算符直接读写。

　　(2) 使用流成员函数。

　　常用的文件读写流成员函数如表 7.3 所示。

表 7.3　常用的文件读写流成员函数

标　　志	含　　义
put(char ch)	向文件写入一个字符
write(const char ∗ pch,int count)	向文件写入 count 字节,常用于二进制文件
get()	从文件中读取一个字符
read(char ∗ pch,int count)	从文件中读取 count 字节,常用于二进制文件
getline(char ∗ pch, int count, char delim＝'\n')	从文件中读取 count 个字符,delim 为读取时的结束符

　　【例 7.14】　文件复制,即将一个文件的内容复制到另一个文件中。

```
# include <iostream>
```

```
# include < fstream >                    //(1)包含头文件< fstream.h>
using namespace std;

int main()
{
    ifstream ifile;                      //(2)建立文件流对象
    ofstream ofile;

    ifile.open("d:\\fileIn.txt");        //(3)打开 D 盘根目录下的 fileIn.txt 文件
    ofile.open("d:\\fileOut.txt");

    if(ifile.fail() || ofile.fail())     //测试打开操作是否成功
    {
        cerr << "open file fail\n";
        return EXIT_FAILURE;             //返回值 EXIT_FAILURE
                                         //用于向操作系统报告异常退出
    }

    char ch;
    ch = ifile.get();                    //(4)进行读写操作
    while(!ifile.eof())
    {
        ofile.put(ch);                   //将字符输出到输出文件流对象中
        ch = ifile.get();                //从输入文件对象流中读取一个字符
    }
    ifile.close();                       //(5)关闭文件
    ofile.close();

    return 0;
}
```

说明：有时，程序运行时需要交互式输入数据文件名，则可使用下面的程序代码段：

```
ifstream ifile;
string fileName;
cout <<"Enter the input file name: ";
cin >> fileName;
ifile.open(fileName.c_str() );
```

在提示后输入的文件名将读到字符串 fileName 中，并与 ifile 流关联。函数调用 fileName.c_str()将 fileName 中的字符串转换为 C 类型字符串，这种类型不同于 C++字符串格式。open()函数需要 C 类型字符串作为参数。

2. 文本文件的读写

对于文本文件的读写可以使用重载运算符<<和>>，或者使用文件流的 put、get、getline 等成员函数进行字符的输入输出。

【**例 7.15**】 文本文件的读写操作。请输入 3 个学生的姓名、学号、年龄和住址并存入文本文件中，然后读出该文件的内容。

```
# include <iostream>
# include <fstream>
using namespace std;

class Student
```

```cpp
{
public:
    char name[10];
    int num;
    int age;
    char addr[15];
    friend ostream & operator <<(ostream &out, Student &s);
    friend istream & operator >>(istream &in, Student &s);
};

ostream & operator <<(ostream &out, Student &s)
{
    out << s.name <<" "<< s.num <<" "<< s.age <<" "
        << s.addr <<'\n';
    return out;
}

istream & operator >>(istream &in, Student &s)
{
    in >> s.name >> s.num >> s.age >> s.addr;
    return in;
}

int main()
{
    ofstream ofile;
    ifstream ifile;
    ofile.open("d:\\s.txt");

    Student s;
    for(int i = 1; i <= 3; i++)
    {
        cout <<"请输入第"<< i <<"个学生的姓名 学号 年龄 住址"<< endl;
        cin >> s;              //调用>>运算符重载函数,输入学生信息
        cout <<"将该学生的信息写入文件"<< endl;
        ofile << s;            //调用<<运算符重载函数,将学生信息写入文件中
    }

    ofile.close();

    cout <<"\n 读出文件内容"<< endl;
    ifile.open("d:\\s.txt");
    ifile >> s;
    while(!ifile.eof())
    {
        cout << s;
        ifile >> s;
    }
    ifile.close();

    return 0;
}
```

程序的运行结果如图 7.15 所示。

3. 二进制文件的读写

二进制文件不同于文本文件,它可用于任何类型的文件(包括文本文件),读写二进制文

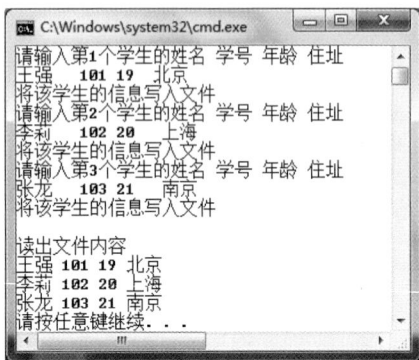

图 7.15 例 7.15 的运行结果

件的字符不进行任何转换，读写的字符与文件之间是完全一致的。文本文件和二进制文件最根本的区别在于进行输入输出操作时对"\n"字符的解释方式不同，在 C++ 语言中，这个字符表示 ASCII 代码为 0x0A 的字符（换行）。当文件以文本方式打开时，流类在向文件缓冲区中插入字符时，凡遇到代码为 0x0A 的字符，都将其扩展为两个字符，即 0x0D 和 0x0A（即回车和换行字符），这是操作系统对文本文件所要求的格式。

若从流中提取一个字符，则当流类遇到字符 0x0D 时，流类都将它和其后的字符 0x0A 合并为一个字符"\n"。当文件以二进制方式打开时，所有的字符都按一个二进制字节处理，不再对 0x0A 字符做变换处理。

一般地，对二进制文件的读写可采用两种方法：一种是使用 get 和 put 成员函数，另一种是使用 read 和 write 成员函数。

使用二进制文件，可以控制字节长度，读写数据时不会出现二义性，可靠性高。同时不知道格式的文件是无法读取的，保密性好。对文件进行读操作时，文件结束后，系统不会再读入数据，但程序不会自动停下来，所以要判断文件中是否已没有数据。对文件进行写操作时，如果写完数据后不关闭文件，直接开始读，则必须把文件定位指针移到文件头。如果关闭文件后重新打开，文件定位指针就在文件头。

【例 7.16】 编写程序，实现如下功能：通过随机数产生函数 rand() 产生 20 个整数，逐个将这些数以二进制方式写入文件 file.dat 中，然后读出这些数，在内存中对它们进行升序排序，再将排序后的数以文本方式逐个写入 file.out 文件中。

```cpp
# include <iostream>
# include <fstream>
# include <iomanip>
using namespace std;

void sort(int [],int);

int main()
{
    fstream dat, out;                                  //定义文件流对象
    int i,a[20],b[20];
    //为读写打开二进制文件
    dat.open("d:\\file.dat",ios::binary|ios::out|ios::in|ios::app);
    if(!dat)
    {
        cout << ("cannot open file\n");
        exit(0);
    }
    for(i = 0;i < 20;i++)
    {
        a[i] = rand();
        dat.write((char * )&a[i],sizeof(int));          //将 20 个数写入文件
```

```
    }
    dat.seekg(0);                                   //将文件指针移至文件头
    for(i = 0;i < 20;i++)
        dat.read((char * )&b[i],sizeof(int));       //读出 20 个数
    sort(b,20);                                     //调用排序函数
    out.open("file.out",ios::out);                  //为输出打开文本文件
    if(!out)
    {
        cout <<"cannot open file\n";
        exit(0);
    }
    for(i = 0;i < 20;i++)                           //将排序后数据写入文本文件
        out << b[i]<<' ';
    out <<'\n';
    for(i = 0;i < 20;i++)
    {
        cout << setw(10)<< b[i];
        if((i + 1) % 5 == 0) cout << endl;
    }
    out.close();                                    //关闭文件
    dat.close();

    return 0;
}

void sort(int x[],int m)                            //排序函数
{
    int i,j,k,t;
    for(i = 0;i < m - 1;i++)
    {
        k = i;
        for(j = i + 1;j < m;j++)
            if(x[j]< x[k]) k = j;
        if(k!= i)
        {
            t = x[i];x[i] = x[k];x[k] = t;
        }
    }
}
```

程序的运行结果如图 7.16 所示。

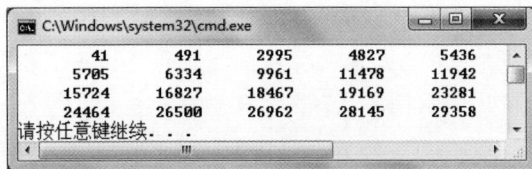

图 7.16　例 7.16 的运行结果

4. 文件的随机访问

　　每个文件都有两个指针：一个是读指针,说明读操作在文件中的当前位置；另一个是写指针,说明写操作在文件中的当前位置。每次执行输入或输出操作时,相应的读写指针将自动后移。C++ 语言的文件流不仅可以按顺序方式进行读写,还可以随机地移动文件的读

写指针。

文件的随机读写通过移动文件指针函数 seekg()、seekp() 和读写函数共同完成,函数名中的 g 和 p 分别表示 get 与 put。istream 类中提供了三个成员函数,用于在输入流内移动文件读指针,这三个函数分别如下。

（1）istream& seekg(streampos pos)。

将读指针直接移到 pos 位置,其中,streampos 为 long 类型。

（2）istream& seekg(streamoff off, ios::seek_dir dir)。

以 dir 位置为基准,将读指针移动 off 字节,其中,streamoff 为 long 类型。dir 为 ios::beg、ios::cur、ios::end 之一。

其中,seek_dir 被定义为以下枚举类型:

```
enum seek_dir
{   beg = 0;                              //文件开头处
    cur = 1;                              //当前位置
    end = 2;                              //文件结尾处
};
```

（3）streampos tellg()。

返回输入文件读指针的当前位置,其中,streampos 为 long 类型。

istream 类使用 seekg() 和 tellg() 所管理的文件指针称为读指针。注意:不能将文件读指针移到文件开始之前,也不能将文件读指针移到文件结束标志之后。

ostream 类也定义了三个成员函数用来管理写指针,写指针指明下一次写操作的位置,这个指针根据向流中插入的字符数 n,自动地向后移动 n 字节,以保证下一次写操作不覆盖这次所写的内容。这三个成员函数的含义同 istream 类的对应函数,只是它们用于管理写指针,这三个成员函数分别如下。

（1）ostream& seekp(streampos pos)。

将写指针直接移到 pos 位置。

（2）ostream& seekp(streamoff off, ios::seek_dir dir)。

以 seek_dir 位置为基准,将写指针移动 off 字节。其中,streamoff 为 long 类型,seek_dir 为 ios::beg、ios::cur、ios::end 之一。

（3）streampos tellp()。

返回输出文件写指针的当前位置。

注意:不能将文件写指针移到文件开始之前,但可以将文件写指针移到文件结束标志的后面,这时,文件结束标志和移动后的文件指针之间的数据是不确定的。

【例 7.17】 文件随机访问示例。

```
# include < fstream >
# include < iostream >
using namespace std;

int main()
{
    fstream f("1111.dat",ios::in|ios::out|ios::binary|ios::trunc);
    int i;
```

```
    for(i = 0;i < 20;i++)                //先向文件中写 0～19 共 20 个二进制位表示的整数
        f.write((char * )&i,sizeof(int));
    streampos pos = f.tellp();           //记录下当前的写指针位置

    for(i = 20;i < 40;i++)               //再向文件中写 20～39 共 20 个二进制位表示的整数
        f.write((char * )&i,sizeof(int));
    f.seekg(pos);                        //将读指针定位在 pos 指向的位置
    f.read((char * )&i,sizeof(int));
    cout <<"the data stored is "<< i << endl;
    f.seekp(0,ios::beg);                 //将写指针移到文件开始
    for(i = 100;i < 140;i++)     //重写文件中的内容,写入 100～139 共 40 个二进制位表示的整数
        f.write((char * )&i,sizeof(int));
    f.seekg(pos);                        //将读指针定位到 pos 指向的位置
    f.read((char * )&i,sizeof(int));
    cout <<"the data stored is "<< i << endl;
    f.close();

    return 0;
}
```

程序的运行结果如图 7.17 所示。

【程序解析】

（1）该程序中创建 fstream 类对象 f 时,将文件打开方式指定如下：

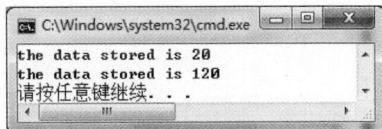

图 7.17　例 7.17 的运行结果

`ios::in|ios::out|ios::binary|ios::trunc`

表示以二进制方式对文件进行读写操作,如果文件存在则先清空文件的内容。

（2）当进行文件随机访问时,文件打开方式最好指定为二进制方式。

（3）首先将 0～19 共 20 个二进制位表示的整数写入文件中,f.tellp()返回文件写指针的当前位置 pos,即数字 19 之后的位置;将 20～39 共 20 个二进制位表示的整数写入文件之后,f.seekg(pos)将文件读指针直接定位到 pos 指向的位置,所以读出的数为 20;f.seekp(0,ios::beg)将文件写指针移到文件开头,将 100～139 共 40 个二进制位表示的整数写入文件,覆盖了原来的 0～39;f.seekg(pos)再将文件读指针直接定位到 pos 位置,读出的数为 120。

（4）如果文件的打开方式为 ios::app 追加,则根据程序运行之前是否存在"1111.dat"文件、文件的不同内容、文件字节数的多少等会出现不同的运行结果,请读者自行分析。

对于键盘、显示终端以及磁带这样的设备不能进行随机访问,因为这些设备都是字符设备,提取和插入操作的开始位置都只能是当前位置(顺序访问)。

习　　题

1. 对于一般的输入输出,C++语言的输入输出系统如何进行格式控制？

2. 如何对文件进行读写操作？

3. 从键盘输入一个字符串,并逐个将字符串的每个字符传送到磁盘文件中,字符串的结束标记为"!"。

4. 输出十进制、八进制和十六进制显示的数据 0～15。

5．Student 类用来描述学生的姓名、学号、数学成绩、英语成绩，分别建立文本文件和二进制文件，将若干学生的信息保存在文件中，并读出该文件的内容。

6．设计一个留言类，实现以下功能。

（1）程序第一次运行时，建立一个 message.txt 文本文件，并把用户输入的信息存入该文件。

（2）以后每次运行时，都先读取该文件的内容并显示给用户，然后由用户输入新的信息，退出时将新的信息存入这个文件中。保存到文件中的内容，既可以是最新的信息，也可以包括以前所有的信息，用户可自己选择。

## 第 8 章

异常处理

拓展阅读

在线习题

观看视频

面向对象的 C++ 程序设计语言可以编写大型和非常复杂的程序,这样的程序往往会产生一些很难查找甚至是无法避免的运行错误。当发生运行错误时,不能简单地结束程序运行,而是应退回到任务的起点,指出错误,并由用户决定下一步如何操作,这样,在出现异常的情况下,不会轻易出现死机和灾难性的后果,而应有正确合理的表现。C++ 语言提供了异常处理机制,它使得程序出现错误时,力争做到允许用户排除错误,继续运行程序。

8.1 异常处理概述

在程序运行时,会出现各种各样的情况,有些是非预料的异常情况。程序员会采取各种方法来检测运行时的错误,以保证程序的健壮性。当编写大型和复杂的程序时,最困难的一点就是充分考虑特殊情况引起的差错,例如内存不能正常分配、内存资源耗尽、不能打开文件、被 0 除和下标越界等,这时将产生系统中断,从而导致正在执行的程序提前终止。

程序的错误有两种:一种是编译错误,即语法错误。如果使用了错误的语法、函数、结构和类,则出现编译错误,无法生成目标代码;另一种是在运行时发生的错误,它分为不可预料的逻辑错误和可以预料的运行异常。每个运行时的错误都是一个异常,异常处理只处理运行时的错误和其他例外情况,不包括编译错误。

为处理可预料的错误,常用的典型方法是让被调用函数返回某一个特别的值(或将某个按引用调用传递的参数设置为一个特别的值),而外层的调用程序则检查这个错误标志,从而确定是否产生了某一类型的错误。另一种典型方法是当错误发生时跳出当前的函数体,控制转向某个专门的错误处理程序,从而中断正常的控制流。这两种方法都是权宜之计,不能形成强有力的结构化异常处理模式。

异常处理机制是管理程序运行期间错误的一种结构化方法。所谓结构化,是指程序的控制不会由于产生异常而随意跳转。异常处理机制将程序中的正常处理代码与异常处理代码显式区别开来,提高程序的可读性。

对于中小型程序,一旦发生异常,一般是将程序立即中断,从而无条件释放系统所有资源。而对于比较大的程序来说,如果出现异常,应该允许恢复和继续执行。恢复的过程就是把引起异常的恶劣影响去掉,中间一般要涉及一系列的函数调用链的退栈、对象的析构、资源的释放等。继续运行就是异常处理之后,在紧接着异常处理的代码区域中继续运行。

C++ 语言提供了一些内置的语言特性来产生或抛出(throw)异常,用于通知"异常已经发生",然后由预先安排的程序段来捕获(catch)异常,并对它进行处理。这种机制可以在 C++ 程序的两个无关部分进行"异常"通信。由程序某一部分引发了另一部分的异常,这一异常可回到引起异常的部分中去处理。

需要注意的是前面所讲的异常指软件异常，和硬件异常没有任何关系。使用异常的错误处理过程并不能防止错误，它仅仅允许在出现错误的情况下，进行清理工作和可能的修复。异常处理具体能完成以下功能。

（1）协助提供标准化的错误处理机制。

（2）协助程序处理预料到的问题。

（3）协助程序处理创建程序时根本就没有想到的问题。

（4）协助程序员发现、跟踪和改正错误。

8.2 C++ 语言异常处理的实现

C++ 语言异常处理机制的基本思想是将异常的检测与处理分离。当在一个函数体中检测到异常条件存在，但无法确定相应的处理方法时，将引发一个异常，并由函数的直接或间接调用检测并处理这个异常。这一基本思想用三个保留字实现：try、throw 和 catch。它们的含义如下。

（1）try：可能发生异常的程序代码放在 try 块中。

（2）throw：抛出异常。

（3）catch：捕获异常，进行异常处理。

try 和 catch 的语法如下：

```
try
{
    //try 语句块
}
catch(类型 1  参数 1){
    //针对类型 1 的异常处理
}
catch(类型 2  参数 2){
    //针对类型 2 的异常处理
}
…
catch(类型 n  参数 n){
    //针对类型 n 的异常处理
}
```

说明：

（1）如果预料某段程序代码（或对某个函数的调用）有可能发生异常，就将它放在 try 语句块之中。如果这段代码（或被调函数）运行时真的出现异常情况，其中的 throw 表达式就会抛出这个异常。

在出现异常的情况下，try 语句块提示编译系统到哪里查找 catch 语句块，没有紧跟 try 语句块的 catch 语句块是无法进行异常处理的。当没有发生异常时，几乎没有和 try 语句块相关的运行消耗。查找匹配捕获处理异常的过程只在发生异常的情况下才会进行。

（2）catch 语句后的复合语句是异常处理程序，捕获由 throw 语句抛出的异常。异常类型说明部分指明该子句处理的异常的类型，它与函数的形参是相似的，可以是某个类型的值，也可以是引用。如果某个 catch 语句的参数类型与引发异常的信息数据类型相匹配，则执行该 catch 语句的异常处理(捕获异常),此时,由 throw 语句抛出的异常信息(值)传递给 catch 语句中的参数。

(3) try 语句块必须出现在前,catch 紧跟在后。catch 之后的圆括号中必须含有数据类型,捕获是利用数据类型匹配实现的。在 try{…} 和 catch(…){ …}语句之间不得插入任何其他 C++语句。

(4) 如果程序内有多个异常处理模块,则当异常发生时,系统自动查找与该异常类型相匹配的 catch 语句块,查找次序为 catch 出现的次序。需要注意的是,catch 语句块处理程序的出现顺序很重要,因为在一个 try 语句块中,异常处理程序是按照它出现的顺序被检查的。

(5) 引发异常的 throw 语句必须在 try 语句块内,或是由 try 语句块中直接或间接调用的函数体执行。throw 语句的一般格式为

```
throw exception;
```

这里的 exception 表示一个异常值,它可以是任意类型的变量、对象或常量。

(6) catch 语句的类型匹配过程中不进行任何类型转换,例如 unsigned int 类型的异常值不能被 int 类型的 catch 参数捕获。

(7) 如果异常信息类型为 C++语言的类,并且该类有基类,则应该将派生类的错误处理程序放在前面,基类的错误处理程序放在后面。

(8) 如果一个异常发生后,系统找不到一个与该错误类型相匹配的错误处理模块,则 terminate()函数将被自动调用进行默认处理,默认功能是调用 abort()函数终止程序的执行。错误处理函数是由 set_terminate()函数来指定的,当然,程序员可以用 set_terminate()函数来指定自己希望使用的错误处理函数。

【例 8.1】　用户指定错误处理函数示例。

```cpp
# include <iostream>
using namespace std;

void aa()
{
    cout <<"这是由用户指定的错误处理函数"<< endl;
    exit( -1);
}

int main()
{
    set_terminate(aa);          //将 aa()函数指定为错误处理函数来代替默认的 abort()函数
    try
    {
        throw "error";
    }
    catch( int)
    { }

    return 0;
}
```

程序的运行结果如图 8.1 所示。

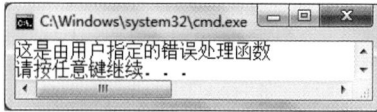

图 8.1　例 8.1 的运行结果

【例 8.2】 异常处理示例一。

```cpp
# include <iostream>
using namespace std;

double  divide(double, double);

int  main()
{
    double f1 = 0.0, f2 = 0.0;
    try
    {
        cout <<"f1/f2 = "<< divide(f1, f2)<<"\n";
    }
    catch(double)
    {
        cout <<"被 0 除"<<"\n";
    }

    return 0;
}

double  divide(double  x, double  y)
{
    if(y == 0) throw  0.0;
    return  x/y;
}
```

程序的运行结果如图 8.2 所示。

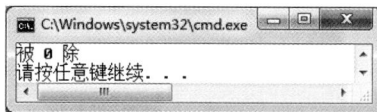

图 8.2　例 8.2 的运行结果

【例 8.3】 异常处理示例二。

```cpp
# include <iostream>
using namespace std;

void detail (int k)
{
    cout <<"Start of detail function. \n";
    if(k == 0) throw 123;
    cout <<"End of detail function. \n";
```

```
    }

    void compute (int i)
    {
        cout <<"Start of compute function. \n";
        detail(i);
        cout <<"End of compute function. \n";
    }

    int main()
    {
        int x;
        cout <<"Enter x(0 will throw an exception):";
        cin >> x;
        try
        {
            compute(x);
        }
        catch(int i)
        {
            cout << "Exception:"<< i << endl;
        }
        cout <<"The end. "<< endl;

        return 0;
    }
```

根据输入 x 值的不同,出现不同的运行结果。程序的运行结果如图 8.3 所示。

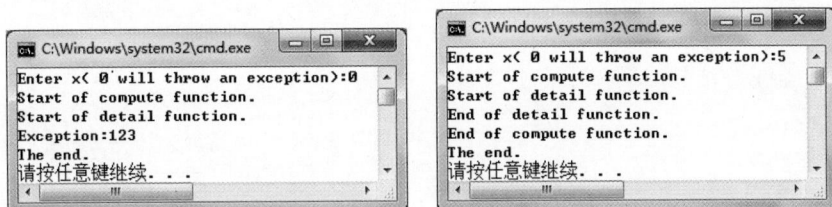

图 8.3　例 8.3 的两种运行结果

【程序解析】

程序的运行结果说明对于非零的 x 值,所有三个函数都将按照正常的方式完成调用,catch(int i)后面的复合语句将被跳过。

例 8.3 中程序段:

```
catch(int i)
{
    cout <<"Exception:"<< i << endl;
}
```

被称为一个异常句柄,简称句柄。至少有一个句柄的一连串句柄称为句柄序列。一个 try 语句块在语法上被定义如下:

　　try 复合语句 句柄序列

如果不需要异常值,就可以用 catch(int)代替 catch(int i)。由于在这个例子中,i 具有值 123，因此可以用下列语句替换上面的句柄：

```
catch(int){ cout <<"Exception:"<<"123"<< endl; }
```

throw 123 称为抛出表达式，它是一个类型为 void 的表达式，当抛出一个异常时，控制就转移给一个句柄，如果在这个 try 语句块中有几个句柄，关键字 throw 后的表达式的类型能够决定采用哪个句柄，参见例 8.4。

【例 8.4】 异常处理示例三。

```cpp
# include <iostream>
using namespace std;

int main()
{
    int i;
    char ch;
    cout <<"请输入一个整数和一个字符\n";
    try
    {
        cin >> i >> ch;
        if(i == 0) throw 0;
        if(ch == '!') throw '!';
    }
    catch(int)
    {
        cout << "输入为 0"<< endl;
    }
    catch(char)
    {
        cout << "输入字符!"<< endl;
    }
    cout <<"程序结束!"<< endl;

    return 0;
}
```

【程序解析】

一个句柄只能通过抛出相应的异常才能进入，所以在这个例子中，最多会执行一个句柄。程序运行时，根据输入的不同，运行结果也不同，有以下 4 种情况。

（1）如果用户输入 0，就会抛出一个 int 异常，并且执行第一个句柄，运行结果如图 8.4 所示。

（2）如果输入的是一个非零的整数，后跟一个!，就抛出一个 char 异常，运行结果如图 8.5 所示。

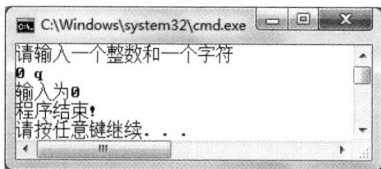

图 8.4 例 8.4 的第一种运行结果

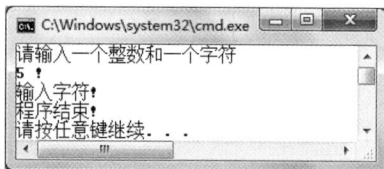

图 8.5 例 8.4 的第二种运行结果

（3）如果输入的是一个非零的整数，后面跟一个不是！的其他字符，则没有异常抛出，运行结果如图 8.6 所示。

（4）如果输入的是 0！，则抛出一个 int 异常，因为这是按照抛出表达式在这个程序中的顺序进行的。一旦控制转移给句柄，就不会自动返回。因此，如果 i 为 0，将不执行 throw '!'，运行结果如图 8.7 所示。

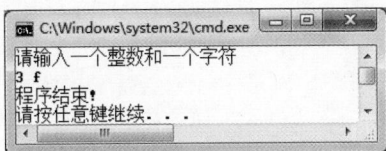

图 8.6　例 8.4 的第三种运行结果

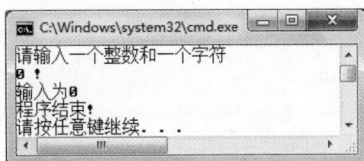

图 8.7　例 8.4 的第四种运行结果

【例 8.5】　重载运算符号[]，进行越界检查。如果下标为负或大于 10，则出错。

```cpp
#include <iostream>
using namespace std;

class OutOfBounds
{
public:
    OutOfBounds(int a)
        { i = a;   }
    int indexValue()
    {
        return i;
    }
private:
    int i;
};

class Array
{
public:
    int & operator[ ](int i)
    {
        if(i < 0 || i >= 10)
        throw OutOfBounds(i);
        return a[i];
    }
private:
    int a[10];
};

int main()
{
    Array a;
    try
    {
        a[3] = 30;                //调用重载运算符函数 int & operator[ ](int i)
        cout <<"a[3] "<< a[3]<< endl;
```

```
        a[100] = 1000;
        cout <<"a[1000]"<< a[1000]<< endl;
    }
    catch (OutOfBounds error)
    {
        cout <<"Subscript value "<< error.indexValue()
            <<" out of bounds.\n";
    }

    return 0;
}
```

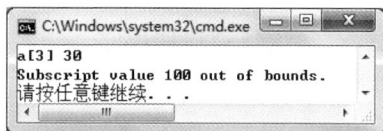

图 8.8　例 8.5 的运行结果

程序的运行结果如图 8.8 所示。

【程序解析】

重载运算符 operator[] 函数第一行的 & 符号是必需的。因为这个函数不仅返回数组元素的值，还返回这个元素本身（即左值），以便在一条赋值语句的左侧使用诸如 a[3] 的表达式，如表达式"a[100]=1000;"。

8.3　重新抛出异常和异常规范

1. 重新抛出异常

当 catch 语句捕获一个异常后，可能不能完全处理异常，在完成某些操作后，catch 子句可能决定该异常必须由函数链中更上级的函数来处理，这时 catch 语句块可以重新抛出该异常，把异常传递给函数调用链中更上级的另一个 catch 子句，由它进行进一步处理。重新抛出异常的表达式仍然为 throw，被重新抛出的异常就是原来的异常对象。

【例 8.6】　重新抛出异常示例。

```
# include <iostream>
using namespace std;

void h()                    //最低层
{
    throw 0;
}

void g()                    //中间层
{
    try
    {
        h();
    }
    catch(int)
    {
        cout << "Catch in g function"<< endl;
        throw;
        //重新抛出异常,如果去掉此语句,则程序的运行结果为 Catch in g function
    }
}
```

```
}

int main()                    //最高层
{
    try
    {
        g();
    }
    catch(int)
    {
        cout << "Catch in main function"<< endl;
    }

    return 0;
}
```

程序的运行结果如图 8.9 所示。

【程序解析】

在函数 g() 中调用了函数 h()，函数 g() 中的句柄将处理这个异常，通常将不会使用函数 main() 中的句柄。然而，在某些情况下，希望把控制从 g() 中的句柄转移给 main() 中的句柄，这样，main() 中的句柄也就可以处理这个异常了。

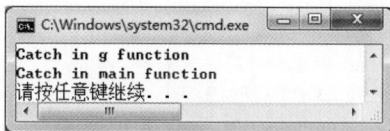

图 8.9　例 8.6 的运行结果

2. 异常规范

异常规范提供了一种方案，可以随着函数声明列出该函数可能抛出的异常，并保证该函数不会抛出任何其他类型的异常。一般来讲，按照一定方法定义的函数可以抛出任何异常。通过为函数添加一些东西，可以限制函数能够抛出的异常种类。如果类的成员函数在类外定义，则类内声明和类外定义必须都有同样的异常规范。注意，Visual C++ 6.0 不支持异常规范。

如果程序运行时，函数抛出了一个没有被列在它的异常规范中的异常时，系统调用 C++ 标准库中定义的函数 unexpected()。unexpected() 函数调用 terminate()，终止整个程序的执行。

例如，如果写成下列形式，函数 f() 就只能抛出异常 X 和 Y：

```
void f() throw (X, Y)
{
    ...
}
```

这里 f() 函数所用的后缀 throw(X, Y) 称为异常规范，它可以列出任意数量的异常。只有列在其中的异常才能被抛出。如果异常规范为 throw()，则表示不会抛出任何异常。当然如果函数的定义没有异常规范则表示可以抛出任何异常。

8.4　C++ 标准库中的异常类

C++ 标准库提供了一个异常类层次结构，用来报告 C++ 标准库中的函数执行期间遇到的程序异常情况。这些异常类可以被用在用户编写的程序中，或被进一步派生新类来描述程序中的异常。C++ 标准库中的异常层次的根类为 exception 类，定义在库的头文件

观看视频

exception. h 中，它是 C++标准库函数抛出的所有异常类的基类。exception 类中的虚函数 what()返回一个 C 语言风格的字符串，该字符串为抛出异常提供文本描述。

标准 C++库异常类可以分为运行时异常和逻辑异常，逻辑异常包括以下几类：

```
length_error        //逻辑异常,长度异常
domain_error        //逻辑异常,时域异常
out_of_range_error  //逻辑异常,越界异常
invalid_argument    //逻辑异常,参数异常
```

运行时异常只在程序执行时才是可检测的，运行时异常包括以下几类：

```
range_error         //运行时异常,范围错误
overflow_error      //运行时异常,溢出(上溢)异常
underflow_error     //运行时异常,溢出(下溢)异常
bad_alloc           //运行时异常,当 new()操作符不能分配所要求的存储区时,会抛出该异常
```

下面程序简单说明标准 C++异常类 exception 类和 logic_error 类的使用方法。

【例 8.7】 标准异常类。

```cpp
# include < exception >
# include < iostream >
using namespace std;

int main()
{
    try
    {
        exception theError;              //声明一个标准 C++异常类 exception 的对象
        throw (theError);                //抛出该异常类的对象
    }
    catch(const exception &theError)     //捕捉标准 C++异常类的对象
    {
        cout << theError.what()<< endl;  //用 what 成员函数显示出错的原因
    }

    try
    {
        logic_error theLogicError("Logic Error!");
        //声明一个标准 C++异常类 logic_error 的对象
        throw (theLogicError);           //抛出该异常类对象
    }
    catch(const exception &theLogicError)  //捕捉标准 C++异常类的对象
    {
        cout << theLogicError.what()<< endl;  //用 what 成员函数显示出错的原因
    }

    return 0;
}
```

程序的运行结果如图 8.10 所示。

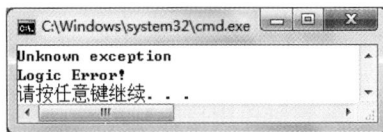

图 8.10 例 8.7 的运行结果

习　　题

1. 什么是异常处理？
2. 什么叫异常规范？ Visual C++ 6.0 是否支持异常规范？
3. 什么是重新抛出异常？
4. 定义堆栈类及其相应的成员函数，并进行异常处理。

第9章

Windows 编程基础和 MFC 编程基础

拓展阅读

在线习题

Microsoft Windows 是广泛应用的多任务、单用户和图形化用户界面的计算机操作系统,在 Windows 平台上进行软件开发已成为程序设计的主流。Visual C++ 作为一个功能非常强大的可视化应用程序开发工具,是计算机界公认的最优秀的应用程序开发工具之一。

利用 Visual C++ 开发面向对象 Windows 应用程序有两种主要方法:一种是使用 Windows 提供的 Windows API(Application Programming Interface,应用程序编程接口)函数,另一种是利用 Microsoft 提供的 MFC(Microsoft Foundation Class,微软基础类)类库。

Windows API 是 Windows 系统和应用程序间的标准接口,为应用程序提供 Windows 支持的函数定义、参数定义和消息格式等。

MFC 类库包括用来开发 C++ 应用程序和 Windows 应用程序的一组类,这些类用来表示窗口、对话框、设备上下文、公共 GDI 对象(如画笔、调色板)、控制框和其他标准的 Windows 部件,封装了大部分的 Windows API 函数。

9.1　Windows 编程基础

Windows 系统支持多个应用程序同时执行,在界面形式上,它支持多个窗口同时活动。它的运行机制是"消息传递,事件驱动"(message based,event driven)。

1. 消息传递

消息是一种报告有关事件发生的通知,类似于 DOS 下的用户输入。Windows 应用程序是由消息驱动的。Windows 操作系统允许多个任务同时运行,应用程序的输入输出由 Windows 统一管理;Windows 系统下每个窗口都维护一个消息队列,操作系统接收和管理所有输入消息、系统消息,并把它们发送给相应窗口的消息队列。应用程序初始化完成后,进入消息循环,维护自己的消息队列,从中提取消息,对其进行处理。编写消息处理函数是 Windows 编程的主要工作之一。

Windows 应用程序的消息来源有以下四种。

(1) 输入消息:包括键盘和鼠标等的输入。这一类消息首先放在系统消息队列中,然后由 Windows 将它们送入应用程序消息队列中,由应用程序来处理这些消息。

(2) 控制消息:用来与 Windows 的控制对象,如列表框、按钮、选择框等进行双向通信。当用户在列表框中改动当前选择或改变了选择框的状态时发出此类消息。这类消息一般不经过应用程序消息队列,而是直接发送到控制对象上去。

(3) 系统消息:对程序化的事件或系统时钟中断做出反应。一些系统消息,像 DDE 消息(动态数据交换消息)要通过 Windows 的系统消息队列;有的则不通过系统消息队列而直接送入应用程序的消息队列,如创建窗口消息。

(4) 用户消息:这是程序员自己定义并在应用程序中主动发出的,一般由应用程序的某一部分内部处理。

Windows 消息是在 Windows 文件中用宏定义的常数。消息常数名通常以 WM 开头,格式为 WM_XXX。在 WinUser.h 中,消息结构体的定义如下:

```
typedef struct tagMSG {
    HWND        hwnd;           //指定消息发向的窗口句柄
    UINT        message;        //标识消息的消息值
    WPARAM      wParam;         //消息参数
    LPARAM      lParam;         //消息参数
    DWORD       time;           //消息进入队列的时间
    POINT       pt;             //消息进入队列时鼠标指针的屏幕坐标
#ifdef _MAC
    DWORD       lPrivate;
#endif
} MSG, * PMSG, NEAR * NPMSG, FAR * LPMSG;
```

消息结构体中各成员的意义如下。

(1) hwnd:指定消息发向的窗口句柄,如在某个活动窗口中单击鼠标左键,产生的按键消息就是发给该窗口的。在 Windows 程序中,用 HWND 类型的变量来标识窗口。

(2) message:消息的标识符、消息值或消息名。每个消息都由唯一一个数值来表示,由于数值不便于记忆,所以 Windows 将消息对应的数值定义为 WM_XXX 宏(WM 是 Window Message 的缩写)的形式。

Windows 常用的窗口消息和消息值定义于 winuser.h 中,如下:

```
#define WM_CREATE 0X0001              //创建窗口产生的消息
#define WM_DESTROY 0X0002             //撤销窗口产生的消息
```

(3) wParam,lParam:消息参数,用于指定消息的附加信息。其数据类型在 WinDef.h 中定义如下:

```
typedef UINT_PTR   WPARAM;
typedef LONG_PTR   LPARAM;
```

在开发环境中通过"转到定义"可以查看 WPARAM 和 LPARAM 这两种类型的定义,可以发现这两种类型实际上就是 unsigned int 和 long 类型。

(4) pt:表示消息进入消息队列时鼠标指针的屏幕坐标,数据类型 POINT 是定义在 WinDef.h 中的结构体,表示屏幕上一点,定义如下:

```
typedef struct tagPOINT{
    LONG x;               //表示点的屏幕横坐标
    LONG y;               //表示点的屏幕纵坐标
}POINT, * PPOINT,NEAR * NPPOINT,FAR * LPPOINT;
```

Windows 程序常用的消息如下。

WM_LBUTTONDOWN:单击鼠标左键时产生的消息。

WM_LBUTTONUP:放开鼠标左键时产生的消息。

WM_RBUTTONDOWN:单击鼠标右键时产生的消息。

WM_RBUTTONUP 放开鼠标右键时产生的消息。

WM_LBUTTONDBLCLK：双击鼠标左键时产生的消息。

WM_RBUTTONDBLCLK：双击鼠标右键时产生的消息。

WM_CREATE：建立窗口时产生的消息。

WM_CLOSE：关闭窗口时产生的消息。

WM_DESTROY：撤销窗口时由 DestroyWindows() 产生的消息。

WM_QUIT：退出应用程序时由 PostQuitMessage() 产生的消息。

WM_PAINT：Windows 系统需要重绘时产生的消息。

图 9.1 是 Windows 程序和 Windows 消息处理的基本流程。

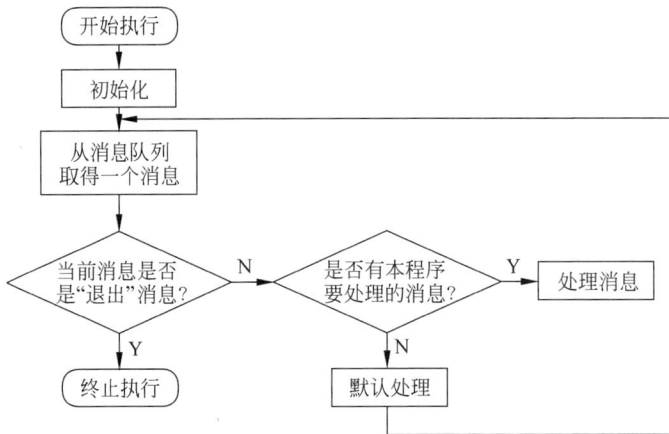

图 9.1　Windows 程序和 Windows 消息处理的基本流程

2. 事件驱动

Windows 系统使用事件驱动的编程模式。事件用来标识发生的某件事情，主要由以下三种途径产生。

（1）通过输入设备，如键盘和鼠标产生。

（2）通过屏幕上的可视化对象，如菜单、工具栏按钮、滚动条和对话框上的控件产生。

（3）来自 Windows 内部。

在 Windows 环境下，应用程序启动后，系统等待用户在图形用户界面内的输入选择，如鼠标移动、键盘按键、窗口创建、关闭、改变大小、移动等，对系统来说，这些都是事件。只要有事件发生，系统即产生特定的消息。消息描述了事件的类别，包含相关信息，Windows 应用程序利用消息与系统及其他应用程序进行信息交换。

由于 Windows 事件的发生是随机的，程序的执行先后顺序也无法预测，系统采用消息队列来存放事件发生的消息，然后从消息队列中依次取出消息进行相应的处理。

句柄是 Windows 编程的一个关键性的概念，编写 Windows 应用程序总是要和各种句柄打交道。所谓句柄，就是一个唯一的整数值，是一个 4 字节长的数值，用于标识许多不同的对象，如窗口、菜单、内存、画笔、画刷和文件等。由于 Windows 是一个多任务操作系统，它可以同时运行多个程序或一个程序的多个副本。Windows 不仅使用句柄来管理实例，也用它来管理窗口、位图、字体、元文件和图标等系统资源。常见的 Windows 对象句柄如表 9.1 所示，所有的句柄名称都以 H 开头。

表 9.1　常见的 Windows 对象句柄

Windows 对象	相关句柄	Windows 对象	相关句柄
设备环境	HDC	图标	HICON
窗口	HWND	位图	HBITMAP
菜单	HMENU	调色板	HPALETTE
光标	HCURSOR	文件	HFILE
画笔	HPEN	区域	HRGN
画刷	HBRUSH	加速键表	HACCEL
字体	HFONT		

3. Windows API

Windows API 是大量函数加上数字常量、宏、结构体、类型及其他相关项的集合。在 Windows 应用程序中，调用 API 函数的方法同调用 C 语言库函数的方法相同，重要区别是 C 语言库函数的目标代码直接放到程序目标代码中，而 API 函数的目标代码则位于程序之外的某个动态链接库(DLL)中。

Windows API 是包含在 Windows 操作系统中的，另外还有单独的驱动程序开发包 (Driver Developer Kit, DDK)，用来开发 Windows 驱动程序。因为 Windows API 函数本身是用 C 语言编写的，所以 C/C++ 编程可以很方便地利用计算机的底层资源，程序运行速度远远高于其他语言。

标准 Win32 API 函数可以分为以下几类。

(1) 系统服务。

(2) 通用控件库。

(3) 图形设备接口。

(4) 网络服务。

(5) 用户接口。

(6) 系统 Shell。

(7) Windows 系统信息。

直接采用 API 进行的程序设计称为传统的 Windows 编程。下面通过一个简单的实例来分析 Windows 应用程序的结构。

【例 9.1】　一个简单的 Win32 应用程序。

设计步骤如下。

(1) 新建 Win32 项目，项目名称为 ch9_1，如图 9.2 所示。

(2) 在"Win32 应用程序向导"对话框中的"应用程序类型"中选择"Windows 应用程序"类型，"附加选项"选择"空项目"，如图 9.3 所示。

(3) 在项目中添加名为 ch9_1.cpp 的源程序文件，程序代码如下：

```
#include <windows.h>
#include <tchar.h>

int APIENTRY WinMain(HINSTANCE hInstance, HINSTANCE hPrevInstance, LPSTR lpCmdLine, int
```

图 9.2 "新建项目"对话框

图 9.3 "Win32 应用程序向导"对话框

```
nCmdShow)
{
    MessageBox(NULL,_T("一个简单的 Win32 应用程序"),_T("例 9.1"),MB_OK);
    return 0;
}
```

程序的运行结果如图 9.4 所示。

【程序解析】

（1）入口函数：Windows 程序的入口函数是 WinMain() 函数。

（2）头文件：在 Windows 程序中，windows.h 是最主要的头文件，它包含了 Windows 应用程序的一些头文件。

图 9.4　例 9.1 的运行结果

（3）调用约定：请注意 WinMain() 函数说明中有 APIENTRY，这是一个宏，它代替的是 __stdcall，__stdcall 是 Windows API 默认的函数调用协议，函数参数由右向左入栈，函数调用结束后由被调用函数清除栈内数据。

（4）WinMain() 函数有四个固定的形式参数，分别如下。

hInstance：称为该程序的实例句柄，本程序的唯一标识，其他函数需用此句柄作为参数来作用于本程序。程序每打开一次称为运行一个实例。

hPrevInstance：这是 16 位的 Windows 系统留下来的，在 32 位系统中恒取 NULL，用来跟踪应用程序的前一个实例。

lpCmdLine：是一个字符串指针，指向命令行参数字符串，可以使用它从命令行得到所要的数据。

nCmdShow：指示程序最初窗口的打开形式——正常、最大化、最小化。

（5）WinMain() 函数必须返回一个 int 型的值。

（6）入口函数体中调用了 API 函数 MessageBox()，它给出一个简单的对话框窗口。其中有四个参数：第一个参数表示该窗口的父窗口，本例为 NULL，说明没有父窗口；第二个参数指出对话框中要显示的字符串；第三个参数指出对话框标题栏上要显示的字符串；第四个参数指出需在对话框中显示的按钮及风格。Windows 中已有如下有关按钮的定义：

```
#define MB_OK 0x00000000L                    //OK 按钮
#define MB_OKCANCEL 0x00000001L              //OK 和 CANCEL 两个按钮
#define MB_ABORTRETRYIGNORE 0x00000002L      //ABORT、RETRY、IGNORE 三个按钮
#define MB_YESNOCANCEL 0x00000003L           //YES、NO、CANCEL 三个按钮
```

MessageBox() 返回所按下按钮的 ID 值，即 Windows 用一个无符号整数唯一表示某个资源（对话框、按钮、菜单等），并定义一个唯一的符号常量与之对应，称为资源的 ID 值。Windows 内部定义的部分资源标识如下：

```
#define IDOK       1      //OK 按钮 ID 值
#define IDCANCEL   2      //CANCEL 按钮 ID 值
#define IDABORT    3      //ABORT 按钮 ID 值
#define IDRETRY    4      //RETRY 按钮 ID 值
#define IDIGNORE   5      //IGNORE 按钮 ID 值
#define IDYES      6      //YES 按钮 ID 值
#define IDNO       7      //NO 按钮 ID 值
```

（7）Windows 应用程序有相对固定的程序结构：WinMain() 函数首先进行初始化工作，注册窗口类，创建窗口，然后进行消息循环。为窗口写一个窗口处理函数，在该函数内用 switch 语句对不同消息进行相应处理。因此传统的 Windows 编程往往有意识地套用一个程序框架，然后在此基础上加以修改以满足新的需要。

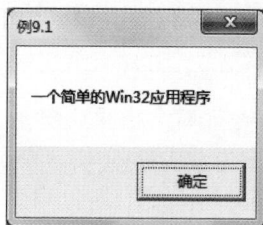

（8）WinMain()函数中的第一条语句如果改为

MessageBox(NULL,"一个简单的 Win32 应用程序","例 9.1",MB_OK);

则在编译时会出现如图 9.5 所示的错误信息。该语句在 Visual C++ 6.0 中是没有任何问题的，因为在 Visual C++ 6.0 中，默认使用多字节字符集，而在 Visual C++ 2010 中默认使用 Unicode 字符集，可以用宏_T 来解决问题，_T 的作用是让程序支持 Unicode 编码。

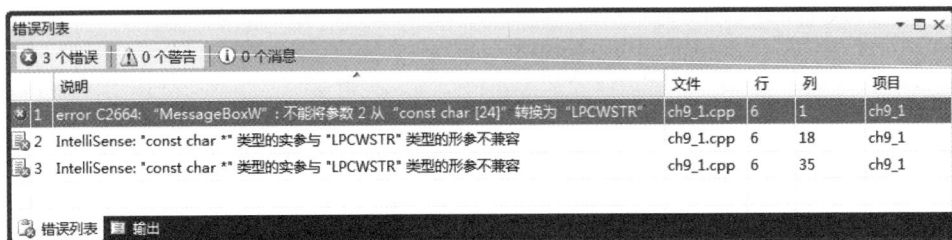

图 9.5　编译错误提示

4. Windows 数据类型与变量的命名规则

Windows API 自定义了一些关键字，用来定义 Windows 函数中的有关参数和返回值的大小及意义，通常把它们看作 Windows 的数据类型，常用的 Windows 数据类型如表 9.2 所示。

表 9.2　常用的 Windows 数据类型

关　键　字	类　　型	说　　明
BOOL	逻辑类型	等价于 int
BOOLEAN	逻辑类型	等价于 BYTE
BYTE	字节	等价于 unsigned char
CHAR	字符	等价于 char
DOUBLE	双精度	等价于 double
DWORD	双字	等价于 unsigned long
FLOAT	浮点数	等价于 float
HANDLE	句柄	等价于 void
INT	整数	等价于 int
LONG	长整数	等价于 long
SHORT	短整数	等价于 short
UCHAR	无符号字符	等价于 unsigned char
UINT	无符号整数	等价于 unsigned int
ULONG	无符号长整数	等价于 unsigned long
USHORT	无符号短整数	等价于 unsigned short
VOID	空的、无定义	等价于 void
WCHAR	双字节码	等价于 unsigned short
wchar_t	双字节码	等价于 unsigned short
WORD	字	等价于 unsigned short
WPARAM	消息参数	等价于 unsigned int
LPARAM	消息参数	等价于 long
LRESULT	消息返回值	等价于 long
HINSTANCE	实例句柄	等价于 unsigned long
HWND	窗口句柄	等价于 unsigned long

续表

关　键　字	类　　型	说　　明
HDC	设备环境句柄	等价于 unsigned long
TCHAR	字符	等价于 char
LPSTR	字符指针	等价于 char *
LPCSTR	常量字符指针	等价于 const char *
LPTSTR	字符指针	等价于 TCHAR *
LPCTSTR	常量字符指针	等价于 const TCHAR *
LPVOID	无类型指针	等价于 void *
LPCVOID	无类型常量指针	等价于 const void *

在编程时,变量、函数等的命名是一个极其重要的问题。好的命名方法使变量易于记忆且增加程序的可读性。Microsoft 采用匈牙利(Hungarian)命名法来命名 Windows API 函数和变量。匈牙利命名法以下述两条规则为基础,为 C++语言标识符的命名定义了一种标准化的方式。

(1) 标识符的名字以一个或者多个小写字母开头,用这些字母来指定数据类型。表 9.3 列出了 Windows 常用数据类型的标准前缀。

表 9.3　Windows 常用数据类型的标准前缀

前　　缀	数　据　类　型	前　　缀	数　据　类　型
c	字符(char)	y	短整数(坐标 y)
s	短整数(short)	f	BOOL
cb	用于定义对象(一般为一个结构)尺寸的整数	w	字(WORD,无符号短整数)
		l	长整数(long)
n 或 l	整数(int)	h	HANDLE(无符号 int)
sz	以 0 结尾的字符串	m_	类成员变量
b	字节	fn	函数(function)
x	短整数(坐标 x)	dw	双字(DWORD,无符号长整数)

(2) 在标识符内,前缀之后就是一个或多个首字母大写的单词,这些单词明确指出源程序中标识符的用途。例如,m_szPersonAddress 表示一个人住址的类数据成员,数据类型是字符串。

9.2　MFC 编程基础

9.2.1　MFC 编程概述

MFC 类库作为 C++语言与 Windows 的接口,建立在 Win32 应用程序接口 API 之上,封装了大多数的 API 函数,包含了 API 中与程序结构相关的部分和最常用的部分。MFC 还封装了重要的 Windows 扩展,如 COM、ActiveX、ODBC 和 Internet APIs,为这些难以编程实现的功能提供了简便的实现方法。

使用 MFC,可以大大简化 Windows 编程工作,同时 MFC 支持对底层 API 的直接调用。使用 MFC 编写 Windows 应用程序也称为标准 Windows 程序设计。

MFC 中的各种类结合起来构成了一个应用程序框架,它的目的就是让程序员在此基础上开发 Windows 应用程序，这是一种相对软件开发包（Software Development Kit，SDK）来说更为简单的方法。总体上，MFC 框架定义了应用程序的轮廓，并提供了用户接口的标准实现方法，程序员所要做的就是通过预定义的接口把具体应用程序特有的东西填入这个轮廓。Visual C++提供了相应的工具来完成这个工作：AppWizard（应用程序向导）可以用来生成初步的框架文件（代码和资源等），资源编辑器用于直观地设计用户界面，ClassWizard（类向导）用来协助程序员添加代码到框架文件中，最后编译运行程序。

在 MFC 编程中，入口函数 WinMain() 被封装在 MFC 的应用程序框架内，不用也不可以再定义另一个 WinMain() 函数。

MFC 编程最好的办法是使用 MFC 应用程序向导（MFC AppWizard）工具。MFC AppWizard 为程序员提供了一种快捷方便的方式来定制基于 MFC 的应用程序框架，程序员只需以此为基础，添加并修改程序代码来实现所需功能。

MFC 使初学者在专业的程序开发者的工作基础之上建立自己的程序，缩短开发周期，使代码的可移植性增强；提供了易于实现的用户界面的编程方法，简化了 Windows 应用程序的开发，使程序员可以从烦琐的编程工作中解脱出来，提高工作效率。

9.2.2 MFC 的类层次

MFC 中的类可划分为根类、应用程序结构相关类、窗口类、OLE（Object Linking and Embedding，对象链接与嵌入）类、数据库类等 10 个大类，在其中一些大类的基础上又派生出许多子类。

下面是 MFC 类库的类定义文件 afxwin.h 中的类说明部分源代码，从中可以了解 MFC 类库中都有哪些类以及它们的层次关系，代码如下：

```
//////////////////////////////////////////////////////////////////////////
//Classes declared in this file

//CObject
    //CException
        //CSimpleException
            class CResourceException;        //Win resource failure exception
            class CUserException;            //Message Box alert and stop operation

        class CGdiObject;                    //CDC drawing tool
            class CPen;                      //a pen / HPEN wrapper
            class CBrush;                    //a brush / HBRUSH wrapper
            class CFont;                     //a font / HFONT wrapper
            class CBitmap;                   //a bitmap / HBITMAP wrapper
            class CPalette;                  //a palette / HPALLETE wrapper
            class CRgn;                      //a region / HRGN wrapper

        class CDC;                           //a Display Context / HDC wrapper
            class CClientDC;                 //CDC for client of window
            class CWindowDC;                 //CDC for entire window
            class CPaintDC;                  //embeddable BeginPaint struct helper

        class CImageList;                    //an image list / HIMAGELIST wrapper

        class CMenu;                         //a menu / HMENU wrapper
```

```
        class CCmdTarget;                     //a target for user commands
          class CWnd;                         //a window / HWND wrapper
            class CDialog;                     //a dialog

            //standard windows controls
            class CStatic;                     //Static control
            class CButton;                     //Button control
            class CListBox;                    //ListBox control
                class CCheckListBox;           //special listbox with checks
            class CComboBox;                   //ComboBox control
            class CEdit;                       //Edit control
            class CScrollBar;                  //ScrollBar control

            class CMFCPreviewCtrlImpl;         //helper window for DLL
                                               //implementation of Rich Preview

            //frame windows
            class CFrameWnd;                   //standard SDI frame
              class CMDIFrameWnd;              //standard MDI frame
              class CMDIChildWnd;              //standard MDI child
              class CMiniFrameWnd;             //half - height caption frame wnd

            //views on a document
            class CView;                       //a view on a document
                class CScrollView;             //a scrolling view

          class CWinThread;                    //thread base class
            class CWinApp;                     //application base class

          class CDocTemplate;                  //template for document creation
            class CSingleDocTemplate;          //SDI support
            class CMultiDocTemplate;           //MDI support

          class CDocument;                     //main document abstraction
          class CMFCFilterChunkValueImpl;
    //search/organize/preview/thumbnail support - filter chunk value implementation


//Helper classes
    class CCmdUI;                              //Menu/button enabling
    class CDataExchange;                       //Data exchange and validation context
    class CCommandLineInfo;                    //CommandLine parsing helper
    class CDocManager;                         //CDocTemplate manager object

    struct COleControlSiteOrWnd;               //ActiveX dialog control helper


    class CControlCreationInfo;                //Used in CWnd::CreateControl overloads.

    class CVariantBoolConverter;
```

各类的具体定义参见 afxwin.h 头文件。

下面按功能对 MFC 类库中的常用类进行简要介绍。

1. 根类

除少数类之外，绝大多数类都源自根类 CObject，因此被称为基类之父，CObject 类支持序列化并可以在运行时获取与类有关的信息。所谓序列化指一个对象保持持久不变，即把对象数据成员内容存入一个文件或从一个文件中读取内容重构对象的过程。CObject 类还提供特定的 new、delete 和＝操作符，完成对象的建立与删除等操作。

CRuntimeClass 结构体是 MFC 中至关重要的结构体，每个从 CObject 派生的类都有一个相关的 CRuntimeClass 结构体，可以在运行时获取与对象或者基类有关的信息。

CObject 类的主要派生类的派生层次如图 9.6 所示。

```
CObject根类
        ├── CCmdTarget命令相关类
        ├── CDC设备环境类
        │        └── CClientDC、CWindowDC、CPaintDC……
        ├── CGdiObject绘画工具类
        │        └── CPen、CBush、CFont、CBitmap、CPalette……
        ├── CMenu菜单类
        ├── CArray、CList、CMap……   群(集合)类
        ├── CDatabase、CRecordset……   ODBC数据库支持
        ├── CDatabase、CDataRecordset……   DAO数据库支持
        ├── CFile文件类
        │        └── CMenuFile、COleStreamFile、CSocketFile……
        ├── CException异常类
        ├── CSyncObject同步对象类
        └── CInternetSession因特网会话类
                 └── CFtpConnection、CGopherConnection、CHelpConnection
```

图 9.6　CObject 主要派生类的派生层次

有些 CObject 派生类不仅可用于 MFC 程序，还可用于基于 Win32 API 的应用程序，如菜单类、图形类及文件服务类等。

2. MFC 应用程序结构相关类

MFC 应用程序结构（Application Architecture）相关类用于构造一个应用程序的框架，为大多数应用程序提供了通用功能，程序员可以在框架中添加应用程序的特定功能。

应用程序结构相关类是以 CCmdTarget 类为基类派生出来的，其中 MFC 应用程序结构相关的主要类如图 9.7 所示。

MFC 应用程序结构类包括六大子类。

1）应用程序和线程支持类

CWinApp 类：派生 Windows 应用程序对象的基类，应用程序对象提供成员函数初始化、运行和终止应用程序。

CWinThread 类：所有线程的基类，CWinApp 类是从 CWinThread 类派生的。

以下是与应用程序和线程有关的类。

CCommandLineInfo 类：应用程序启动时分析命令行。

CWaitCursor 类：在屏幕上放置一个等待光标。

CDockState 类：处理控件栏浮动状态数据的持久保存。

```
CObject根类
  └─ CCmdTarget命令处理类
        ├─ CWinThread线程类
        │     └─ CWinApp Windows应用程序类
        ├─ CDocument文档类
        ├─ CDocTemplate文档模板类
        │     ├─ CSingleDocTemplate单文档模板类
        │     └─ CMultiDocTemplate多文档模板类
        └─ CWnd窗口类
              ├─ CFrameWnd框架窗口类
              │     └─ CMDIFrameWnd、CMDIChildWnd、CMiniFrameWnd
              ├─ CSplitterWnd窗口分割类
              ├─ CControlBar控制条类
              │     └─ CDialogBar、CToolBar、CStausBar
              ├─ CDialog对话框类
              │     ├─ CCommonDialog公用对话框类
              │     │     └─ CFileDialog、CColorDialog……
              │     └─ CProperty属性页表
              ├─ CPropertSheet属性表类
              ├─ CView视图类
              │     ├─ CCtrlView
              │     │     └─ CEditView、CListView、CTreeView、CRichView
              │     └─ CFormView
              │           └─ CRecordView
              └─ 控件类CButton、CEdit、CListBox、CScrollBar、CStatic、CComboBox
```

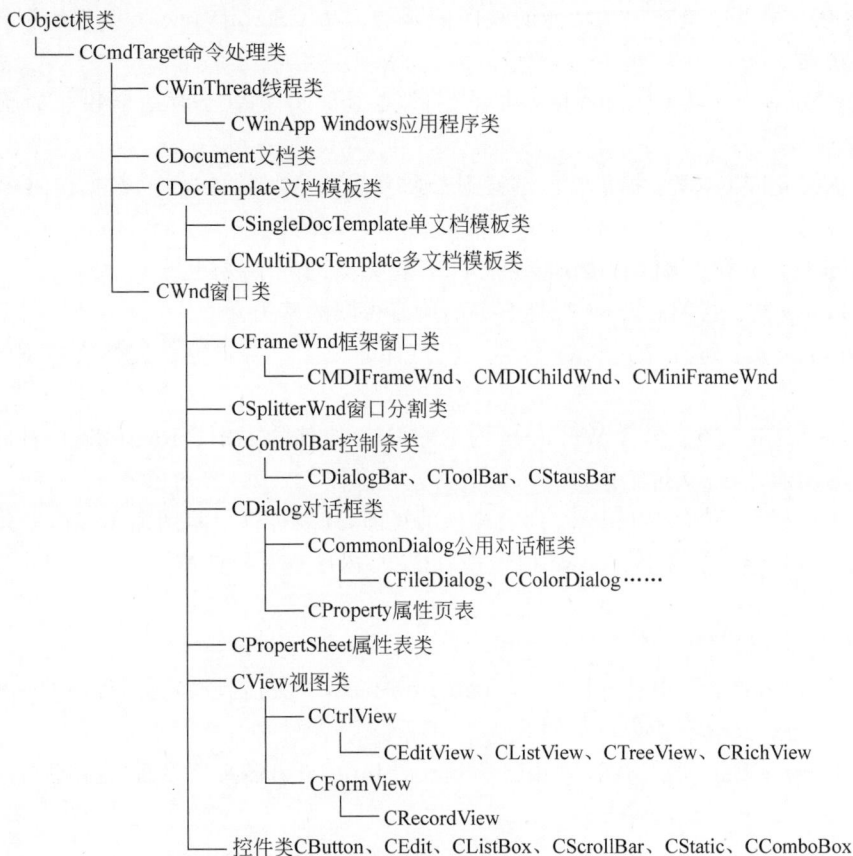

图 9.7　MFC 应用程序结构相关的主要类

CRecentFileList 类：维护最近使用的文件列表。

2）命令发送相关类

CCmdTarget 类：接收和响应消息的所有对象类的基类。

CCmdUI 类：提供更新用户界面对象的编程接口。

3）文档相关类

CDocument 类：应用程序文档的基类，可以从 CDocument 派生新的文档类。

COleDocument 类：支持可视编辑的 OLE 文档的基类。

COleLinkingDoc 类：支持链接到嵌入项的 OLE 容器文档的基类。

CRichEditDoc 类：用于维护 RichEdit 控件中的 OLE 客户项列表。

COleServerDoc 类：服务器应用程序文档类的基类。

以下是与文档相关的类。

CArchive 类：结合 CFile 对象通过串行化实现对象的持久保存。

CDocItem 类：文档项的基类，用于表示客户和服务器文档中的 OLE 项。CDocItem 类是 COleClientItem 类和 COleServerItem 类的抽象基类。

4）视图相关类

CView 类：用于查看文档数据的应用程序视图的基类。视图用于显示数据并接收用户输入，用于编辑或者选择数据。

CScrollView 类：具有滚动功能的视图的基类。从 CScrollView 类派生的视图类可以自动实现滚动。

CFormView 类：从 CFormView 类派生的类用于实现基于对话框模板资源的用户界面。

CDaoRecordView 类：提供直接链接到 DAO(Data Access Object，数据访问对象)记录集的表单视图。

CRecordView 类：提供直接链接到 ODBC 记录集的表单视图。

CCtrlView 类：与 Windows 控件有关的所有视图的基类。

CEditView 类：包含 Windows 标准编辑控件的视图。编辑控件支持文本编辑、搜索、替换和滚动。

CRichEditView 类：包含 Windows 的 RichEdit 控件的视图。RichEdit 控件除了具有编辑控件的功能外，还支持字体、颜色、段落格式化和嵌入式 OLE 对象。

CListView 类：包含 Windows 列表控件的视图，列表控件显示图标和字符串。

CTreeView 类：包含 Windows 树形查看视图，树形查看控件按层次结构显示图标和字符串。

5) 框架窗口相关类

CFrameWnd 类：SDI(Single Document Interface，单文档界面)应用程序的主框架窗口的基类，也是所有其他框架窗口类的基类。

CMDIFrameWnd 类：MDI(Multi Document Interface，多文档界面)应用程序主框架窗口的基类。

CMDIChildWnd 类：MDI 应用程序的文档框架窗口的基类。

COleIPFramWnd 类：应用程序的本地编辑窗口的基类。

6) 文档模板相关类

CDocTemplate 类：文档模板的基类。

CMultiDocTemplate 类：MDI 应用程序的一个文档模板，每个 MDI 应用程序可以一次打开多个文档。

CSingleDocTemplate 类：SDI 应用程序的一个文档模板，每个 SDI 应用程序一次只能打开一个文档。

3. 用户界面相关类

用户界面相关类包括 Windows 应用程序中所有可视的对象，如窗口、视图、对话框、菜单和控件，以及 Windows 设备上下文 CDC 和图形设备接口 GDI(Graphics Device Interface)等。

1) 控件

CStatic 类：静态文本，在对话框或者窗口中用作标签或分隔其他控件。

CEdit 类：用于接收用户输入的文本编辑窗口。

CRichEditCtrl 类：用于输入和编辑文本的窗口，支持字体、颜色、段落格式化和 OLE 对象。

CSliderCtrl 类：包含滑杆的控件，用户可以移动选择或者设置值。

CSpinButtonCtrl 类：向上和向下的箭头，当与某个编辑控件相连时称为旋转控件。可以单击上下箭头来增加或者减少编辑控件中的数值。

CProgressCtrl 类：进度条，指示某一任务完成的进度。

CScrollBar 类：滚动条窗口。

CButton 类：按钮控件。

CBitmapButton 类：以位图而不是文本作标题的按钮。

CListBox 类：列表框，允许用户查看和选择移动列表项。

CDragListBox 类：拖放列表框，允许用户移动列表项。

CComboBox 类：组合框，由编辑窗口和列表框组成。

CCheckListBox 类：复选列表框，列表中的每一项都是一个复选框。

CListCtrl 类：管理由图标和标签组成的列表项。

CTreeCtrl 类：树形查看控件，显示项的层次列表结构。

CToolBarCtrl 类：Windows 工具栏控件。

CDialogBar 类：从对话框模板资源创建的对话栏。

CStatusBarCtrl 类：显示应用程序的相关信息。

CHeaderCtrl 类：显示列标题或标签。

CHotKeyCtrl 类：使用户可以创建热键。

CToolTipCtrl 类：显示工具用途的小型弹出式窗口。

CControlBar 类：MFC 控件栏的基类。

CToolBar 类：包含位图按钮的工具栏控件窗口。

CStatusBar 类：状态栏控件窗口的基类。

2) 绘图和打印相关的类

CDC 类：设备环境的基类。

CPaintDC 类：在窗口的 OnPaint 成员函数中使用的设备环境，其构造函数自动调用 BeginPaint，而析构函数自动调用 EndPaint。

CClientDC 类：窗口客户区的设备环境，例如在响应鼠标事件时用于绘制。

CWindowDC 类：整个窗口（客户区和非客户区）的设备环境。

CMetaFileDC 类：Windows 元文件的设备环境。

CRgn 类：封装用于操作窗口中的椭圆、多边形或者不规则区域的 GDI 区域。

CColorDialog 类：用于选择颜色的标准对话框类。

CFontDialog 类：用于选择字体的标准对话框类。

CPrintDialog 类：用于打印文件的标准对话框类。

CGdiObject 类：GDI 绘图工具的基类。

CPen 类：封装了 GDI 的画笔类。

CBrush 类：封装了 GDI 的画刷类。

CFont 类：封装了 GDI 的字体类。

CBitMap 类：封装了 GDI 的位图类。

CPalette 类：封装了 Windows 的调色板类。

CRectTracker 类：显示和处理用于缩放与移动矩形区域的用户界面。

4. 一般用途的类

一般用途的类包括序列化类 CArchive、异常处理类 CException、文件类 CFile，这些类不仅可以用于 MFC 应用程序，也可用于一般 Windows 和 DOS 应用程序。下面列出了经常用到的几个类。

1）文件 I/O 相关类

CFile 类：提供二进制磁盘文件的访问接口。

CStdioFile 类：表示 C++ 运行时的流文件。流文件是被缓冲的，并且可以按文本模式或者二进制模式打开。

CMemFile 类：表示内存中的文件，内存文件存放在 RAM 中。

CSharedFile 类：表示共享内存文件。

CHtmlStream 类：用于管理内存中的 HTML。

CFileDialog 类：用于打开或者保存文件的标准对话框。

CRecentFileList 类：用于管理最近使用的文件列表。

CFileException 类：表示面向文件的异常。

2）数据库相关类

CDaoWorkSpace 类：管理口令保护的数据库会话，多数程序使用默认的工作区。

CDaoDatabase 类：管理与数据库的连接，通过连接可以操作数据库中的数据。

CDaoRecordset 类：表示从数据源中选择的记录集。

CDaoRecordView 类：在控件中显示数据库记录的视图。

CDatabase 类：封装与数据源的连接，通过连接可以操作数据源。

CRecordset 类：封装从数据源选择的记录集。

CDBException 类：表示数据库类产生的异常。

CDaoException 类：表示从 DAO 类中产生的异常。

3）Internet 和网络相关类

CHttpFilterContext 类：管理 HTTP 过滤器的环境。

CHttpServer 类：通过处理客户请求来扩展 ISAPI 服务器的功能。

CHttpServerContxt 类：管理 ISAPI 服务器扩展的环境。

CInternetSession 类：创建或者初始化一个或多个同时发生的 Internet 会话。

CInternetConnection 类：管理与 Internet 服务器的连接。

CFileFind 类：执行本地和 Internet 文件搜索。

CFtpFileFind 类：查找 FTP 服务器中的 Internet 文件。

CInternetException 类：表示与 Internet 操作有关的异常。

5. 集合相关类

集合相关类派生自 CObject 类，有数组 Array 类、列表 List 类和映像 Map 类三大类，包括 CArray、CList 模板类，CObArray、CStringArray 等数组类，CPtrList、CObList 链表类等，它们封装了数据结构的操作函数，使用这些类可方便地操作链表、数组等数据结构（参见 9.2.3 节）。

6. 非 CObject 类派生的类

MFC 还提供一些非 CObject 类派生的类，如 CString 类、CRect 类、CTime 类、CPoint

类等,这些类可以应用于非 Windows 应用程序。CString 类、CTime 类等的使用参见 9.2.3 节。

9.2.3　常用的 MFC 类

1. 字符串类 CString

CString 类用于描述和处理 VC++中的字符串,该类没有基类。从事 MFC 开发,开发人员基本都会遇到使用 CString 类的场合。因为字符串的使用比较普遍,而 CString 类又提供了对字符串的便捷操作,给开发人员带来了更高的开发效率。

使用 Visual C++ 2010,会见到 CStringT 类,CStringT 类是一个操作可变长度字符串的模板类。CStringT 模板类有三个实例:CString、CStringA 和 CStringW,它们分别提供对 TCHAR、char 和 wchar_t 字符类型的字符串的操作。char 类型定义的是 Ansi 字符,wchar_t 类型定义的是 Unicode 字符,而 TCHAR 取决于 MFC 项目属性对话框中的“配置属性”→“常规”→“字符集”属性,如果此属性为“使用多字节字符集”,则 TCHAR 类型定义的是 Ansi 字符,而如果为“使用 Unicode 字符集”,则 TCHAR 类型定义的是 Unicode 字符。

三个字符串类的操作相同,只是处理的字符类型不同,下面讲解 CString 类。

CString 类对象的字符串的长度是可变的,如果在程序中改变了字符串的内容,CString 类会自动调整所需内存。因此,使用 CString 类要比使用简单的字符数组和字符指针更安全。

使用 CString 类时应使用以下的文件包含预处理命令:

```
＃include＜afx.h＞
```

CString 类的数据成员均为私有成员,CString 类对象的使用者无须关心其具体设置,只需注意其成员函数和所完成的运算即可。

CString 类有多个重载的构造函数,下面介绍几个比较常用的构造函数。

1) CString(const CString& stringSrc)

将一个已经存在的 CString 对象 stringSrc 的内容复制到该 CString 对象,例如:

```
CString str1(_T("hello"));          //将常量字符串 hello 复制到 str1
CString str2(str1);                 //将 str1 的内容复制到 str2
```

2) CString(LPCTSTR lpch, int nLength)

将字符串 lpch 中的前 nLength 个字符复制到该 CString 对象,例如:

```
CString str(_T("hello world"),3);   //构造的字符串对象内容为"hel"
```

3) CString(TCHAR ch, int nRepeat = 1)

使用此函数构造的 CString 对象中将含有 nRepeat 个重复的 ch 字符,例如:

```
CString str(_T('a'),3);             //str 为"aaa"
```

表 9.4 为 CString 类的常用成员函数。关于 CString 类的详细说明参见 MSDN。

表 9.4　CString 类的常用成员函数

成 员 函 数	说　　明
int GetLength() const	返回 CString 对象中的字符数
BOOL IsEmpty() const	判断字符串长度是否为 0

续表

成 员 函 数	说 明
void Empty()	清除字符串内容,使其长度为 0
TCHAR GetAt(int nIndex) const	返回给定位置上的字符
TCHAR operator[](int nIndex) const	重载运算符[],返回给定位置上的字符
void SetAt(int nIndex, TCHAR ch)	重新设置给定位置上的字符
operator＝	为 CString 对象赋予一个新值
operator＋＝	字符串连接
int Compare(PCXSTR psz) const	CString 对象的比较可以通过＝＝、!＝、<,>、<＝、>＝等重载运算符实现,也可以使用 Compare 和 CompareNoCase 成员函数实现 将该 CString 对象与 psz 字符串比较,如果相等则返回 0,如果小于 psz 则返回值小于 0,如果大于 psz 则返回值大于 0(区分大小写)
int CompareNoCase(PCXSTR psz) const	比较两个字符串(不分大小写)
int Delete(int iIndex, int nCount＝1)	从字符串中删除 iIndex 位置开始的 nCount 个字符,返回删除操作后的字符串的长度
int Remove(XCHAR chRemove)	删除字符串中的所有由 chRemove 指定的字符,返回删除的字符个数
int Find(PCXSTR pszSub, int iStart＝0) const throw() int Find(XCHAR ch, int iStart＝0) const throw	在 CString 对象字符串的 iStart 索引位置开始,查找子字符串 pszSub 或字符 ch 第一次出现的位置,如果没有找到则返回−1
int FindOneOf(PCXSTR pszCharSet) const throw()	查找 pszCharSet 字符串中的任意字符,返回第一次出现的位置,找不到则返回−1
void __cdecl Format(PCXSTR pszFormat, [, argument]…)	Format 成员函数可以将 int、short、long、float 等数据类型格式化为字符串对象 参数 pszFormat 为格式控制字符串;参数 argument 可选,为要格式化的数据,一般每个 argument 在 pszFormat 中都有对应的表示其类型的子字符串,int 型的 argument 应对应"%d",float 型的 argument 应对应"%f",等等
int ReverseFind(XCHAR ch) const throw()	从字符串末尾开始查找指定的字符 ch,返回其位置,找不到则返回−1。这里要注意,尽管是从后向前查找,但是位置的索引还是要从开始算起
CString Mid(int iFirst, int nCount) const	提取该字符串中以索引 iFirst 位置开始的 nCount 个字符组成的子字符串,并返回一个包含这个子字符串的复制的 CString 对象
CString Mid(int iFirst) const	提取该字符串中以索引 iFirst 位置开始直至字符串结尾的子字符串,并返回一个包含这个子字符串的复制的 CString 对象
CString Left(int nCount) const	提取该字符串左边 nCount 个字符的子字符串,并返回一个包含这个子字符串的复制的 CString 对象
CString Right(int nCount) const	提取该字符串右边 nCount 个字符的子字符串,并返回一个包含这个子字符串的复制的 CString 对象

续表

成 员 函 数	说　明
int Replace(PCXSTR pszOld,PCXSTR pszNew)	用字符串 pszNew 替换 CString 对象中的子字符串 pszOld,返回替换的字符个数
int Replace(XCHAR chOld,XCHAR chNew)	用字符 chNew 替换 CString 对象中的字符 chOld,返回替换的字符个数
CString& MakeUpper()	将此字符串中的所有字符转换成大写字母
CString& MakeLower()	将此字符串中的所有字符转换成小写字母
CString& MakeReverse()	字符串倒序排列

注意：C++标准提供了 wcin、wcout、wcerr、wclog 用于处理 wchar_t 字符的输入输出。CString 类对象 str 的字符串内容常用的输出方法如下：

方法一：wcout << str.GetString() << endl;
方法二：wcout << (LPCTSTR)str << endl;
方法三：wcout << str.GetBuffer()<< endl;

在 Visual C++ 2010 中调用 wcout 若要显示中文字符,则需要添加下面的语句：

wcout.imbue(std::locale("chs"));

【例 9.2】 CString 类的使用示例。

(1) 新建"Win32 控制台应用程序"项目,项目名称为 ch9_2,"应用程序类型"选择"控制台应用程序","附加选项"选择"空项目",如图 9.8 所示。

图 9.8　"应用程序设置"对话框

(2) 在项目中添加 ch9_2.cpp 源程序文件,程序代码如下：

```
# include <iostream>
using namespace std;
# include <afx.h>
```

```
int main()
{
    CString m_str1("VC++Programming ");
    CString m_str2 = "VC++程序设计";
    CString m_str3 = m_str1 + m_str2;
    wcout.imbue(std::locale("chs")); //显示中文
    wcout <<"m_str1: "<< m_str1.GetString()<< endl;
    wcout <<"m_str2: "<< m_str2.GetBuffer()<< endl;
    wcout << _T("两个字符串连接以后为：")<<(LPCTSTR)m_str3 << endl;
    int result = m_str1.Compare(m_str2);
    if(result == 0)
        cout <<"字符串 m_str1 和 m_str2 相同"<< endl;
    else if(result > 0)
        cout <<"m_str1 大于 m_str2"<< endl;
    else
        cout <<"m_str1 小于 m_str2"<< endl;
    CString m_str4 = "abcde";
    CString m_str5 = m_str4.Left(1) + m_str4.Mid(2,1) + m_str4.Right(1);
    wcout << m_str5.GetString()<< endl;
    CString m_str6 = "abcdef";
    CString m_str7 = "def";
    int index = m_str6.Find(m_str7);
    if(index >= 0)
        cout <<"匹配字符的下标为"<< index << endl;
    else
        cout <<"没有匹配字符"<< endl;
    CString m_str = "    ABCabc    ";
    m_str.TrimLeft();
    m_str.TrimRight();
    m_str.MakeUpper();
    wcout << m_str.GetString()<< endl;

    return 0;
}
```

（3）编译时出现如图 9.9 所示的错误提示信息，这是因为没有设置使用 MFC 类库。

图 9.9　编译错误提示信息

（4）设置使用 MFC 类库。

选中项目，执行"项目"菜单中的"属性"命令，在图 9.10 所示的"属性页"对话框中，设置"配置属性"中的"常规"选项，"MFC 的使用"设置为"在共享 DLL 中使用 MFC"。

（5）运行程序，程序的运行结果如图 9.11 所示。

2. CTime 类

CTime 类用来描述具体日期和时间，该类没有基类。

图 9.10　"属性页"对话框

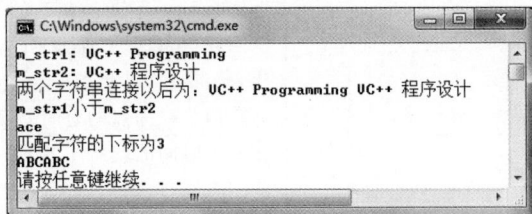

图 9.11　例 9.2 的运行结果

CTime 类引入了 ANSI time_t 数据类型及与 time_t 相联系的运行时函数。CTime 类对象表示的时间基于格林尼治标准时间(GMT)。和 CTime 相对应的是 CTimeSpan 类,该类对象表示时间间隔,即两个 CTime 对象的差。

CTime 类和 CTimeSpan 类一般不会被继承使用。CTime 和 CTimeSpan 类对象的大小均为 8 字节。

CTime 类定义在 atltime.h 文件中,使用 CTime 类时应使用以下的文件包含预处理命令。

```
# include < atltime.h >
```

CTime 类有多个重载的构造函数,下面介绍几个比较常用的构造函数。

1) CTime()

构造一个未经初始化的 CTime 对象。通过无参构造函数可以定义一个 CTime 对象的数组,在使用数组前需要以有效的时间值为其初始化。

2) CTime(__time64_t time)

以一个 __time64_t(注意:最前面有两条下画线)类型的数据来构造一个 CTime 对象。

参数 time 是一个 __time64_t 类型的值,表示自 GMT 时间 1970 年 1 月 1 日零点以来的秒数,参数 time 代表的时间会转换为本地时间并保存到构造的 CTime 对象中。

3) CTime(int nYear, int nMonth, int nDay, int nHour, int nMin, int nSec, int nDST=-1)

以本地时间的年、月、日、小时、分钟、秒等几个时间分量构造 CTime 对象。参数 nYear、nMonth、nDay、nHour、nMin、nSec 分别表示年、月、日、小时、分钟、秒。参数 nDST 指定是否实行夏令时,为 0 时表示实行标准时间,为正数时表示实行夏令时,为负数时由系统自动计算实行的是标准时间还是夏令时。

表 9.5 为 CTime 类的常用成员函数。关于 CTime 类的详细说明参见 MSDN。

表 9.5 CTime 类的常用成员函数

成 员 函 数	说　　明
static CTime WINAPI GetCurrentTime()	获取系统当前日期和时间,返回表示当前日期和时间的 CTime 类对象
int GetYear()const	返回 CTime 对象所描述的年份
int GetMonth()const	返回 CTime 对象所描述的月份(1~12)
int GetDay()const	返回 CTime 对象所描述的日期(1~31)
int GetHour()const	返回 CTime 对象所描述的小时(0~23)
int GetMinute()const	返回 CTime 对象所描述的分钟(0~59)
int GetSecond()const	返回 CTime 对象所描述的秒(0~59)
int GetDayOfWeek()const	返回 CTime 对象所描述的星期几(1 代表星期日,2 代表星期一,以此类推)
CTimeSpan operator-(CTime time)const	计算两个时间点的时间间隔,返回 CTimeSpan 对象
CTime operator- (CTimeSpan timeSpan)const	在一个时间的基础上提前一个时间间隔,得到一个新的时间,返回 CTime 对象
CTime operator+(CTimeSpan timeSpan)const	将 CTime 对象和 CTimeSpan 对象相加,返回一个 CTime 对象。在一个时间的基础上推后一个时间间隔,得到一个新的时间
bool operator==(CTime time)const bool operator!=(CTime time)const bool operator<(CTime time)const bool operator>(CTime time)const bool operator<=(CTime time)const bool operator>=(CTime time)const	比较两个时间
CString Format(LPCTSTR pszFormat)const	将当前时间信息格式化为字符串,参数 pszFormat 是格式化字符串
__time64_t GetTime()const	返回对应 CTime 对象的 __time64_t 值

说明:

(1) 系统定义了如下的宏:

```
#define GetCurrentTime() GetTickCount()
```

所以成员函数 GetCurrentTime()和 GetTickCount()的功能是相同的。

(2) 成员函数 Format 中参数 pszFormat 为格式化字符串,与 printf 中的格式化字符串类似,格式化字符串中带有%前缀的格式说明符将会被相应的 CTime 时间分量代替,而其他字符会原封不动地复制到返回字符串中。常用的格式说明符如下。

%a：星期几的英文缩写形式。

%A：星期几的英文全名形式。

%b：月的英文缩写形式。

%B：月的英文全名形式。

%c：完整的日期和时间。

%d：十进制形式的日期(01~31)。

%H：24 小时制的小时(00~23)。

%I：12 小时制的小时(00~11)。

%j：十进制表示的一年中的第几天(001~366)。

%m：十进制表示的月份(01~12)。

%Y：十进制表示的年份。

%M：十进制表示的分钟(00~59)。

%p：12 小时制的上下午表示(AM/PM)。

%S：十进制表示的秒(00~59)。

%U：一年中的第几个星期(00~51),星期日是一周的第一天。

%W：一年中的第几个星期(00~51),星期一是一周的第一天。

%w：十进制表示的星期几(0~6)。

【例 9.3】　CTime 类的使用示例。

```cpp
# include <iostream>
# include <atltime.h>
using namespace std;

int main()
{
    CTime now = CTime::GetCurrentTime();
    cout <<"CTime 类对象所占字节数为: "<< sizeof(now)<< endl;

    int year = now.GetYear();              //获取当前年份
    int month = now.GetMonth();            //获取当前月份
    int day = now.GetDay();                //获取当前日期
    int hour = now.GetHour();              //获取当前小时时间
    int min = now.GetMinute();             //获取当前分钟时间
    int sec = now.GetSecond();             //获取当前秒时间

    //输出当前时间
    cout <<"当前时间是: "<< year <<"年"<< month <<"月"<< day <<"日"<< hour <<"时"<< min <<"分"
        << sec <<"秒"<< endl;

    //简单的输出方式
    CString sDate = now.Format(_T("%Y-%m-%d %H:%M:%S %W-%A"));
    CString m_strTime = _T("当前时间是: ") + sDate;
    wcout.imbue(std::locale("chs"));       //显示中文
    wcout << m_strTime.GetString()<< endl;
```

```
    return 0;
}
```

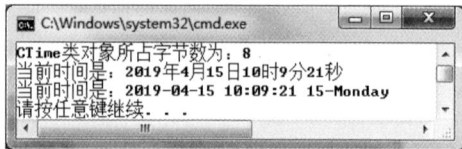

图 9.12 例 9.3 的运行结果

程序的运行结果如图 9.12 所示。

3. CTimeSpan 类

CTimeSpan 类没有基类。

CTimeSpan 类定义在 atltime.h 头文件中，使用该类时应使用以下的文件包含预处理命令：

```
# include < atltime.h >
```

下面介绍 CTimeSpan 类的构造函数。

1) CTimeSpan()

构造一个未经初始化的 CTimeSpan 对象。

2) CTimeSpan(__time64_t time)

以一个__time64_t 类型的数据来构造 CTimeSpan 对象，参数 time 的含义参见 CTime(__time64_t time) 的讲解。

3) CTimeSpan(LONG lDays, int nHours, int nMins, int nSecs)

以天、小时、分钟、秒等时间分量来构造 CTimeSpan 对象。

表 9.6 为 CTimeSpan 类的常用成员函数。关于 CTimeSpan 类的详细说明参见 MSDN。

表 9.6 CTimeSpan 类的常用成员函数

成 员 函 数	说 明
LONGLONG GetDays() const	返回此 CTimeSpan 对象中的天数
LONGLONG GetTotalHours() const	返回此 CTimeSpan 对象中的总小时数
LONG GetHours() const	返回此 CTimeSpan 对象中的小时数
LONGLONG GetTotalMinutes() const	返回此 CTimeSpan 对象中的总分钟数
LONG GetMinutes() const	返回此 CTimeSpan 对象中的分钟数
LONGLONG GetTotalSeconds() const	返回此 CTimeSpan 对象中的总秒数
LONG GetSeconds() const	返回此 CTimeSpan 对象中的秒数
CString Format(LPCSTR pszFormat) const	将 CTimeSpan 对象格式化为一个字符串

Format() 函数中的格式化字符包括以下几个。

%D：CTimeSpan 对象中的天数。

%H：不足整天的小时数。

%M：不足 1 小时的分钟数。

%S：不足 1 分钟的秒数。

%%：百分号。

【例 9.4】 构造一个 CTimeSpan 对象，并获取其中的完整天数、小时数、分钟数和秒数。

```
# include <iostream>
# include <atltime.h>
```

```
using namespace std;

int main()
{
    CTimeSpan m_timeSpan(5,4,3,6);          //5 天,4 小时,3 分,6 秒的时间间隔
    LONGLONG m_totalDays = m_timeSpan.GetDays();                //获得完整天数
    LONGLONG m_totalHours = m_timeSpan.GetTotalHours();         //获得完整小时数
    LONGLONG m_totalMinutes = m_timeSpan.GetTotalMinutes();     //获得完整分钟数
    LONGLONG m_totalSeconds = m_timeSpan.GetTotalSeconds();     //获得完整秒数
    cout <<"m_timeSpan.GetTimeSpan(): "<< m_timeSpan.GetTimeSpan()<< endl
        <<"总天数: "<< m_totalDays << endl
        <<"总小时数: "<< m_totalHours <<"\t\t 小时数: "<< m_timeSpan.GetHours()<< endl
        <<"总分钟数: "<< m_totalMinutes <<"\t\t 分钟数: "<< m_timeSpan.GetMinutes()<< endl
        <<"总秒钟数: "<< m_totalSeconds <<"\t 秒钟数: "<< m_timeSpan.GetSeconds()<< endl
        <<"此时间间隔包含: "<< endl;

    return 0;
}
```

程序的运行结果如图 9.13 所示。

4. 数组类

MFC 的数组类创建和管理任何类型数据的
数组对象,这些数组对象和标准数组相似,但
MFC 可以在运行期间动态地扩大或缩小数组对
象,由于 MFC 的数组可以动态生成,所以用户可
以不必考虑在常规数组使用中经常发生的内存
问题。

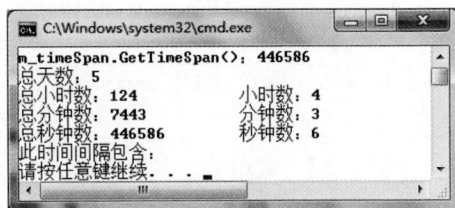

图 9.13　例 9.4 的运行结果

数组类包括 CArray(模板类)、CByteArray(字节)、CWordArray(字)、CDWordArray
(双字)、CUIntArray(无符号整数)、CPtrArray(void 指针 void ＊)、CObArray(CObject 指
针 CObject ＊)和 CStringArray(CString 对象)等类,它们的父类均为 CObject 类,但这些类
相互之间没有继承关系。从类名可知,每个类都对应特定的数据类型。这些数组类除了保
存的数据类型不同外,其他完全相同。这些类定义在 afxcoll. h 头文件中,使用数组类时应
使用如下的文件包含预处理命令。

　　＃include＜afxcoll.h＞

或

　　＃include＜afx.h＞

数组类的常用成员函数如表 9.7 所示。对于不同类型的数组类,各成员函数的形参类
型和返回值类型有所不同。关于数组类的详细说明参见 MSDN。

表 9.7　数组类的常用成员函数

成 员 函 数	说 明
INT_PTR GetSize()const	获取数组中的元素个数,同 GetCount()
INT_PTR GetCount()const	获取数组中的元素个数
BOOL IsEmpty()const	判断数组是否为空

续表

成 员 函 数	说　　明
INT_PTR GetUpperBound()const	获取数组的最大有效下标
void SetSize(INT_PTR nNewSize,INT_PTR nGrowBy=-1)	设置数组的大小,第二个参数 nGrowBy 设定数组大小增长时内存分配的大小,默认值是-1,使用默认值可以保证内存分配得更合理
void FreeExtra()	释放所有未用内存
void RemoveAll()	删除数组中全部元素
TYPE GetAt(INT_PTR nIndex) const	获取指定下标 nIndex 处元素的值
void SetAt(int nIndex, ARG_TYPE newElement)	设置指定下标 nIndex 处元素的值
void RemoveAt(INT_PTR nIndex,INT_PTR nCount=1)	删除指定下标 nIndex 开始的 nCount 个元素,nCount 的值默认为 1
TYPE& ElementAt(INT_PTR nIndex)	返回数组内元素指针的一个临时引用
void InsertAt(INT_PTR nIndex, ARG_TYPE newElement,int nCount=1)	将一个元素插入指定下标 nIndex 处,nCount 为插入此元素的次数(默认为 1)
void InsertAt(INT_PTR nStartIndex, CArray * pNewArray)	将另一个数组 pNewArray 中全部元素插入指定下标 nStartIndex 处

【例 9.5】　数组类的使用示例。

```cpp
# include <iostream>
# include <afxcoll.h>
using namespace std;

int main()
{
    CStringArray m_strArray;
    m_strArray.SetSize(5);
    m_strArray[0] = "zhao";
    m_strArray[2] = "sun";
    m_strArray[4] = "zhou";
    m_strArray.Add("wu");
    m_strArray.SetAt(1,"qian");
    for(int i = 0;i < m_strArray.GetSize();i++)
        wcout << m_strArray[i].GetString()<< endl;

    return 0;
}
```

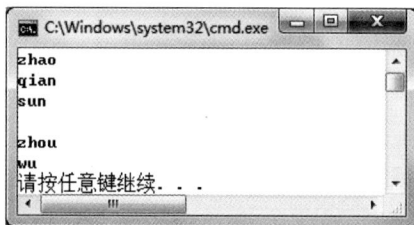

图 9.14　例 9.5 的运行结果

程序的运行结果如图 9.14 所示。

5. 链表类

MFC 提供三种链表类,用户可用其创建自己的链表。这些链表类是 CObList(对象链表)、CPtrList(指针链表)和 CStringList(字符串链表),每个链表类都有类似的成员函数。这些类定义在

afxcoll. h 头文件中,使用数组类时应使用如下的文件包含预处理命令:

```
# include < afxcoll. h >
```

或

```
# include < afx. h >
```

CPtrList 类的常用成员函数如表 9.8 所示,其他链表类的成员函数与此相似,只是各成员函数的形参类型和返回值类型有所不同。关于链表类的详细说明参见 MSDN。

表 9.8　CPtrList 类的常用成员函数

成 员 函 数	说　　明
INT_PTR GetCount()const	获取链表的元素个数
INT_PTR GetSize()const	获取链表的元素个数
BOOL IsEmpty()const	判断链表是否为空
void * & GetHead() const void * GetHead()const	获取链表的头结点
void * & GetTail() const void * GetTail()const	获取链表的尾结点
void * RemoveHead()	删除链表头结点
void * RemoveTail()	删除链表尾结点
POSITION AddHead(void * newElement)	增加新的头结点
POSITION AddTail(void * newElement)	增加新的尾结点
void RemoveAll()	删除链表中所有结点
void RemoveAt(POSITION position)	删除链表中指定位置 position 处的结点
POSITION GetHeadPosition()const	获取头结点的位置
POSITION GetTailPosition()const	获取尾结点的位置
void * & GetNext(POSITION& rPosition)	获取链表中的下一结点,返回 * rPosition＋＋
void * & GetPrev(POSITION& rPosition)	获取链表中的前一结点,返回 * rPosition－－
void * & GetAt(POSITION position)	获取指定位置 position 处的结点
void SetAt(POSITION pos, void * newElement)	在指定位置 pos 处设置新的结点
POSITION InsertBefore(POSITION position, void * newElement)	在指定位置 position 之前插入一个新结点
POSITION InsertAfter(POSITION position, void * newElement)	在指定位置之后插入一个新结点
POSITION Find(void * searchValue, POSITION startAfter＝NULL)const	顺序搜索链表,返回一个 POSITION 值,如果没找到,则返回为 NULL,默认从头开始搜索

【例 9.6】　链表类的使用示例。

```
# include < iostream >
# include < afx. h >
using namespace std;

struct CStudent
{
    CString m_strName;
    int m_nScore;
};
```

```
void DeleteNode(CPtrList &m_List, int number)
/* 注意 m_List 为 CPtrList 类的引用,因为 CPtrList 类没有拷贝构造函数,如果省略 &,编译时会出
现如下的错误提示
error C2664: 'DeleteNode' : cannot convert parameter 1 from 'class CPtrList' to 'class   CPtrList'
No copy constructor available for class 'CPtrList'
*/
{
    CStudent * m_pStudent = NULL;
    if (m_List.IsEmpty())
        cout <<"结点已经全部删除!";
    else
    {
        if (number == 0)
            m_pStudent = (CStudent * )m_List.RemoveHead();
        else if (number == -1)
            m_pStudent = (CStudent * )m_List.RemoveTail();
        else
        {
            if(number < m_List.GetCount())
            {
                POSITION pos = m_List.FindIndex(number);
                POSITION pos1 = pos;
                m_pStudent = (CStudent * )m_List.GetNext(pos1);
                m_List.RemoveAt(pos);
            }
            else
            {
                cout <<"指定结点超出范围!"<< endl;
            }
        }
        if(m_pStudent)
            delete m_pStudent;
    }
}

int main()
{
    CPtrList m_List;
    char name[10];
    int score, select, i;
    CStudent * m_pStudent;
    POSITION pos;
    while(1)
    {
        cout <<"1 --- 插入结点\t2 --- 删除结点\t3 --- 显示链表信息\t0 --- 退出"<< endl
            <<"请选择: ";
        cin >> select;
        cout << endl;
        switch(select)
        {
        case 1:
            m_pStudent = new CStudent;
            if (m_pStudent!= NULL)
            {
                cout <<"请输入学生的姓名和成绩: "<< endl;
                cin >> name >> score;
                //注意 CString 类没有重载运算符>>,
                //所以如果把 name 定义为 CString 类型,则不能用 cin 输入
                m_pStudent -> m_strName = name;
                m_pStudent -> m_nScore = score;
                m_List.AddTail(m_pStudent);
```

```
            cout << endl;
        }
        break;
    case 2:
        cout <<"如果输入为 0 表示删除头结点,如果输入为 - 1 表示删除尾结点"<< endl
            <<"请输入要删除的结点下标值: ";
        cin >> i;
        DeleteNode(m_List, i);
        cout << endl;
        break;
    case 3:
        pos = m_List.GetHeadPosition();
        if(pos)
        {
            cout <<"链表中的学生信息为: "<< endl;
            while (pos!= NULL)
            {
                CStudent * m_pStudent = (CStudent * ) m_List.GetNext(pos);
                wcout.imbue(std::locale("chs"));          //显示中文
                wcout << m_pStudent -> m_strName.GetString()
                    <<" 的成绩是 "<< m_pStudent -> m_nScore << endl;
            }
            cout << endl;
        }
        else
            cout <<"链表中没有元素\n"<< endl;
        break;
    case 0:
        exit(0);
    default:
        cout <<"输入有误,请重新输入"<< endl;
    }
}

    return 0;
}
```

程序的运行结果如图 9.15 所示。

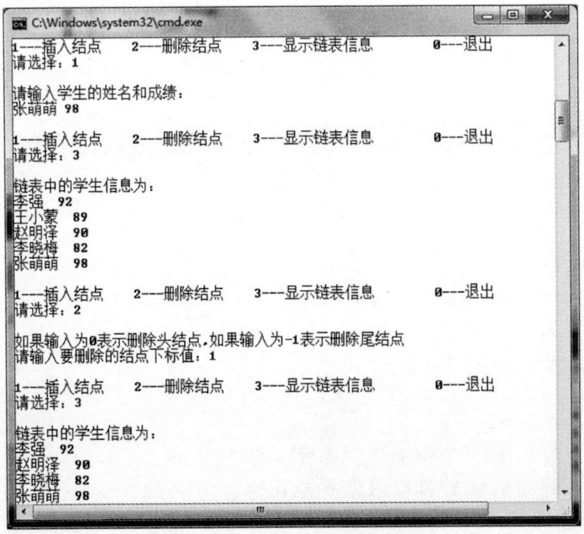

图 9.15　例 9.6 的运行结果

【例 9.7】 编写学生信息管理程序，实现的功能如下：显示学生信息，增加学生信息，删除学生信息，保存学生信息到文件，读取文件中的学生信息等。

```cpp
# include <iostream>
# include <afx.h>
# include <string.h>
using namespace std;

class Student
{
public:
    char m_strName[10];
    char m_Sex[6];
    int m_nAge;
    char m_strDept[20];
    float   m_math;
    Student() { }
    Student(char * name,char * sex,int age,char * dept,float math);
    void SaveStudent(CFile * fp) { fp->Write(this,sizeof(Student));}
    void ReadStudent(CFile * fp) { fp->Read(this,sizeof(Student)); }
    void ShowMe() {
        cout << m_strName <<"\t"<< m_Sex <<"\t"<< m_nAge <<"\t";
        cout << m_strDept <<"\t"<< m_math << endl;
    }
};

Student::Student(char * name,char * sex,int age,char * dept,float salary)
{
    strcpy_s(m_strName, name);
    strcpy_s(m_Sex, sex);
    m_nAge = age;
    strcpy_s(m_strDept, dept);
    m_math = salary;
}

int main()
{
    int count = 0;
    Student stu[50];
    int i,j,age;
    float salary;
    CFile myfile;
    CFileException e;
    char name[10],sex[6],dept[20];
    for(;;)
    {
        cout <<" 1.显示所有 2.增加学生 3.删除学生";
        cout <<" 4.存储信息 5.读取信息 6.退出\n";
        cout <<"请输入选项编号：";
        cin >> i;
```

```
        switch(i) {
        case 1:
cout << endl <<" ------------------------------------------------------------ "<< endl;
            for(i = 0;i < count;i++) {
                cout <<" "<< i + 1 <<"\t";
                stu[i].ShowMe();
            }
cout <<" ------------------------------------------------------------ "<< endl << endl;
        break;
        case 2:
            if(count < 50) {
                i = count++;
                cout <<"请依次输入姓名、性别、年龄、所在系部、数学成绩:\n";
                cin >> name >> sex >> age >> dept >> salary;
                stu[i] = Student(name,sex,age,dept,salary);
                strcpy_s(stu[i].m_strDept, dept);
                stu[i].m_math = salary;
            }
            else { cout <<"存储空间已满"; }
            break;
        case 3:
            cout <<"输入要删除的学生号:\t";
            cin >> i;
            if(i <= count && i > 0) {
                for(j = i; j < count; j++) { stu[j - 1] = stu[j]; }
            count -- ;
            cout <<"\n   ---   记录已删除   --- \n\n";
        }
        else { cout <<"输入错误"; }
        break;
    case 4:
            myfile.Open(_T("emp_Rec"),CFile::modeWrite|CFile::modeCreate,&e);
            myfile.Write(&count,sizeof(count));
            for(j = 0;j < count;j++) stu[j].SaveStudent(&myfile);
            myfile.Close();
            cout <<"\n      --- 学生信息已保存 ---    \n\n";
            break;
        case 5:
            if(myfile.Open(_T("emp_Rec"),CFile::modeRead,&e))
            {
                myfile.Read(&count,sizeof(count));
                for(j = 0;j < count;j++) stu[j].ReadStudent(&myfile);
                myfile.Close();
                cout <<"\n      --- 学生信息已读入 ---    \n\n";
            }
            else {   cout <<"\n   -- 文件打开失败 -- \n\n"; }
            break;
    default:
        return 0;
        }
```

```
    }
    return 0;
}
```

程序的部分运行结果如图 9.16 所示。

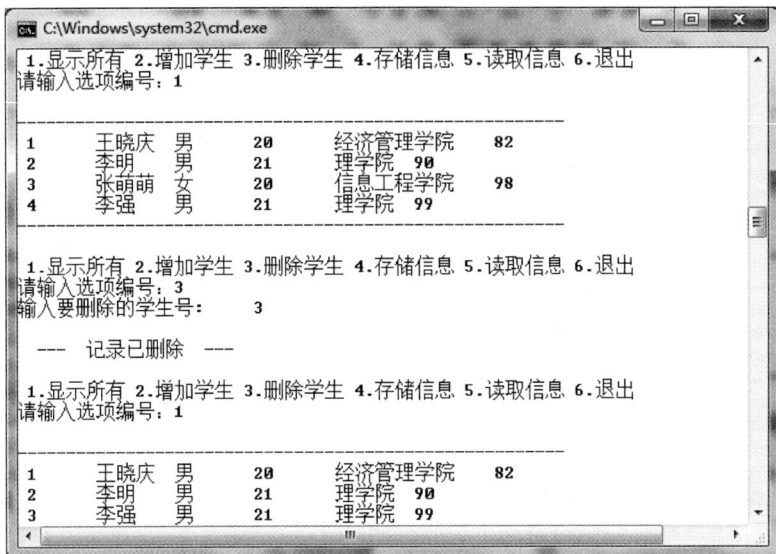

图 9.16   例 9.7 的部分运行结果

6. CPoint 类

CPoint 类用于处理窗口或客户区中的坐标点。CPoint 类是对 Windows 的 POINT 结构体的封装，凡是能用 POINT 结构体的地方都可以用 CPoint 类代替。

POINT 结构体表示屏幕上的一个二维点，其定义为

```
typedef struct tagPOINT
{
    LONG x;
    LONG y;
}POINT;
```

其中，x、y 分别是点的横坐标和纵坐标。

CPoint 类的定义在 atltypes.h 文件中，使用 CPoint 类时应使用以下的文件包含预处理命令：

```
# include < atltypes.h >
```

或

```
# include < afx.h >
```

CPoint 类的常用构造函数如下，其他的重载构造函数参见 MSDN。

1) CPoint()

构造一个没有初始化的 CPoint 对象。

2) CPoint(int initX, int initY)

由横坐标 initX 和纵坐标 initY 构造 CPoint 对象。

3）CPoint(POINT initPt)

由另一个点 initPt 构造 CPoint 对象。

4）CPoint(SIZE initSize) throw()

由 SIZE 构造 CPoint 对象。

5）CPoint(LPARAM dwPoint) throw()

由 LPARAM 变量构造,其中,x＝LOWORD(dw),y＝HIWORD(dw)。

CPoint 类的常用成员函数如表 9.9 所示。

表 9.9　CPoint 类的常用成员函数

成 员 函 数	说　　明
void Offset(int xOffset, int yOffset)	将 CPoint 对象的 X 和 Y 成员移动一个偏移量
BOOL operator＝＝(POINT point)	判断两个点是否相等
BOOL operator!＝(POINT point)	判断两个点是否不等
void operator＋＝(SIZE size)	将一个 CPoint 对象偏移指定大小
CRect operator＋(const RECT * lpRect)	返回偏移了指定大小的 CRect 对象

7. CSize 类

CSize 类是对 Windows 的 SIZE 结构体的封装,凡是能用 SIZE 结构体的地方都可以用 CSize 类代替。SIZE 结构体表示一个矩形的长度和宽度,其定义为

```
typedef struct tagSIZE{
    LONG cx;
    LONG cy;
}SIZE;
```

其中,cx、cy 分别是矩形的长度和宽度。

与 CPoint 类类似,CSize 类也提供了一些重载运算符。如运算符＋、－、＋＝和－＝,用于两个 CSize 对象或一个 CSize 对象与一个 CPoint 对象的加减运算,运算符＝＝和!＝用于比较两个 CSize 对象是否相等。

由于 CPoint 类和 CSize 类都包含两个整数类型的成员变量,它们可以进行相互操作。CPoint 对象的操作可用 CSize 对象作为参数。同样,CSize 对象的操作也可用 CPoint 对象作为参数。如可以用一个 CPoint 对象构造一个 CSize 对象,也可以用一个 CSize 对象构造一个 CPoint 对象,允许一个 CPoint 对象和一个 CSize 对象进行加减运算。

CSize 类定义在 atltypes.h 头文件中,使用 CSize 类时应使用以下的文件包含预处理命令:

```
# include < atltypes.h >
```

或

```
# include < afx.h >
```

8. CRect 类

CRect 类是对 Windows 的 RECT 结构体的封装,凡是能用 RECT 结构体的地方都可以用 CRect 类代替。

RECT 结构体表示一个矩形的位置和尺寸,其定义为

```
typedef struct tagRECT
{
    LONG left;
    LONG top;
    LONG right;
    LONG bottom;
}RECT;
```

其中,left、top 分别表示矩形左上角的横坐标和纵坐标,right、bottom 分别表示矩形右下角的横坐标和纵坐标。

由于 CRect 类提供了一些成员函数和重载运算符,使得 CRect 类的操作更加方便。

CRect 类定义在 atltypes.h 头文件中,所以使用 CRect 类时应使用以下的文件包含预处理命令:

```
#include <atltypes.h>
```

或

```
#include <afx.h>
```

CRect 的构造函数有以下几个重载版本。

(1) CRect()。

(2) CRect(int l, int t, int r, int b)。

(3) CRect(const RECT& srcRect)。

(4) CRect(LPCRECT lpSrcRect)。

(5) CRect(POINT point, SIZE size)。

(6) CRect(POINT topLeft, bottomRight)。

这些构造函数分别以不同的方式构造 CRect 对象,参数 l、t、r、b 分别指定矩形的左边、上边、右边和底边的位置。srcRect 是一个 RECT 结构体的引用。lpSrcRect 是一个指向 RECT 结构体的指针。point 指定矩形的左上角顶点的坐标,size 指定矩形的长度和宽度。topLeft 指定矩形的左上角坐标,bottomRight 指定矩形的右下角坐标。

CRect 类的常用成员函数如表 9.10 所示。

表 9.10 CRect 类的常用成员函数

成 员 函 数	说　明
int Width() const	计算 CRect 对象的宽度
int Height() const	计算 CRect 对象的高度
CSize Size() const	计算 CRect 对象的大小
CPoint& TopLeft()	返回 CRect 对象的左上角点的引用
CPoint& BottomRight()	返回 CRect 对象的右下角点的引用
BOOL IsRectEmpty()	确定 CRect 对象是否为空,如果没有面积则返回 TRUE
BOOL IsRectNull()	确定成员变量 top、bottom、left 和 right 是否全等于 0,如果在(0,0)的坐标且没有面积则返回 TRUE
void SetRectEmpty()	设置 CRect 对象为一个空矩形
void SetRect(int x1,int y1,int x2,int y2) void SetRect(POINT topLeft, POINT bottomRight)	设置 CRect 对象的大小

说明：

（1）CRect 类重载运算符。

CRect 类重载的运算符包括赋值运算符、比较运算符、算术运算符、交并运算符等。

赋值运算符＝实现 CRect 对象间的复制。

比较运算符＝＝和！＝比较两个 CRect 对象是否相等（四个成员都相等时，两个对象才相等）或不等。

算术运算符包括＋＝、－＝、＋、－，它们的第一个操作数是 CRect 类对象，第二个操作数可以是 POINT、SIZE 或 RECT。当第二个操作数是 POINT 或 SIZE 时，＋和＋＝的运算结果使 CRect 矩形向 x 轴和 y 轴的正方向移动 POINT 或 SIZE 指定的大小。－和－＝的运算结果则使 CRect 矩形向 x 轴和 y 轴的负方向移动 POINT 或 SIZE 指定的大小。当第二个操作数是 RECT 时，＋和＋＝的运算结果使 CRect 矩形的左上角顶点向左上方向移动 RECT 前两个成员指定的距离，而 CRect 矩形的右下角顶点向右下方向移动 RECT 后两个成员指定的距离。－和－＝的运算结果则使 CRect 矩形的左上角顶点向右下方向移动 RECT 前两个成员指定的距离，而 CRect 矩形的右下角顶点向左上方向移动 RECT 后两个成员指定的距离。

运算符 & 和 &＝得到两个矩形的交集（两个矩形的公共部分），运算符 | 和 |＝得到两个矩形的并集（包含两个矩形的最小矩形）。

（2）CRect 类的规格化。

一个规格化的矩形是指它的高度和宽度都是正值，即矩形的右下角的横坐标大于矩形的左上角的横坐标，矩形的左上角的纵坐标大于矩形的右下角的纵坐标。矩形的规格化函数是 NormalizeRect()，该函数比较矩形的 left 和 right 及 top 和 bottom，如果不满足规格化要求，则对换两个值。上面介绍的大部分运算符和成员函数，只有对规格化的矩形才能得到正确结果。

9.2.4　MFC 应用程序的消息映射

1. 消息类别

在 Win32 中，消息统一由一个 MSG 结构体来描述，应用程序为每一条消息在消息队列中放置一个 MSG 结构体变量。一般情况下，应用程序只需对结构体中的消息类别 message、附加参数 wParam 和 lParam 三个字段进行判断就可以区别一个消息。

下面介绍 MFC 应用程序的三种类型的消息。

1）窗口消息

窗口消息一般与创建窗口、移动窗口和关闭窗口的动作有关。窗口消息只能被窗口或者窗口对应的对象处理。在 MFC 应用程序中，CView 类和 CFrame 类及其派生类还有自定义窗口类能够处理窗口消息。对于窗口消息，描述它的三个主要字段：消息类别 message、附加参数 wParam 和 lParam，格式如下：

```
message          wParam                      lParam
WM_XXX           随 WM_XXX 而变               随 WM_XXX 而变
```

2）命令消息

命令消息一般与处理用户的某个请求或者执行用户的某个指令有关。描述它的三个主要字段：消息类别 message、附加参数 wParam 和 lParam，格式如下：

```
message          wParam                          lParam
WM_COMMAND       低 16 位为命令 ID,高 16 位为 0      0L
```

在 MFC 应用程序中，凡是从基类 CCmdTarget 派生的类都能处理命令消息，因此，不仅窗口类 CView、CFrame 及其派生类可以处理命令消息，文档类 CDocument、应用程序类 CWinApp 及其派生类也可以处理命令消息。

3）控件消息

控件消息与控件窗口中某个事件的发生有关，例如，当选择列表框控件窗口的选项时，将有一个通知选项发生改变的控件事件发生。

描述控件的消息有以下三种格式。

（1）仿窗口消息格式。这种格式遵循窗口消息格式，是窗口消息集的一部分，格式如下：

```
message          wParam                          lParam
WM_XXX           随 WM_XXX 而变                    随 WM_XXX 而变
```

（2）仿命令消息格式。此格式遵循命令消息格式，但是与命令消息的附加参数有区别。格式如下：

```
message          wParam                              lParam
WM_COMMAND       低 16 位为控件 ID,高 16 位为消息通知码   控件窗口句柄
```

（3）单独控件消息格式。这种格式是一种流行的控件消息表示格式，消息类别码为 WM_NOTIFY，格式如下：

```
message          wParam                      lParam
WM_NOTIFY        控件 ID                      指向 NMHDR 的指针
```

这种格式大大扩充了控件消息的表示范围。NMHDR 是控件消息头，它基本上包含了消息的内容。

2. 消息处理过程

MFC 从应用程序类的 Run()函数读取消息队列的消息到相应的类中处理，将经历下列过程。

（1）应用程序类 Run()函数调用::DispatchMessage(MSG * msg)把消息交给全局函数 LRESULT AfxWndProc(HWND hwnd, UINT nmsg, WPARAM wParam, LPARAM lParam)。

（2）AfxWndProc()接收消息，并寻找消息的目标窗口 CWnd 对象，然后调用 LRESULT AfxCallWndProc(CWnd * pWnd, HWND hwnd, UINT msg, WPARAM wParam, LPARAM lParam)。

（3）AfxCallWndProc()存储消息的消息标志符和参数，然后调用目标窗口对象的虚函数 LRESULT WndProc(UINT nmsg, WPARAM wParam, LPARAM lParam)。

（4）WndProc()将发送消息给 BOOL OnWndMsg(UINT nmsg, WPARAM wParam, LPARAM lParam, LRESULT * pResult)。OnWndMsg()负责将消息分类为窗口消息、命令消息和控件消息三种，不同类别的消息将交给不同的消息处理函数去处理。

（5）如果消息类别是 WM_COMMAND，则 OnWndMsg()将调用 LRESUL OnCommand(WPARAM wParam, LPARAM lParam)；如果消息类别是 WM_NOTIFY,

则 OnWndMsg（）将调用"BOOL OnNotify（WPARAM wParam，LPARAM lParam，LRESULT & pResult）；"其他消息则认为是窗口消息，OnWndMsg（）将搜索目标窗口类或者基类的消息映射表，以判断该类及其基类能否处理该消息。如果不能处理此消息，OnWndMsg（）将把消息交给"LRESULT DefWindowProc（UINT nmsg，WPARAM wParam，LPARAM lParam）"函数进行默认处理。

（6）对于 WM_COMMAND 类别消息 OnCommand（）继续判断消息 lParam 参数是否为 0。如果不为 0，则为控件消息，将通知控件处理该消息；如果 lParam 参数为 0 或者控件不能处理该消息，将调用"BOOL OnCmdMsg（UINT nID，int nCode，void ＊ pExtra，AFX_CMDHANDLERINFO ＊ pHandlerInfo）"，OnCmdMsg（）将按照一定的路径搜索相应类的消息映射表，以确定能否处理该消息。

（7）对于 WM_NOTIFY 类别消息 OnNotify（）将通知控件处理该消息：如果控件不能处理该消息，也将调用 OnCmdMsg（）按照一定的路径搜索相应类的消息映射表。

（8）OnCmdMsg（）按照已经规定好的路径搜索相应类的消息映射表，以便找到消息处理函数并执行，如果不能找到，则把相应的界面元素（如菜单项）变灰。OnCmdMsg（）把搜索的结果反馈给 OnNotify（）和 OnCommand（），然后它们分别把处理的结果反馈给OnCmdMsg（）函数，以便确定 OnCmdMsg（）能否处理该消息。

9.2.5　一个最简单的 MFC 应用程序

实际上，对于一个 MFC 应用程序来说，只有 CWinApp 类的派生对象是必不可少的，其他类均可根据具体情况进行取舍，下面是一个最简单的 MFC 应用程序。

【例 9.8】　一个最简单的 MFC 应用程序（显示一个消息框）。

按如下步骤创建一个最简单的 MFC 应用程序。

（1）在 Visual C++ 2010 集成开发环境下，新建 Win32 项目，项目名称为 ch9_8，"应用程序类型"选择"Windows 应用程序"，"附加选项"选择"空项目"，"应用程序设置"对话框如图 9.17 所示。

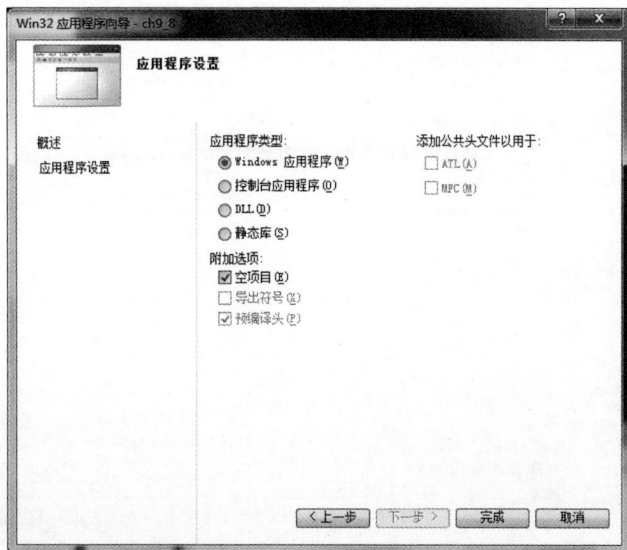

图 9.17　"应用程序设置"对话框

（2）在项目中添加一个 C++源文件，文件名为 ch9_8.cpp，源程序的内容如下：

```
# include < afxwin. h >
class FirstMFC:public CWinApp                //CWinApp 派生类
{
public:
    virtual BOOL InitInstance()
    {
        MessageBox(NULL,_T("一个最简单的 MFC 应用程序!"),_T("例 9.8"),MB_OK);
        return TRUE;
    }
};
FirstMFC theApp;                              //全局对象,可以是任意的标识符,代表应用程序本身
```

（3）编译并执行程序时出现如图 9.18 所示的错误提示信息，这是因为没有设置使用 MFC 类库。

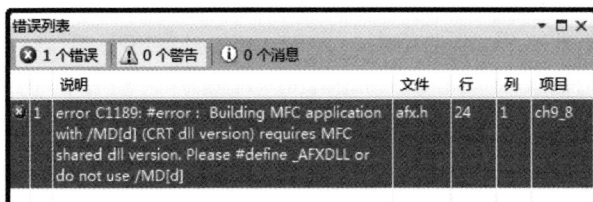

图 9.18　编译错误提示信息

（4）设置使用 MFC 类库。

选中项目，执行"项目"菜单中的"属性"命令，在图 9.19 所示的"属性页"对话框中，设置"配置属性"中的"常规"选项，"MFC 的使用"设置为"在共享 DLL 中使用 MFC"。

图 9.19　"属性页"对话框

（5）编译并执行程序，程序的运行结果如图 9.20 所示。

说明：

（1）CWinApp::InitInstance()虚函数完成应用程序的初始化工作，派生的应用程序类都要覆盖此函数进行初始化，如完成主框架窗口的构造、窗口定义显示等工作。

（2）在本例中，没有看到 main()函数，实际上，MFC 程序仍然是一个 C++程序，程序执行的入口仍是 main()函数。在

图 9.20　例 9.8 的运行结果

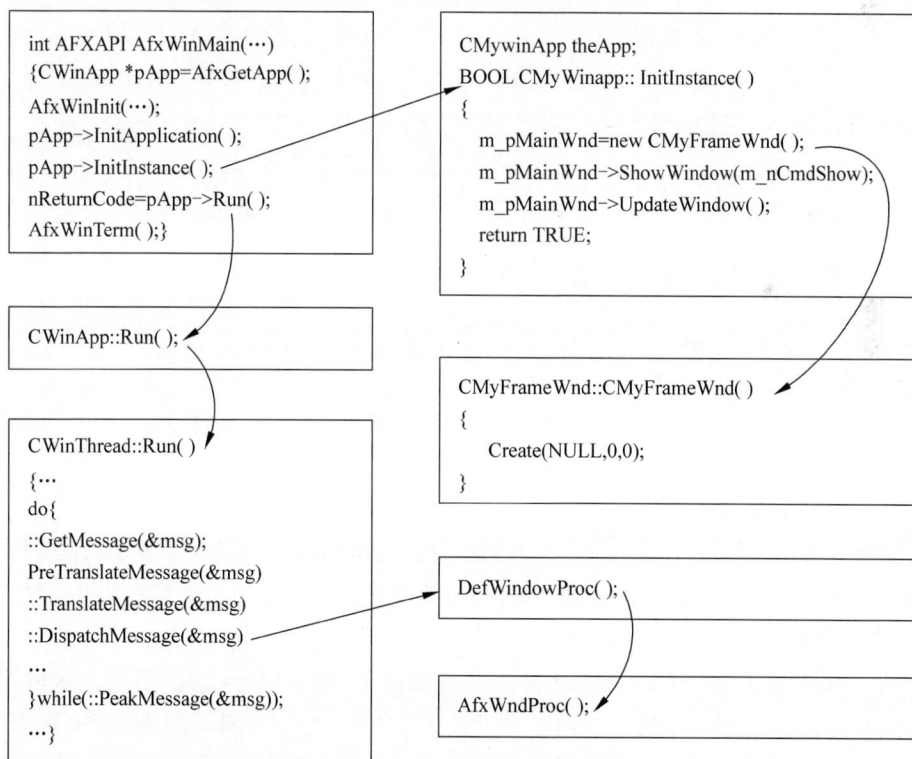

Windows 程序中，使用 WinMain()，一旦设置使用 MFC，则这一函数由应用程序框架提供，不需要程序员定义，在程序执行时，由框架自动调用。WinMain()寻找由 CWinApp 类的派生类定义的全局对象 theApp。实质上 MFC 程序的主函数名为全局函数 AfxWinMain()，而不是 WinMain()。

（3）每个 MFC 应用程序都有 stdafx.h 头文件，由应用程序向导自动生成。

（4）每个 MFC 应用程序都应包含头文件 afxwin.h，其内部又包含了其他头文件。

（5）每个 MFC 应用程序都包含唯一的 CWinApp 派生类对象，代表应用程序本身。

（6）下面说明 MFC 应用程序的执行过程（如图 9.21 所示）。

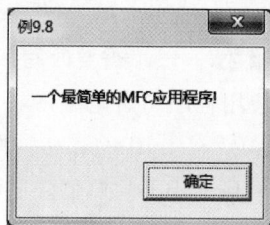

图 9.21　MFC 应用程序的执行过程

① 构造全局对象：CWinApp 类的派生类对象。

② 运行由应用程序框架提供的 WinMain()函数。

③ 在 WinMain()函数中，通过 AfxGetApp()函数获得全局对象的指针 pApp，调用全局函数 AfxWinInit()，为 CWinApp 的成员变量 m_hInstance、m_hPrevInstance、m_ lpCmdLine、m_nCmdShow 赋初值。然后调用 pApp-> InitApplication(),这是 CWinApp 的虚函数,一般不需要改写。调用 pApp-> InitInstance(),每个程序都必须覆盖这个函数,进行应用程序初始化。

④ 在 InitInstance()函数中,先用 new 构造一个 CFrameWnd 派生类对象,其构造函数调用 Create()函数,创建主窗口,MFC 依次自动为应用程序注册窗口类,调用 ShowWindow()函数显示窗口,调用 UpdateWindow()函数,发出 WM_PAINT 消息。

一般 MFC 应用程序在 InitInstance()函数中,不仅创建了窗口对象和主窗口,还会创建视图对象和视图窗口、文档对象。

⑤ 回到 WinMain()函数中,调用 pApp-> Run(),进入消息循环,通过 API 函数 GetMessage()获得消息,TranslateMessage()函数处理消息,DispatchMessage()函数派送消息到 CWnd∷DefWindowProc,DefWindowProc()函数按照消息映射表的定义将消息分发到各相应消息处理函数中。

如果消息队列为空,则 Run()函数调用 CWinApp∷OnIdle()函数进行空闲处理,重载 OnIdle()函数可以去处理后台程序(低优先级的进程)。

读取应用程序的消息队列的代码在 CWinThread∷Run()函数中。因为 CWinThread 类是 CWinApp 类的基类,所以 CWinApp∷Run()函数会调用 CWinThread∷Run()函数。

⑥ 若用户执行 File 菜单中的 Close 命令,则程序收到 WM_COLSE 消息,调用 ∷DestroyWindow()函数发出 WM_DESTROY 消息,然后调用 PostQuitMessage()函数,发出 WM_QUIT 消息,此时 Run()函数会结束其内部消息循环,调用 ExitInstance()函数。

⑦ 最后,返回 WinMain()函数,执行 AfxWinTerm()函数,结束程序运行。

9.2.6 典型的 Windows 应用程序

编写一个典型的 Windows 应用程序,一般包括以下这些内容。

1. .c 或.cpp 源程序文件

源程序文件包含了应用程序的数据、类、功能逻辑模块(包括事件处理、用户界面、对象初始化等)的定义。

2. .h 或.hpp 头文件

头文件包含了.c 或.cpp 源文件中所有数据、模块、类的声明。当一个.c 或.cpp 源文件要调用另一个.c 或.cpp 中所定义的模块功能时,需要包含相应.c 或.cpp 文件对应的头文件。

3. 资源文件

资源文件包含了应用程序所使用的全部资源定义,通常以.rc 为扩展名。这里所说的资源是应用程序所能够使用的一类预定义工具中的对象,包括字符串资源、加速键表、对话框、菜单、位图、光标、工具条、图标、版本信息和用户自定义资源等。

在 Windows 程序设计过程中,像菜单、对话框、位图等可视的对象被单独分离出来加以定义,并存放在资源文件中,然后由资源编译程序编译为应用程序所能使用的对象的映像。资源编译使应用程序可以读取对象的二进制映像和具体数据结构,这样可以减轻创建复杂对象所需要的程序设计工作。

程序员在资源文件中定义应用程序所使用的资源,资源编译程序编译这些资源并将它们存储于应用程序的可执行文件或动态链接库中。在 Windows 应用程序中引入资源有以下一些好处。

1) 降低内存需求

当应用程序运行时,资源并不随应用程序一起装入内存,而是在应用程序实际用到这些资源时才装入内存。在资源装入内存时,它们拥有自己的数据段,而不驻留于应用程序数据段中;当内存紧张时,可以废弃这些资源,原资源占用的内存空间移作他用,而当应用程序用到这些资源时才自动装入。这种方式降低了应用程序的内存需求,这样一次可运行更多的程序,这也是 Windows 内存管理的优点之一。

2) 便于统一管理和重复利用

将位图、图标、字符串等按资源文件方式组织,便于统一管理和重用。例如,将所有的错误信息放到资源文件里,利用一个函数就可以负责错误提示输出,非常方便。如果在应用程序中要多次用到一个代表公司的徽标位图,就可以将它存放在资源文件中,每次用到时再从资源文件中装入。这种方式比将位图放在一个外部文件中更加简单有效。

3) 应用程序与界面有一定的独立性有利于软件的国际化

由于资源文件独立于应用程序设计,使得在修改资源文件时(如调整对话框大小、对话框控制位置)可以不修改源程序,从而简化了用户界面的设计。另外,目前所提供的资源设计工具一般都采用所见即所得方式,这样就可以更加直观、可视地设计应用程序界面。由于资源文件的独立性,软件国际化工作也非常容易。例如,现在开发了一个英文版的应用程序,要想把它汉化,只需要修改资源文件,将其中的对话框、菜单、字符串资源等汉化即可,而无须直接修改源程序。

但是,应用程序资源只是定义了资源的外观和组织,而不是其功能特性。例如,编辑一个对话框资源,可以改变对话框的外观,但是却没有也不可能有改变应用程序响应对话框控制的方式。外观的改变可以通过编辑资源来实现,而功能的改变却只能通过改变应用程序的源代码,然后重新编译来实现。

Windows 应用程序的生成同 DOS 应用程序类似,也要经过编译、连接两个阶段,只是增加了资源编译过程,主要流程如图 9.22 所示。

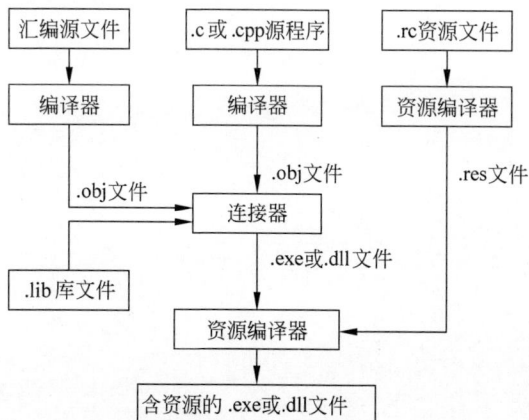

图 9.22　Windows 应用程序生成的主要流程

习　　题

1. 编写完整的学生成绩管理系统，要求把学生成绩保存到文件，以便日后查看。

2. 事件驱动的特点是什么？

3. 句柄的作用是什么？请举例说明。

4. 使用 AppWizard 创建一个简单的 Win32 应用程序。

5. 简述 MFC 类的层次结构。

6. 简述 MFC 应用程序的消息处理过程。

7. 当使用 AppWizard 生成 MFC 应用程序时，为什么在源代码中找不到 WinMain() 函数？

第 10 章

对话框和控件

拓展阅读

在线习题

对话框是一种特殊的窗口,主要功能是输出信息和接收用户的输入。一般情况下,在单击选择菜单名字后面跟着省略号(…)的菜单项通常会弹出一个对话框。控件是嵌入在对话框或其他父窗口中的一个特殊的小窗口,用于完成不同的输入、输出功能。常见的控件有按钮、编辑框、列表框、组合框、静态文本等。对话框与控件是密不可分的,在每个对话框内一般都有一些控件,对话框依靠这些控件与用户进行信息交流。

10.1 对话框和控件的基本概念

10.1.1 对话框的基本概念

在 MFC 中,对话框的功能被封装在 CDialog 类中,CDialog 类是 CWnd 类的派生类。

对话框分为有模式对话框和无模式对话框两种。有模式对话框垄断了用户的输入,当一个有模式对话框打开时,用户只能与该对话框进行交互,而其他用户界面对象收不到输入信息。当执行 File 菜单中的 Open 命令弹出一个打开对话框后,再选择菜单时只会听到嘟嘟声,这是因为文件对话框是一个有模式对话框。用户平时所遇到的大部分对话框都是有模式对话框。无模式对话框类似普通的 Windows 窗口,在无模式对话框打开时,用户可以同时打开其他窗口对象,操作完毕后,又可用鼠标或其他方式激活该窗口。无模式对话框的典型例子是 Microsoft Word 中的查找对话框,查找对话框不垄断用户的输入,打开查找对话框后,仍可与其他用户界面对象进行交互,用户可以一边查找,一边修改文档,这样就大大方便了查找功能的使用。

从 MFC 编程的角度来看,对话框由以下两部分组成。

(1) 对话框模板资源。对话框模板用于指定对话框的外观、控件及其分布,Visual C++ 的 Developer Studio 根据对话框模板来创建对话框对象。

(2) 对话框类。对话框类用来实现对话框的功能,由于对话框具体的功能各不相同,因此一般需要从 CDialog 类派生一个新类,添加特定的数据成员和成员函数,以完成特定的功能。

相应地,对话框的设计包括对话框模板的设计和对话框类的设计两个主要方面。

CDialog 类支持上述两种类型的对话框,但其创建和关闭时调用的函数不同。创建有模式对话框调用 DoModal()函数,创建无模式对话框调用 Create()函数。关闭有模式对话框调用 CDialog::EndDialog()函数,关闭无模式对话框调用 CWnd::DestroyWindow()函数。

DoModal()函数负责对有模式对话框的创建。在创建对话框时,DoModal()成员函数的任务是载入对话框模板资源、调用 OnInitDialog()函数初始化对话框并将对话框显示在屏幕上。完成窗口的创建后，DoModal()函数启动一个消息循环，以便响应用户的输入。由于该消息循环截获几乎所有的输入消息，使主消息循环不能获取对话框的输入，所以用户只能与该有模式对话框进行交互，其他窗口获取不到用户信息输入。

有模式对话框内的默认按钮有"确认"和"取消"，二者的标识符分别为 IDOK 和 IDCANCEL。单击"确定"按钮则调用 CDialog::OnOK()函数。OnOK()函数首先调用 UpdateData(TRUE)函数将数据从控件传给对话框数据成员，然后调用 CDialog::EndDialog()函数关闭对话框。关闭对话框后，DoModal()会返回值 IDOK。若单击"取消"按钮或按 ESC 键，则调用 CDialog::OnCancel()函数。该函数只调用 CDialog::EndDialog()关闭对话框，关闭对话框后，DoModal()会返回值 IDCANCEL。

程序根据 DoModal 的返回值是 IDOK 还是 IDCANCEL 就可以判断出用户对对话框的操作是"确定"还是"取消"。

调用 CWnd::DestroyWindow()是直接删除窗口的一般方法。由于缺省的 CDialog::OnOK()和 CDialog::OnCancel()函数均调用 EndDialog()，故程序员必须编写自己的 OnOK()函数和 OnCancel()函数，并且在函数中调用 DestroyWindow()函数来关闭对话框。在无模式对话框的 OnCancel()函数中可以不调用 CWnd::DestroyWindow()，取而代之的是调用 CWnd::ShowWindow(SW_HIDE)来隐藏对话框。在下次打开对话框时就不必调用 Create()了，只需调用 CWnd::ShowWindow(SW_SHOW)来显示对话框。这样做的好处在于对话框中的数据可以保存下来，供以后使用。由于关闭窗口时会调用 DestroyWindow()删除窗口，故无模式对话框是自动清除的，程序员不必担心对话框对象的删除问题。

除了最小对话框之外，所有的对话框都有一些数据成员用于保存用户在对话框控件中输入或显示的数据。

对话框的数据成员存储了与控件相对应的数据。这些数据成员由程序员添加到派生类对话框中。添加数据成员后，ClassWizard（类向导）生成数据映射，用于在数据成员和对话框控件之间交换数据。例如，一个编辑框既可以用来输入，也可以用来输出。用作输入时，用户在编辑框中输入字符后，对应的数据成员应该更新；用作输出时，应及时刷新编辑框的内容以反映相应数据成员的变化。对话框需要一种机制来实现这种数据交换功能，这对对话框来说是至关重要的。ClassWizard 在新建的对话框类的 DoDataExchange()函数中编写交换和验证数据映射的代码。应用程序和框架通过 UpdateData()函数直接或间接地调用 DoDataExchange()函数。

10.1.2　控件的基本概念

控件（control）是独立的小部件，是现成的程序组件，可以独立运行并完成一定的功能。控件一般配合对话框一起使用，在对话框与用户的交互过程中起着重要作用，控件也可以出现在视图窗口、工具栏和状态栏中。在可视化编程中，控件的外观和功能由其属性（property）规定。Windows 提供了大量的控件，控件的使用不仅方便了 Windows 编程，还使 Windows 程序具有统一的外观和风格。

所有的控件都是 CWnd 类的派生类的对象，因此它们均有和 CWnd 类似的属性。每个控件均有一个标识符（ID），在程序中可以通过这个标识符对相应的控件进行操作。

MFC 的控件类封装了控件的功能,表 10.1 介绍一些常用的控件及其对应的控件类。

表 10.1 一些常用的控件及其对应的控件类

控 件	功 能	控 件 类
静态文本(StaticText)	显示正文,不能接收用户输入信息	CStatic
图片(Picture)	显示位图、图标、矩形框和图元文件,不能接收用户输入信息	CStatic
编辑框(EditBox)	输入并编辑正文,支持单行和多行文本编辑	CEdit
命令按钮(PushButton)	响应用户的输入,触发相应的事件	CButton
复选框(CheckBox)	用作选择标记,可以有选中、不选中和不确定三种状态	CButton
单选按钮(RadioButton)	用来从两个或多个选项中选一项	CButton
组框(GroupBox)	显示正文和矩形框,主要用来将相关的一些控件聚成一组	CButton
列表框(ListBox)	显示一个列表,用户可以从该列表中选择一项或多项	CListBox
组合框(ComboBox)	一个编辑框和一个列表框的组合,分为简易式、下拉式和下拉列表式	CComboBox
滚动条(ScrollBar)	主要用来从一个预定义范围值中迅速而有效地选取一个整数值	CScrollBar

10.2 使用 MFC AppWizard 开发 MFC 应用程序

Visual C++ 最重要的技术之一就是向导(Wizard)。向导在 Developer Studio 环境下运行,每个向导为一种特殊类型的应用程序建立项目,并在创建新项目时自动生成一个源程序文件,其中包括了许多通用代码。Visual C++ 的向导种类很多,功能很强。

MFC AppWizard(MFC 应用程序向导)可以帮助程序员创建一个 MFC 应用程序框架,并且自动生成这个 MFC 应用程序框架所需要的全部文件。程序员利用资源管理器和类向导为应用程序添加实现特定功能的代码,以实现应用程序所要求的功能。

生成一个应用程序的步骤如下。

(1)利用 AppWizard 生成一个新项目,生成的文件包括头文件、源文件和资源文件等。

(2)可以通过集成编辑器编辑源文件或 ClassWizard 编辑 C++ 类来修改源文件。

(3)在资源编辑器中修改资源文件。

(4)源文件经过编译系统编译,生成 .obj 文件,资源文件经过编译后,生成 .res 文件。

(5)连接程序将 .obj 文件、.res 文件和库文件等进行连接,生成可执行文件。

10.2.1 生成基于对话框的 MFC 应用程序框架

建立 MFC 应用程序框架可以通过以下步骤来实现。

(1)启动 MFC 应用程序向导:定义项目名称。执行"文件"菜单中的"新建"级联菜单中的"项目"命令,出现如图 10.1 所示的"新建项目"对话框。在图 10.1 中"已安装的模板"中选择 Visual C++ 下的 MFC,然后选择"MFC 应用程序",输入项目名称 ch10_1,选择项目所在位置,单击"确定"按钮,将弹出图 10.2 所示的"MFC 应用程序向导-ch10_1"对话框。

(2)"MFC 应用程序向导-ch10_1"对话框:在图 10.2 所示的对话框中可以利用左侧的选项直接进行设置,设置完成后单击"完成"按钮,也可以采用向导的方式,单击"下一步"按钮进行设置。在此选择向导方式。

图 10.1 "新建项目"对话框

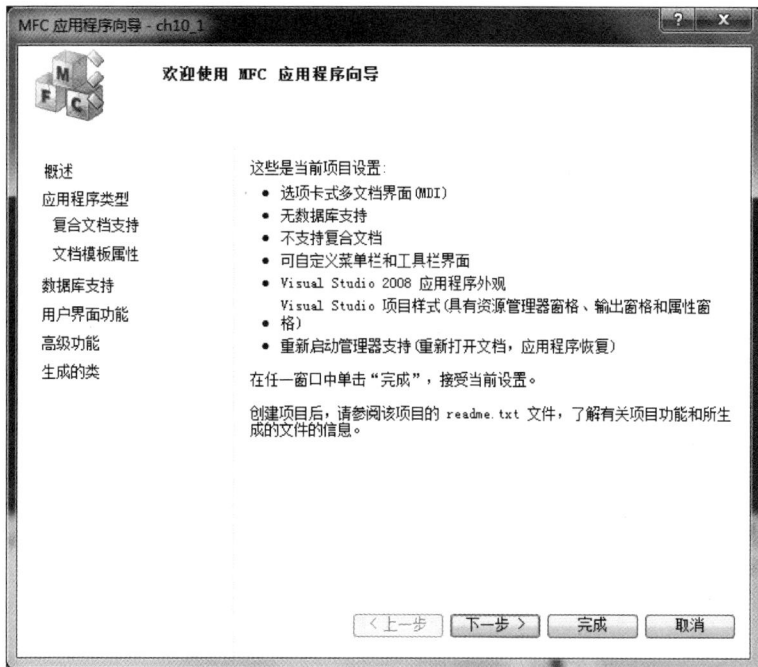

图 10.2 "MFC 应用程序向导-ch10_1"对话框

单击"下一步"按钮,弹出如图 10.3 所示的"MFC 应用程序向导-ch10_1"之"应用程序类型"对话框,在该对话框中选择"基于对话框"的应用程序类型。应用程序有以下四种类型:单个文档(Single document)、多个文档(Multiple documents)、基于对话框(Dialog based)和多个顶级文档。选择不同的应用程序类型时,对话框左上角会显示不同风格的应用程序窗口图标,不同类型应用程序的具体说明如表 10.2 所示。

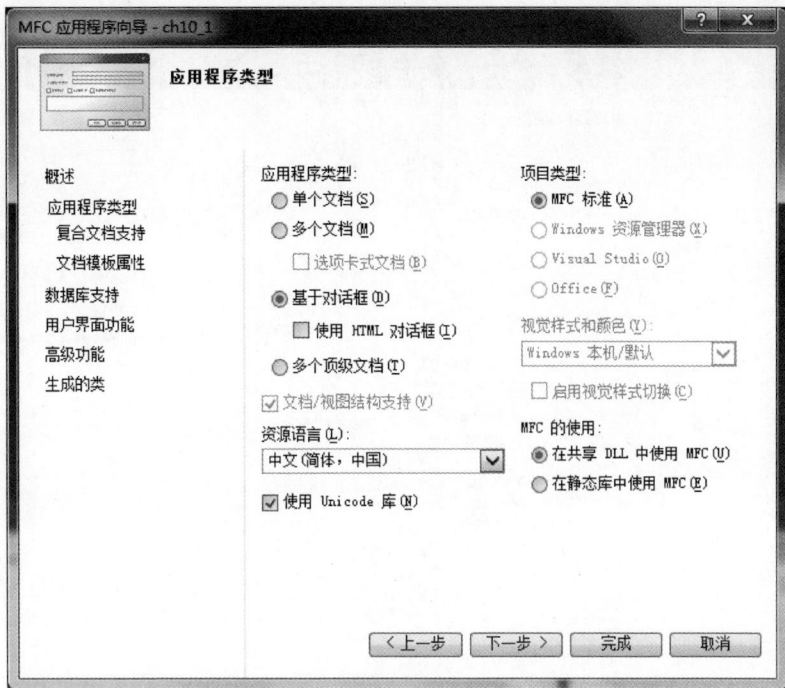

图 10.3 "MFC 应用程序向导-ch10_1"之"应用程序类型"对话框

表 10.2 不同类型的应用程序及其说明

应用程序类型	说　　明
单个文档	允许用户产生一个单文档界面(SDI)结构的应用程序。在单文档界面程序中,同一时刻只能操作一个文档。在单文档界面中打开文档时,程序会自动关闭当前打开的活动文档,若文档修改后尚未保存,会提示是否保存所做的修改
多个文档	允许用户产生一个多文档界面(MDI)结构的应用程序。该项为默认选项。在多文档界面应用程序中允许同时操作多个文档。在界面中可以同时打开多个文件(同时也就为每个文件打开一个窗口),并通过切换窗口激活相应的文档进行编辑
基于对话框	允许用户产生一个基于对话框的应用程序。基于对话框结构的应用程序,主要用于人机对话,为用户传送一些消息给计算机
多个顶级文档	允许用户产生一个"多个顶级文档"的应用程序,在该应用程序中可以直接"新建框架"

在设置好上述选项后,单击"下一步"按钮,弹出"MFC 应用程序向导-ch10_1"之"用户界面功能"对话框,如图 10.4 所示。

直接单击"下一步"按钮,弹出"MFC 应用程序向导-ch10_1"之"高级功能"对话框,如图 10.5 所示。

直接单击"下一步"按钮,弹出"MFC 应用程序向导-ch10_1"之"生成的类"对话框,如图 10.6 所示。对话框显示 AppWizard 为应用程序自动生成的类的一些情况。

单击某一项使之高亮化,则在下面的几个编辑框中显示这个派生类的一些情况,如类名称、基类、所在的类声明文件(头文件)和类实现文件(源代码文件)。用户创建的基于对话框的应用程序,MFC AppWizard 会自动生成两个派生类,如表 10.3 所示,用户可以设置向导生成的文件名和类名。

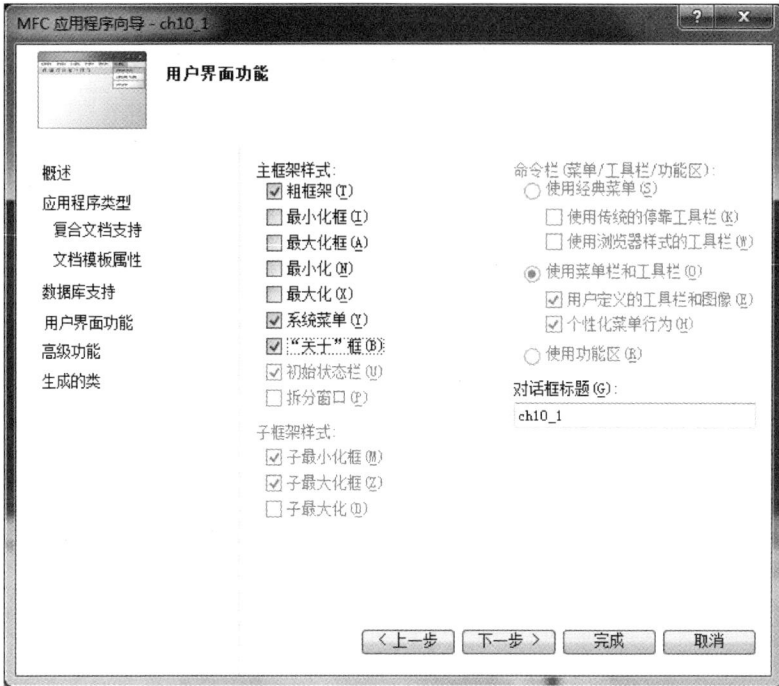

图 10.4 "MFC 应用程序向导-ch10_1"之"用户界面功能"对话框

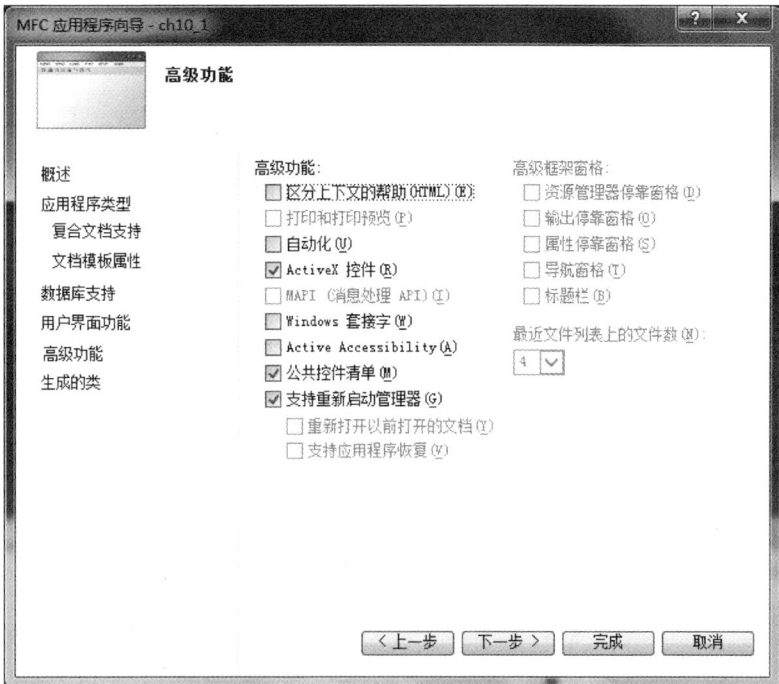

图 10.5 "MFC 应用程序向导-ch10_1"之"高级功能"对话框

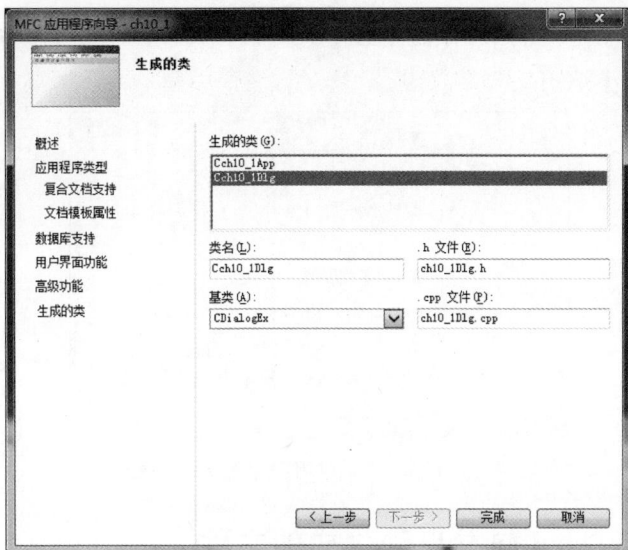

图 10.6 "MFC 应用程序向导-ch10_1"之"生成的类"对话框

表 10.3 MFC AppWizard 自动生成的类

类 名 称	基 类	类声明文件(头文件)	类实现文件(源代码文件)
Cch10_1App	CWinApp	ch10_1.h	ch10_1.cpp
Cch10_1Dlg	CDialogEx	ch10_1Dlg.h	ch10_1Dlg.cpp

单击图 10.6 中的"完成"按钮,"MFC 应用程序向导"所有的工作就全部完成,这时向导已经为用户生成了一个可执行的基于对话框的应用程序框架,如图 10.7 所示。

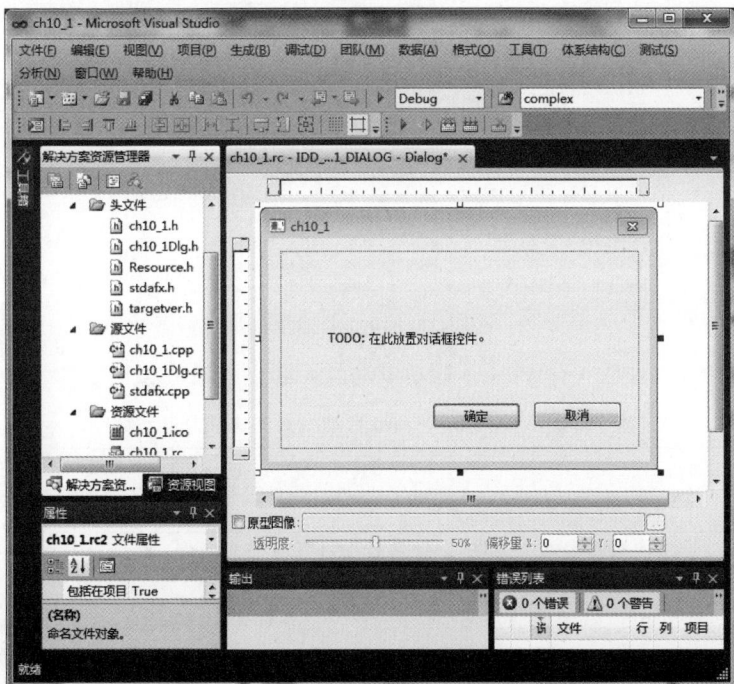

图 10.7 MFC 应用程序向导自动生成的应用程序框架

（3）编译运行。MFC 应用程序向导已经生成了一个基本的应用程序，ch10_1 应用程序的运行结果如图 10.8 所示。

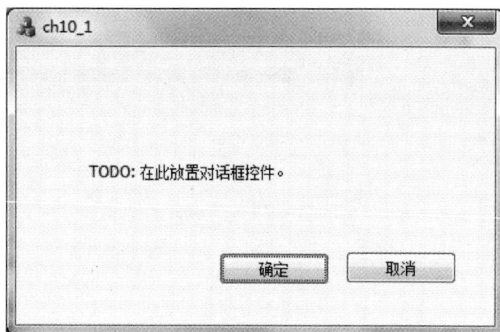

图 10.8 ch10_1 应用程序的运行结果

10.2.2 AppWizard 向导自动生成的文件

MFC AppWizard 在项目目录下自动生成多个文件，这些文件包含框架程序的所有类、全局变量的声明和定义等。图 10.9 为 ch10_1\ch10_1 目录下的所有文件夹和文件。

图 10.9 ch10_1\ch10_1 目录下的所有信息

表 10.4 列出了 MFC AppWizard 自动生成的一些文件及其说明。

表 10.4 **MFC AppWizard 自动生成的文件及其说明**

生成的文件	说　　明
ch10_1.cpp	主应用程序的源代码文件
ch10_1.h	主应用程序的头文件，它包含有项目特有的头文件（如 resource.h），并且定义了主应用程序类 Cch10_1App
ch10_1.rc	应用程序使用的所有 Microsoft Windows 资源的列表，显示出来就是资源视图（ResourceView）选项卡。它包括的资源有对话框、图标、位图以及存放在 RES 子目录下的光标，这个文件中的内容能直接在 Visual C++ 中进行编辑

续表

生成的文件	说　明
ch10_1Dlg. h ch10_1Dlg. cpp	这两个文件定义了 CCch10_1Dlg 类,这个类定义了应用程序主对话框的特征
Resource. h	这是一个标准的头文件,包含 ♯define 语句来为项目声明常量,用来定义新资源的 ID
stdafx. h stdafx. cpp	这两个文件用于创建一个预编译头文件 ch10_1. pch 和一个预编译类型目标文件 stdafx. obj。由于 MFC 体系结构非常大,包含许多头文件,如果每次都进行编译则比较费时。因此将常用的 MFC 头文件(如 afxwin. h、afxext. h、afxdisp. h、afxdtctl. h、afxcmn. h 等)都包含在 stdafx. h 中,然后让 stdafx. cpp 包含 stdafx. h 文件,这样 stdafx. cpp 就只需编译一次
ch10_1. ico	图标文件,被用作应用程序的图标,该文件存放在 res 文件夹中
ch10_1. rc2	用于存放 Visual Studio 不可直接编辑的资源,该文件存放在 res 文件夹中

使用 MFC AppWizard 生成应用程序的框架和项目文件后,自动回到 Visual C++的工作环境。图 10.10 显示项目工作区中的"资源视图"(ResourceView)选项卡。此选项卡显示项目中的所有资源。单击文件夹左边的"+"号,依次打开树状结构的每一项,显示出相应的资源,包括对话框、图标、字符串表和版本信息。双击某一项,就会显示该资源的图形编辑窗口,可直接在图形编辑窗口中增加和修改资源特征。

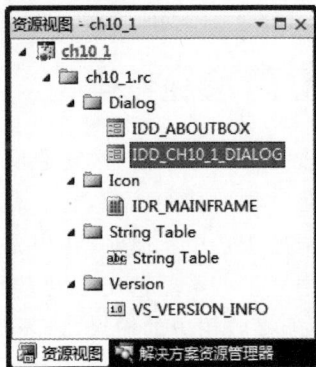

上述创建的基于对话框的应用程序没有实际意义,下面讲解基本控件,并通过向对话框中加入不同的控件来实现比较完善的功能。

图 10.10　项目工作区中的"资源视图"选项卡

10.3　基本控件

控件的种类较多,图 10.11 显示了 C++的一些基本控件。

这些基本控件具有以下的一些共同属性。

(1) ID 属性,ID 用于指定控件的标识符,Windows 依靠 ID 值来区分不同的控件。

(2) Caption(标题)属性,Caption 用来对控件将要实现的功能进行文字说明或对其他控件中显示的内容进行说明。如果控件标题中包含字符 &,则紧跟其后的字符在显示时会有一条下画线,通过这样的设置,按相应的组合键(Alt+带下画线的字符键),将触发控件被单击的事件或切换到相应的控件。若控件是一个单选按钮,则按"Alt+带下画线的字符"键将选择该按钮;若是检查框,则相当于对该检查框按空格键;若是命令按钮,则将激活按钮命令;若控件是一个静态文本,则将激活按 Tab 键顺序紧随其后的下一个控件。在使用时必须保证同一个窗口中不使用相同的组合键,这可以通过在设计窗口中单击鼠标右键,选中"检查助记键"(Check Mnemonics)来进行检查。

(3) Visible 属性,Visible 指定控件是否可见。

（4）Disable 属性，Disable 使控件被允许或禁止，一个被禁止的控件呈灰色显示，不能接收任何输入或响应。

（5）Tabstop 属性，用户可以按 Tab 键移动到具有 Tabstop 属性的控件上，Tab 键移动的顺序可以由用户指定。按 Ctrl＋D 组合键可以使 Tab 键顺序显示出来，可以用鼠标来重新指定 Tab 键顺序，默认的 Tab 键顺序是控件的创建次序。

（6）Group 属性，Group 用来指定一组控件，用户可以用箭头在该组控件内移动，在同一组内的单选按钮具有互斥的特性，即在这些单选按钮中只能有一个是选中的。如果一个控件的 Group 属性为 True，则这个控件以及按 Tab 顺序紧随其后的所有控件都属于同一组，直到遇到另一个 Group 属性为 True 的控件为止。

图 10.11　C++的一些基本控件

10.3.1　按钮控件

按钮包括命令按钮、复选框和单选按钮。后两个按钮实际上是一种特殊的按钮，它们有选择和未选择状态。当一个复选框处于选中状态时，在小方框内会出现一个"√"，当单选按钮处于选中状态时，会在圆圈中显示一个黑色实心圆。此外，复选框还有一种不确定状态，这时检查框呈灰色显示，不能接收用户的输入，以表明控件是无效的或无意义的。

单选按钮与复选框最大的区别在于：在同一组单选按钮中，只能有一个并且必须有一个被选中，单选按钮主要用于在多种功能中由用户选择一种功能的情况；而对于复选框来说，用户可以选中多个复选框，也可以不选中其中任何一个。

按钮控件会向父窗口发出如表 10.5 所示的按钮控件通知消息。

表 10.5　按钮控件通知消息

消　息	含　义
BN_CLICKED	用户单击了按钮
BN_DOUBLECLICKED	用户双击了按钮

MFC 的 CButton 类封装了按钮控件。CButton 类的成员函数 Create( ) 负责创建按钮控件，CButton 类的主要成员函数如表 10.6 所示。

表 10.6　CButton 类的主要成员函数

函　数　名	说　明
HBITMAP GetBitmap( )const	获得用 SetBitmap( ) 函数设置的位图的句柄
UINT GetButton Style( )const	获得有关按钮控件样式的信息
int GetCheck( ) const	获得一个按钮控件选中的状态。返回 0 表示按钮未被选择，返回 1 表示按钮被选择，返回 2 表示按钮处于不确定状态（仅用于检查框）
HCURSOR GetCursor( )	获得通过 SetCursor( ) 函数设置的光标句柄

函　数　名	说　　　　明
HICON GetIcon()const	获得由 SetIcon()函数设置的图标的句柄
UINT GetState()const	获得一个按钮控件的选中、选择和聚焦状态
HBITMAP SetBitmap(HBITMAP hBitmap)	设置按钮上显示的位图
void SetButtonStyle（UINT nStyle, BOOL bRedraw＝TRUE)	设置按钮的风格
void SetCheck(int nCheck)	设置检查框或单选按钮的选择状态
HCURSOR SetCursor(HCURSOR hCursor)	设置一个按钮控件上的光标
HICON SetIcon(HICON hIcon)	设置一个按钮上显示的图标
void SetState(BOOL bHighlight)	设置一个按钮控件的选择状态

10.3.2　编辑框控件

编辑框控件是一个简易的文本编辑器，用户可以在编辑框中输入并编辑文本。编辑框控件可以自带滚动条，显示多行文本。编辑框控件有两种形式，一种是单行的，另一种是多行的，多行编辑框是从零开始编行号的。在一个多行编辑框中，除了最后一行外，每一行的结尾处都有一对回车换行符(用"\r\n"表示)，这对回车换行符是正文换行的标志，在屏幕上是不可见的。

编辑框控件会向父窗口发出如表 10.7 所示的编辑框控件通知消息。

表 10.7　编辑框控件通知消息

消　　息	含　　义
EN_CHANGE	编辑框的内容被用户改变了，与 EN_UPDATE 不同，该消息是在编辑框显示的正文被刷新后才发出的
EN_ERRSPACE	编辑框控件无法申请足够的动态内存来满足需要
EN_HSCROLL	用户在水平滚动条上单击鼠标
EN_KILLFOCUS	编辑框失去输入焦点
EN_MAXTEXT	输入的字符超过了规定的最大字符数，在没有 ES_AUTOHSCROLL 或 ES_AUTOVSCROLL 的编辑框中，当正文超出了编辑框的边框时也会发出该消息
EN_SETFOCUS	编辑框获得输入焦点
EN_UPDATE	在编辑框准备显示改变了的正文时发送该消息
EN_VSCROLL	用户在垂直滚动条上单击鼠标

MFC 的 CEdit 类封装了编辑框控件。CEdit 类的成员函数 Create()函数负责创建编辑框控件。CEdit 类的主要成员函数如表 10.8 所示。

表 10.8　CEdit 类的主要成员函数

成　员　函　数	说　　　　明
void Clear()	清除编辑框中被选择的文本
void Copy()	把在编辑框中选择的文本复制到剪贴板中
void Cut()	清除编辑框中被选择的文本并把这些文本复制到剪贴板中

续表

成 员 函 数	说　　明
void Paste()	将剪贴板中的文本插入编辑框的当前插入符处
BOOL Undo()	撤销上一次输入。对于单行编辑框，该函数总返回 TRUE；对于多行编辑框，返回 TRUE 表明操作成功，否则返回 FALSE
DWORD GetSel()const	获得所选文本的位置
int LineFromChar(int nIndex=−1)const	仅用于多行编辑框，用来返回指定字符下标的文本行的行号（从零开始编号）
int LineIndex(int nLine=−1)const	仅用于多行编辑框，获得指定行的开头字符的字符索引 *，如果指定行超过了编辑框中的最大行数，该函数将返回−1
int GetLineCount()const	仅用于多行编辑框，用来获得正文的行数。如果编辑框是空的，那么该函数将返回 1
int GetLine(int nIndex,LPTSTR lpszBuffer)const	从编辑框中获取一行文本，返回获取文本的字节数
int LineLength(int nLine=−1)const	获取编辑框中某一行文本的长度（行尾的回车和换行符不计算在内），若用于单行编辑框，则函数返回整个文本的长度
void LimitText(int nChars=0)	限制用户可输入编辑框控件的文本长度
BOOL SetReadOnly(BOOL bReadOnly=TRUE)	设置编辑框控件的只读状态
void SetSel(int nStartChar,int nEndChar,BOOL bNoScroll=FALSE)	选择编辑框控件中的一个字符范围
void ReplaceSel(LPCTSTR lpszNewText,BOOL bCanUndo=FALSE)	用指定文本替换编辑框控件的当前被选择的内容

　　* 字符索引是指从编辑框的开头字符开始的字符编号，它是从零开始编号的。也就是说，字符索引实际上是指当把整个编辑文本看作一个字符串数组时，该字符所在的数组元素的下标。

10.3.3　静态控件

　　静态控件包括静态文本（Static Text）和图片（Picture）控件。静态文本控件用来显示文本。图片控件可以显示位图、图标、方框和图元文件。静态控件不能接收用户的输入，主要起说明和装饰作用。

　　MFC 的 CStatic 类封装了静态控件，CStatic 类的成员函数 Create()负责创建静态控件。CStatic 类的主要成员函数如表 10.9 所示。

表 10.9　CStatic 类的主要成员函数

成 员 函 数	说　　明
HBITMAP SetBitmap(HBITMAP hBitmap)	指定在静态控件中要显示的位图，返回先前与此静态控件关联的位图句柄

续表

成 员 函 数	说 明
HBITMAP GetBitmap()const	获取由 SetBitmap()指定的位图
HICON SetIcon(HICON hIcon)	指定要显示的图标,返回先前与此静态控件关联的图标句柄
HICON GetIcon()const	获取由 SetIcon()指定的图标
HCURSOR SetCursor(HCURSOR hCursor)	指定要显示的光标,返回先前与此静态控件关联的光标向柄
HCURSOR GetCursor()	获取由 SetCursor()指定的光标
HENHMETAFILE SetEnhMetaFile (HENHMETAFILE hMetaFile)	指定要显示的增强图元文件,返回先前与此静态控件关联的增强图元文件句柄
HENHMETAFILE GetEnhMetaFile()const	获取由 SetEnhMetaFile()指定的增强图元文件

10.3.4　列表框控件

列表框是矩形窗口,在矩形窗口中可包含一系列的字符串,也可以包含其他的数据元素。它允许用户在列表框中选择一项或多项,列表框可以自带滚动条,它经常用在对话框里,如选择文件名、目录等。

列表框控件会向父窗口发出如表 10.10 所示的列表框控件通知消息。

表 10.10　列表框控件通知消息

消　息	说　明
ON_LBN_DBLCK	当用户双击选项时,具有 LBS_NOTIFY 样式的列表框向其父窗口发送此消息
ON_LBN_ERRSPACE	列表框不能分配到足够内存以满足要求
ON_LBN_KILLFOCUS	当列表框失去输入焦点时发送此消息
ON_LBN_SELCANCEL	当取消当前列表框选择时,具有 LBS_NOTIFY 样式的列表框向其父窗口发送此消息
ON_LBN_SELCHANGE	当列表框中的选择改变时,具有 LBS_NOTIFY 样式的列表框向其父窗口发送此消息。如果选择是用 SetCurSel()函数改变的,则不发送消息。对多项选择列表框来说,当用户按箭头键(↑,↓)时,即使选择不变也发送此消息

注:LBS_NOTIFY 样式是当用户单击或双击鼠标时通知父窗口。

MFC 的 CListBox 类封装了列表框控件,CListBox 类的成员函数 Create()负责创建列表框控件,CListBox 类的主要成员函数如表 10.11 所示。Create()函数原型如下:

```
virtual BOOL Create(DWORD dwStyle, const RECT& rect, CWnd * pParentWnd, UINT nID);
```

其中,rect 指定了列表框的位置和尺寸;pParentWnd 为父窗口的指针;nID 用于指定列表框控件的 ID;dwStyle 指定了列表框控件的风格。以下是各种风格说明。

LBS_EXTENDEDSEL:支持多重选择,在单击列表项时按住 Shift 键或 Ctrl 键即可选择多个项。

LBS_HASSTRINGS:指定一个含有字符串的自绘式列表框。

LBS_MULTICOLUMN:指定一个水平滚动的多列列表框,通过调用 CListBox::SetColumnWidth 来设置每列的宽度。

表 10.11　CListBox 类的主要成员函数

成　员　函　数	说　　　　明
int AddString(LPCTSTR lpszItem);	在列表框中添加一个字符串，如果列表框指定了 LBS_SORT 风格，字符串就被以排序顺序插入列表框中，如果没有指定 LBS_SORT 风格，字符串就被添加到列表框的结尾。返回字符串在列表框中添加的位置
int DeleteString(UINT nIndex)	从列表框中删除一个字符串，nIndex 指定了要删除项的索引。函数的返回值为剩下的列表项数目，如果 nIndex 超过了实际的表项总数，则返回 LB_ERR
int InsertString(int nIndex, LPCTSTR lpszItem)	在列表框中指定位置处插入一个字符串，返回实际的插入位置，若发生错误，会返回 LB_ERR 或 LB_ERRSPACE
void ResetContent()	清除列表框中所有列表项
int GetCount()const	获得列表框中列表项数目
int GetHorizontalExtent()const	获取列表框可水平滚动的像素宽度
void * GetItemDataPtr(int nIndex)const	获得指向列表框项的指针
int FindString(int nStartAfter, LPCTSTR lpszItem)const	从 nStartAfter 指定的位置开始搜索，若没有找到匹配项，则会从头开始搜索列表。只有找到匹配项，或对整个列表搜索完一遍后，搜索过程才会停止对列表项进行与大小写无关的搜索。若 nStartAfter 为−1，则从头开始搜索整个列表。参数 lpszItem 指定了要搜索的字符串。函数返回与 lpszItem 指定的字符串相匹配的列表项的索引，若没有找到匹配项或发生了错误，则会返回 LB_ERR
int SelectString(int nStartAfter, LPCTSTR lpszItem)	用来选择与指定字符串相匹配的列表项，该函数仅适用于单选列表框。该函数会滚动列表框以使选择项可见。如果找到了匹配的项，函数返回该项的索引，如果没有匹配的项，函数返回 LB_ERR 并且当前的选择不被改变
int GetSelCount()const	返回选择项的数目，适用于多重选择列表框
int GetCurSel()const	返回当前被选择项的索引，适用于单选列表框
int GetText(int nIndex, LPTSTR lpszBuffer)const; void GetText(int nIndex, CString& rString)const;	获取指定列表项的字符串。参数 nIndex 指定了列表项的索引。参数 lpszBuffer 指向一个接收字符串的缓冲区。引用参数 rString 则指定了接收字符串的 CString 对象。第一个函数会返回获得的字符串的长度，若出错，则返回 LB_ERR
int GetTextLen(int nIndex)const	返回列表框中指定字符串的长度

　　LBS_MULTIPLESEL：支持多重选择。列表项的选择状态随着用户对该项单击或双击鼠标而翻转。

　　LBS_NOINTEGRALHEIGHT：列表框的尺寸由应用程序而不是 Windows 指定。通常，Windows 指定尺寸会使列表项的某些部分隐藏起来。

　　LBS_NOREDRAW：当选择发生变化时防止列表框被更新，可发送消息改变该风格。

　　LBS_NOTIFY：当用户单击或双击鼠标时通知父窗口。

　　LBS_OWNERDRAWFIXED：指定自绘式列表框，即由父窗口负责绘制列表框的内容，并且列表项有相同的高度。

　　LBS_OWNERDRAWVARIABLE：指定自绘式列表框，并且列表项有不同的高度。

　　LBS_SORT：使插入列表框中的项按升序排列。

　　LBS_STANDARD：相当于指定了 WS_BORDER|WS_VSCROLL|LBS_SORT。

　　LBS_USETABSTOPS：使列表框在显示列表项时识别并扩展制表符（'\t'），默认的制表宽度是 32 个对话框单位。

LBS_WANTKEYBOARDINPUT：允许列表框的父窗口接收 WM_VKEYTOITEM 和 WM_CHARTOITEM 消息，以响应键盘输入。

LBS_DISABLENOSCROLL：使列表框在不需要滚动时显示一个禁止的垂直滚动条。

dwStyle 可以是以上所列风格的组合。

10.3.5　滚动条控件

滚动条（Scroll Bar）主要用来在某一预定义值范围内快速有效地进行选择，滚动条分垂直滚动条（Vertical Scroll Bar）和水平滚动条（Horizontal Scroll Bar）两种，在滚动条内有一个滚动框，用来表示当前的值，用鼠标单击滚动条，可以使滚动框移动一页或一行，也可以直接拖动滚动框，滚动条既可以作为一个独立控件存在，也可以作为窗口、列表框和组合框的一部分。滚动条控件和属于窗口的滚动条是不一样的，属于窗口的滚动条是由该窗口创建、管理和撤销的，而滚动条控件是由用户创建、管理和撤销的。

滚动条控件会向父窗口发出如表 10.12 所示的滚动条控件通知消息。

表 10.12　滚动条控件通知消息

消　息	说　明
SB_BOTTOM/SB_RIGHT（二者的消息码是一样的，因此可以混用，下同）	滚动到底端/右端
SB_TOP/SB_LEFT	滚动到顶端/左端
SB_LINEDOWN/SB_LINERIGHT	向下/向右滚动一行/列
SB_LINEUP/SB_LINELEFT	向上/向左滚动一行/列
SB_PAGEDOWN/SB_PAGERIGHT	向下/向右滚动一页
SB_PAGEUP/SB_PAGELEFT	向上/向左滚动一页
SB_THUMBPOSITION	滚动到指定位置
SB_THUMBTRACK	滚动框被拖动，可利用该消息来跟踪对滚动框的拖动
SB_ENDSCROLL	滚动结束

MFC 的 CScrollBar 类封装了滚动条控件，CScrollBar 类的 Create()成员函数负责创建滚动条控件。CScrollBar 类的主要成员函数如表 10.13 所示。

表 10.13　CScrollBar 类的主要成员函数

函　数　名	说　明
int GetScrollPos()const	返回滚动框的当前位置，若操作失败则返回 0
int SetScrollPos(int nPos,BOOL bRedraw=TRUE)	将滚动框移动到指定位置
void GetScrollRange（LPINT lpMinPos,LPINT lpMaxPos)const	获取滚动条的滚动范围
void SetScrollRange（int nMinPos,int nMaxPos,BOOL bRedraw=TRUE)	设置滚动条的滚动范围
void ShowScrollBar(BOOL bShow=TRUE)	显示或隐藏滚动条
int GetScrollLimit()	获取滚动条的最大滚动位置

10.3.6　组合框控件

组合框把一个编辑框和一个单选列表框结合在一起，用户既可以在编辑框中输入，也可以从列表框中选择一个列表项来完成输入。组合框分为简易式（simple）、下拉式

(dropdown)和下拉列表式(drop list)三种。简易式组合框包含一个编辑框和一个总是显示的列表框。下拉式组合框同简易式组合框类似，二者的区别在于仅当单击下拉箭头后下拉式组合框的列表框才会弹出。下拉列表式组合框也有一个下拉的列表框，但它的编辑框是只读的，不能输入字符。

组合框控件会向父窗口发出如表 10.14 所示的组合框控件通知消息。

表 10.14　组合框控件通知消息

消　息	说　明
CBN_CLOSEUP	组合框的列表框组件被关闭，简易式组合框不会发出该消息
CBN_DBLCLK	用户在某列表项上双击鼠标，只有简易式组合框才会发出该消息
CBN_DROPDOWN	组合框的列表框组件下拉，简易式组合框不会发出该消息
CBN_EDITCHANGE	编辑框的内容被用户改变了。与 CBN_EDITUPDATE 不同，该消息是在编辑框显示的文本被刷新后才发出的。下拉列表式组合框不会发出该消息
CBN_EDITUPDATE	在编辑框准备显示改变了的文本时发送该消息。下拉列表式组合框不会发出该消息
CBN_ERRSPACE	组合框无法申请足够的内存来容纳列表项
CBN_SELENDCANCEL	表明用户的选择应该取消，当用户在列表框中选择了一项，然后又在组合框控件外单击时就会导致该消息的发送
CBN_SELENDOK	用户选择了一项，然后按了回车键或单击了下拉箭头。该消息表明用户确认了自己所做的选择
CBN_KILLFOCUS	组合框失去了输入焦点
CBN_SELCHANGE	用户通过单击或按箭头键(↑,↓)改变了列表的选择
CBN_SETFOCUS	组合框获得了输入焦点

MFC 的 CComboBox 类封装了组合框控件的功能，CComboBox 类的 Create() 成员函数负责创建控件。CComboBox 类的主要成员函数如表 10.15 所示，其他的成员函数与编辑框和列表框的成员函数非常相似，在此不再详述。

表 10.15　CComboBox 类的主要成员函数

成　员　函　数	说　明
int GetCount() const	获取组合框的列表框中列表项的数目
int GetCurSel() const	获取组合框的列表框中当前选择项的索引
int SetCurSel(int nSelect)	在编辑框中显示列表框中索引为 nSelect 的列表项
int GetTopIndex() const	获取组合框控件的列表框中第一个可见项的索引
int SetTopIndex(int nIndex)	将组合框控件的列表框中某个指定项设置为可见的。nIndex 参数指定了该列表项的索引，正确返回 0，错误返回 CB_ERR
BOOL LimitText(int nMaxChars)	限制用户输入组合框编辑框控件中文本的长度
int AddString(LPCTSTR lpszString)	为组合框中的列表框添加新的列表项
int DeleteString(UINT nIndex)	删除组合框中指定位置的列表项
int InsertString(int nIndex, LPCTSTR lpszString)	在组合框中的列表框指定位置插入新的列表项
int SelectString(int nStartAfter, LPCTSTR lpszString)	在组合框的列表框中查找字符串，若找到，则选择字符串，并复制到编辑框中

10.3.7　基本控件应用示例

本节通过几个实例讲解基本控件的具体应用。

【例 10.1】　编写一个应用程序，由用户从键盘上输入三角形三条边的边长，计算并输出三角形的面积。程序的运行结果如图 10.12 所示。

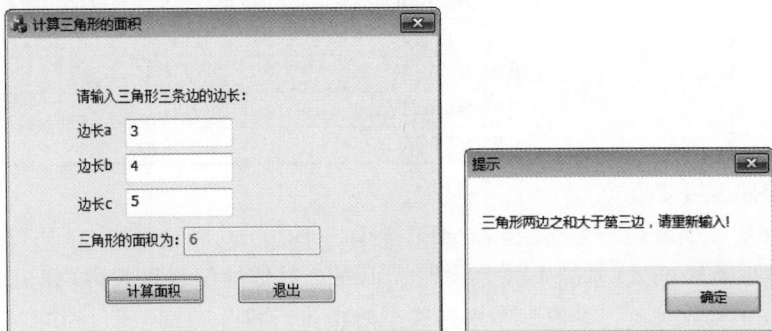

图 10.12　例 10.1 的运行结果

设计步骤如下。

(1) 在 Visual C++ 2010 中使用 MFC AppWizard 创建基于对话框的 MFC 应用程序。

项目名称设置为 area。

在如图 10.4 所示的"MFC 应用程序向导"中输入"对话框标题"为："计算三角形的面积"。或者生成应用程序框架之后，右击对话框，选择"属性"，设置对话框的属性，在如图 10.13 所示的"属性"窗口中设置 Caption 的值为"计算三角形的面积"。有关对话框的其他属性用户可以自行实验，因为是所见即所得，所以非常简单。

(2) 设计应用程序的界面。

① 删除 TODO 开始的静态文本框，删除"确定"和"取消"两个按钮。

② 如图 10.12 所示，从工具箱中向对话框中放置五

图 10.13　"属性"窗口

个静态文本框(Static Text)，分别用于显示输入提示信息和输出提示信息；放置四个编辑框(Edit Control)，分别用于输入三条边的边长和输出三角形的面积；放置两个命令按钮(Button)。分别设置各控件的属性。

对话框界面中各控件的属性设置如表 10.16 所示。此外，设置 IDC_EDIT_area 控件的 Disabled 属性为 True，表示程序运行时，用户不可编辑该控件。

表 10.16　例 10.1 对话框界面中各控件的属性

控　　件	ID	Caption
Button	IDC_BUTTON_Calculate	计算面积
Button	IDC_BUTTON_Quit	退出
Edit Control	IDC_EDIT_a	无

续表

控 件	ID	Caption
Edit Control	IDC_EDIT_b	无
Edit Control	IDC_EDIT_c	无
Edit Control	IDC_EDIT_area	无
Static Text	IDC_STATIC	请输入三角形三条边的边长：
Static Text	IDC_STATIC	边长 a
Static Text	IDC_STATIC	边长 b
Static Text	IDC_STATIC	边长 c
Static Text	IDC_STATIC	三角形的面积为：

（3）给控件连接变量。

每个控件实际上就是一个对象，对 MFC 类库中的方法（成员函数）调用都是通过对象实现的。编辑框是从 CEdit 基类中派生出来的，而每个具体的编辑框控件（如 IDC_EDIT_a）就是一个 CEdit 类的对象。在源程序中对这个对象进行操作，就是通过对它相连接的变量进行操作来完成的。这个连接的变量就是类中的一个成员变量（数据成员）。

现在，给 IDC_EDIT_a 编辑框连接一个数据成员 m_a。

方法一：

右击 IDC_EDIT_a 编辑框，在弹出的快捷菜单中选择"添加变量"命令，或者按下 Ctrl 键的同时双击 IDC_EDIT_a 编辑框，弹出如图 10.14 所示的"添加成员变量向导"对话框，变量"类别"选择 Value（由于本题计算三角形面积，故设为值类型），"变量类型"为 float，"变量名"为 m_a，可以设置该变量的最小值和最大值。单击"完成"按钮就为 IDC_EDIT_a 编辑框连接了一个成员变量 m_a。程序中用到的成员变量 m_a 已经自动生成在 areaDlg.h 头文件中，并且在 areaDlg.cpp 文件中进行了初始化。

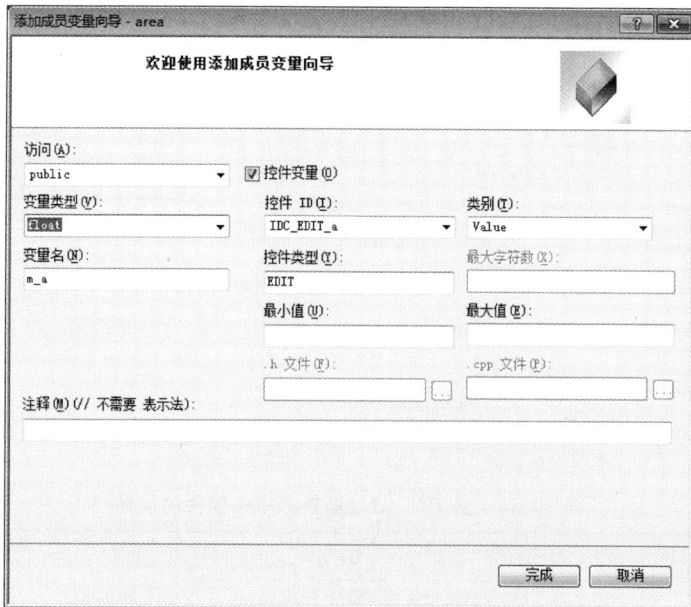

图 10.14 "添加成员变量向导"对话框

方法二：

① 右击 IDC_EDIT_b 编辑框，在弹出的快捷菜单中选择"类向导"命令，或执行"项目"菜单中的"类向导"命令。在弹出的 MFC ClassWizard 对话框中选择"成员变量"选项卡，在"控件 ID"列表框中单击 IDC_EDIT_b 项，单击"添加变量"按钮，弹出如图 10.15 所示的"添加成员变量"对话框。

② 设置"成员变量名称"为 m_b，类别为 "Value,"变量类型为 float。在该对话框中，也可以设置该变量的最小值和最大值。

③ 可以用同样的方法为其他控件连接成员变量。增加成员变量之后的"MFC 类向导"对话框如图 10.16 所示。单击"确定"按钮，即可为控件连接

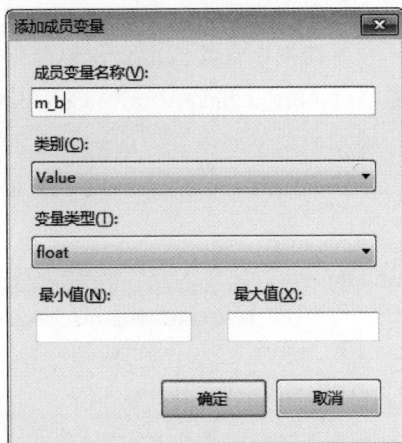

图 10.15 "添加成员变量"对话框

成员变量，这些变量会自动添加到 CareaDlg 类中，并且在 areaDlg.cpp 文件 CareaDlg 类的构造函数中对 4 个成员变量 m_a、m_b、m_c 和 m_area 均自动初始化为 0。

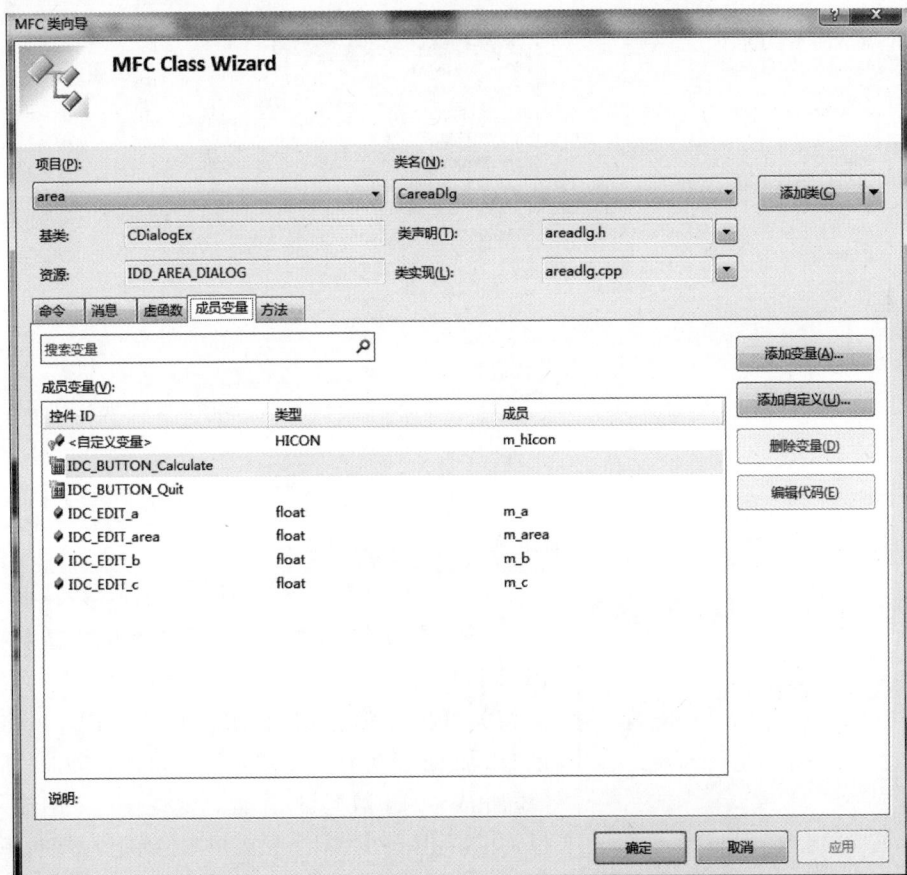

图 10.16 增加成员变量之后的"MFC 类向导"对话框

（4）给"计算面积"命令按钮连接代码（给"计算面积"按钮添加消息处理函数）。

方法一：

在对话框中直接双击要连接代码的 IDC_BUTTON_Calculate 按钮，则接受系统建议的函数名称 OnBnClickedButtonCalculate，并且使光标停留在源代码文件的相应函数处，等待用户输入函数体的内容。这表示单击"计算"按钮 IDC_BUTTON_Calculate 时，自动执行一个消息处理函数 OnBnClickedButtonCalculate()。

方法二：

图 10.17 "MFC 类向导"对话框

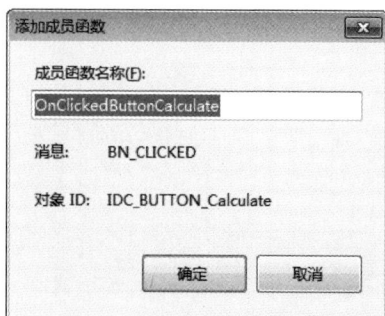

图 10.18 "添加成员函数"对话框

打开"MFC 类向导"对话框，如图 10.17 所示，选择"命令"选项卡，在"对象 ID"列表框中选择 IDC_BUTTON_Calculate，"消息"列表框列出了与所选对象相关事件的消息，选择 BN_CLICKED，单击右侧的"添加处理程序"按钮，弹出如图 10.18 所示的"添加成员函数"对话框，接受建议函数名称 OnClickedButtonCalculate，单击"确定"按钮，返回到"MFC 类向导"对话框，单击"确定"按钮。

注意：采用两种不同的方法添加消息处理函数时，系统建议的函数名是不同的。

计算三角形面积的代码如下：

```
void CareaDlg::OnBnClickedButtonCalculate()
{
    //TODO: 在此添加控件通知处理程序代码
    UpdateData(TRUE);                 //从编辑框中读出数据到数据成员中
    float s;                          //定义中间变量
    if(m_a + m_b <= m_c || m_a + m_c <= m_b || m_b + m_c <= m_a)
        MessageBox(_T("三角形两边之和大于第三边,请重新输入!"),_T("提示"), MB_OK);
    else
    {
        s = (m_a + m_b + m_c)/2;
        m_area = (float)sqrt(s * (s - m_a) * (s - m_b) * (s - m_c));
        UpdateData(FALSE);            //更新编辑框中的数据成员
    }
}
```

代码段中的第一行注释是系统自动生成的,提示用户在下面输入程序代码。

UpdateData()函数只有一个 BOOL 类型的参数,当实参为 TRUE 时,将控件信息转换为变量数据；若为 FALSE 时,将变量数据转换为控件信息。UpdateData()先建立一个 CDataExchange 对象,然后调用重载的 DoDataExchange()函数,实现数据交换。

需要注意的是,本成员函数体中调用了求平方根函数 sqrt(),所以应该在源程序文件 areaDlg.cpp 的前部增加如下的文件包含命令：

```
#include <cmath>
using namespace std;
```

(5) 给"退出"命令按钮连接代码。

方法同上,代码如下：

```
void CareaDlg::OnBnClickedButtonQuit()
{
    //TODO: 在此添加控件通知处理程序代码
    CDialog::OnOK();
}
```

【程序解析】

① 函数体中的 OnOK()是 CDialog 类的成员函数,用于关闭对话框。因为 CareaDlg 类是从 MFC 的 CDialogEx 基类(CDialogEx 类是 CDialog 类的派生类)中派生出来的,所以也就继承了 OnOK()函数,而 OnBnClickedButtonQuit()又是 CareaDlg 的成员函数,因此可以调用基类的 OnOK()函数。

② 因为 IDD_AREA_DIALOG 对话框与 CareaDlg 类相关联,而且 IDD_AREA_DIALOG 对话框又是 area 应用程序的主窗口,所以调用 OnOK()函数将会关闭应用程序对话框,从而终止应用程序。

(6) 编译、连接、运行程序。

通过本例题可以发现,利用 MFC 进行可视化程序设计,用户输入的源代码量很少,绝大部分设计工作都可以由 AppWizard 帮助完成。下面列出了 AppWizard 自动生成的

areaDlg. h 头文件和 areaDlg. cpp 实现文件的内容，请读者仔细阅读，加深理解。

```cpp
//areaDlg.h :头文件
# pragma once

//CareaDlg 对话框
class CareaDlg : public CDialogEx
{
//构造
public:
    CareaDlg(CWnd * pParent = NULL);                    //标准构造函数

//对话框数据
    enum { IDD = IDD_AREA_DIALOG };

    protected:
    virtual void DoDataExchange(CDataExchange * pDX);    //DDX/DDV 支持

//实现
protected:
    HICON m_hIcon;

    //生成的消息映射函数
    virtual BOOL OnInitDialog();
    afx_msg void OnSysCommand(UINT nID, LPARAM lParam);
    afx_msg void OnPaint();
    afx_msg HCURSOR OnQueryDragIcon();
    DECLARE_MESSAGE_MAP()
public:
    float m_b;
    float m_c;
    float m_a;
    float m_area;
    afx_msg void OnBnClickedButtonCalculate();
    afx_msg void OnBnClickedButtonQuit();
};
```

```cpp
//areaDlg.cpp :实现文件
# include "stdafx. h"
# include "area. h"
# include "areaDlg. h"
# include "afxdialogex. h"
# include < cmath >
using namespace std;

# ifdef _DEBUG
# define new DEBUG_NEW
# endif

//用于应用程序"关于"菜单项的 CAboutDlg 对话框
class CAboutDlg : public CDialogEx
{
public:
```

```
    CAboutDlg();

    //对话框数据
    enum { IDD = IDD_ABOUTBOX };

protected:
    virtual void DoDataExchange(CDataExchange * pDX);          //DDX/DDV 支持

    //实现
protected:
    DECLARE_MESSAGE_MAP()
};

CAboutDlg::CAboutDlg() : CDialogEx(CAboutDlg::IDD)
{
}

void CAboutDlg::DoDataExchange(CDataExchange * pDX)
{
    CDialogEx::DoDataExchange(pDX);
}

BEGIN_MESSAGE_MAP(CAboutDlg, CDialogEx)
END_MESSAGE_MAP()


//CareaDlg 对话框
CareaDlg::CareaDlg(CWnd * pParent / * = NULL * /)
    :CDialogEx(CareaDlg::IDD, pParent)
    , m_a(0)
    , m_area(0)
{
    m_hIcon = AfxGetApp() - > LoadIcon(IDR_MAINFRAME);
    m_b = 0.0f;
    m_c = 0.0f;
}

void CareaDlg::DoDataExchange(CDataExchange * pDX)
{
    CDialogEx::DoDataExchange(pDX);
    DDX_Text(pDX, IDC_EDIT_a, m_a);
    DDX_Text(pDX, IDC_EDIT_b, m_b);
    DDX_Text(pDX, IDC_EDIT_c, m_c);
    DDX_Text(pDX, IDC_EDIT_area, m_area);
}

BEGIN_MESSAGE_MAP(CareaDlg, CDialogEx)
    ON_WM_SYSCOMMAND()
    ON_WM_PAINT()
    ON_WM_QUERYDRAGICON()
    ON_BN_CLICKED(IDC_BUTTON_Calculate, &CareaDlg::OnBnClickedButtonCalculate)
    ON_BN_CLICKED(IDC_BUTTON_Quit, &CareaDlg::OnBnClickedButtonQuit)
END_MESSAGE_MAP()

//CareaDlg 消息处理程序
BOOL CareaDlg::OnInitDialog()
{
```

```
    CDialogEx::OnInitDialog();
    /* 将"关于"菜单项添加到系统菜单中。IDM_ABOUTBOX 必须在系统命令范围内 */
    ASSERT((IDM_ABOUTBOX & 0xFFF0) == IDM_ABOUTBOX);
    ASSERT(IDM_ABOUTBOX < 0xF000);

    CMenu * pSysMenu = GetSystemMenu(FALSE);
    if (pSysMenu != NULL)
    {
        BOOL bNameValid;
        CString strAboutMenu;
        bNameValid = strAboutMenu.LoadString(IDS_ABOUTBOX);
        ASSERT(bNameValid);
        if (!strAboutMenu.IsEmpty())
        {
            pSysMenu -> AppendMenu(MF_SEPARATOR);
            pSysMenu -> AppendMenu(MF_STRING, IDM_ABOUTBOX, strAboutMenu);
        }
    }

    /* 设置此对话框的图标,当应用程序主窗口不是对话框时,框架将自动执行此操作 */
    SetIcon(m_hIcon, TRUE);                     //设置大图标
    SetIcon(m_hIcon, FALSE);                    //设置小图标

    //TODO: 在此添加额外的初始化代码

    return TRUE;                                //除非将焦点设置到控件,否则返回 TRUE
}

void CareaDlg::OnSysCommand(UINT nID, LPARAM lParam)
{
    if ((nID & 0xFFF0) == IDM_ABOUTBOX)
    {
        CAboutDlg dlgAbout;
        dlgAbout.DoModal();
    }
    else
    {
        CDialogEx::OnSysCommand(nID, lParam);
    }
}

/* 如果向对话框添加最小化按钮,则需要下面的代码来绘制该图标。对于使用文档/视图模型的
MFC 应用程序,将由框架自动完成 */

void CareaDlg::OnPaint()
{
    if (IsIconic())
    {
        CPaintDC dc(this);                      //用于绘制的设备上下文

        SendMessage(WM_ICONERASEBKGND, reinterpret_cast < WPARAM >(dc.GetSafeHdc()), 0);

        //使图标在工作区矩形中居中
        int cxIcon = GetSystemMetrics(SM_CXICON);
        int cyIcon = GetSystemMetrics(SM_CYICON);
        CRect rect;
```

```
        GetClientRect(&rect);
        int x = (rect.Width() - cxIcon + 1) / 2;
        int y = (rect.Height() - cyIcon + 1) / 2;

        //绘制图标
        dc.DrawIcon(x, y, m_hIcon);
    }
    else
    {
        CDialogEx::OnPaint();
    }
}

/* 当用户拖动最小化窗口时系统调用此函数取得光标显示 */
HCURSOR CareaDlg::OnQueryDragIcon()
{
    return static_cast<HCURSOR>(m_hIcon);
}

void CareaDlg::OnBnClickedButtonCalculate()
{
    //TODO: 在此添加控件通知处理程序代码
    UpdateData(TRUE);                          //从编辑框中读出数据到数据成员中
    float s;                                   //定义中间变量
    if(m_a + m_b <= m_c || m_a + m_c <= m_b || m_b + m_c <= m_a)
        MessageBox(_T("三角形两边之和大于第三边,请重新输入!"),_T("提示"), MB_OK);
    else
    {
        s = (m_a + m_b + m_c)/2;
        m_area = (float)sqrt(s * (s - m_a) * (s - m_b) * (s - m_c));
        UpdateData(FALSE);                     //更新编辑框中的数据成员
    }
}

void CareaDlg::OnBnClickedButtonQuit()
{
    //TODO: 在此添加控件通知处理程序代码
    CDialog::OnOK();
}
```

【例 10.2】 编写一个应用程序,实现简单的计算器功能。程序的运行结果如图 10.19 所示。

设计步骤如下。

(1) 在 Visual C++ 2010 中使用 AppWizard 创建基于对话框的 MFC 应用程序。项目 名称设置为 Calculator。

(2) 更改标题栏的图标。

使用 MFC AppWizard 创建工程时,系统会使用如图 10.20 所示的默认图标,可以采用 以下方法进行更改。

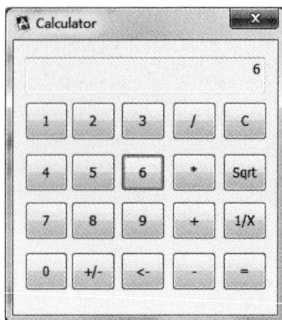

图 10.19　例 10.2 的运行结果

图 10.20　MFC AppWizard 使用的默认图标

　　方法一：在 Windows 资源管理器中直接用新的 ICO 文件替换掉项目中 res 文件夹中的 ICO 文件，再执行"生成"菜单中的"重新生成"Rebuild 命令。

　　方法二：在 Visual C++ 2010 中打开"资源视图"，如图 10.21 所示，右击 Icon，在弹出的快捷菜单中选择"添加资源"命令，弹出如图 10.22 所示的"添加资源"对话框，单击"导入"按钮，在弹出的如图 10.23 所示的"导入"对话框中，选择要导入的图标文件。

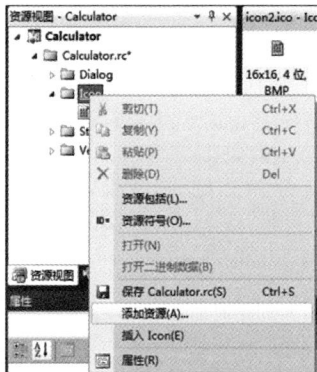

图 10.21　资源视图

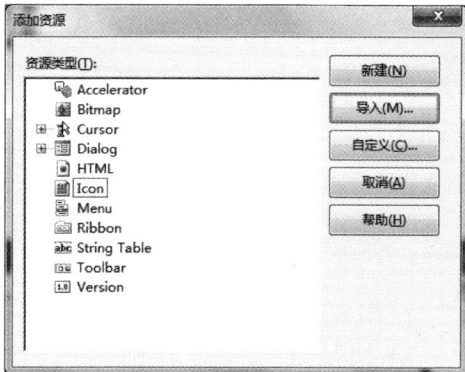

图 10.22　"添加资源"对话框

图 10.23　"导入"对话框

在资源视图中删除名为 IDR_MAINFRAME 的图标,选中新导入的图标文件,在其"属性"对话框中将其 ID 值设置为 IDR_MAINFRAME,如图 10.24 所示,再执行"生成"菜单中的"重新生成"命令,即可更改标题栏的图标。

（3）设计应用程序的界面。

界面中有一个编辑框控件和 20 个命令按钮,为了保证各按钮大小相等,可以先制作好一个按钮,复制此按钮,然后进行粘贴,之后修改各按钮的属性。

设置编辑框的属性：设置 Number、Readonly 和 Right Aligned text 的属性为 True；Align Text 属性设置为 Right。

各按钮的 Caption 值和 ID 值对应情况如表 10.17 所示。

图 10.24 修改图标文件的 ID 值

表 10.17 各按钮的 Caption 值和 ID 值对应情况表

按钮 Caption 值	ID 值	按钮 Caption 值	ID 值
1	IDC_BUTTON1	+/−	IDC_BUTTON11
2	IDC_BUTTON2	<−	IDC_BUTTON12
3	IDC_BUTTON3	/	IDC_BUTTON13
4	IDC_BUTTON4	*	IDC_BUTTON14
5	IDC_BUTTON5	+	IDC_BUTTON15
6	IDC_BUTTON6	−	IDC_BUTTON16
7	IDC_BUTTON7	C	IDC_BUTTON17
8	IDC_BUTTON8	Sqrt	IDC_BUTTON18
9	IDC_BUTTON9	1/X	IDC_BUTTON19
0	IDC_BUTTON10	=	IDC_BUTTON20

（4）为编辑框连接一个 double 类型的 Value 值变量 m_result,用于将输出结果在编辑框中显示出来。

（5）添加程序代码。

① 在对话框类的头文件 CalculatorDlg.h 中添加包含数学函数的头文件：

```
# include < math. h >
```

② 为 CCalculatorDlg 类添加如下数据成员和成员函数：

```
double number1,number2;                //用于存储进行运算的数值
int NumberState,OperationState;
//NumberState 用于表示将数值赋予 number1 或 number2
//OperationState 表示要进行的具体操作
void cal();                            //用于实现对操作数的运算
```

并且在 CCalculatorDlg 类的构造函数中增加如下一条语句：

```
NumberState = 1;
```

表示首先对第一个数进行赋值。

③ 手工添加按钮消息映射：在 CalculatorDlg.h 文件的相应位置添加如下代码：

```
afx_msg void OnNumberKey(UINT nID);          //单击数字键
afx_msg void OnOperationKey(UINT nID);        //单击操作键
```

在 CalculatorDlg.cpp 文件中的 BEGIN_MESSAGE_MAP（CCalculatorDlg，CDialog）和 END_MESSAGE_MAP()之间添加如下代码：

```
ON_COMMAND_RANGE(IDC_BUTTON1,IDC_BUTTON10,OnNumberKey)
//单击数字键
ON_COMMAND_RANGE(IDC_BUTTON11,IDC_BUTTON20,OnOperationKey)
//单击操作键
```

④ 在 CalculatorDlg.cpp 文件中为成员函数 OnNumberKey() 和 OnOperationKey() 添加代码：

```
void CCalculatorDlg::OnNumberKey(UINT nID)
{
    int n = 0;
    switch(nID)
    {
        case IDC_BUTTON1:n = 1;break;
        case IDC_BUTTON2:n = 2;break;
        case IDC_BUTTON3:n = 3;break;
        case IDC_BUTTON4:n = 4;break;
        case IDC_BUTTON5:n = 5;break;
        case IDC_BUTTON6:n = 6;break;
        case IDC_BUTTON7:n = 7;break;
        case IDC_BUTTON8:n = 8;break;
        case IDC_BUTTON9:n = 9;break;
        case IDC_BUTTON10:n = 0;break;
    }
    if(NumberState == 1)
    {
        m_result = m_result * 10 + n;
        number1 = m_result;
        UpdateData(FALSE);                    //更新编辑框中的值
    }
    else
    {
        m_result = m_result * 10 + n;
        number2 = m_result;
        UpdateData(FALSE);
    }
}
void CCalculatorDlg::OnOperationKey(UINT nID)
{
    switch(nID)
    {
    case IDC_BUTTON11:                        //" + / - "按钮
        m_result = - m_result;
        if(NumberState == 1)
            number1 = m_result;
        else
            number2 = m_result;
        UpdateData(FALSE);
```

```
            break;
        case IDC_BUTTON12:                      //"< - "按钮
            m_result = (int)m_result/10;
            if(NumberState == 1)
                number1 = m_result;
            else
                number2 = m_result;
            UpdateData(FALSE);
            break;
        case IDC_BUTTON13:                      //"/"按钮
            OperationState = 1;
            UpdateData(FALSE);
            m_result = 0;
            NumberState = 2;
            break;
        case IDC_BUTTON14:                      //" * "按钮
            OperationState = 2;
            UpdateData(FALSE);
            m_result = 0;
            NumberState = 2;
            break;
        case IDC_BUTTON15:                      //" + "按钮
            OperationState = 3;
            UpdateData(FALSE);
            m_result = 0;
            NumberState = 2;
            break;
        case IDC_BUTTON16:                      //" - "按钮
            OperationState = 4;
            UpdateData(FALSE);
            m_result = 0;
            NumberState = 2;
            break;
        case IDC_BUTTON17:                      //"C"按钮
            number1 = number2 = m_result = 0;
            UpdateData(FALSE);
            NumberState = 1;
            break;
        case IDC_BUTTON18:                      //"Sqrt"按钮
            number1 = m_result = sqrt(number1);
            UpdateData(FALSE);
            break;
        case IDC_BUTTON19:                      //"1/X"按钮
            number1 = m_result = (double)1/number1;
            UpdateData(FALSE);break;
        case IDC_BUTTON20:                      //" = "按钮
            cal();                              //调用 cal()成员函数
            break;
        }
    }
```

⑤ 为成员函数 cal()添加代码：

```
void CCalculatorDlg::cal()
{
```

```
switch(OperationState)
{
case 1:
    m_result = (double)number1/number2;
    UpdateData(FALSE);            //更新编辑框中的结果
    number1 = m_result;           //把此次的运算结果作为下一次运算的第一个操作数
    NumberState = 2;              //下次输入的数作为第二个操作数
    break;
case 2:
    m_result = number1 * number2;
    UpdateData(FALSE);            //更新编辑框中的结果
    number1 = m_result;
    NumberState = 2;
    break;
case 3:
    m_result = number1 + number2;
    UpdateData(FALSE);            //更新编辑框中的结果
    number1 = m_result;
    NumberState = 2;
    break;
case 4:
    m_result = number1 − number2;
    UpdateData(FALSE);            //更新编辑框中的结果
    number1 = m_result;
    NumberState = 2;
    break;
}
OperationState = 0;
}
```

（6）编译、连接、运行程序。

【例 10.3】 组合框、列表框、复选框的使用示例。

程序的运行结果如图 10.25 所示。学生可以在组合框中选择不同课程的类别，在列表框中选择该类别的具体课程之后，在最上方的编辑框中会显示所选课程的学分，单击复选框可以选课，单击"计算总学分"按钮，会弹出如图 10.26 所示的对话框，显示所选课程的总学分。

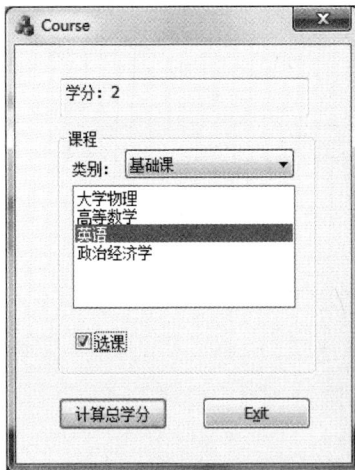

图 10.25　例 10.3 的运行结果

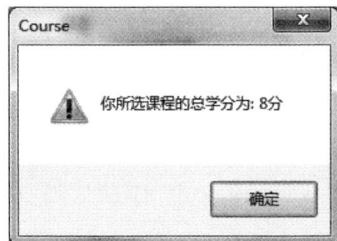

图 10.26　Course 对话框

设计步骤如下。

（1）在 Visual C++ 2010 中创建基于对话框的 MFC 应用程序，项目名称设置为 Course。

（2）设计应用程序的界面。

表 10.18 列出了各控件的属性。

表 10.18　各控件的属性

控　件	Caption	ID	其他主要属性
编辑框 Edit Control		IDC_EDIT	Read only 设为 True
分组框 Group Box	课程	IDC_STATIC	
静态文本框 Static Text	类别：	IDC_STATIC	
组合框 Combo Box	无	IDC_COURSE_COMBO	Type 设为 Drop List
列表框 List Box	无	IDC_COURSE_LIST	
复选框 Check Box	选课	IDC_ISSELECTED	
命令按钮 Button	计算总学分	IDC_SUM	
命令按钮 Button	E&xit	IDC_EXIT	

说明：Caption 为 E&xit 的命令按钮，表示在字母 x 前加 & 的目的是作为快捷键，按 Alt＋X 组合键相当于单击此按钮。

注意：设置组合框的属性时，Data 属性指定用来填充控件的数据，用分号分隔每一项，如图 10.27 所示。

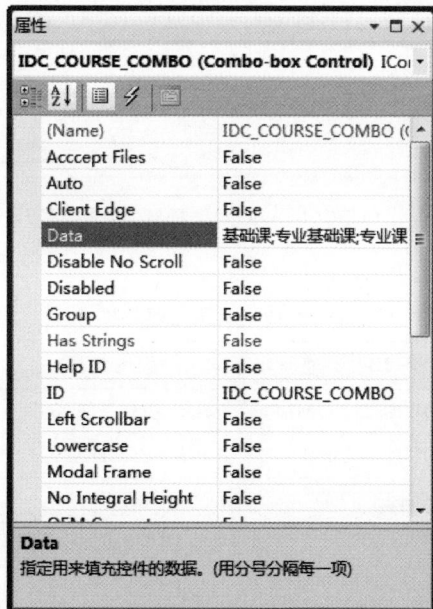

图 10.27　"属性"窗口

（3）为控件连接数据成员。

连接数据成员之后的"MFC 类向导"对话框的"成员变量"选项卡如图 10.28 所示。

图 10.28 "MFC 类向导"对话框的"成员变量"选项卡

（4）添加如表 10.19 所示的消息处理函数。

表 10.19 消息处理函数

控　件	ID	消　息	消息处理函数
组合框	IDC_COURSE_COMBO	CBN_SELCHANGE	OnSelchangeCourseCombo
列表框	IDC_COURSE_LIST	LBN_SELCHANGE	OnSelchangeCourseList
复选框	IDC_ISSELECTED	BN_CLICLED	OnClickedIsselected
命令按钮	IDC_SUM	BN_CLICLED	OnClickedSum
命令按钮	IDC_EXIT	BN_CLICLED	OnClickedExit

选择"MFC 类向导"对话框的"命令"选项卡，如图 10.29 所示。选择对象 ID 和相应的消息，单击"添加处理程序"按钮，弹出如图 10.30 所示的"添加成员函数"对话框，接受系统推荐的成员函数名称，或者进行修改，单击"确定"按钮，返回到图 10.29，在该图最下方列出了添加的成员函数列表。添加完成后，单击"确定"按钮。

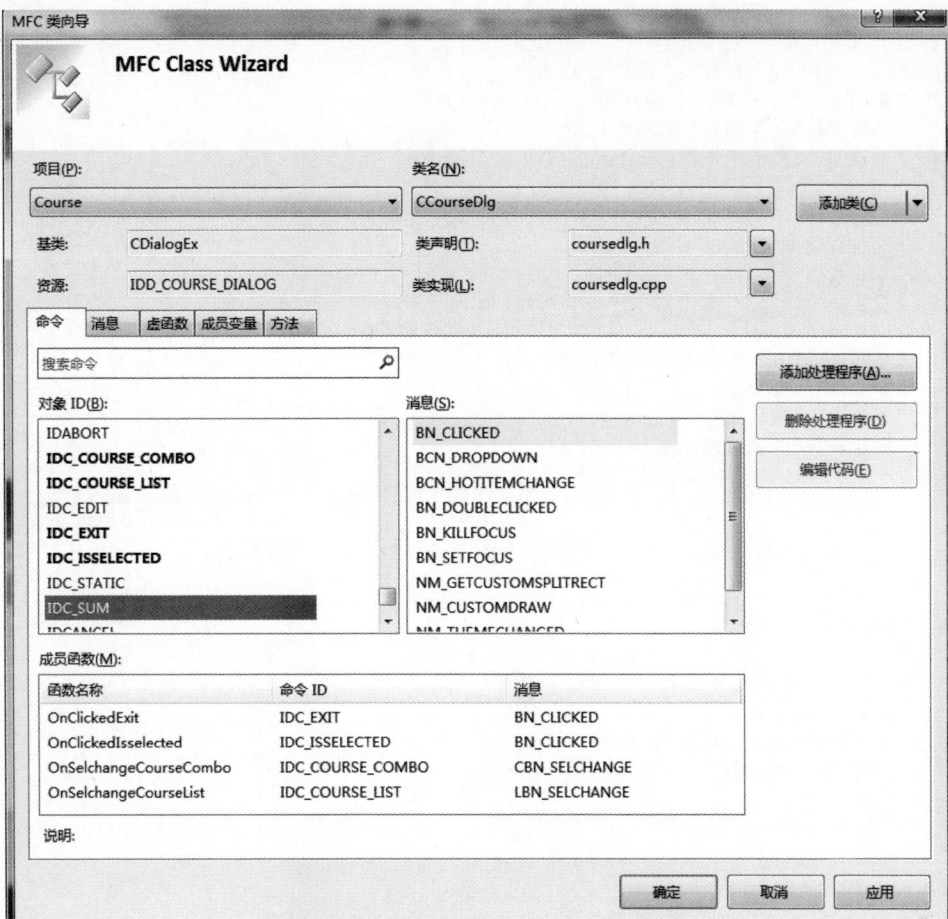

图 10.29 "MFC 类向导"对话框的"命令"选项卡

图 10.30 "添加成员函数"对话框

（5）在 CourseDlg.cpp 文件的顶端添加如下程序代码段：

```
struct course
{
    char * strType;
    char * strName;
    bool isSelect;
```

```
        int score;
    };
course cour[] = {"基础课","英语",false,2,
    "基础课","高等数学",false,2,
    "基础课","大学物理",false,1,
    "基础课","政治经济学",false,1,

    "专业基础课","高级语言程序设计",false,2,
    "专业基础课","数据结构",false,2,
    "专业基础课","计算机组成原理",false,3,
    "专业基础课","汇编语言程序设计",false,3,

    "专业课","OOP 程序设计",false,2,
    "专业课","编译原理",false,2,
    "专业课","微机原理",false,3,
    "专业课","计算机网络",false,3
};
```

（6）在 CourseDlg.cpp 文件中添加 5 个消息处理函数，代码如下：

```
void CCourseDlg::OnSelchangeCourseCombo()
{
    //TODO: 在此添加控件通知处理程序代码
    int nStart;
    int nIndex = m_cmbType.GetCurSel();
    m_cmbType.GetLBText(nIndex,m_strType);

    if(m_strType == "基础课")
    {
        nStart = 0;
    }
    else if(m_strType == "专业基础课")
    {
        nStart = 4;
    }
    else
        nStart = 8;
    m_lstName.ResetContent();
    for(int i = nStart;i < nStart + 4;i++)
    {
        m_lstName.AddString(CString(cour[i].strName));
    }
}

void CCourseDlg::OnSelchangeCourseList()
{
    //TODO: 在此添加控件通知处理程序代码
    UpdateData();
    for(int i = 0;i < 12;i++)
    {
        if(m_strName == cour[i].strName)
        {
            char tbuf[80];

            sprintf_s(tbuf,"学分: %d",cour[i].score);
            m_Score = tbuf;
```

```
            m_isSelect = cour[i].isSelect;
            UpdateData(FALSE);
            break;
        }
    }
}

void CCourseDlg::OnClickedExit()
{
    //TODO: 在此添加控件通知处理程序代码
    OnOK();
}


void CCourseDlg::OnClickedIsselected()
{
    //TODO: 在此添加控件通知处理程序代码
    UpdateData();
    for(int i = 0;i < 12;i++)
    {
        if(m_strName == cour[i].strName)
        {
            cour[i].isSelect = m_isSelect;
            break;
        }
    }
}

void CCourseDlg::OnClickedSum()
{
    //TODO: 在此添加控件通知处理程序代码
    int total = 0;

    for(int i = 0;i < 12;i++)
    {
        if(cour[i].isSelect == TRUE)
            total += cour[i].score;
    }

    char tbuf[80];
    sprintf_s(tbuf,"你所选课程的总学分为: % d 分",total);
    AfxMessageBox(CString(tbuf));
    //CString("你所选课程的总学分为: " + total)
}
```

（7）编写 BOOL CCourseDlg::OnInitDialog()函数。

在此函数的注释"//TODO：在此添加额外的初始化代码"下面添加如下代码：

```
m_cmbType.SetCurSel(0);          //组合框的初始设置
for(int i = 0;i < 4;i++)          //列表框的初始设置
{
    m_lstName.AddString(CString((cour[i].strName)));
}
```

（8）编译、连接、运行程序。

【例 10.4】 滚动条使用示例。

程序的运行结果如图 10.31 所示。滚动条的活动范围设置为 0～30，当前值为 15，编辑框中显示当前位置的值。单击滚动条左侧或右侧的箭头，滚动条上的滚动块左移或右移一格，编辑框中的数字加一或减一。单击滚动条中滚动块和两端箭头之间的区域，滚动块左移或右移两格，编辑框中的数字做相应的改变。单击 Left 按钮，滚动块移到最左边，编辑框的数字变为 0。单击 Right 按钮，滚动块移到最右边，编辑框的数字变为 30。单击 Reset 按钮，滚动块移到最中间，编辑框的数字变为 15。

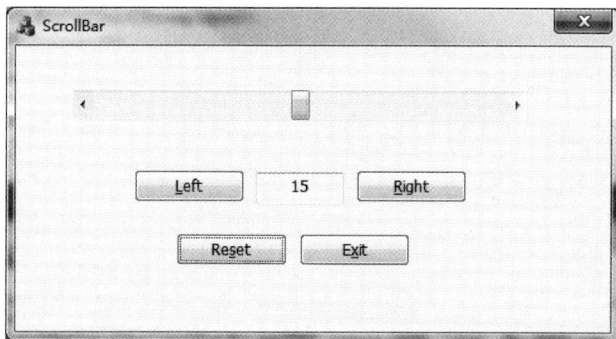

图 10.31　例 10.4 的运行结果

设计步骤如下。

（1）建立基于对话框的 MFC 应用程序，项目名称为 ScrollBar。

（2）设计应用程序的用户界面。

表 10.20 列出了各控件的属性。

表 10.20　各控件的属性

控　件	Caption	ID	其他主要属性
滚动条 Horizontal Scroll Bar		IDC_SCROLLBAR	
编辑框 Edit Control		IDC_EDIT	Read only 设为 True Aligh Text 设为 Center
命令按钮 Button	&Left	IDC_LEFT_BUTTON	
命令按钮 Button	&Right	IDC_RIGHT_BUTTON	
命令按钮 Button	Re&set	IDC_RESET_BUTTON	
命令按钮 Button	E&xit	IDC_EXIT_BUTTON	

（3）连接数据成员。

给编辑框控件连接 CEdit 类型的数据成员 m_EDIT，给滚动条控件连接 CScrollBar 类型的数据成员 m_SCROLLBAR。

（4）初始化滚动条。

编辑 scrollDlg.cpp 文件中的 BOOL CScrollDlg∷OnInitDialog()初始化函数，在注释行"//TODO：在此添加额外的初始化代码"下面添加以下程序代码：

```
//TODO:在此添加额外的初始化代码
    m_SCROLLBAR.SetScrollRange(0,30);          //设置滚动条的范围
```

```
m_SCROLLBAR.SetScrollPos(15);                   //设置滚动条的当前位置
char spos[10];
itoa(m_SCROLLBAR.GetScrollPos(),spos,10);       //数值型转换成字符型
m_EDIT.SetSel(0,-1);                            //选择编辑框的全部文本
m_EDIT.ReplaceSel(CString(spos));
UpdateData(FALSE);
```

（5）添加消息映射函数，如表 10.21 所示。

表 10.21　消息映射函数

控　件	ID	消　息	消息映射函数
对话框	IDD_SCROLL_DIALOG	WM_HSCROLL	OnHScroll
命令按钮	IDC_LEFT_BUTTON	BN_CLICLED	OnClickedLeftButton
命令按钮	IDC_RIGHT_BUTTON	BN_CLICLED	OnClickedRightButton
命令按钮	IDC_RESET_BUTTON	BN_CLICLED	OnClickedResetButton
命令按钮	IDC_EXIT_BUTTON	BN_CLICLED	OnClickedExitButton

注意：对滚动条的操作是通过对话框的 WM_HSCROLL 消息实现的，即在 OnHScroll() 函数中编写代码。在 MFC 类向导中选择"消息"选项卡中的 WM_HSCROLL 消息，单击"添加处理程序"按钮即可添加 OnHScroll 处理程序，如图 10.32 所示。

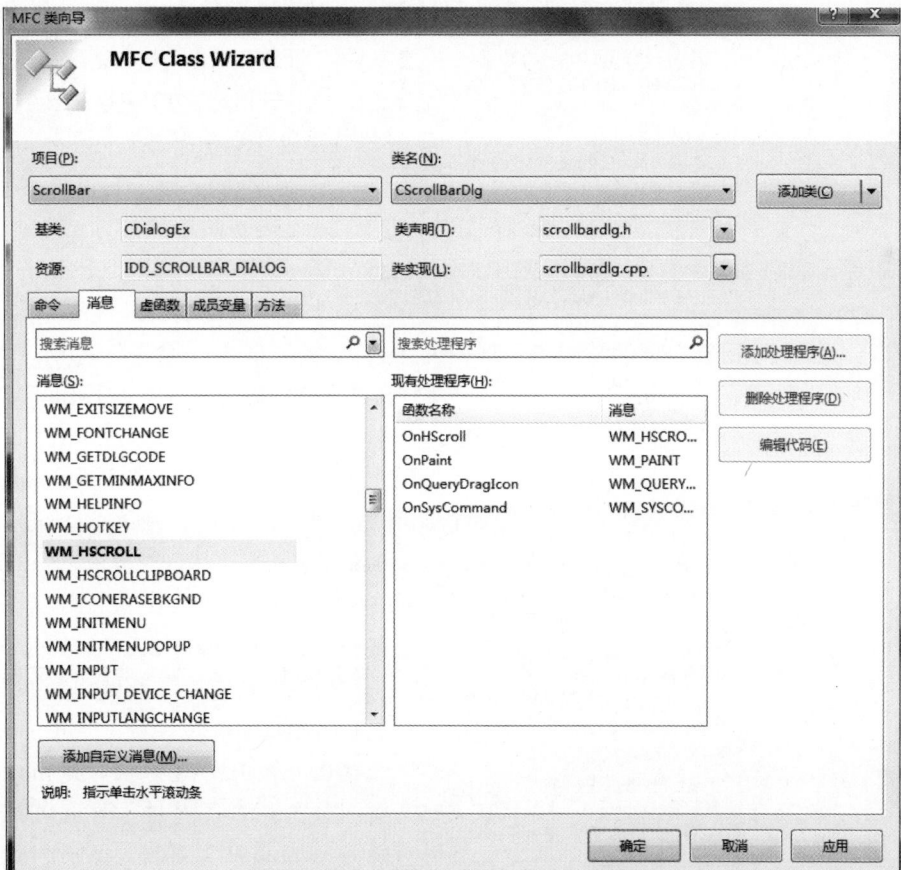

图 10.32　添加 OnHScroll 处理程序

（6）为各消息映射函数添加代码。

对话框的 WM_HSCROLL 消息映射函数如下：

```cpp
void CScrollBarDlg::OnHScroll(UINT nSBCode, UINT nPos, CScrollBar * pScrollBar)
{
    //TODO: 在此添加消息处理程序代码和/或调用默认值
    char spos[10];
    int iNowPos;
    switch(nSBCode)
    {
        if(pScrollBar == &m_SCROLLBAR)
        {
            case SB_THUMBTRACK:                    //拖动滚动块时
                m_SCROLLBAR.SetScrollPos(nPos);
                itoa(nPos,spos,10);
                m_EDIT.SetSel(0, -1);
                m_EDIT.ReplaceSel(CString(spos));
                break;
            case SB_LINEDOWN:                      //单击滚动条右边的箭头
                iNowPos = m_SCROLLBAR.GetScrollPos();
                iNowPos += 1;
                if(iNowPos > 30)
                        iNowPos = 30;
                m_SCROLLBAR.SetScrollPos(iNowPos);
                itoa(m_SCROLLBAR.GetScrollPos(),spos,10);
                m_EDIT.SetSel(0, -1);
                m_EDIT.ReplaceSel(CString(spos));
                break;
            case SB_LINEUP:                        //单击滚动条左边的箭头
                iNowPos = m_SCROLLBAR.GetScrollPos();
                iNowPos -= 1;
                if(iNowPos < 0)
                    iNowPos = 0;
                m_SCROLLBAR.SetScrollPos(iNowPos);
                itoa(m_SCROLLBAR.GetScrollPos(),spos,10);
                m_EDIT.SetSel(0, -1);
                m_EDIT.ReplaceSel(CString(spos));
                break;
            case SB_PAGEDOWN:                      //单击滚动条右边的箭头和滚动块之间的区域
                iNowPos = m_SCROLLBAR.GetScrollPos();
                iNowPos += 2;
                if(iNowPos > 30)
                    iNowPos = 30;
                m_SCROLLBAR.SetScrollPos(iNowPos);
                itoa(m_SCROLLBAR.GetScrollPos(),spos,10);
                m_EDIT.SetSel(0, -1);
                m_EDIT.ReplaceSel(CString(spos));
                break;
            case SB_PAGEUP:                        //单击滚动条左边的箭头和滚动块之间的区域
                iNowPos = m_SCROLLBAR.GetScrollPos();
                iNowPos -= 2;
                if(iNowPos < 0)
                    iNowPos = 0;
                m_SCROLLBAR.SetScrollPos(iNowPos);
                itoa(m_SCROLLBAR.GetScrollPos(),spos,10);
                m_EDIT.SetSel(0, -1);
                m_EDIT.ReplaceSel(CString(spos));
                break;
        }
```

```
    }
    //代码编写结束
    CDialog::OnHScroll(nSBCode, nPos, pScrollBar);

}
```

说明:

函数 OnHScroll(UINT nSBCode,UINT nPos, CScrollBar * pScrollBar)有三个形式参数,nSBCode 表示滚动条发生的是哪一事件,如单击左边箭头还是右边箭头;nPos 表示当前滚动块在滚动条中的位置;pScrollBar 表示与事件相关联的是哪一个滚动条。

Left 按钮的消息映射函数如下:

```
void CScrollBarDlg::OnClickedLeftButton()
{
    //TODO: 在此添加控件通知处理程序代码
    m_SCROLLBAR.SetScrollPos(0);
    m_EDIT.SetSel(0, - 1);
    m_EDIT.ReplaceSel(_T("0"));
}
```

Right 按钮的消息映射函数如下:

```
void CScrollBarDlg::OnClickedRightButton()
{
    //TODO: 在此添加控件通知处理程序代码
    m_SCROLLBAR.SetScrollPos(30);
    m_EDIT.SetSel(0, - 1);
    m_EDIT.ReplaceSel(_T("30"));
}
```

Reset 按钮的消息映射函数如下:

```
void CScrollBarDlg::OnClickedResetButton()
{
    //TODO: 在此添加控件通知处理程序代码
    m_SCROLLBAR.SetScrollPos(15);
    m_EDIT.SetSel(0, - 1);
    m_EDIT.ReplaceSel(_T("15"));
}
```

Exit 按钮的消息映射函数如下:

```
void CScrollBarDlg::OnClickedExitButton()
{
    //TODO: 在此添加控件通知处理程序代码
    OnOK();
}
```

10.4 通用对话框

通用对话框是系统定义的对话框，为用户提供了一组标准接口，可以使用通用对话框来执行各种标准操作，如选择文件名（用于打开和保存文件）、选择字体、选择颜色、进行打印和打印设置、正文查找和替换等通用操作。MFC 类库提供了从 CDialog 类派生的通用对话框类，封装了通用对话框的功能。

通用对话框类使用起来非常方便，读者只需要知道怎样创建对话框和访问对话框的数据，不必关心它们的内部细节。

10.4.1 CColorDialog 类

CColorDialog 类实现了标准的颜色对话框。"编辑颜色"对话框如图 10.33 所示，在 Windows 的画图程序中，单击工具栏上的"编辑颜色"按钮，就会显示一个"编辑颜色"对话框来让用户选择颜色。

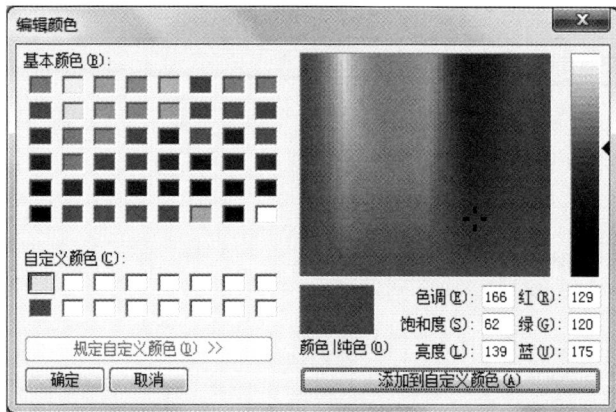

图 10.33 "编辑颜色"对话框

1. 颜色对话框的使用步骤

（1）创建 CColorDialog 类的对象。

（2）调用 CColorDialog::DoModal() 来启动对话框，以便用户从中选择颜色。根据 DoModal() 返回的是 IDOK 还是 IDCANCEL 可知道用户是否确认了对颜色的选择。

（3）如果 DoModal() 返回 IDOK，可以调用 CColorDialog 类的成员函数来获取或设置颜色。

2. CColorDialog 类的主要成员函数

CColorDialog 类的主要成员函数如表 10.22 所示。

表 10.22 CColorDialog 类的主要成员函数

成 员 函 数	说　　　明
GetColor()	返回所选颜色的 COLORREF 值
SetCurrentColor()	将当前选择的颜色设置为指定颜色
GetSavedCustomColors()	获取用户创建的自定义颜色
OnColorOK()	验证输入对话框中的颜色

10.4.2　CFileDialog 类

CFileDialog 类是文件对话框类,用于实现文件选择,以支持文件的打开和保存操作。用户要打开或保存文件,就会用到文件选择对话框,图 10.34 显示了一个用于打开文件的文件选择对话框。使用该类的构造函数可以创建"打开"或"另存为"对话框。

图 10.34　"打开"对话框

1. 文件选择对话框的使用步骤

(1) 创建一个 CFileDialog 类的对象。

文件选择对话框的构造函数为

```
CFileDialog( BOOL bOpenFileDialog, LPCTSTR lpszDefExt = NULL,
            LPCTSTR lpszFileName = NULL,
            DWORD dwFlags = OFN_HIDEREADONLY | OFN_OVERWRITEPROMPT,
            LPCTSTR lpszFilter = NULL,
            CWnd * pParentWnd = NULL
);
```

CFileDialog 类构造函数的形式参数说明如表 10.23 所示。

表 10.23　CFileDialog 类构造函数的形式参数说明

形 式 参 数	说　　　　明
bOpenFileDialog	确定构造"打开"对话框还是"另存为"对话框。若值为 TRUE,则构造"打开"对话框,否则就构造"另存为"对话框
lpszDefExt	用来指定默认的文件扩展名,如果为 NULL,则没有扩展名被插入文件名中
lpszFileName	用于确定编辑框中的初始文件名,如果为 NULL,则编辑框中没有文件名称
dwFlags	用于设置对话框的一些属性,自定义文件对话框
lpszFilter	指向一个过滤字符串,用户如果只想选择某种或某几种类型的文件,就需要指定过滤字符串
pParentWnd	标识文件对话框的父窗口指针

（2）调用 CFileDialog::DoModal()来启动对话框。

（3）若 CFileDialog::DoModal()返回的是 IDOK，则调用 CFileDialog 类的成员函数来获取与所选文件有关的信息。

2. CFileDialog 类的主要成员函数

CFileDialog 类的主要成员函数如表 10.24 所示。

表 10.24　CFileDialog 类的主要成员函数

成 员 函 数	说　　明
GetPathName()	返回一个包含有全路径文件名的 CString 对象
GetFileName()	返回一个包含有文件名（不含路径）的 CString 对象
GetFileExt()	返回一个只含文件扩展名的 CString 对象
GetFileTitle()	返回一个只含文件名（不含扩展名）的 CString 对象
GetNextPathName()	返回下一个选定文件的全路径
GetReadOnlyPref()	返回所选文件的只读状态

10.4.3　CFindReplaceDialog 类

CFindReplaceDialog 类用于实现查找和替换对话框，这两个对话框都是无模式对话框，用于在正文中查找和替换指定的字符串。

1. 查找和替换对话框的使用步骤

（1）创建一个 CFindReplaceDialog 类的对象。

要构造 CFindReplaceDialog 类的对象，可利用此类的构造函数，该构造函数没有参数。由于 CFindReplaceDialog 对象是无模式对话框，使用 new 进行动态内存分配，例如：

```
CFindReplaceDialog * p = new CFindReplaceDialog;
```

（2）调用 Create()函数创建并显示对话框，若传递给 Create()函数的第一个参数为 TRUE，则显示"查找"对话框，否则显示"查找和替换"对话框。

（3）调用 Windows 函数 RegisterMessage()，并在应用程序的框架窗口中使用 ON_REGISTERED_MESSAGE 消息进行消息处理。应用程序可在框架窗口的回调函数中调用 CFindReplaceDialog 类的成员函数。

2. CFindReplaceDialog 类的主要成员函数

CFindReplaceDialog 类的主要成员函数如表 10.25 所示。

表 10.25　CFindReplaceDialog 类的主要成员函数

成 员 函 数	说　　明
FindNext()	如果用户单击 FindNext 按钮，则该函数返回 TRUE
GetNotifier()	返回一个指向当前 CFindReplaceDialog 对话框的指针
GetFindString()	返回一个包含要搜索字符串的 CString 对象
GetReplaceString()	返回一个包含替换字符串的 CString 对象
IsTerminating()	如果对话框终止了，则返回 TRUE
MatchCase()	如果选择了对话框中的 Match Case 检查框，则返回 TRUE
MatchWholeWord()	如果选择了对话框中的 Match Whole Word 检查框，则返回 TRUE
ReplaceAll()	如果用户单击了 Replace All 按钮，则返回 TRUE

续表

成 员 函 数	说 明
ReplaceCurrent()	如果用户单击了 Replace Current 按钮,则返回 TRUE
SearchDown()	返回 TRUE 表明搜索方向向下,返回 FALSE 则搜索方向向上

10.4.4 CFontDialog 类

CFontDialog 类实现 Font(字体)对话框,该对话框允许用户从系统字体列表框中选择字体。图 10.35 显示了一个"字体"对话框。

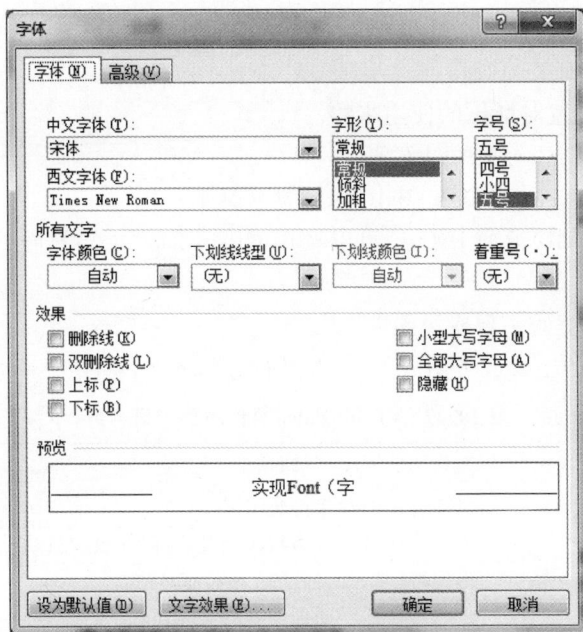

图 10.35 "字体"对话框

1. 字体对话框的使用步骤

(1) 构造一个 CFontDialog 类对象。

(2) 调用 CFontDialog::DoModal()来启动对话框,并允许用户选择字体。

(3) 若 DoModal()返回 IDOK,那么可以调用 CFontDialog 类的成员函数来获得所选字体的信息。

2. CFontDialog 类的主要成员函数

CFontDialog 类的主要成员函数如表 10.26 所示。

表 10.26 CFontDialog 类的主要成员函数

成 员 函 数	说 明
GetCurrentFont()	获取所选字体的属性
GetFaceName()	返回一个包含所选字体名字的 CString 对象
GetStyleName()	返回一个包含所选字体风格的 CString 对象
GetSize()	返回所选字体的字号

续表

成 员 函 数	说 明
GetColor()	返回一个含有所选字体颜色的 COLORREF 型值
GetWeight()	返回所选字体的权值
IsUnderline()	确定所选字体是否带下画线
IsBold()	确定所选字体是否是粗体
IsItalic()	确定所选字体是否是斜体

10.4.5　CPrintDialog 类

CPrintDialog 类实现 Print(打印)和 Print Setup(打印设置)对话框,通过这两个对话框用户可以进行与打印有关的操作。

1. 打印和打印设置对话框的使用步骤

(1) 构造 CPrintDialog 类的对象。

(2) 调用 CPrintDialog::DoModal()来启动对话框。

(3) 如果 DoModal()返回 IDOK,可以调用 CPrintDialog 类的成员函数来获取有关打印设置信息。

2. CPrintDialog 类的主要成员函数

CPrintDialog 类的主要成员函数如表 10.27 所示。

表 10.27　CPrintDialog 类的主要成员函数

成 员 函 数	说 明
GetCopies()	返回要求的打印份数
GetDefaults()	返回默认打印机的默认设置,返回的设置放在 m_pd 数据成员中
GetDeviceName()	返回打印机设备名的 CString 对象
GetDriverName()	返回打印机驱动程序名的 CString 对象
GetFromPage()	返回打印范围的起始页码
GetToPage()	返回打印范围的结束页码
GetPortName()	返回一个打印机端口名的 CString 对象
GetPrinterDC()	返回所选打印设备的一个 HDC 句柄
PrintAll()	确定是否打印文档的所有页
PrintRange()	确定是否只打印指定范围内的页
PrintSelection()	确定是否只打印当前所选页

10.4.6　通用对话框应用示例

本节通过一个简单的例子说明通用对话框的使用。

【例 10.5】 文件对话框、颜色对话框和字体对话框的使用示例。

程序的运行结果如图 10.36 所示。单击"打开"按钮,可以在编辑框中显示所选文件所在的盘符、路径和文件名;单击"颜色"按钮,可以在编辑框中显示所选颜色的 RGB 分量值;单击"字体"按钮,可以在编辑框中以所选的字体显示文字。

设计步骤如下。

(1) 建立基于对话框的 MFC 应用程序,项目名称为 CommonDialog。

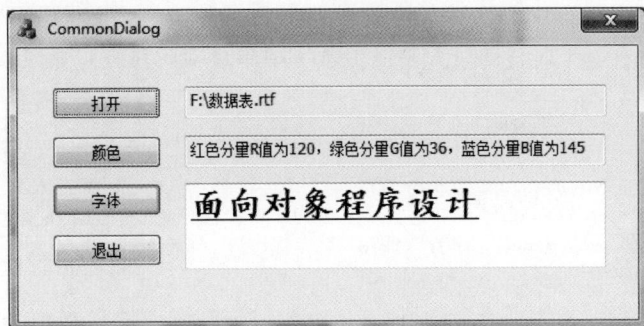

图 10.36 例 10.5 的运行结果

（2）设计应用程序的界面。

界面上两个编辑框属性设置为只读,各控件的属性如表 10.28 所示。

表 10.28 控件的属性

控 件	ID 值	说明	其 他 属 性
按钮（Button）	IDC_OPEN_BUTTON	打开	
按钮（Button）	IDC_COLOR_BUTTON	颜色	
按钮（Button）	IDC_FONT_BUTTON	字体	
按钮（Button）	IDC_EXIT_BUTTON	退出	
编辑框（Edit Control）	IDC_OPEN_EDIT		Read Only 设为 True
编辑框（Edit Control）	IDC_COLOR_EDIT		Read Only 设为 True
编辑框（Edit Control）	IDC_FONT_EDIT		

（3）为三个编辑框连接数据成员,如表 10.29 所示。

表 10.29 编辑框的数据成员

ID	变 量 名	类 型
IDC_OPEN_EDIT	m_openedit	CString
IDC_COLOR_EDIT	m_coloredit	CString
IDC_FONT_EDIT	m_fontedit	CEdit

（4）添加各按钮的消息映射函数,接受系统的默认函数名称。

（5）编写各消息映射函数的代码如下:

```
//"打开"按钮
void CCommonDialogDlg::OnBnClickedOpenButton()
{
    //TODO: 在此添加控件通知处理程序代码
    CFileDialogcdlg(TRUE);
    if(cdlg.DoModal() == IDOK)                 //单击 OK 按钮
    {
        //从文件对话框中取得文件名并显示在文本框中
        m_openedit = cdlg.GetPathName();
        UpdateData(FALSE);                     //更新
    }
}

//"颜色"按钮
```

```
void CCommonDialogDlg::OnBnClickedColorButton()
{
    //TODO: 在此添加控件通知处理程序代码
    CColorDialog dlg;
    if(dlg.DoModal() == IDOK)
    {
        COLORREF color = dlg.GetColor();
        m_coloredit.Format(_T("红色分量 R 值为 %d,绿色分量 G 值为 %d,蓝色分量 B 值为 %d"),
GetRValue(color),GetGValue(color),GetBValue(color));
        UpdateData(FALSE);
    }
}

//"字体"按钮
void CCommonDialogDlg::OnBnClickedFontButton()
{
    //TODO: 在此添加控件通知处理程序代码
    CFontDialog dlg;
    if(dlg.DoModal() == IDOK)
    {
        LOGFONT lf;
        dlg.GetCurrentFont(&lf);
        CFont * font;
        font = new CFont;
        font -> CreateFontIndirect(&lf);
        m_fontedit.SetFont(font);
    }
}

//"退出"按钮
void CCommonDialogDlg::OnBnClickedExitButton()
{
    //TODO: 在此添加控件通知处理程序代码
    OnOK();
}
```

习　题

1. 使用 MFC AppWizard 生成一个简单的基于对话框的应用程序，分析 AppWizard 创建了哪些类和文件？

2. 有模式对话框和无模式对话框有什么区别？

3. 设计如图 10.37 所示的基于对话框的应用程序，具体功能参照例 10.3。

4. 设计如图 10.38 所示的基于对话框的应用程序。

单击"显示 1"和"显示 2"两个按钮分别在两个编辑框中显示自定义的一个字符串。单击"清除 1"和"清除 2"两个按钮分别清除两个编辑框中的内容。单击"→"按钮，则把左边编辑框中的内容复制到右边的编辑框中。

5. 建立一个基于对话框的应用程序，从键盘上输入 10 个数，然后对它们进行排序，并且显示排序的结果。

6. 建立一个基于对话框的应用程序，使用通用对话框完成相应的操作。

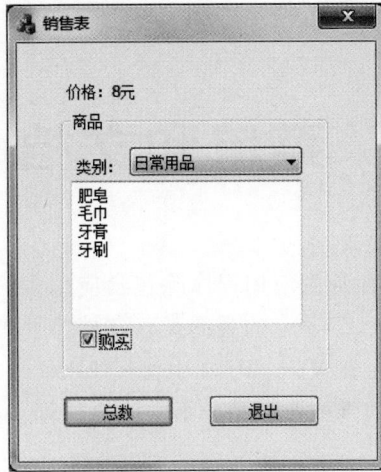

图 10.37　习题 3 的运行界面

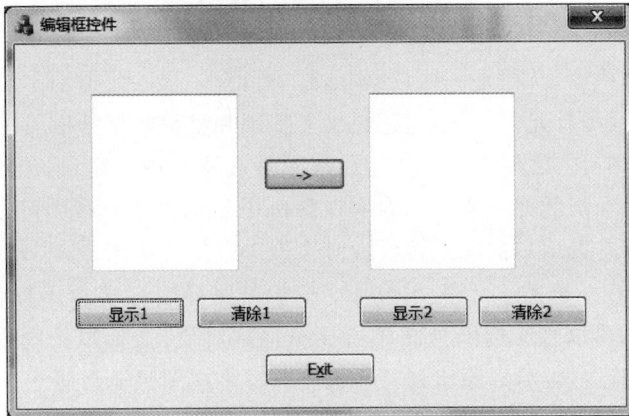

图 10.38　习题 4 的运行界面

第 11 章

菜单和文档/视图结构

拓展阅读

在线习题

由 MFC AppWizard 自动生成的应用程序除包含应用程序类和框架类之外,还包含基于 CDocument 的文档类和基于 CView 的视图类。文档类处理文档数据,通过视图类与用户实现交互。文档/视图结构是在 Visual C++ 中使用 MFC 开发基于文档的应用程序的基本框架。在这个框架中,数据的维护及显示分别由两个不同但又彼此紧密相关的文档类和视图类负责。

11.1 文档/视图的概念

在文档/视图结构里,文档是一种数据源,是一个应用程序数据基本元素的集合,它构成应用程序所使用的数据单元。另外,它还提供了管理和维护数据的手段。

视图类在文档和用户之间起中介作用。视图是数据的用户窗口,为用户提供了文档的可视数据显示,它把文档的部分或全部内容在窗口中显示出来。视图可以提供用户与文档中数据的交互功能,它把用户的输入转换为对文档中数据的操作。

每个文档都会有一个或多个视图显示,一个文档可以有多个不同的视图。比如,在 Microsoft Word 中,可以将文档以页面视图显示,也可以将文档以大纲视图显示。一个视图既可以输出到窗口中,也可以输出到打印机上。每个视图只能对应于一个确定的文档,即视图是文档的不同表现形式。

MFC 的文档/视图结构机制把数据同它的显示以及用户对数据的操作分离开来。所有对数据的修改由文档对象来完成,视图调用这个对象的方法来访问和更新数据。

MFC 提供了两种类型的文档/视图结构应用程序,即单文档界面(Single Document Interface,SDI)和多文档界面(Multiple Document Interface,MDI)应用程序。

在 SDI 应用程序中,同一时刻用户只能操作一个文档,打开文档时会自动关闭当前打开的活动文档,若文档修改后尚未保存,则会提示用户是否要保存所做的修改,如 Windows 中的写字板即是单文档应用程序。在 MDI 应用程序中,用户可以同时打开多个文档进行操作,如 Microsoft Word、Excel 等都是多文档应用程序。

在 MFC 应用程序框架中,文档/视图结构的关系主要体现在文档类对象和视图类对象的相互作用和相互访问上,其相互访问关系如图 11.1 所示。

视图通过 GetDocument()成员函数获得指向相关联的文档对象的指针,并通过该指针调用文档类的成员函数从文档中读取数据。视图把数据显示于计算机屏幕上,用户通过与视图的交互来查看数据并对数据进行修改。然后,视图通过相关联的文档类的成员函数将经过修改的数据传递给文档类对象。文档类对象获得修改过的数据之后,对其进行必要的修改,最后通过串行化操作保存到磁盘文件中。

$$CView::OnInitalUpdate(\ )$$

$$CDocument \xrightarrow[\ CDocument::UpdateAllViews(\ )\ ]{CView::GetDocument(\ )} CView$$

$$CView::Invalidate(\ )$$
或 $CView::InvalidateRect(\ )$

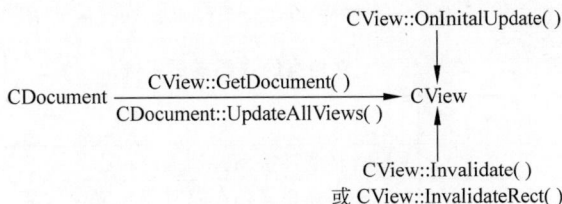

图 11.1　文档类和视图类的相互访问关系

文档/视图结构大大简化了应用程序的设计与开发过程,具有以下特点。

(1) 将数据操作和数据显示、用户界面分离开。这是一种"分而治之"的思想,这种思想使得模块划分更加合理,模块独立性更强,同时也简化了数据操作和数据显示、用户界面工作。文档只负责数据管理,不涉及用户界面;视图只负责数据输出与用户界面的交互,可以不考虑应用程序的数据是如何组织的,甚至当文档中的数据结构发生变化时也不必改动视图的代码,所以结构清晰,组织灵活。但数据存放在文档类中,在视图类中进行访问并显示会给初学者带来一定的理解和操作上的困难。

(2) MFC 在文档/视图结构上提供了许多标准操作界面,包括新建文件、打开文件、保存文件、打印等,大大减轻了程序员的工作量。用户不必再书写这些重复的代码,从而可以把更多的精力放到完成应用程序特定功能的代码上。

(3) 支持打印预览和电子邮件发送功能。用户无须编写代码或只需编写很少的代码,就可以为应用程序提供打印预览功能。同样的功能如果用户编写,需要数千行代码。另外,MFC 支持在文档/视图结构中以电子邮件形式直接发送当前文档的功能。

(4) 使用 AppWizard 可以生成基于文档/视图结构的单文档或多文档框架程序,然后在其中添加用户的特殊代码,完成应用程序的特定功能。

需要注意的是,并非所有基于窗口的应用程序都要使用文档/视图结构。有以下两种情况不宜采用文档/视图结构。

① 不是面向数据的应用或数据量很少的应用程序,如一些工具程序,包括磁盘扫描程序、时钟程序,还有一些过程控制程序等。

② 不使用标准窗口的用户程序,像一些游戏软件等。

11.2　文　档　类

CDocument 类是所有文档类的基类,它封装了文档类的基本功能,为文档类对象以及文档和其他对象交互的实现提供了一个框架。编程时只需在这个已有框架的基础上,添加与特定应用程序相关的实现代码即可。

要在应用程序中处理文档,需经过以下四个步骤。

(1) 从 CDocument 类为每个文档派生文档类。

(2) 增加成员变量以存放每个文档的数据。

(3) 实现修改文档数据的成员函数,文档的视图类将使用这些成员函数。

(4) 在应用程序中重载串行化 Serialize()成员函数,实现将文档数据写入磁盘和从磁盘读出文档数据等操作。

文档类的主要成员函数如表 11.1 所示。

表 11.1　文档类的主要成员函数

成　员　函　数	说　　　明
AddView()	将视图连接到文档上
DeleteContents()	在未撤销文档对象时删除文档数据
GetFirstViewPosition()	返回视图中第一个视图的位置，用于开始循环
GetPathName()	返回文档文件的路径
GetTitle()	返回文档的标题
IsModified()	确定文档自上次保存以来是否已修改
RemoveView()	从文档视图列表中删除视图
SetModifiedFlag()	设置标志，表示自上次保存以来已经修改过
SetPathName()	设置文档文件的路径
SetTitle()	设置文档的标题
UpdateAllViews()	通知所有视图，文档已被修改，它们应该重画
OnCloseDocument()	用于关闭文档，可重载
OnNewDocument()	用于新建文档，可重载
OnOpenDocument()	用于打开文档，可重载
OnSaveDocument()	用于保存文档，可重载
ReleaseFile()	释放文件以允许其他应用程序使用
SaveModified()	查询文档的修改状态并保存修改的文档

11.3　视　图　类

CView 类是所有视图类的基类，它封装了视图类的基本功能。CView 类是 CWnd 类的派生类，所有 CView 类及其派生类都具有 CWnd 的全部功能，如创建、移动、显示和隐藏窗口，并且可以接收任何 Windows 消息，而 CDocument 类则不行。当文档数据变化时，视图类通常为文档调用 CDocument::UpdateAllViews() 函数，为其他多个视图类调用 OnUpdate() 成员函数。

要使用 CView 类，应从该基类派生视图类对象，然后实现 OnDraw() 成员函数以完成屏幕显示。视图类在 CWnd::OnHScroll() 和 CWnd::OnVScroll() 中处理滚动消息。程序员可以在这些函数中实现滚动消息的处理，也可使用派生类 CScrollView 来处理滚动操作。

视图类的主要成员函数如表 11.2 所示。

表 11.2　视图类的主要成员函数

成　员　函　数	说　　　明
GetDocument()	从文档类中获取数据值
OnDraw()	完成屏幕显示、打印和打印预览功能
OnInitialUpdate()	在类第一次构造时由 MFC 调用
DoPreparePrinting()	显示"打印"对话框并创建打印设备描述表
IsSelected()	测试文档是否被选中
OnPrepareDC()	在为屏幕显示调用 OnDraw() 成员函数之前，或在为打印及打印预览调用 OnPrint() 成员函数之前调用该函数
OnUpdate()	通知其他视图文档已被修改

11.4　菜　　单

　　菜单是重要的用户界面对象,菜单为用户提供了操作应用程序所需的命令。在Windows 应用程序中,菜单包括菜单栏(主菜单)、弹出式菜单(下拉菜单)和快捷菜单。

　　CMenu 类是 MFC 专门为菜单设计的类,用于管理应用程序窗口中的菜单。

　　可以动态地建立菜单或将菜单作为静态资源添加到程序中,在 MFC 应用程序中加入菜单要经过下述操作。

　　(1) 如果 MFC AppWizard 生成的应用程序框架中不包含所需的菜单,利用 Insert 菜单中的 Resource 命令将菜单资源加入应用程序中。

　　(2) 在菜单编辑器中打开菜单,通过设置菜单属性进行菜单设计。

　　(3) 建立菜单与窗口的关联。在程序中,可通过重写 CWnd 类的成员函数PreCreateWindows()来加载菜单资源。

　　(4) 为每个菜单项添加 WM_COMMAND 消息映射和对应的消息处理函数。在ClassWizard 对话框中对菜单项进行消息映射,将某一个菜单项 ID 映射到一个处理函数;输入消息处理函数的代码。

　　ClassWizard 为菜单项提供了 COMMAND 消息和 UPDATE_COMMAND_UI 消息。WM_COMMAND 消息意味着用户已经选择了一个菜单项(通过命令组合键或工具栏按钮),这些消息来自用户,并且期望某些响应。

　　如果 MFC Wizard 生成的应用程序框架中包含有菜单,则步骤(1)和(3)可以省略,只需进行菜单设计、添加消息映射和编制消息处理函数即可。

　　具体的菜单设计将通过 11.5 节的例题加以说明。

　　菜单类的主要成员函数如表 11.3 所示。

表 11.3　菜单类的主要成员函数

成 员 函 数	说 明
Attach()	把一个标准的 Windows 菜单句柄连接到 CMenu 对象上
GetSafeMenu()	返回 CMenu 对象封装的数据成员 m_hMenu
GetMenuItemCount()	返回弹出式菜单或顶层菜单项数
CreateMenu()	创建菜单,并将其连接到 CMenu 对象上
CreatePopupMenu()	创建弹出式菜单,并将其连接到 CMenu 对象上
LoadMenu()	从可执行文件中加载菜单资源,并将其连接到 CMenu 对象上
DestroyMenu()	删除 CMenu 对象所连接的菜单,并释放所占据的内存
DeleteMenu()	从菜单中删除指定菜单项
AppendMenu()	将新菜单项增加到菜单尾部
CheckMenuItem()	将选中标志放到弹出式菜单中菜单项的旁边,或者从菜单项旁清除选中标志
EnableMenuItem()	允许、禁止或灰化显示一个菜单项
RemoveMenu()	从指定菜单中删除带有相关弹出式菜单的菜单项
InsertMenu()	在指定位置插入一新的菜单项,并将其后菜单项依次往下移

11.5 菜单和文档/视图结构程序设计示例

【例 11.1】 创建单文档应用程序，在菜单栏中添加"字体"菜单及其下拉菜单，并实现各菜单项的功能。程序的运行结果如图 11.2 所示。

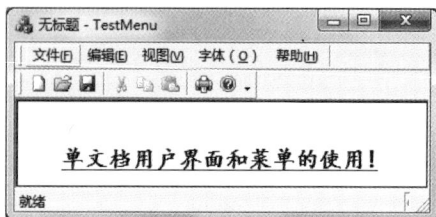

图 11.2 例 11.1 的运行结果

设计步骤如下。

（1）新建 MFC 应用程序，项目名称为 TestMenu。在 MFC 应用程序向导中选择"单个文档"应用程序类型，其余的步骤按系统默认的进行选择。

（2）在 MFC 应用程序向导的最后一步（如图 11.3 所示）显示该应用程序共生成了四个类，分别是：视图类 CTestMenuView、应用程序类 CTestMenuApp、文档类 CTestMenuDoc 和主框架类 CMainFrame。

（3）编译、连接、执行程序，运行结果如图 11.4 所示。运行结果窗口中的"文件视图"对话框、"类视图"对话框、"输出"对话框、"属性"对话框等均可以通过"视图"菜单设置是否显示。

图 11.3 "MFC 应用程序向导"的"生成的类"对话框

（4）选择"资源视图"中 Menu 选项下的 IDR_MAINFRAME 菜单，如图 11.5 所示；对 IDR_MAINFRAME 菜单进行编辑，如图 11.6 所示；并且设置各菜单项的属性，各菜单项属性如表 11.4 所示。

图 11.4 MFC 应用程序向导自动生成的单文档应用程序窗口

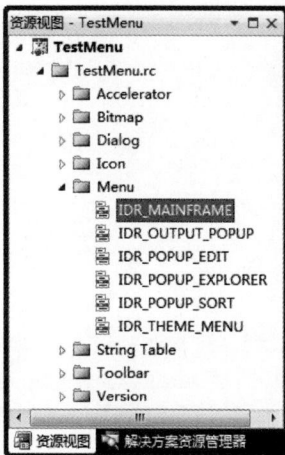

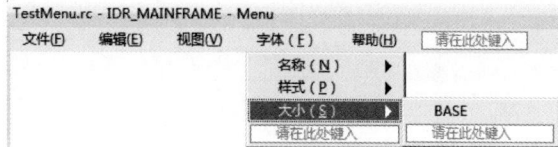

图 11.5 资源视图中的 Menu 选项　　　图 11.6 编辑 IDR_MAINFRAME 菜单

表 11.4 菜单项属性

菜 单	菜 单 项	ID 值	其他属性值
菜单栏	字体(&O)	无	Popup：True
字体(&O)	名称(&N)	无	Popup：True
字体(&O)	样式(&P)	无	Popup：True
字体(&O)	大小(&S)	无	Popup：True
名称(&N)	楷体	ID_FONT_NAME_AERIAL	Prompt：楷体字
名称(&N)	黑体	ID_FONT_NAME_ROMAN	Prompt：黑体字
样式(&P)	粗体(&B)	ID_FONT_PATTERN_BOLD	Prompt：粗体字
样式(&P)	斜体(&I)	ID_FONT_PATTERN_ITALY	Prompt：斜体字
样式(&P)	下画线(&U)	ID_FONT_PATTERN_UNDERLINE	Prompt：下画线
大小(&S)	BASE	ID_FONT_SIZE_BASE	

（5）利用类向导的"命令"选项卡，在 CTestMenuView 类中添加处理程序。消息映射函数如表 11.5 所示。

表 11.5　消息映射函数

对象 ID	消　　息	成员函数名
ID_FONT_NAME_AERIAL	COMMAND	OnFontNameAerial
ID_FONT_NAME_ROMAN	COMMAND	OnFontNameRoman
ID_FONT_PATTERN_BOLD	COMMAND	OnFontPatternBold
ID_FONT_PATTERN_ITALY	COMMAND	OnFontPatternItaly
ID_FONT_PATTERN_UNDERLINE	COMMAND	OnFontPatternUnderline
ID_FONT_SIZE_BASE	COMMAND	OnFontSizeBase
ID_FONT_NAME_AERIAL	UPDATE_COMMAND_UI	OnUpdateFontNameAerial
ID_FONT_NAME_ROMAN	UPDATE_COMMAND_UI	OnUpdateFontNameRoman
ID_FONT_PATTERN_BOLD	UPDATE_COMMAND_UI	OnUpdateFontPatternBold
ID_FONT_PATTERN_ITALY	UPDATE_COMMAND_UI	OnUpdateFontPatternItaly
ID_FONT_PATTERN_UNDERLINE	UPDATE_COMMAND_UI	OnUpdateFontPatternUnderline

（6）利用"MFC 类向导"的"成员变量"选项卡，在 CTestMenuView 类中添加成员变量，如图 11.7 所示。添加的成员变量如表 11.6 所示。

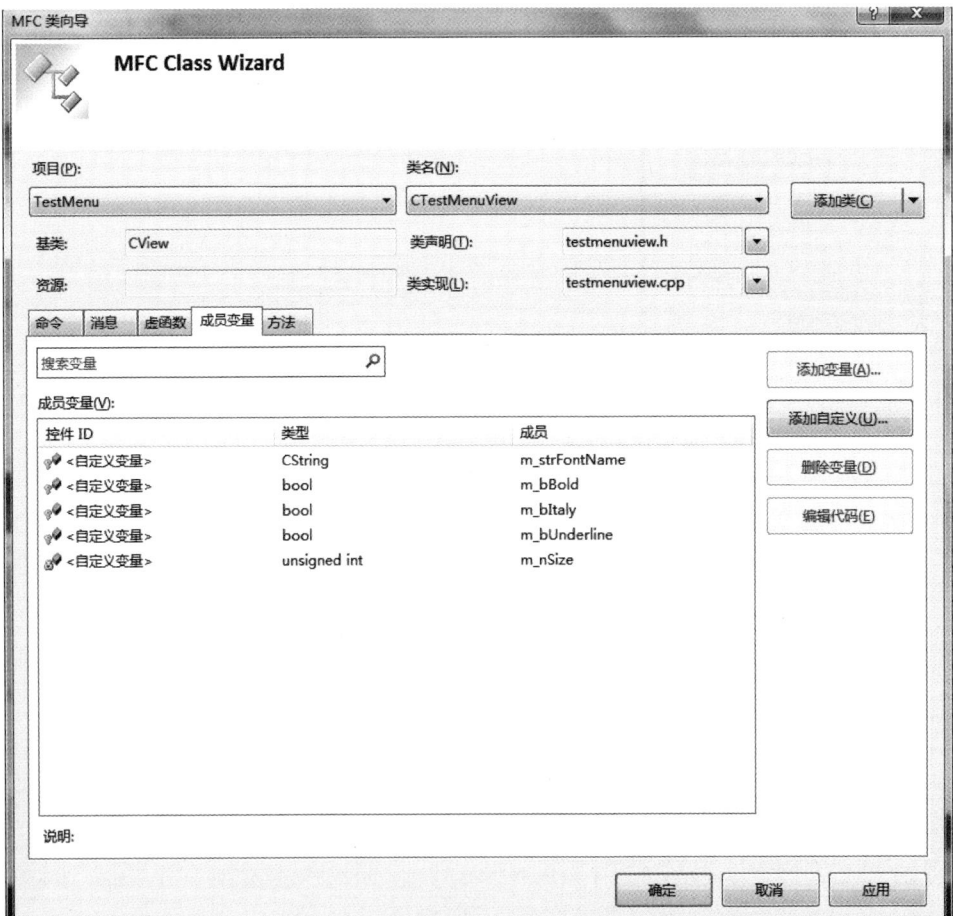

图 11.7　"MFC 类向导"的"成员变量"选项卡

表 11.6　添加的成员变量

变　量　名	变量类型	访问控制类型
m_strFontName	CString	protected
m_nSize	unsignedint	protected
m_bBold	bool	protected
m_bItaly	bool	protected
m_bUnderline	bool	protected

（7）利用类向导的"方法"选项卡添加 protected 访问控制的 Redraw 方法，"添加方法"对话框如图 11.8 所示，方法头部如下：

```
void Redraw(CDC * pDC);
```

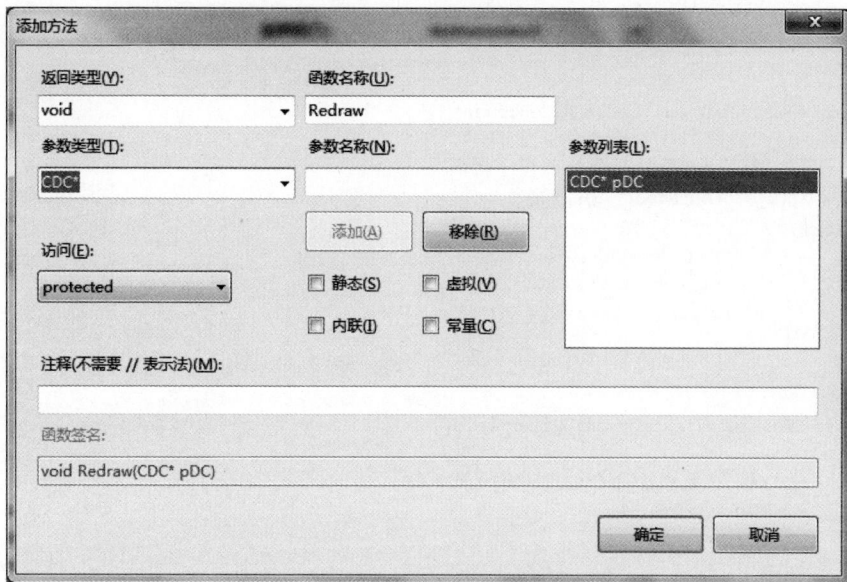

图 11.8　"添加方法"对话框

（8）编写各成员函数和消息映射函数，源程序代码如下：

```
//CTestMenuView 构造函数
CTestMenuView::CTestMenuView()
{
    //TODO:在此处添加构造代码
    m_strFontName = _T("宋体");
    m_nSize = 20;
    m_bBold = false;
    m_bItaly = false;
    m_bUnderline = false;
}

//CTestMenuView 绘制
void CTestMenuView::OnDraw(CDC * pDC)
{
    CTestMenuDoc * pDoc = GetDocument();
    ASSERT_VALID(pDoc);
```

```
    if (!pDoc)
        return;
    // TODO: 在此处为本机数据添加绘制代码
    Redraw(pDC);
}

//CTestMenuView 消息处理程序
void CTestMenuView::OnFontNameAerial()
{
    //TODO: 在此添加命令处理程序代码
    if(m_strFontName!= "楷体")                    //判断字体名是否为"楷体"
    {
        m_strFontName = "楷体";                    //设置字体为"楷体"
        CDC * pDC = GetDC();
        Redraw(pDC);
    }
}

void CTestMenuView::OnFontNameRoman()
{
    //TODO: 在此添加命令处理程序代码
    if(m_strFontName!= "黑体")
    {
        m_strFontName = "黑体";
        CDC * pDC = GetDC();
        Redraw(pDC);
    }
}

void CTestMenuView::OnFontPatternBold()
{
    //TODO: 在此添加命令处理程序代码
    m_bBold = !m_bBold;
    CDC * pDC = GetDC();
    Redraw(pDC);
}

void CTestMenuView::OnFontPatternItaly()
{
    //TODO: 在此添加命令处理程序代码
    m_bItaly = !m_bItaly;
    CDC * pDC = GetDC();
    Redraw(pDC);
}

void CTestMenuView::OnFontPatternUnderline()
{
    //TODO: 在此添加命令处理程序代码
    m_bUnderline = !m_bUnderline;
    CDC * pDC = GetDC();
    Redraw(pDC);
}

void CTestMenuView::OnFontSizeBase()                //设置字号为 28
{
    //TODO: 在此添加命令处理程序代码
    if(m_nSize!= 28)
```

```
    {
        m_nSize = 28;
        CDC * pDC = GetDC();
        Redraw(pDC);
    }
}

void CTestMenuView::OnUpdateFontNameAerial(CCmdUI * pCmdUI)
{
    //TODO: 在此添加命令更新用户界面处理程序代码
    if(m_strFontName == "Aerial")
        pCmdUI -> SetRadio(1);                  //放置标记,表示字体为 Aerial
    else
        pCmdUI -> SetRadio(0);
}

void CTestMenuView::OnUpdateFontNameRoman(CCmdUI * pCmdUI)
{
    //TODO: 在此添加命令更新用户界面处理程序代码
    if(m_strFontName == "Roman")
        pCmdUI -> SetRadio(1);
    else
        pCmdUI -> SetRadio(0);
}

void CTestMenuView::OnUpdateFontPatternBold(CCmdUI * pCmdUI)
{
    //TODO: 在此添加命令更新用户界面处理程序代码
    if(m_bBold == true)
        pCmdUI -> SetCheck(1);
    else
        pCmdUI -> SetCheck(0);
}

void CTestMenuView::OnUpdateFontPatternItaly(CCmdUI * pCmdUI)
{
    //TODO: 在此添加命令更新用户界面处理程序代码
    if(m_bItaly == true)
        pCmdUI -> SetCheck(1);
    else
        pCmdUI -> SetCheck(0);
}

void CTestMenuView::OnUpdateFontPatternUnderline(CCmdUI * pCmdUI)
{
    //TODO: 在此添加命令更新用户界面处理程序代码
    if(m_bUnderline == true)
        pCmdUI -> SetCheck(1);
    else
        pCmdUI -> SetCheck(0);
}

void CTestMenuView::Redraw(CDC * pDC)
{
    CRect rect;
```

```
GetClientRect(&rect);

CBrush * pOldBrush = (CBrush * )pDC - > SelectStockObject(WHITE_BRUSH);
pDC - > Rectangle(rect);
pDC - > SelectObject(pOldBrush);

TEXTMETRIC tm;
CFont * pOldFont;
CFont * pNewFont = new CFont;
pNewFont - > CreateFont(m_nSize,0,0,0,
    (m_bBold == true? FW_BOLD:FW_NORMAL),
    m_bItaly,m_bUnderline,0,
    ANSI_CHARSET,OUT_DEFAULT_PRECIS,
    CLIP_DEFAULT_PRECIS,DEFAULT_QUALITY,
    DEFAULT_PITCH&FF_SWISS,
    m_strFontName);
pOldFont = (CFont * )pDC - > SelectObject(pNewFont);
pDC - > GetTextMetrics(&tm);
pDC - > TextOut(40,40,_T("单文档用户界面和菜单的使用!"));
pDC - > SelectObject(pOldFont);

delete pNewFont;
return;
}
```

（9）编译、连接并运行程序。

【例 11.2】 建立一个多文档界面应用程序，使其具有编辑文档的功能。

程序的运行结果如图 11.9 所示。

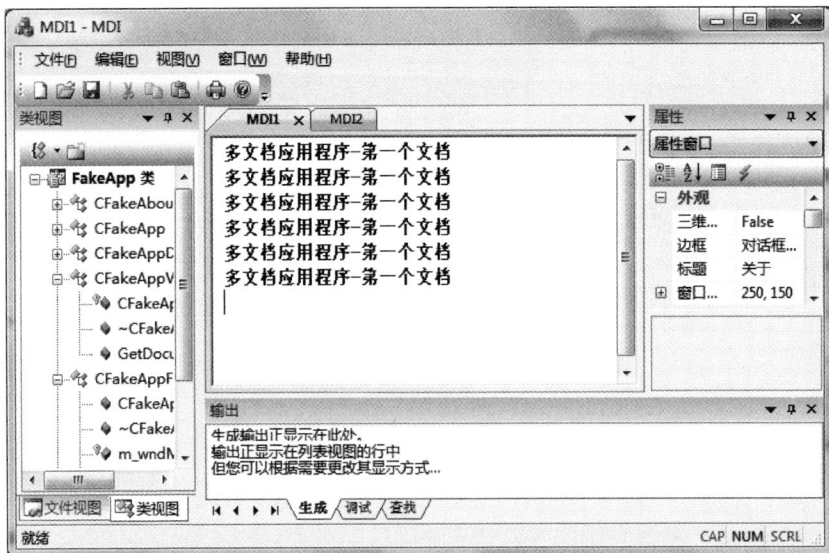

图 11.9 例 11.2 的运行结果

设计步骤如下。

（1）新建 MFC 应用程序，项目名称为 MDI。在 MFC 应用程序向导中选择"多个文档"应用程序类型，如图 11.10 所示。

图 11.10 "应用程序类型"对话框

（2）在 MFC 应用程序向导的"复合文档支持"中选择"容器/完全服务器"，如图 11.11 所示。这样文档中就可以包含更强的编辑能力。

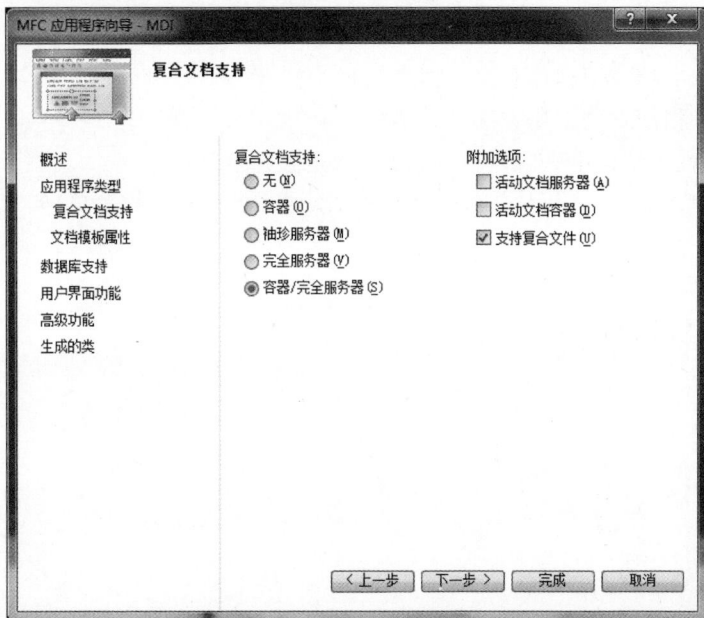

图 11.11 "复合文档支持"对话框

（3）为了使生成的程序能够编辑文字，在向导的最后一步修改基类。修改 CMDIView 类的基类为 CRichEditView 类，这样可以使用它作为文档处理工具，如图 11.12 所示。其余的操作使用默认设置。设计完程序后，可以看到程序中包括了文档编辑工具，而且没有增加任何手工代码。

图 11.12 "生成的类"对话框

习　　题

1. 什么是单文档应用程序和多文档应用程序？
2. 文档类和视图类的常用方法有哪些？
3. 在文档/视图结构中，文档与视图的工作机制是什么？
4. 创建一个多文档应用程序，修改菜单栏，添加菜单项和下拉菜单，实现相应的功能。

## 第 12 章

图形设备接口

拓展阅读

在线习题

Windows 系统为用户和硬件提供了图形用户接口(Graphics User Interface,GUI),图形是 Windows 程序的主体,所有的信息,其至文本,在 Windows 系统中都可以作为图形画到屏幕上去。图形设备接口(Graphics Device Interface,GDI)负责系统与用户或绘图程序之间的信息交换,并在输出设备上显示图形或文字。MFC 为绘图提供了一套简便的机制。在 MFC 应用程序中,所有绘图都是利用设备环境和基本绘图工具来完成的,从而把绘图简化到相关的两个大类中:设备环境类 CDC 和图形设备接口对象类 CGdiObject。

12.1 设 备 环 境

图形设备接口管理来自于 Windows 操作系统的所有程序的图形输出。GDI 向用户提供高层次的绘图函数,这些函数允许用户方便地生成各种图形效果,GDI 还提供一些绘图对象,如设备描述表、画笔、画刷、字体等,程序可以使用这些对象来渲染显示。

设备环境是 Windows 的一个数据结构,它包含该区域(窗口)的信息,如当前背景色或区域图案、区域的无效部分等。Windows 通过设备环境确定任何输出设备的 GDI 输出的位置和图形的属性。当用户绘图时,需要访问一个称为设备描述表(Device Context,DC)的数据结构。DC 的主要作用是提供程序与物理设备或者伪设备之间的联系,此外,DC 还要处理绘图属性设置,如设置文本的颜色。

CDC 类是 GDI 封装在 MFC 中的一个类,它表示总的 DC,是所有 DC 类的基类。CDC 类定义环境对象,并提供在显示器、打印机或窗口客户区上绘制图形的方法,它封装了使用设备环境的 GDI 函数。

CDC 类有两个成员变量:m_hDC,m_hAttribDC,它们都是 Windows 设备描述表句柄。CDC 的成员函数作输出操作时,使用 m_hDC;要获取设备描述表的属性时,使用 m_hAttribDC。CDC 类的成员函数有近 200 个,根据功能可分为位图函数、剪裁函数、绘图属性函数、初始化函数和字体函数等,表 12.1 列出了 CDC 类的常用成员函数。

表 12.1 CDC 类的常用成员函数

函 数 名	说 明	函 数 名	说 明
Arc()	绘制圆弧	Ellipse()	绘制椭圆
BitBlt()	把位图从一个 DC 复制到另一个 DC	FillRect()	用给定画刷的颜色填充矩形
		FillRgn()	用给定画刷的颜色填充区域
Draw3dRect()	绘制三维矩形	FloodFill()	用当前画刷的颜色填充区域
DrawDragRect()	绘制用鼠标拖动的矩形	GetBkColor()	获取背景颜色
DrawIcon()	绘制图标	GetCurrentBrush()	获取所选画刷的指针

续表

函 数 名	说 明	函 数 名	说 明
GetCurrentBitmap()	获取所选位图的指针	Pie()	绘制饼块
GetCurrentFont()	获取所选字体的指针	Polygon()	绘制多边形
GetCurrentPalette()	获取所选调色板的指针	PolyLine()	画一组线段以连接指定点
GetCurrentPen()	获取所选画笔的指针	PolyPolyLine()	画一系列闭合线段
GetCurrentPosition()	获取画笔的当前位置	Rectangle()	绘制矩形
GetMapMode()	获取当前的映射模式	RoundRect()	绘制圆角矩形
GetPixel()	获取给定像素的 RGB 颜色值	PolyBezier()	绘制 Bezier 曲线
GetPloyFillMode()	获取多边形填充模式	SelectObject()	选择 GDI 绘制对象
GetTextColor()	获取文本颜色	SetBkColor()	设备背景颜色
GetTextExtent()	获取文本的高度和宽度	SetMapMode()	设置映射模式
GetTextMetrics()	获取当前字体的信息	SetPixel()	把像素设置为给定颜色
GetWindow()	获取 DC 窗口的指针	SetTextColor()	设置文本颜色
LineTo()	绘制线条	TextOut()	输出文本
MoveTo()	设置当前画笔的位置		

12.2 映 射 模 式

要指定绘图位置,需使用坐标系。Windows 提供了若干种不同的坐标系,它们分为两类:设备坐标系和逻辑坐标系。除以下三种设备坐标系外,其余的均为逻辑坐标系。

(1)屏幕坐标系:使用整个屏幕作为坐标区域。

(2)窗口坐标系:使用包括边界在内的整个应用程序窗口作为坐标区域。

(3)用户区坐标系:只使用窗口中的用户区作为坐标区域,不包括边界及菜单栏和滚动条等。

Windows 默认的坐标系为用户区坐标系,原点在窗口用户区的左上角,X 向右为正,Y 向下为正,没有负的坐标。

映射模式定义逻辑坐标系的度量单位与设备坐标系的度量单位之间的转换关系以及设备坐标系的 X 方向和 Y 方向。程序员可不必考虑输出设备的具体坐标系,而在一个统一的逻辑坐标系中进行图形的绘制及其他操作。可以使用 SetMapMode 函数设置映射模式,该函数的原型如下:

```
int SetMapMode( int nMapMode)
```

其中,参数 nMapMode 指定新映射的模式。它可以是表 12.2 列出的常用映射模式。

表 12.2 常用的映射模式

映 射 模 式	说 明
MM_ANISOTROPIC	用任意比例的坐标轴把逻辑单位映射成程序员定义的单位,用 SetWindowExt 和 SetViewportExt 函数可指定单位、方向和比例
MM_TEXT	将一个逻辑单位映射为一个设备像素,X 正方向向右,Y 正方向向下
MM_ISOTROPIC	用等比例的坐标轴将逻辑单位映射成程序员的单位(建立 1:1 的比例),即沿 X 轴的一个单位等于沿 Y 轴的一个单位,用 SetWindowExt() 和 SetViewportExt()函数可以指定该轴的单位和方向

映 射 模 式	说 明
MM_HIENGLISH	将一个逻辑单位映射成 0.001in,X 的正方向向右,Y 正方向向上
MM_LOENGLISH	将一个逻辑单位映射成 0.01in,X 正方向向右,Y 正方向向上
MM_HIMETRIC	将一个逻辑单位映射成 0.01mm,X 正方向向右,Y 正方向向上
MM_LOMETRIC	将一个逻辑单位映射成 0.1mm,X 正方向向右,Y 正方向向上
MM_TWIPS	将一个逻辑单位映射成 1/1440in,X 正方向向右,Y 正方向向上

12.3　绘制基本图形

Windows 中的基本图形包括点、直线、圆、圆弧、矩形、椭圆等。MFC 把绘制这些图形的函数封装在 CDC 类中。

下面通过具体的实例讲解如何绘制基本图形。

【例 12.1】 绘制基本图形示例。

程序的运行结果如图 12.1 所示。

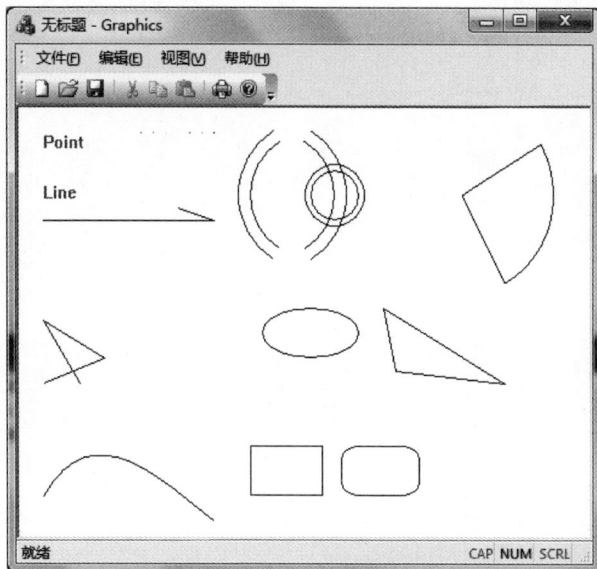

图 12.1　例 12.1 的运行结果

设计步骤如下。

（1）新建 MFC 应用程序,项目名称为 Graphics。在 MFC 应用程序向导中选择"单个文档"应用程序类型,其余的步骤按系统默认的进行选择。

（2）在 GraphicsView.cpp 文件头部加入下面的编译预处理命令:

```
# include < math.h >
```

（3）在 GraphicsView.cpp 文件中编写 CGraphicsView 类的 OnDraw()成员函数,代码如下:

```
void CGraphicsView::OnDraw(CDC * pDC)
```

```
{
    CGraphicsDoc * pDoc = GetDocument();
    ASSERT_VALID(pDoc);
    if (!pDoc)
    return;

    //TODO: 在此处为本机数据添加绘制代码
    int i;
    pDC->SetTextColor(RGB(255,0,255));          //设置文本的前景色
    pDC->TextOut(20,20,_T("Point"));            //输出 Point 提示
    pDC->SetPixel(100,20,RGB(255,0,0));         //以不同的颜色画点
    pDC->SetPixel(110,20,RGB(0,255,0));
    pDC->SetPixel(120,20,RGB(0,255,255));
    pDC->SetPixel(120,20,RGB(255,255,0));
    pDC->SetPixel(140,20,RGB(255,0,255));
    pDC->SetPixel(150,20,RGB(0,255,255));
    pDC->SetPixel(160,20,RGB(0,0,0));
    //绘制直线
    pDC->TextOut(20,60,_T("Line"));
    pDC->MoveTo(20,90);
    pDC->LineTo(160,90);
    pDC->LineTo(130,80);
    //绘制折线
    POINT polyline[4] = {{50,220},{20,170},{70,200},{20,220}};
    pDC->Polyline(polyline,4);
    //绘制 Bezier 曲线
    POINT polyBezier[4] = {{20,310},{60,240},{120,300},{160,330}};
    pDC->PolyBezier(polyBezier,4);
    //绘制圆
    for(i=4;i<6;i++)
    {
        pDC->Arc(260-5*i,70-5*i,260+5*i,70+5*i,260+5*i,70,260+5*i,70);
    }
    //绘制圆弧
    for(i=5;i<7;i++)
    {
        pDC->Arc(210-10*i,70-10*i,210+10*i,70+10*i,
            (int)210+10*i*cos(60*3.1415926/180),
            (int)70+10*i*sin(60*3.1415926/180),
            (int)210+10*i*cos(60*3.1415926/180),
            (int)70-10*i*sin(60*3.1415926/180));

        pDC->Arc(240-10*i,70-10*i,240+10*i,70+10*i,
            (int)240-10*i*cos(60*3.1415926/180),
            (int)70-10*i*sin(60*3.1415926/180),
            (int)240-10*i*cos(60*3.1415926/180),
            (int)70+10*i*sin(60*3.1415926/180));
    }
    //绘制椭圆
    pDC->Ellipse(200,160,280,200);
    //绘制矩形和圆角矩形
    pDC->Rectangle(190,270,250,310);
    pDC->RoundRect(265,270,330,310,30,20);
    //绘制扇形
    pDC->Pie(360-70,70-80,360+80,70+80,
```

```
        (int)360 + 70 * cos(60 * 3.1415926/180),
        (int)70 + 70 * sin(60 * 3.1415926/180),
        (int)360 + 70 * cos(30 * 3.1415926/180),
        (int)70 - 70 * sin(30 * 3.1415926/180));
    //绘制三角形
    POINT polygon[3] = {{300,160},{400,220},{310,210}};
    pDC -> Polygon(polygon,3);
}
```

【程序解析】

（1）OnDraw 函数的形参 pDC 系统默认设置为注释/ * pDC * /，需要去掉注释。

（2）由于在 OnDraw 函数中 pDC 是传入参数，所以不用 CDC * pDC＝GetDC()获取设备描述表指针。

12.4　画笔和画刷

12.4.1　画笔

画笔是 Windows GDI 提供的绘制线条和图形的类，它可以以多种颜色和线条绘制直线、正方形、矩形、圆形和其他图形。画笔分为装饰画笔和几何画笔两种，装饰画笔通常在设备单元中绘图而忽略当前绘图模式，而几何画笔通常在逻辑单元中绘图并受当前绘图模式的影响，几何画笔比装饰画笔具有更多的类型和绘图选项。

1. 创建画笔

CPen 类封装图形设备接口(GDI)画笔的功能。创建画笔可以采用以下几种方法。

（1）使用无参构造函数声明对象，之后调用成员函数 CreatePen()创建具体的画笔。

这种方法用于创建装饰画笔。成员函数 CreatePen()的原型如下：

```
BOOL CreatePen( int nPenStyle, int nWidth, COLORREF crColor);
```

其中，nPenStyle 表示画笔的样式，如表 12.3 所示。nWidth 表示画笔的线宽。创建装饰画笔时，若该参数值为 0，则忽略当前绘图模式，宽度总为一个像素。当创建几何画笔时，若 nPenStyle 为 PS_GEOMETRIC(创建几何画笔)，则宽度以逻辑单位给出；若 nPenStyle 为 PS_COSMETRIC，则宽度必须设置为 1。crColor 表示画笔的 RGB 颜色，这是一个 24 位的 RGB 颜色，其中每一种可能的颜色均由 0～255 的红、绿、蓝三种颜色定义。

表 12.3　画笔的样式

画 笔 样 式	说　　明
PS_SOLID	创建实线画笔
PS_DASH	创建虚线画笔，当画笔宽度≤1 时有效
PS_DOT	创建点线画笔，当画笔宽度≤1 时有效
PS_DASHDOT	创建虚线和点交替的画笔，当画笔宽度≤1 时有效
PS_DASHDOTDOT	创建虚线和两个点交替的画笔，当画笔宽度≤1 时有效
PS_NULL	创建空画笔
PS_INSIDEFRAME	创建可以在封闭框架内绘制直线的画笔

创建画笔的例子如下：

```
CPen pen;                    //调用无参构造函数创建画笔对象
pen.CreatePen(PS_SOLID,1,RGB(255,0,0));
//调用成员函数,创建线宽为 1 的红色实线画笔
```

（2）使用构造函数 CPen(int nPenStyle，int nWidth，COLORREF crColor)；创建画笔，这 3 个形参分别表示画笔的样式、线宽和颜色。

```
CPen pen(PS_SOLID,1,RGB(255,0,0));
//调用构造函数,创建线宽为 1 的红色实线画笔
```

（3）使用第三个重载构造函数创建画笔，函数原型如下：

```
CPen(int nPenStyle, int nWidth, const LOGBRUSH * pLogBrush,
        int nStyleCount = 0, const DWORD * lpStyle = NULL);
```

其中，参数 nPenStyle 的功能同上，除了具有表 12.3 介绍的参数值外，还增加了表 12.4 所示的参数值；参数 pLogBrush 指向一个 LOGBRUSH 结构体，该结构体定义了一个画刷的风格、颜色和阴影线种类；参数 nStyleCount 是以双字为一个单元指定 lpStyle 矩阵的长度，如果参数 nPenStyle 的值不是 PS_USERSTYLE，则该参数值必为 0；参数 lpStyle 是指向一个双字为单元的矩阵，如果参数 nPenStyle 的值不是 PS_USERSTYLE，那么这个指针必为空。

表 12.4　新增的 nPenStyle 参数值

新增的画笔样式	说　明
PS_GEOMETRIC	创建一个几何画笔
PS_COSMETIC	创建一个装饰画笔
PS_ALTERNATE	创建一个设置其他像素的画笔(该风格只对装饰画笔可用)
PS_USERSTYLE	创建一个使用由用户提供的风格矩阵的画笔
PS_ENDCAP_ROUND	端点为圆形的
PS_ENDCAP_SQUARE	端点为方形的
PS_ENDCAP_FLAT	端点为平坦的
PS_JOIN_BEVEL	成尖角连接
PS_JOIN_MITER	通过 SetMiterLimit()函数设置的当前极限值范围内斜接；否则成尖角连接
PS_JOIN_ROUND	成圆角连接

2. 库存画笔

库存画笔又叫堆画笔。Windows 定义了三种库存画笔，程序员可以直接使用这些画笔，而不用创建对象。三种库存画笔分别为黑色画笔 BLACK_PEN、白色画笔 WHITE_PEN、空画笔 NULL_PEN。

可以使用 CreateStockObject()函数进行创建：

```
CPen pen;
pen.CreateStockObject(WHITE_PEN);
```

可以以库存画笔为参数来调用 SelectStockObject()函数，此函数选定放入当前设备环境的新对象，并返回一个指向被替换对象的指针，例如：

```
CPen * pOldPen = pDC -> SelectStockObject(BLACK_PEN);
```

3. 画笔的使用方法

（1）创建画笔。

（2）使用新的画笔,保存原来的画笔以便恢复。

```
CPen * pOldPen;
pOldPen = pDC - > selectObject(&penRed);
```

（3）使用新画笔绘图。

（4）恢复原来的画笔。

```
pDC - selectObject(pOldPen);
```

保存并恢复原来画笔的原因是每个图形设备接口对象要占用一个 HDC 句柄,而可用的句柄数量有限,如果用完后未及时释放,积累下去将导致严重的运行错误。

12.4.2　画刷

画刷是用来填充图形的工具,MFC 把 GDI 画刷封装在 CBrush 类中。画刷的使用方法同画笔。画刷分为纯色画刷、阴影画刷、堆画刷和图案画刷。CBrush 类为不同的画刷类型提供了不同的构造函数。

Windows 定义的系统画刷包括黑色画刷 BLACK_BRUSH、深灰色画刷 DKGRAY_BRUSH、灰色画刷 GRAY_BRUSH、空画刷 HOLLOW_BRUSH、浅灰色画刷 LTGRAY_BRUSH、空画刷 NULL_BRUSH、白色画刷 WHITE_BRUSH、纯颜色画刷 DC_BRUSH。

其中,HOLLOW_BRUSH 等价于 NULL_BRUSH,表示空画刷或透明画刷;DC_BRUSH 为纯颜色画刷,默认色为白色,可以用 SetDCBrushColor 函数改变颜色。

对堆画刷,调用 SelectStockObject() 函数选择画刷,例如:

```
CBrush * pOldBrush = pDC - > SelectStockObject(WHITE_BRUSH);
//选择白色堆画刷
```

创建 CBrush 对象的四个构造函数分别如下。

（1）CBrush()。构造一个未初始化的 CBrush 对象,在使用该对象之前须使用 CreateSolidBrush()、CreateHatchBrush()、CreateBrushIndirect()、CreatePatternBrush() 或 CreateDIBPatternBrush() 函数来初始化。

（2）CBrush(COLORREF crColor)。该函数构造带有指定颜色的纯色画刷,例如:

```
CBrush Brush(RGB(255,0,0));          //创建红色画刷
```

（3）CBrush(int nIndex, COLORREF crColor)。该函数构造带有指定阴影风格和颜色的填充画刷,其中,形参 nIndex 指定阴影风格,具体说明如表 12.5 所示。

表 12.5　阴影风格

阴 影 风 格	说　　明
HS_BDIAGONAL	45°向下阴影(从左到右)
HS_CROSS	水平和垂直组成的交叉阴影
HS_DIAGCROSS	45°斜线交叉组成的阴影
HS_FDIAGONAL	45°向上斜线交叉组成的阴影
HS_HORIZONTAL	水平阴影
HS_VERTICAL	垂直阴影

（4）CBrush(CBitmap * pBitmap)。该函数构造使用位图图案的画刷,其中形参 CBitmap 类对象最大可使用 8×8 像素,若位图过大,则只有左上角的部分可以用作画刷图案。

除了使用上述方法构造画刷之外，还可以在创建画刷对象之后，调用以下三个函数之一创建不同的画刷。

CreateSolidBrush(COLORREF crColor)：创建纯色画刷。

CreateHatchBrush(int nIndex，COLORREF crColor)：创建阴影画刷。

CreatePatternBrush(CBitmap * pBitmap)：创建图案画刷。

例如：

```
CBrush brush;
brush.CreateHatchBrush(HS_DIAGCROSS,RGB(255,255,0));
```

12.4.3 画笔和画刷的应用程序示例

【例12.2】 画笔和画刷的应用程序示例。

程序的运行结果如图12.2所示。

设计步骤如下。

（1）新建 MFC 应用程序，项目名称为 PenBrush。在 MFC 应用程序向导中选择"单个文档"应用程序类型，其余的步骤按系统默认的进行选择。

（2）在 PenBrushView.cpp 文件中编写 CPenBrushView 类的 OnDraw()成员函数，代码如下：

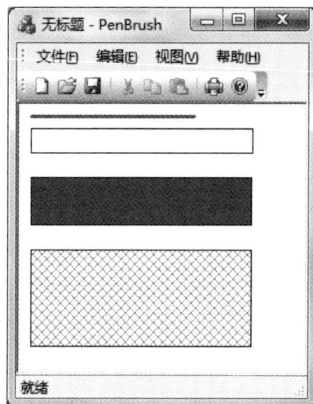

图12.2 例12.2的运行结果

```
void CPenBrushView::OnDraw(CDC * pDC)
{
    CPenBrushDoc * pDoc = GetDocument();
    ASSERT_VALID(pDoc);
    if (!pDoc)
        return;

    //TODO: 在此处为本机数据添加绘制代码
    CPen *    pNewPen;
    CPen *    pOldPen;
    CBrush * pNewBrush;
    CBrush * pOldBrush;
    //画笔的使用
    pNewPen = new CPen;
    if( pNewPen->CreatePen(PS_DASHDOT, 3, RGB(255,0,0)))
    {
        pOldPen = pDC->SelectObject(pNewPen);
        //用新创建的画笔绘图
        pDC->MoveTo(10,10);
        pDC->LineTo(150,10);
        //恢复设备描述表中的原有画笔
        pDC->SelectObject(pOldPen);
    }
    else
    {
        AfxMessageBox(_T("CreatePen Error!"));          //给出错误提示
    }
    delete pNewPen;                                     //删除新画笔
    //使用堆画笔绘制一矩形
```

```
pDC -> SelectStockObject(BLACK_PEN);
pDC -> MoveTo(10,20);
pDC -> LineTo(200,20);
pDC -> LineTo(200,40);
pDC -> LineTo(10,40);
pDC -> LineTo(10,20);
//恢复 DC
pDC -> SelectObject(pOldPen);
//画刷的使用
pNewBrush = new CBrush;
if( pNewBrush -> CreateSolidBrush( RGB(180,70,230)))
{
    pOldBrush =  pDC -> SelectObject(pNewBrush);        //选择新画刷
    pDC -> Rectangle(10,60,200,100);                    //绘制矩形
    pDC -> SelectObject(pOldBrush);                     //恢复设备描述表中原有的画刷
}
delete pNewBrush;                                       //删除新画刷
pNewBrush = new CBrush;
if(pNewBrush -> CreateHatchBrush(HS_DIAGCROSS,RGB(250,150,230)))
{
    pOldBrush =  pDC -> SelectObject(pNewBrush);        //选择新画刷
    pDC -> Rectangle(10,120,200,200);                   //绘制矩形
    pDC -> SelectObject(pOldBrush);                     //恢复设备描述表中原有的画刷
}
delete pNewBrush;                                       //删除新画刷
}
```

12.5　字　　体

字体用来定义所显示文本的属性,通过处理字体可以显示某种特殊效果的文字,描述输出文字的字体可用 CFont 对象。CFont 对象的使用方法与画笔和画刷类似,也要定义字体对象,创建字体并保存原来的字体,在文字输出工作结束后恢复原来的字体。

1. 字体的创建

当需要某一特定的字体时,可以使用 MFC 的 CFont 类的 CreateFont 成员函数来创建字体,若该函数调用成功,则返回非 0 值,否则返回 0,其函数原型如下:

```
BOOL CreateFont(
    int nHeight,                    //字符逻辑高度
    int nWidth,                     //字符逻辑宽度
    int nEscapement,                //出口矢量与 X 轴的夹角
    int nOrientation,               //字符基线与 X 轴的夹角
    int nWeight,                    //字体磅值
    BYTE bItalic,                   //非 0 则为斜体
    BYTE bUnderline,                //非 0 则加下画线
    BYTE cStrickOut,                //非 0 则加删除线
    BYTE nCharSet,                  //此字体的字符集
    BYTE nOutPrecision,             //输出精度
    BYTE nClipPrecision,            //裁剪精度
    BYTE nQuality,                  //输出质量
    BYTE nPitchAndFamily,           //调距和字体族
    LPCSTR lpszFacename;            //字体的字样名字
```

);

CreateFont()成员函数并不能产生新的 Windows GDI 字体，它只是从 GDI 字库中选择一种最近似的可用字体。

2. 绘制文本

使用设备环境中的字体、文本颜色和背景颜色可以显示文本。下面列出 CDC 类中常用的文本函数（以下的例子基于 CDC * pDC=GetDC()的定义）。

（1）显示文本 TextOut。

```
pDC->TextOut(10,10,"oop programming");
//在(10,10)的坐标位置显示字符串
```

（2）设置文本颜色 SetTextColor。

```
pDC->SetTextColor(RGB(255,0,0));
```

（3）获取当前文本颜色 GetTextColor。

```
COLORREF color = pDC->GetTextColor();
```

（4）设置背景颜色 SetBkColor。

```
pDC->SetBkColor(RGB(255,0,0));
```

（5）获取当前背景颜色 GetBkColor。

```
COLORREF color = pDC->GetBkColor();
```

（6）设置背景模式 SetBkMode。

该函数的参数可以为 TRANSPARENT(Windows 将忽略背景色只显示文本本身)或 OPAQUE。

```
pDC->SetBkMode(TRANSPARENT);
```

（7）获取当前的背景模式 GetBkMode。

```
int n = pDC->GetBkMode();
```

（8）设置字符间距 SetTextCharacterExtra。

```
pDC->SetTextCharacterExtra(space);
```

参数 space 表示在文本字符之间使用的额外空间的像素数。

（9）获取当前字符间距 GetTextCharacterExtra。

```
int space = pDC->GetTextCharacterExtra();
```

（10）设置文本的对齐方式 SetTextAlign。

```
pDC->SetTextAlign(alignment);
```

参数 alignment 表示不同的对齐方式，常用的对齐方式有 TA_LEFT 水平左对齐、TA_CENTER 水平居中对齐、TA_RIGHT 水平右对齐、TA_TOP 垂直向上对齐、TA_BOTTOM 垂直向下对齐、TA_BASELINE 垂直居中对齐。

3. 字体的应用示例

【例 12.3】 字体的应用程序示例。

程序的运行结果如图 12.3 所示。

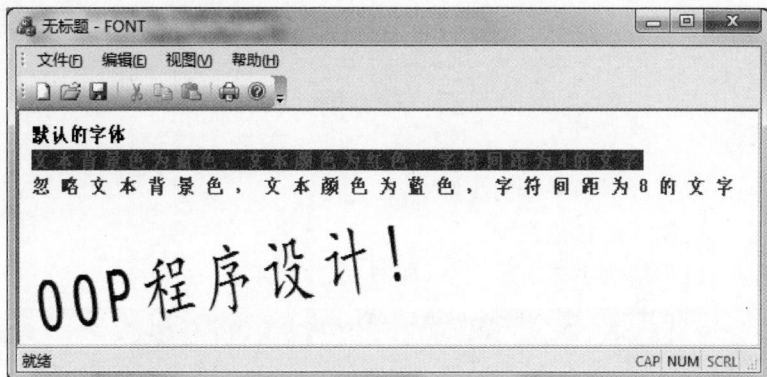

图 12.3 例 12.3 的运行结果

设计步骤如下。

(1) 新建 MFC 应用程序,项目名称为 FONT。在 MFC 应用程序向导中选择"单个文档"应用程序类型,其余的步骤按系统默认的进行选择。

(2) 在 FONTView.cpp 文件中编写 CFONTView 类的 OnDraw 成员函数,代码如下:

```cpp
void CFONTView::OnDraw(CDC* pDC)
{
    CFONTDoc* pDoc = GetDocument();
    ASSERT_VALID(pDoc);
    if (!pDoc)
        return;

    //TODO: 在此处为本机数据添加绘制代码
    pDC->TextOut(10,10,_T("默认的字体"));
    pDC->SetTextColor(RGB(255,0,0));                    //设置文本颜色
    pDC->SetBkColor(RGB(0,0,255));                      //设置文本背景颜色
    pDC->SetTextCharacterExtra(4);                      //设置字符间距
    pDC->TextOut(10,30,_T("文本背景色为蓝色,文本颜色为红色,字符间距为 4 的文字"));
    pDC->SetBkMode(TRANSPARENT);
    pDC->SetTextCharacterExtra(8);
    pDC->SetTextColor(RGB(0,0,255));
    pDC->TextOut(10,50,_T("忽略文本背景色,文本颜色为蓝色,字符间距为 8 的文字"));
    pDC->SetTextColor(RGB(0,0,0));
    pDC->SetBkColor(RGB(255,255,255));
    CFont* pOldFont;
    CFont* pNewFont = new CFont;
    pNewFont->CreateFont(60,20,80,0,
                200,FALSE,FALSE,0,
                ANSI_CHARSET,OUT_DEFAULT_PRECIS,
                CLIP_DEFAULT_PRECIS,DEFAULT_QUALITY,
                DEFAULT_PITCH&FF_SWISS,
                _T("楷体"));
    pOldFont = (CFont*)pDC->SelectObject(pNewFont);
    pDC->TextOut(10,120,_T("OOP 程序设计!"));
    pDC->SelectObject(pOldFont);
    delete pNewFont;
}
```

习　　题

1. 说明使用画笔、画刷和字体的步骤。
2. 编写程序，绘制一幅彩色图画。
3. 编写程序，以不同的字体显示文字，如图 12.4 所示。

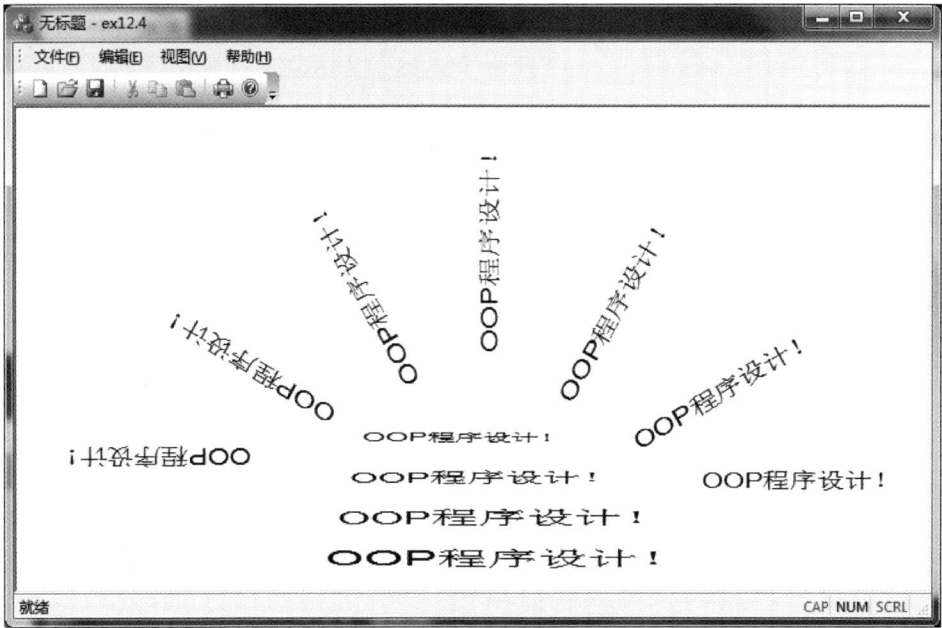

图 12.4　习题 3 的运行界面

程序的调试与运行

A.1 程序的编辑、编译、运行和调试

用 C++ 语言编写的程序称为 C++ 源程序。计算机唯一能够识别的程序是机器语言程序。C++ 源程序必须经过编译、连接之后才能生成可执行文件。

1. 编辑源程序

首先将编写好的 C++ 语言源程序输入计算机中以文件的形式保存起来，C++ 语言源程序的扩展名为 .cpp。C++ 语言源程序为文本文件，可以用文本编辑器如记事本编辑，也可用 C++ 编译器集成的编辑器编辑。

2. 编译

C++ 语言源程序经过编译之后生成扩展名为 .obj 的目标文件。源程序在编译时，首先进行编译预处理，执行程序中的预处理命令，然后进行词法和语法分析，在分析过程中如果发现有错误，会将错误信息显示在输出窗口中，报告给用户。

3. 连接

源程序经过编译后生成的目标文件再经过连接生成可供计算机运行的文件。在连接过程中，往往还要加入一些系统提供的库文件代码，生成的可执行文件的扩展名为 .exe。

4. 运行

可执行文件无语法错误，但有可能出现因设计错误而导致的结果不正确。可执行文件被运行后，结果显示在屏幕上。

5. 程序调试

一个源程序在编译、连接和运行中均可能出现错误，在程序调试过程中将错误排除掉。编译过程中的错误多为词法和语法错误，修改后，再重新进行编译，直到正确。连接错误多为致命性错误，必须进行修改后才能重新连接，直到生成可执行文件。可执行文件运行后，要验证程序的运行结果，如果发现运行结果与设计目的不符，说明程序在设计思路或算法上出了问题。用户需要重新检查源程序，找出问题并加以改正，然后重新编译、连接、运行，直到运行结果正确。

A.2 Visual C++ 6.0 集成开发环境

C++ 语言的集成开发环境有 Turbo C++、Borland C++ 和 Visual C++ 等。Visual C++ 有很多不同的版本，其中 Visual C++ 6.0(VC 6.0) 是一款流行面广、业界使用时间长的集成开发环境，目前还有许多教材选用它作为 C++ 语言教学的软件平台。下面介绍 Visual C++ 6.0 集成开发环境。

A.2.1 Visual C++ 6.0 的启动及其主窗口简介

Visual C++ 6.0 提供了良好的可视化编程环境，集项目建立、打开、浏览、编辑、保存、编译、连接和调试等功能于一体。

1. Visual C++ 6.0 的启动

将 Visual C++ 6.0 正确安装到 Windows 系统中之后，选择"开始"→"程序"→Microsoft Visual Studio 6.0→Microsoft Visual C++ 6.0 命令，即可启动，进入集成开发环境。

执行 File 菜单下的 New 命令，弹出 New 对话框。选择 Projects 选项卡中的 Win32 Console Application，在 Project name 文本输入框中输入工程名，如图 A.1 所示。单击 Location 文本输入框右侧的浏览按钮可以选择工程文件存放的位置，也可以在文本框中直接输入。

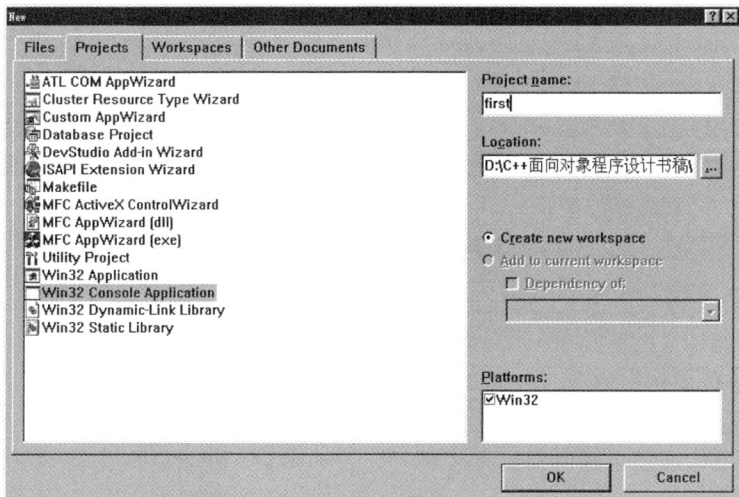

图 A.1　New 对话框

单击 OK 按钮，弹出如图 A.2 所示的 Win32 Console Application-Step 1 of 1 对话框，在此对话框中，单击 Finish 按钮，弹出如图 A.3 所示的 New Project Information 对话框。

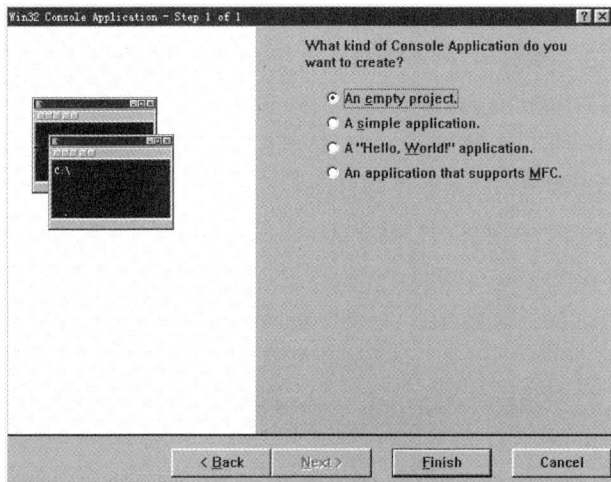

图 A.2　Win32 Console Application-Step 1 of 1 对话框

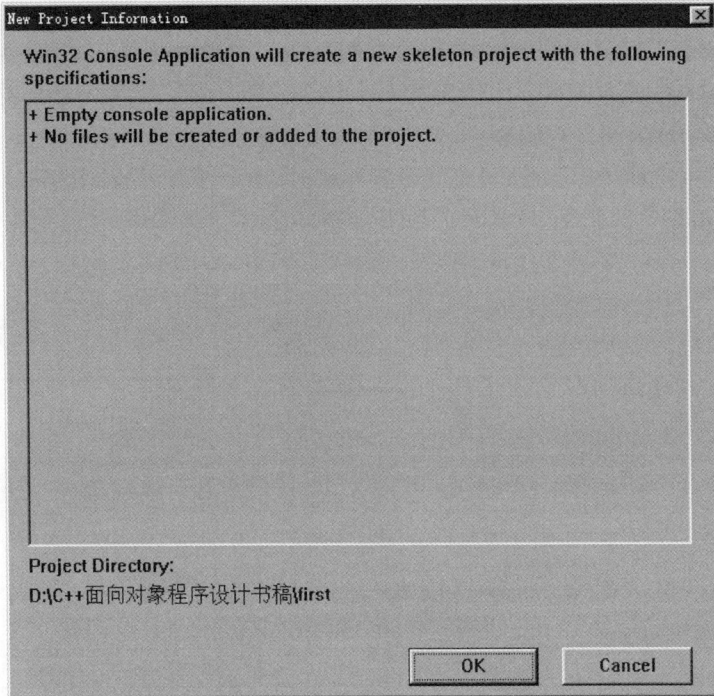

图 A.3　New Project Information 对话框

单击 OK 按钮，执行 File 菜单下的 New 命令，在弹出的 New 对话框中选择 Files 选项卡中的 C++ Source File，在 File 文本框中输入文件名，如图 A.4 所示。单击 OK 按钮，在编辑窗口中输入源程序。

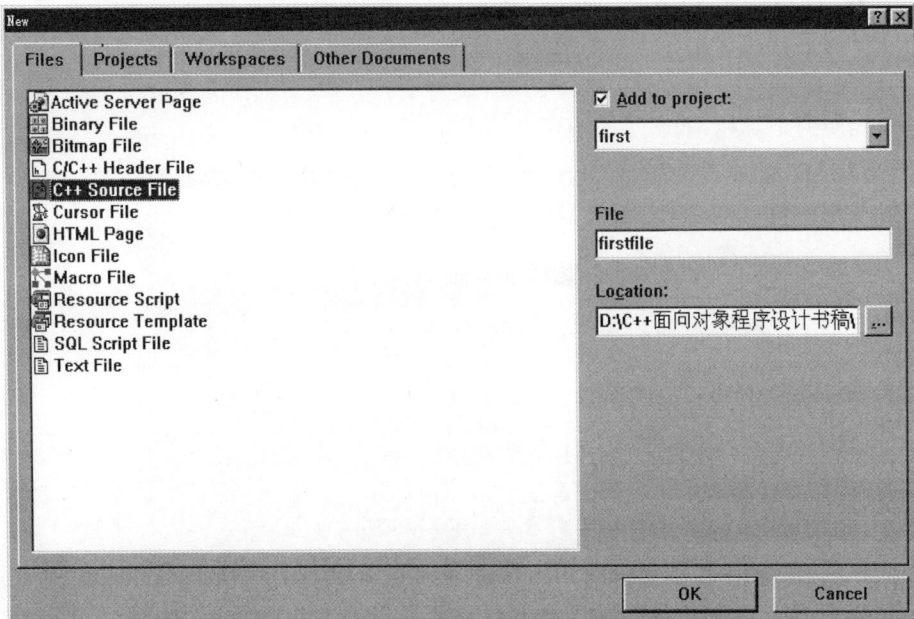

图 A.4　选择源程序

2. Visual C++ 6.0 的主窗口简介

Visual C++ 6.0 主窗口包括标题栏、菜单栏、工具栏、项目工作区窗口、编辑窗口、输出窗口和状态栏，如图 A.5 所示。标题栏用于显示应用程序名和打开的文件名；菜单栏完成该软件的所有功能，工具栏对应于某些菜单或命令的功能，简化用户操作；项目工作区（Workspace）窗口用于组织文件、项目和项目配置；编辑窗口用于编辑选定文件的内容；输出窗口用于显示项目建立过程中所产生的各种信息，状态栏给出当前操作或所选择命令的提示信息。

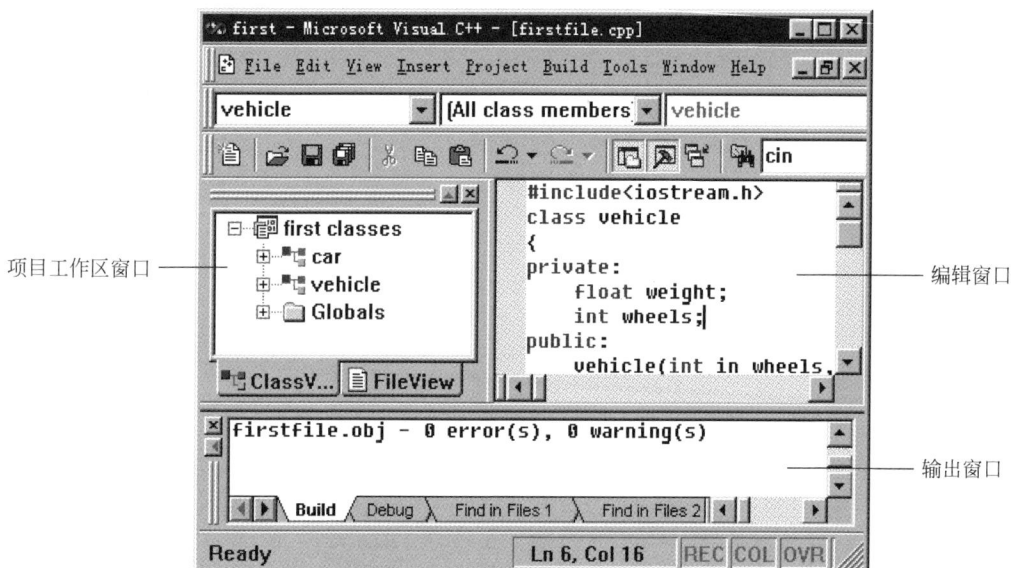

图 A.5　Visual C++ 6.0 集成开发环境

开发环境的各菜单栏和工具栏均为停靠式，程序员可以用鼠标拖动改变它们的位置，也可以选择 Tools 菜单中的 Customize 选项，在弹出的对话框中用 Toolbars 选项卡打开、关闭或修改相应的工具栏，如图 A.6 所示。

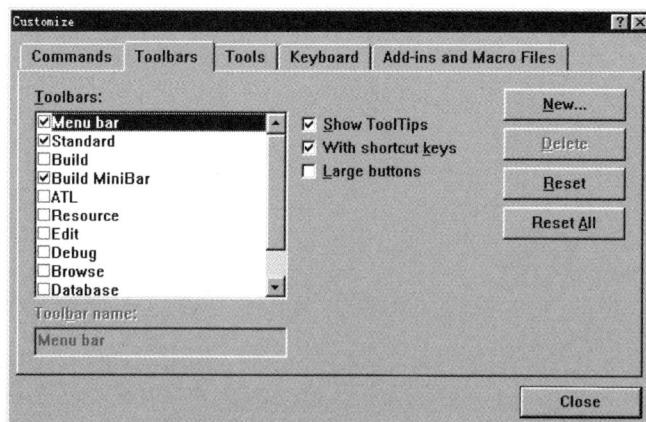

图 A.6　Customize 对话框

3. ClassView 选项卡

图 A.5 中的项目工作区窗口中有两个选项卡。展开的 ClassView 选项卡如图 A.7 所示。

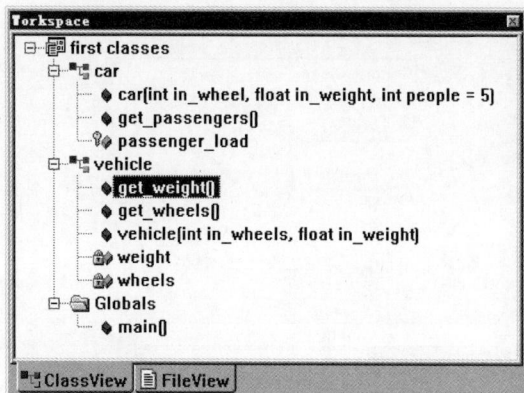

图 A.7 展开的 ClassView 选项卡

ClassView 选项卡显示工程中的所有类及其成员函数。单击文件夹左边的＋号，可以打开树型结构的每一项，直到所有的＋号变成－号，就显示出了所有的成员函数和数据成员。双击其中的任一项，就会在右边的开发环境文本编辑窗口显示该成员的源代码。

每个成员的左边都有一个小的图符，不同形状的图符代表不同的含义。

粉色方块：代表成员函数。

蓝色方块：代表数据成员。

带钥匙的粉色方块：代表保护成员函数。

带钥匙的蓝色方块：代表保护数据成员。

带锁的粉色方块：代表私有成员函数。

带锁的蓝色方块：代表私有数据成员。

在 ClassView 选项卡中，快捷菜单根据所选的目标不同而动态地改变。当选择的是一个工程时，可通过快捷菜单增加一个新类，如图 A.8 所示；当选择的是一个类时，可通过快捷菜单增加成员函数或数据成员，如图 A.9 所示。程序员应该学会使用快捷菜单，这样可以简化操作。

1）创建新类

右击最高一级的列表项目（图 A.7 中的 first classes），在弹出的快捷菜单中执行 New Class 命令，弹出如图 A.10 所示的 New Class 对话框。增加的类可分为三种，第一种是 MFC Class，第二种是 Generic Class，第三种是 Form Class。

图 A.8 工程的快捷菜单

图 A.9 类的快捷菜单

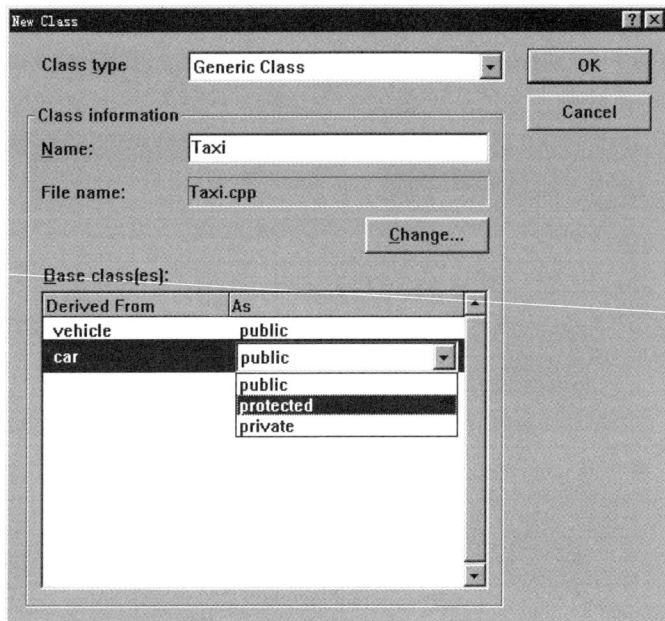

图 A.10　New Class 对话框

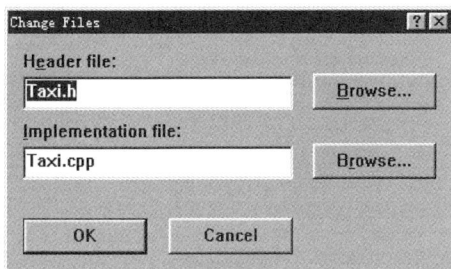

图 A.11　Change Files 对话框

在图 A.10 所示的对话框中，从 Class type 下拉列表框中选择 Generic Class 选项。在 Name 文本输入框中输入新类名，单击 Change 按钮将弹出如图 A.11 所示的 Change Files 对话框，可以修改类的头文件名和源文件名。在图 A.10 中的 Base class(es)组合框中输入基类（可以有多个，也可以没有基类）和继承时的访问控制。单击 OK 按钮就可以实现增加一般类的工作，系统会自动增加.h 头文件和.cpp 源文件，并且在类中增加相应的构造函数和析构函数。

2）添加类的数据成员

在需要增加数据成员的类上右击，弹出一个快捷菜单，选择 Add Member Variable 命令，弹出如图 A.12 所示的 Add Member Variable 对话框。

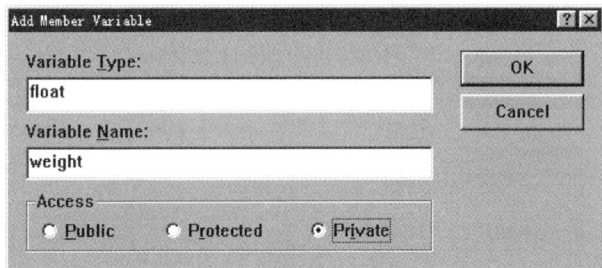

图 A.12　Add Member Variable 对话框

在 Variable Type 文本框中输入数据成员的类型，在 Variable Name 文本框中输入数据成员的名称,通过单选按钮选择数据成员的访问控制类型。

3)添加类的成员函数

在需要增加成员函数的类上右击,弹出一个快捷菜单,执行 Add Member Function 命令,弹出如图 A.13 所示的 Add Member Function 对话框。增加完毕后,会在类的定义中增加函数的定义,在源文件中增加一个空函数。

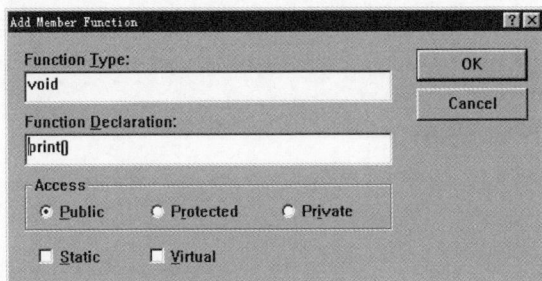

图 A.13　Add Member Function 对话框

通过选择 Static 或 Virtual 复选框,可以增加静态成员函数或虚函数。但二者不可同时选中。

上述的操作也可以使用 MFC ClassWizard 对话框来实现。执行 View 菜单中的 ClassWizard 命令,或按 Ctrl+W 组合键可以打开如图 A.14 所示的 MFC ClassWizard 对话框。选择 Message Maps 选项卡,单击 Add Class 按钮可以增加新类,单击 Add Function 按钮可以增加成员函数,一般情况下选择系统默认的函数名,单击 Delete Function 按钮可以删除成员函数;单击 Edit Code 按钮可以编辑成员函数代码。

Message Maps 选项卡用于在应用程序中添加与消息处理有关的代码。对于添加到类的每个消息处理程序函数,MFC ClassWizard 对该类的源文件做以下的修改:在头文件中添加函数声明;在 .cpp 源代码文件中添加带有骨干代码的函数定义;将代表该函数的条目添加到类的消息映射中。

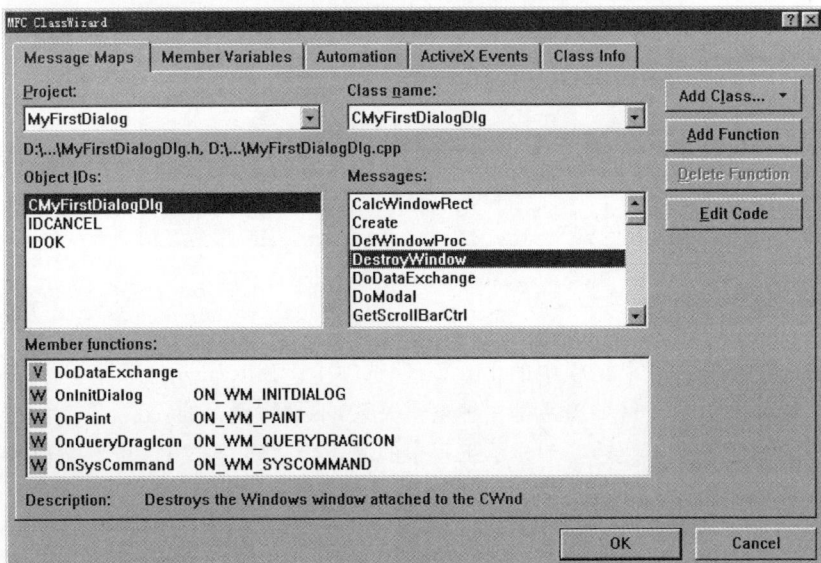

图 A.14　MFC ClassWizard 对话框

选择 MFC ClassWizard 对话框中的 Member Variables 选项卡，出现如图 A.15 所示的对话框。单击 Add Variable 按钮，出现如图 A.16 所示的 Add Member Variable 对话框。在此对话框中输入成员变量的名字、种类和变量类型即可添加相应的数据成员。

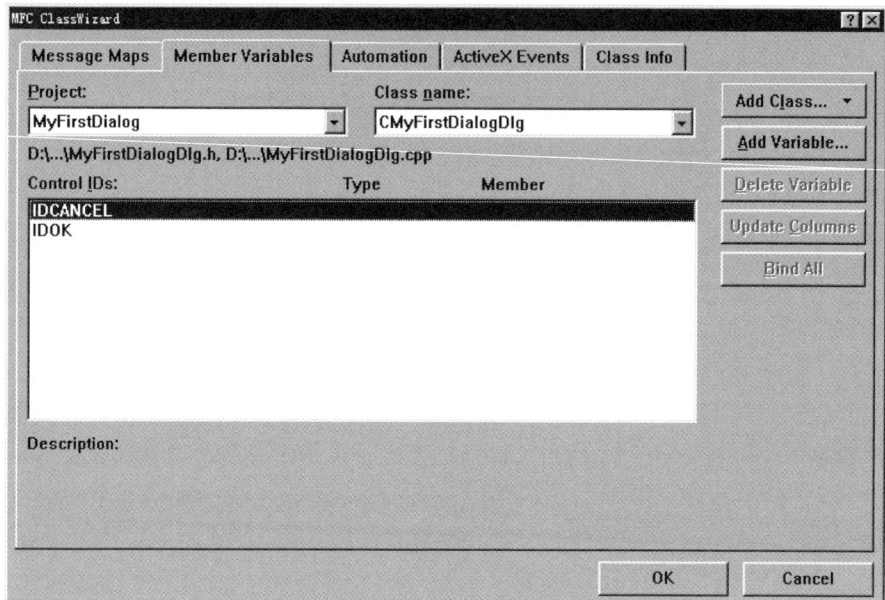

图 A.15　MFC ClassWizard 对话框中的 Member Variables 选项卡

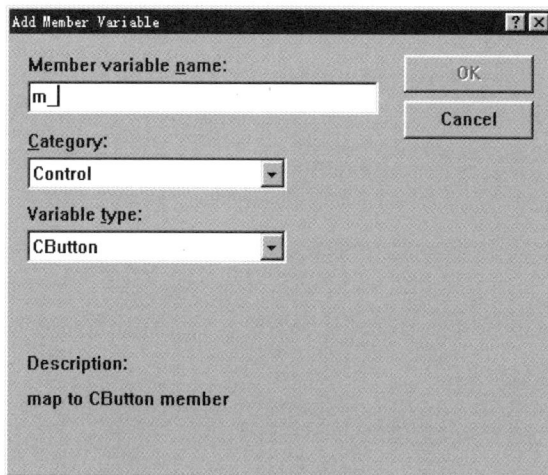

图 A.16　Add Member Variable 对话框

4. FileView 选项卡

图 A.17 所示为另一个工程中的 FileView 选项卡。FileView 选项卡显示工程中的所有文件及其相互的关系。这种关系是一种逻辑关系，不是物理上的关系，不表示在硬盘中这些文件之间的结构关系。此选项卡显示工程中的源代码文件、头文件、资源文件和外部支持文件。双击其中的任一文件，就会在右边的开发环境编辑窗口中打开这个文件，显示出它的源代码。

向工程中添加现有的文件，可以执行 Project 菜单中的 Add to Project 级联菜单中的

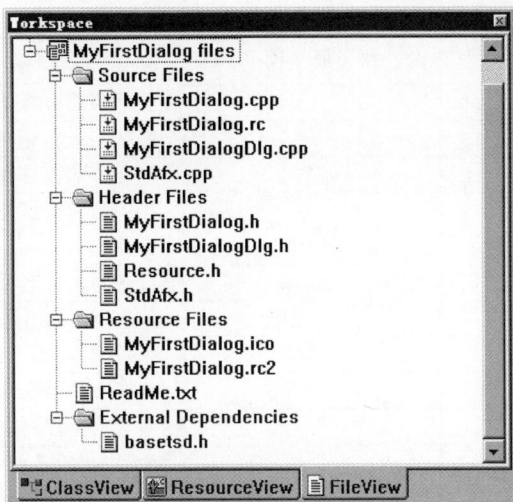

图 A.17 FileView 选项卡

Files 命令。也可以在 FileView 选项卡中右击文件列表,在弹出的快捷菜单(如图 A.18 所示)中执行 Add Files to Project 命令。这两种方法弹出的对话框是相同的,如图 A.19 所示。

有关 ResourceView 选项卡的介绍参见第 10 章。

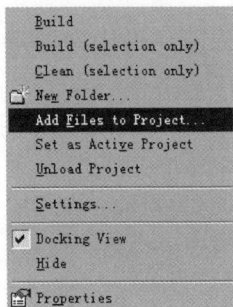

图 A.18 文件列表的快捷菜单

图 A.19 Insert Files into Project 对话框

A.2.2 菜单功能介绍

Visual C++ 6.0 的菜单栏包括 File、Edit、View、Insert、Project、Build、Tools、Window、Help 等菜单,使用方法与 Windows 常规操作相同。

1. File 菜单

File 菜单中的命令主要完成文件的建立、保存、打开、关闭及打印等工作。File 菜单命令的快捷键和功能如表 A.1 所示。

表 A.1 File 菜单命令的快捷键和功能

菜 单 命 令	快 捷 键	功 能 说 明
New	Ctrl+N	创建一个新文件、工程
Open	Ctrl+O	打开一个已存在的文件

续表

菜 单 命 令	快 捷 键	功 能 说 明
Close		关闭当前被打开的文件
Open Workspace		打开一个已存在的 Workspace
Save Workspace		保存当前被打开的 Workspace
Close Workspace		关闭当前被打开的 Workspace
Save	Ctrl+S	保存当前文件
Save As		以新的文件名保存当前文件
Save All		保存所有打开的文件
Page Setup		设置文件的页面
Print	Ctrl+P	打印文件的全部或选定的部分
Recent Files		最近的文件列表
Recent Workspace		最近的 Workspace 列表
Exit		退出集成开发环境

2. Edit 菜单

Edit 菜单中的命令用来使用户便捷地编辑文件，如进行删除、复制等操作。Edit 菜单命令的快捷键和功能如表 A.2 所示。

表 A.2　Edit 菜单命令的快捷键和功能

菜 单 命 令	快 捷 键	功 能 说 明
Undo	Ctrl+Z	撤销上一次编辑操作
Redo	Ctrl+Y	恢复被取消的编辑操作
Cut	Ctrl+X	将选定的文本剪切到剪贴板中
Copy	Ctrl+C	将选定的文本复制到剪贴板中
Paste	Ctrl+V	将剪贴板中的内容粘贴到光标处
Delete	Del	删除选定的对象或光标处的字符
Select All	Ctrl+A	一次性选定窗口中的全部内容
Find	Ctrl+F	查找指定的字符串
Find in Files		在多个文件中查找指定的字符串
Replace	Ctrl+H	替换指定的字符串
Go To	Ctrl+G	光标自动转移到指定位置
Bookmarks	Alt+F2	给文本加书签
Advanced\Incremental Search	Ctrl+I	开始向前搜索
Advanced\Format Selection	Alt+F8	对选中对象进行快速缩排
Advanced\Tabify Selection		在选中对象中用跳格代替空格
Advanced\Untabify Selection		在选中对象中用空格代替跳格
Advanced\Make Selection Uppercase	Ctrl+Shift+U	把选中部分改成大写
Advanced\Make Selection Lowercase	Ctrl+U	把选中部分改成小写
Advanced\a-b View Whitespace	Ctrl+Shift+8	显示或隐藏空格点
Breakpoints	Alt+F9	编辑程序中的断点
List Members	Ctrl+Alt+T	列出全部关键字
Type Info	Ctrl+T	显示变量、函数或方法的语法
Parameter Info	Ctrl+Shift+Space	显示函数的参数
Complete Word	Ctrl+Space	给出相关关键字的全称

3. View 菜单

View 菜单中的命令主要用来改变窗口的显示方式,激活调试时所用的各窗口。View 菜单命令的快捷键和功能如表 A.3 所示。

表 A.3　View 菜单命令的快捷键和功能

菜 单 命 令	快 捷 键	功 能 说 明
Class Wizard	Ctrl+W	编辑应用程序中的类
Resource Symbols		浏览和编辑资源文件中的符号
Resource Includes		编辑修改资源文件名及预处理指令
Full Screen		切换窗口的全屏幕方式和正常方式
Workspace	Alt+0	激活 Workspace 窗口
Output	Alt+2	激活 Output 窗口
Debug Windows\Watch	Alt+3	激活 Watch 窗口
Debug Windows\Call Stack	Alt+7	激活 Call Stack 窗口
Debug Windows\Memory	Alt+6	激活 Memory 窗口
Debug Windows\Variables	Alt+4	激活 Variables 窗口
Debug Windows\Registers	Alt+5	激活 Registers 窗口
Debug Windows\Disassembly	Alt+8	激活 Disassembly 窗口
Refresh		更新选择域
Properties	Alt+Enter	编辑当前被选中对象的属性

4. Insert 菜单

Insert 菜单中的命令主要用于工程、文件及资源的创建和添加。Insert 菜单命令的快捷键和功能如表 A.4 所示。

表 A.4　Insert 菜单命令的快捷键和功能

菜 单 命 令	快 捷 键	功 能 说 明
New Class		创建新类并加入项目中
New Form		创建新表并加入项目中
Resource	Ctrl+R	创建新资源
Resource Copy		对选定的资源进行复制
File As Text		在当前源文件中插入一个文本文件
New ALT Object		在项目中增加一个 ALT 对象

5. Project 菜单

Project 菜单中的命令主要用来对项目进行文件的添加和管理工作。Project 菜单命令的快捷键和功能如表 A.5 所示。

表 A.5　Project 菜单命令的快捷键和功能

菜 单 命 令	快 捷 键	功 能 说 明
Set Active Project		激活项目
Add To Project\New		在项目上增加新文件
Add To Project\New Folder		在项目上增加新文件夹
Add To Project\Files		在项目上插入已存在的文件
Add To Project\Data Connection		在当前项目上增加数据连接

续表

菜 单 命 令	快 捷 键	功 能 说 明
Add To Project\Components and Controls		在当前项目上插入库中的组件
Dependencies		编辑项目组件
Settings	Alt＋F7	编辑项目编译及调试的设置
Export Makefile		以 Makefile 形式输出可编译项目
Insert Project into Workspace		将项目插入 Workspace 窗口中

6. Build 菜单

Build 菜单中的命令主要用来进行应用程序的编译、连接、调试和运行等。Build 菜单命令的快捷键和功能如表 A.6 所示。

表 A.6　Build 菜单命令的快捷键和功能

菜 单 命 令	快 捷 键	功 能 说 明
Compile al.cpp	Ctrl＋F7	编译 C 或 C++源代码文件
Build al.exe	F7	编译和连接项目
Rebuild All		编译和连接项目及资源
Batch Build		一次编译和连接多个项目
Clean		删除中间及输出文件
Start Debug\Go	F5	从当前语句开始执行程序,直到遇到一个断点或程序结束
Start Debug\Step Into	F11	单步执行每一程序行,遇到函数时进入函数体内单步执行
Start Debug\Run to Cursor	Ctrl＋F10	运行程序到光标所在行
Start Debug\Attach to Process		将调试器与当前运行的某个进程联系起来,这样就可以跟踪进入进程内部,像调试工程工作区中当前打开的应用程序一样调试运行中的进程
Debugger Remote Connection		编辑远程调试连接设置
Execute al.exe	Ctrl＋F5	运行程序
Set Active Configuration		选择激活的项目及配置
Configurations		编辑项目的配置
Profile		设置 Profile 选项,显示 Profile 数据

7. Debug 菜单

Debug 菜单中的命令主要用来进行应用程序单步或断点调试。Debug 菜单命令的快捷键和功能如表 A.7 所示。

表 A.7　Debug 菜单命令的快捷键和功能

菜 单 命 令	快 捷 键	功 能 说 明
Restart	Ctrl＋Shift＋F5	终止当前的调试过程,重新开始执行程序,停在程序的第 1 条语句处
Stop Debugging	Shift＋F5	退出调试器,同时结束调试过程和程序运行过程
Break Execution		终止程序运行,进入调试状态。多用于终止一个进入死循环的程序
Apply Code Changes	Alt＋F10	当源程序在调试过程中发生改变时,重新进行编译

续表

菜 单 命 令	快 捷 键	功 能 说 明
Step Into	F11	单步执行每一程序行,遇到函数时进入函数体内单步执行
Step Over	F10	如果是一条语句,则单步执行;如果是一个函数,则将此函数一次执行完毕,运行到下一条可执行语句
Step Out	Shift+F11	从函数体内运行到函数体外,即从当前位置运行到调用该函数语句的下一条语句
Run to Cursor	Ctrl+F10	从当前位置运行到光标处
Show Next Statement		显示下一语句
Quick Watch	Shift+F9	弹出一个对话框,观察当前编辑位置的变量的值

8. Tools 菜单

Tools 菜单中的命令主要用于选择或定制集成开发环境中的一些实用工具,Tools 菜单命令的快捷键和功能如表 A.8 所示。

表 A.8 Tools 菜单命令的快捷键和功能

菜 单 命 令	快 捷 键	功 能 说 明
Source Browser	Alt+F12	在选定的对象或当前文本中查询
Close Source Browser File		关闭信息库
Visual Component Manager		激活 Visual Component Manager
Register Control		激活 Register Control
Error Lookup		激活 Error Lookup
ActiveX Control Test Container		激活 ActiveX Control Test Container
OLE/COM Object Viewer		激活 OLE/COM Object Viewer
Spy++		激活 Spy++
MFC Tracer		激活 MFC Tracer
Customize		定制 Tools 菜单和工具栏
Options		改变集成开发环境的各项设置
Macro		创建和编辑宏
Record Quick Macro		记录宏
Play Quick Macro		运行宏

9. Window 菜单

Window 菜单中的命令主要用来排列集成开发环境中的各个窗口、打开或关闭一个窗口、使窗口分离或重组等操作,改变窗口的显示方式,激活调试所用的各窗口。Window 菜单命令的快捷键和功能如表 A.9 所示。

表 A.9 Window 菜单命令的快捷键和功能

菜 单 命 令	快 捷 键	功 能 说 明
New Window		为当前文件打开一个新的窗口
Split		分割窗口
Docking View	Alt+F6	启用或关闭 Docking View 模式
Close		关闭当前打开的窗口
Close All		关闭所有打开的窗口
Next		激活下一个窗口

续表

菜 单 命 令	快 捷 键	功 能 说 明
Previous		激活上一个窗口
Cascade		多个窗口重叠出现在显示区域中
Tile Horizontally		把窗口按水平方向排列
Tile Vertically		把窗口按垂直方向排列
Window		管理当前打开的窗口

10. Help 菜单

同大多数的 Windows 软件一样，Visual C++ 6.0 提供了大量详细的帮助信息，这些信息都可以在 Help 菜单得到。Help 菜单命令快捷键和功能如表 A.10 所示。

表 A.10　Help 菜单命令的快捷键和功能

菜 单 命 令	功 能 说 明
Contents	显示所有帮助信息的内容列表
Search	利用在线查询获得帮助信息
Index	显示在线文件的索引
Use Extension Help	开启或关闭 Extension Help
Keyboard Map	显示所有的键盘命令
Tip of the Day	显示 Tip of the Day 对话框
Technical Support	显示 Developer Studio 的支持信息
Microsoft on the Web\Free Stuff	打开 Developer Studio 97 Free Stuff 页
Microsoft on the Web\Product News	打开 Developer Studio 97 产品消息页
Microsoft on the Web\Frequently Asked Questions	打开 Developer Studio 97 经常性问题页
Microsoft on the Web\Online Support	打开 Microsoft 在线帮助页
Microsoft on the Web\MSDN Online	打开 Developer 产品主页
Microsoft on the Web\Send Feedback	打开 Developer 产品信息反馈页
Microsoft on the Web\Best of the Web	打开最佳网页
Microsoft on the Web\Search the Web	打开查询页
Microsoft on the Web\Web Tutorial	打开指南页
Microsoft on the Web\Microsoft Home Page	打开 Microsoft 主页
About Visual C++	显示此版本的有关信息

A.2.3　工具栏的使用

工具栏是许多菜单命令相对应的按钮的组合体，提供执行常用命令的快捷方法。第一次运行 Visual C++ 6.0 时，显示的是默认状态下的标准工具栏，如图 A.20 所示。

图 A.20　Visual C++ 6.0 的标准工具栏

如果用户对当前显示的工具栏不满意，可以自己选择适当的工具栏加以显示，并隐藏那些不用的工具栏。显示与隐藏工具栏的步骤如下。

（1）执行 Tools 菜单的 Customize 命令。

（2）在弹出的对话框中，选择 Toolbars 选项卡，如图 A.21 所示。在该选项卡中显示有

Toolbars 列表框,默认 Menu bar、Standard、Build MiniBar 和 WizardBar 工具栏条目被选中,用户可根据需要修改。若要显示某工具栏,只需单击该条目,使其前面出现"√";而要隐藏某工具栏,则再次单击该条目,使其前面的"√"消失即可。

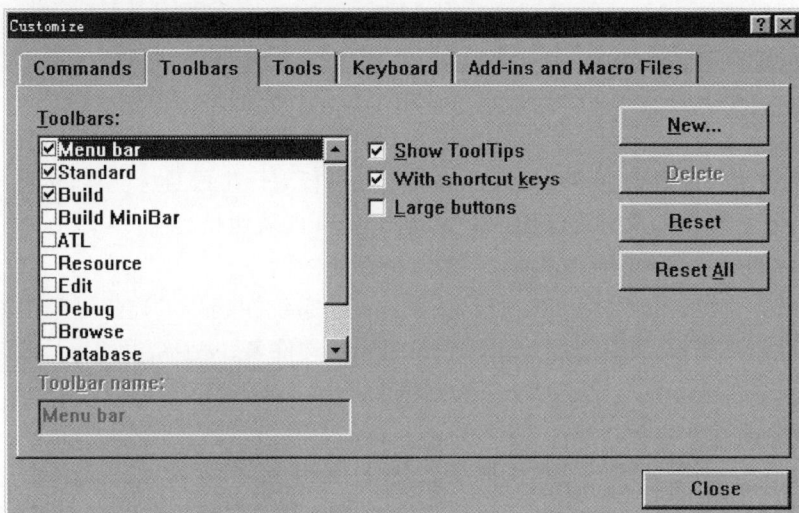

图 A.21　Customize 对话框

A.2.4　Visual C++ 6.0 环境下程序的编辑、编译、运行和调试

1. 编辑源程序

1) 新建工程

要开始一个新程序的开发,必须先用 AppWizard(应用程序向导)建立一个工程,新建工程的方法如上所述。

要在创建的空项目中添加新文件,有两种方法,一种方法为执行 File 菜单的 New 命令,在弹出的 New 对话框中,选择 Files 选项卡,选择新建文件的类型为 C++ Source File,在 Files 选项卡下的文本框中输入新建文件名,单击 OK 按钮。另一种方法为执行 Project 菜单的 Add to Project 级联菜单的 New 命令,弹出如图 A.4 所示的 New 对话框。在文件编辑窗口中输入源程序即可。源程序编辑好后,执行 File 菜单的 Save 命令保存文件。

2) 打开、关闭、保存工程

执行 File 菜单的 Open 命令,或单击工具栏上的 Open 按钮,在弹出的对话框中可打开源程序文件、头文件、工作区文件等不同类型的文件。打开工作区文件(扩展名为.dsw)即可打开相应工作区。选择相应文件后,单击"打开"按钮即可。也可执行 File 菜单的 Open Workspace 命令打开工程文件。

执行 File 菜单的 Close Workspace 命令可关闭工程文件。

执行 File 菜单的 Save Workspace 命令可保存工程文件。

3) 从项目中删除文件

单击工作区窗口中的 FileView 标签,单击折叠按钮,可以查看工程中的文件,要从工程中删除文件,可先选中,按 Del 键,或执行 Edit 菜单的 Delete 命令。

2. 编译、连接、运行程序

执行 Build 菜单中的 Compile 命令或使用 Ctrl＋F7 组合键对源程序文件进行编译,编译通过则生成扩展名为.obj 的目标文件。如果项目中包括多个源程序文件,即可依次激活并编译生成目标文件。

执行 Build 菜单中的 Build 命令或使用 F7 键,可将目标文件连接生成可执行文件。此命令也可将源程序文件首先进行编译再连接生成可执行文件。

成功地建立了可执行文件之后,执行 Build 菜单中的 Execute 命令或使用 Ctrl＋F5 组合键,运行该程序。此命令也可将源程序文件首先进行编译生成目标文件,再连接生成可执行文件,然后运行程序。执行 DOS 程序时,Windows 自动切换到 DOS 环境,并在 DOS 环境中显示程序的运行结果。

在编译或连接时,出现 Output 窗口,该窗口显示系统在编译或连接过程中的信息。若编译或连接时出现错误,则在该窗口中标识出错误的文件名、发生错误的行号及错误的原因等。错误信息中的 Warning 警告信息不妨碍可执行文件的形成,但最好改正确。

3. 程序的调试

在 Visual C++ 6.0 环境下集成了调试器,可以利用 Build 菜单 Debug 级联菜单中的命令或快捷键来控制调试器中程序的运行情况。在 Watch 窗口中输入变量名,可查看变量值的变化,了解在调试器中程序的运行情况。具体命令的功能可参见表 A.6。下面介绍 Developer Studio 的跟踪调试功能。

利用调试器调试程序的过程,就是通过设置断点,观察断点的各种信息,单步跟踪有疑问的程序段,进而修改源程序的过程。

Developer Studio 中的项目可以产生两种可执行代码,分别称为调试版本和发布版本。调试版本是在开发过程中使用的,用于检测程序中的错误;发布版本是面向用户的。调试版本体积较大,而且通常速度要比发布版本慢,发布版本不能用调试器进行调试。

Developer Studio 默认的配置是调试版本,执行 Build 菜单中的 Set Active Configuration 命令将弹出如图 A.22 所示的 Set Active Project Configuration 对话框,在此对话框中可以设置不同的版本,其中 MyFirstDialog-Win32 Release 表示发布版本,MyFirstDialog-Win32 Debug 表示调试版本。

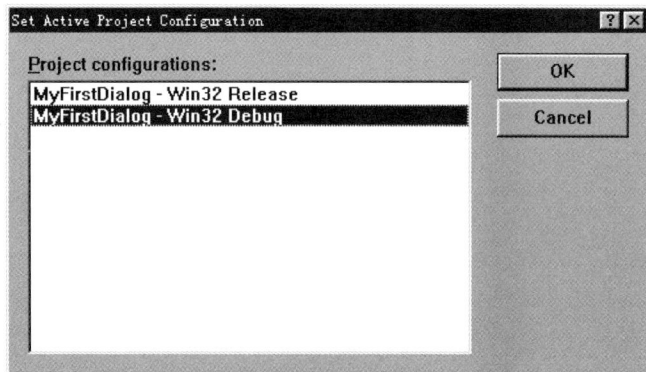

图 A.22 Set Active Project Configuration 对话框

调试器的主要调试手段有设置断点、跟踪和观察三种。

通常,一个应用程序是连续运行的,但是程序调试,往往需要在程序的运行过程中来观测应用程序的状态,所以必须使程序在某一点暂停下来。所谓断点即程序中的某处,在调试时让程序执行到断点处停下来,通过观察程序中变量值、表达式、调试输出信息、内存、寄存器和堆栈的状态来了解程序的运行情况,或进一步跟踪程序的运行。

如果已经设置好了断点,则可通过执行 Build 菜单中的 Start Debug 命令调用调试器。该子菜单的命令参见表 A.6。

断点分为三类,即位置断点、逻辑断点以及与 Windows 消息有关的断点。

1) 位置断点

位置断点是一种最简单的断点,其设置方法也最为简单。当程序运行到设立断点的位置时将会停下来。

插入或删除位置断点,首先使光标移动到程序的某处,按 F9 键,或单击 Build MiniBar 工具栏上的手形图标,或在程序的断点处右击,在弹出的快捷菜单中选择 Insert→Remove Breakpoint 命令,即在该位置设置或删除断点。断点用编辑窗口左边框上的大红圆点表示,如图 A.23 所示。

如果不想删除断点,只是暂时禁止它,可以在语句行的快捷菜单中选择 Disable Breakpoint 命令,禁止当前行的断点,被禁止的断点标志变成空心圆;要恢复被禁止的断点,可从含有被禁止断点的语句行的快捷菜单中选择 Enable Breakpoint 命令。有时并不需要程序每次都在设置的断点处停下来,而是在满足一定条件的情况下才停下来,这时就需要设置一种不只与位置有关的逻辑断

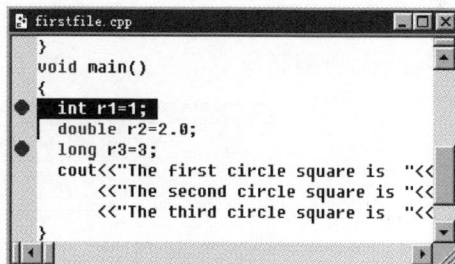

图 A.23　设置位置断点

点。要设置这种断点需要执行 Edit 菜单中的 Breakpoints 命令,弹出如图 A.24 所示的 Breakpoints 对话框。

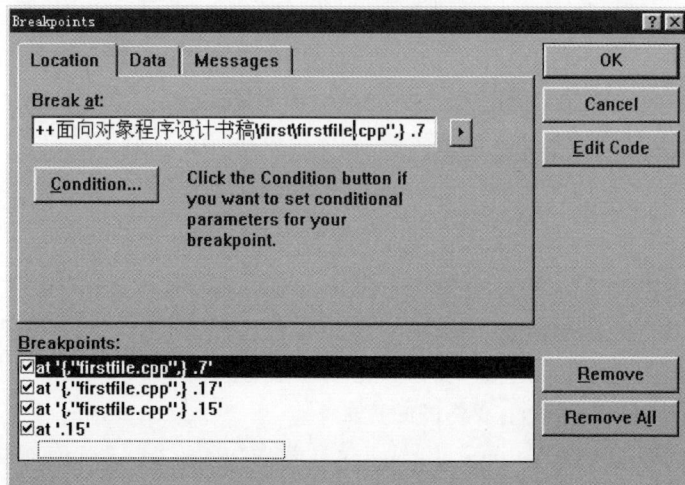

图 A.24　Breakpoints 对话框

选中 Location 选项卡,单击 Condition 按钮,弹出如图 A.25 所示的 Breakpoint Condition 对

话框,在 Enter the expression to be evaluated 文本框中输入逻辑表达式,如 r1>3。

这类断点由其位置和逻辑条件共同决定,在使用中具有更大的灵活性。

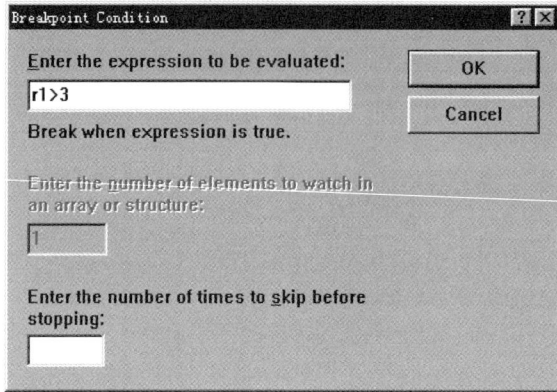

图 A.25　Breakpoint Condition 对话框

2）逻辑断点

有时需要设立只与逻辑条件有关的断点,而与位置无关,这就是逻辑断点。在 Breakpoints 对话框中单击 Data 选项卡,显示如图 A.26 所示的对话框。

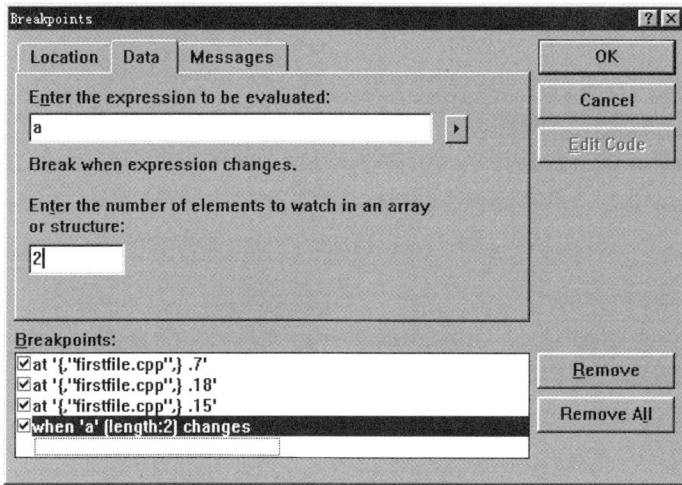

图 A.26　Breakpoints 对话框的 Data 选项卡

在 Enter the expression to be evaluated 文本框中输入逻辑表达式。

如果要监视数组发生的变化,则在 Enter the expression to be evaluated 文本框中输入需要监视的数组名;在 Enter the number of elements to watch in an array or structure 文本框中输入需要监视数组元素个数,然后单击 OK 按钮关闭 Breakpoints 对话框。

监视由指针指向的数组发生变化的断点如下。

在 Enter the expression to be evaluated 文本框中输入形如 *pointer(pointer 为指针变量名)的表达式。

在 Enter the number of elements to watch in an array or structure 文本框中输入需要监视数组元素的个数,然后单击 OK 按钮关闭 Breakpoints 对话框。

3）与 Windows 消息有关的断点

与 Windows 消息有关的断点只能在 x86 或 Pentium 系统上使用。

在 Breakpoints 对话框中单击 Messages 选项卡，显示如图 A. 27 所示的对话框。在 Break at WndProc 文本框中输入 Windows 函数的名称，在 Set one breakpoint for each message to watch 下拉列表框中选择对应的消息，单击 OK 按钮关闭 Breakpoints 对话框。

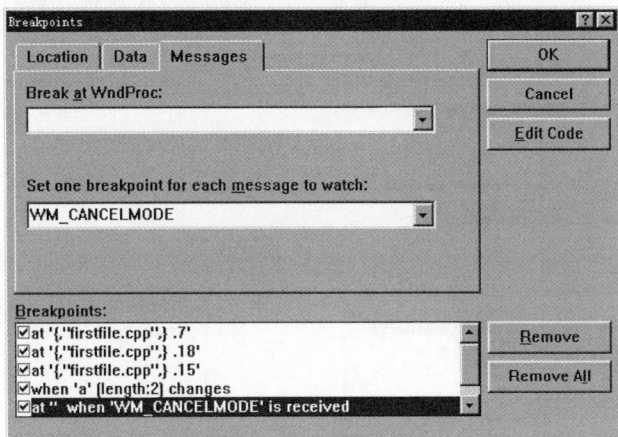

图 A. 27 Breakpoints 对话框的 Messages 选项卡

当被调试的程序停在某个断点上时，编辑器左边框上的对应位置会出现一个黄色箭头指示中断处的语句。此时 Developer Studio 的版面布置会发生一些变化，如 Debug 菜单会代替 Build 菜单并出现 Debug 工具栏（如图 A. 28 所示）。Debug 工具栏上的几个命令按钮对应于 Debug 菜单中的相应命令。各命令的功能参见表 A. 7。

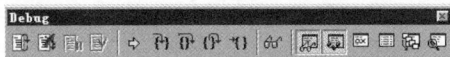

图 A. 28 Debug 工具栏

下面列出 Debug 菜单中没有的命令按钮。

Watch：用于观察指定变量或表达式的值。可任意添加要观察的变量或表达式，并可用选项卡的形式增加多组观察对象，如图 A. 29 所示。

Variables：用于观察断点处或其附近变量的当前值。Variables 有三个选项卡，Auto 选项卡显示变量和函数返回值，Locals 选项卡显示当前函数的局部变量，this 选项卡显示 this 指针对象。在 Variable 对话框中，双击一个变量并输入新值会改变变量的值。与 Watch 对话框相同，Variable 对话框也可任意添加要观察的变量或表达式，如图 A. 30 所示。

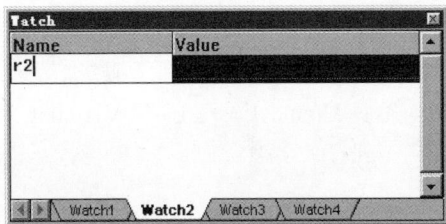

图 A. 29 Watch 对话框

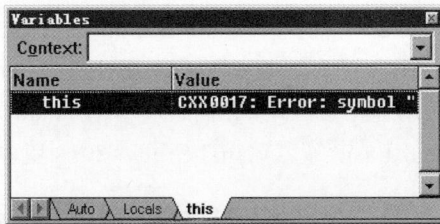

图 A. 30 Variables 对话框

🔲 Registers：用于观察当前断点处的寄存器的内容，如图 A.31 所示。

📋 Memory：用于观察指定内存地址的内容，如图 A.32 所示。

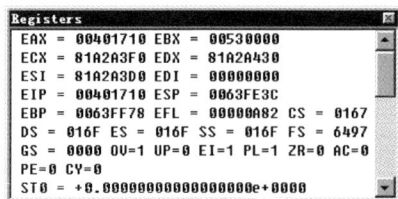

图 A.31　Registers 对话框

图 A.32　Memory 对话框

📇 Call Stack：用于观察调用栈中还未返回的被调用函数列表。调用栈给出从嵌套函数调用一直到断点位置的执行路径，如图 A.33 所示。

📄 Disassembly：用于显示被编译代码对应的汇编语言，如图 A.34 所示。

图 A.33　Call Stack 对话框

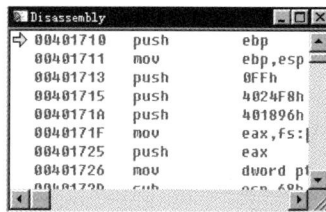

图 A.34　Disassembly 窗口

Developer Studio 调试器窗口汇集了许多信息，但通常并不需要同时观察所有的信息。默认情况下，启动调试器时自动打开 Variables 和 Watch 两个调试器对话框。Developer Studio 调试器有一个非常有用的特性，就是可以用来快速观察某个变量的值。如果用鼠标在某个变量上停留片刻，就会出现一个小小的黄色 Tip 窗口，用来显示该变量当前数值。

A.3　Visual C++ 2010 集成开发环境

随着新标准的推出和软件技术的发展，Visual C++ 6.0 对新标准和新操作系统的支持问题愈发明显，微软公司后来推出了多个版本的 Visual C++，目前使用比较多的版本是 Visual C++ 10.0，即 Visual C++ 2010。

本书列举的所有程序均在 Visual C++ 2010 环境下调试运行，下面介绍 Visual C++ 2010 集成开发环境。

Visual Studio(简称 VS)是微软开发的一套工具集，它由各种各样的工具组成，其中 Visual C++ 就是 Visual Studio 的一个重要组成部分。Visual Studio 可以用来创建 Windows 平台下的 Windows 应用程序和网络应用程序，也可以用来创建网络服务、智能设备应用程序和 Office 插件等。在 Visual Studio 中，除了 Visual C++，还有 Visual C♯、Visual Basic 等。Visual Studio 2010 版本中包含了 Visual C++ 2010。

A.3.1　Visual Studio 2010 的安装

Visual Studio 2010 有许多子版本，下面以旗舰版为例讲解其安装。具体的安装过程如下。

（1）双击运行 Visual Studio 2010 安装程序，打开如图 A.35 所示的"Microsoft Visual Studio 2010 旗舰版"安装程序窗口。

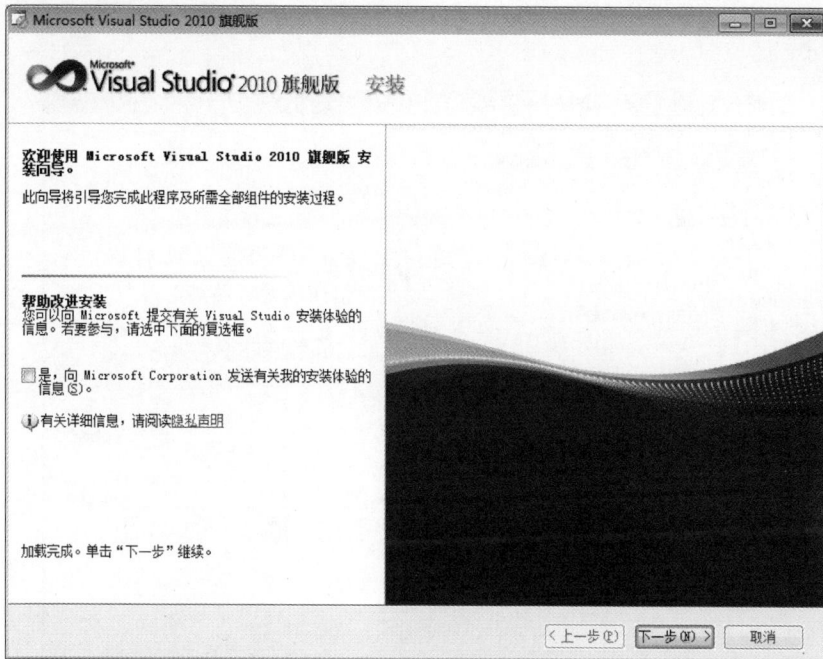

图 A.35　"Microsoft Visual Studio 2010 旗舰版"安装程序窗口

（2）单击"下一步"按钮，打开如图 A.36 所示的"Microsoft Visual Studio 2010 旗舰版安装程序-起始页"窗口，选择"我已阅读并接受许可条款（A）"单选按钮。

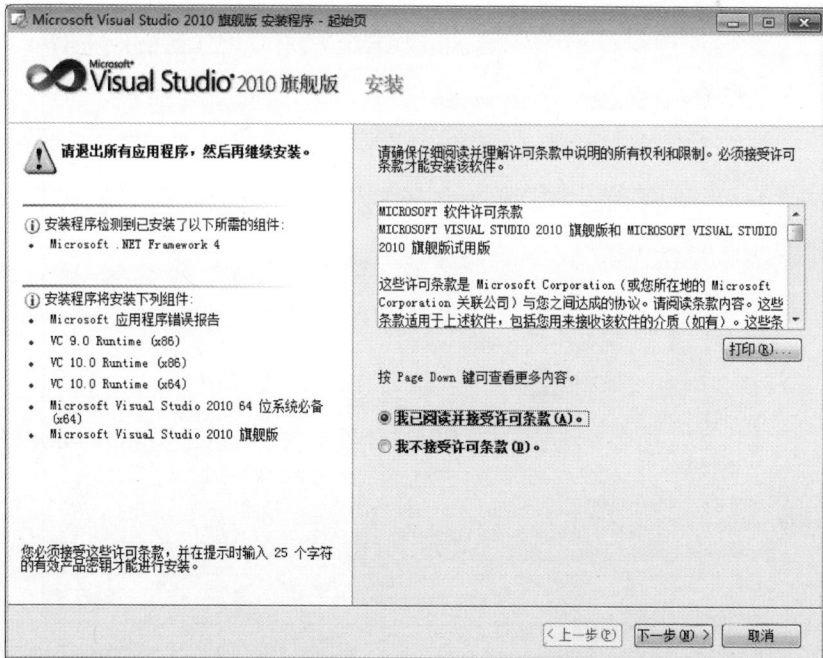

图 A.36　"Microsoft Visual Studio 2010 旗舰版安装程序-起始页"窗口

（3）单击"下一步"按钮，打开如图 A.37 所示的"Microsoft Visual Studio 2010 旗舰版安装程序-选项页"窗口，在该窗口中选择要安装的功能和产品安装路径。

如果选择"完全"单选按钮，则安装所有编程语言和工具，也可根据需要自定义要安装的编程语言和工具。

图 A.37　"Microsoft Visual Studio 2010 旗舰版安装程序-选项页"窗口

（4）单击"安装"按钮，则根据用户的选择进行安装，如图 A.38 所示，安装完成后单击"完成"按钮。

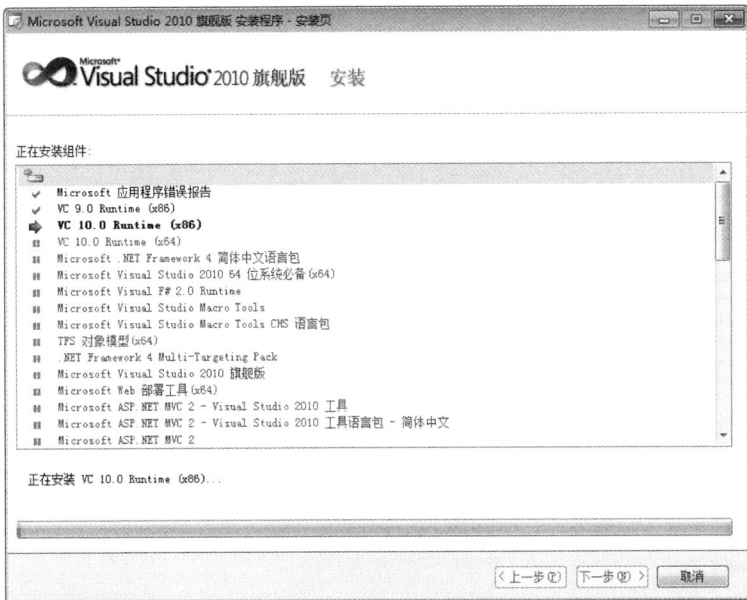

图 A.38　"Microsoft Visual Studio 2010 旗舰版安装程序-安装页"窗口

A.3.2　Visual Studio 2010 的首次使用及选项设置

1. Visual Studio 2010 的首次使用

首次启动 Visual Studio 2010,需要选择默认环境设置,如图 A.39 所示,选择"Visual C++开发设置",单击"启动 Visual Studio"按钮,打开如图 A.40 所示的"起始页"窗口。

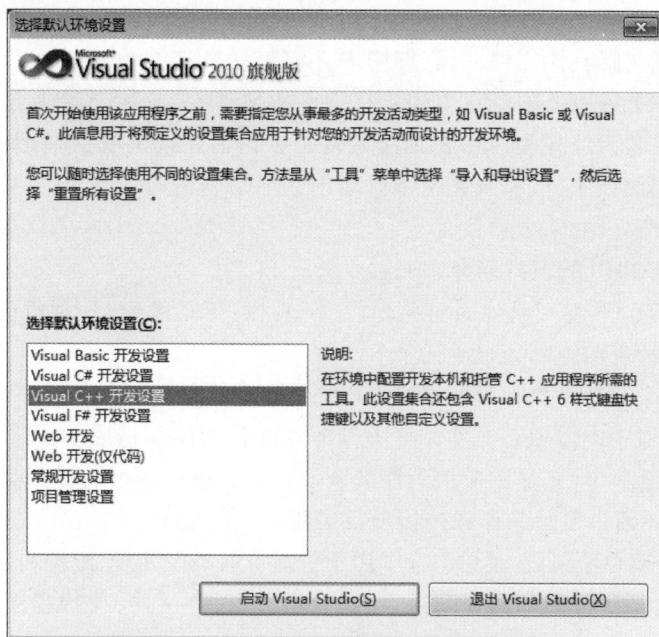

图 A.39　"选择默认环境设置"对话框

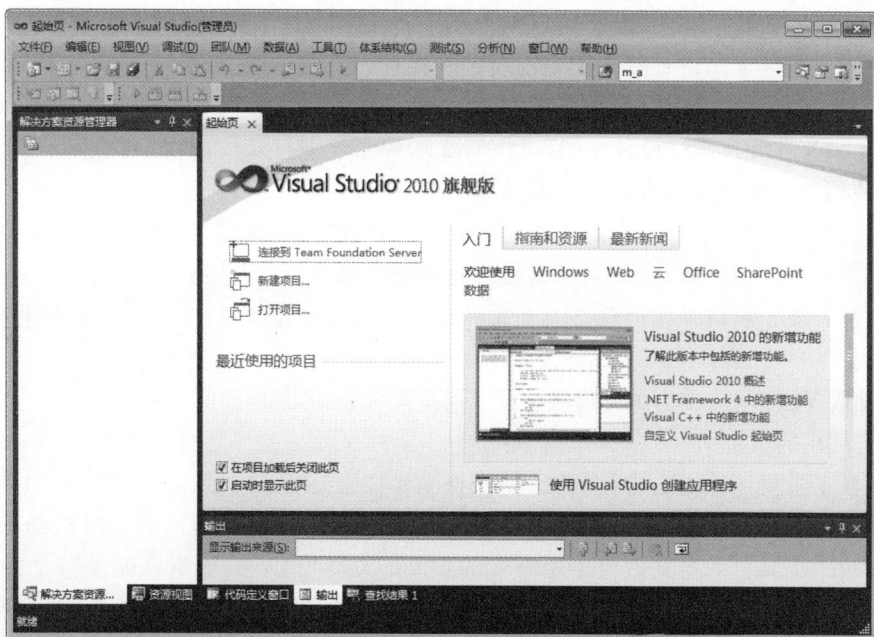

图 A.40　"起始页"窗口

通过"文件"→"新建"→"项目"命令可以新建不同类型的项目,如 Win32 控制台应用程序、MFC 应用程序等。

项目是构成某个程序全部组件的容器,该程序可能是控制台程序、基于窗口的程序或某种别的程序。程序通常由一个或多个包含用户代码的源文件,可能还要加上其他包含辅助数据的文件组成。某个项目的所有文件都存储在相应的项目文件夹中,关于该项目的详细信息存储在一个扩展名为. vcxproj 的 XML 文件中,该文件同样存储在相应的项目文件夹中。项目文件夹还包括其他文件夹,它们用来存储编译及连接项目时所产生的输出。解决方案就是存储与一个或多个项目有关的所有信息的文件夹,与某个解决方案中的项目有关的信息存储在扩展名为. sln 和. suo 的两个文件中。当创建某个项目时,如果没有选择在现有的解决方案中添加该项目,那么系统将自动创建一个新的解决方案。本书中创建的各个实例都是其解决方案内的单个项目。

2. Visual C++ 2010 的窗口简介

Visual C++ 2010 开发工具界面由菜单栏、工具栏、工具箱窗口、属性窗口、解决方案资源管理器窗口、设计视图等部分组成。

其中,通过解决方案资源管理器窗口可以浏览程序文件,并将程序文件的内容显示在编辑窗口中,也可向程序中添加新文件。解决方案资源管理器窗口中除了显示出来的选项卡外,还有资源视图选项卡,它显示应用程序的资源视图。可以通过"视图"菜单选择要显示的其他窗口。Output 窗口显示编译和连接项目时所产生的输出。

菜单栏由多个菜单项组成,菜单包含了用于管理 IDE 以及开发、维护和执行程序的命令。

工具栏中包含了最常用的命令图标,如新建项目、保存文件、执行程序等。将鼠标指针指向某个图标几秒后,会显示该图标的功能描述。

工具箱窗口中分类存放了各种控件,可以将控件拖动到设计窗体上,实现可视化界面设计。如同 Word 软件,以鼠标右击工具栏,会弹出快捷菜单,通过其中的命令能设置工具栏中的项目。

属性窗口可以显示设计视图中当前所选中控件、代码文件的属性。

设计视图位于整个窗体的中央,它使用一种近似所见即所得的视图来显示用户控件、HTML 页和内容页。通过设计视图,可以对文本和元素进行以下操作:添加、定位、调整大小,以及使用特殊菜单或属性窗口设置其属性。

注意:在 Visual C++ 2010 应用程序窗口中,一般可以取消窗口停靠。这只需要右击想要取消停靠的窗口的标题栏,并从弹出的快捷菜单中选择"浮动"(float)项即可。本书显示的窗口一般都处于取消停靠的状态。如需将窗口还原到停靠状态,可右击它的标题栏,并从弹出的快捷菜单中选择"停靠"(dock)项即可。

3. 设置 Visual C++ 2010 的选项

1) 工具栏的设置

通过在工具栏区域内右击,在弹出的快捷菜单中显示工具栏列表,如图 A. 41 所示,可以选择在 Visual C++ 2010 窗口中显示哪些工具栏,当前显示在窗口内的工具栏都带有复选标记。列表中工具栏的范围取决于所安装的 Visual C++ 2010 的版本。如果某个工具栏未被选中,那么单击其左边的灰色区域即可选中,并显示出来;单击某个被选中的工具栏的复选标记,就会取消选中,并隐藏对应的工具栏。

Visual C++ 2010 的工具栏可以停靠,即可以用鼠标拖动工具栏,以便放在窗口中某个方便的位置。可以将任何一个工具栏停靠在应用程序窗口 4 个边框中的任意一个边框上。右击工具栏区域，从弹出的快捷菜单中选择"自定义"项，或执行"工具"菜单中的"自定义"命令，则会显示"自定义"对话框，如图 A.42 所示。在此对话框中也可以设置显示哪些工具栏。选择要修改的工具栏，单击"修改所选内容"按钮，从下拉列表中选择要将工具栏停靠的位置。

2) 为菜单栏和工具栏添加、删除命令按钮

系统菜单栏和工具栏中显示了常用的一些命令按钮，用户也可以添加、删除菜单栏和工具栏上的命令按钮。在"自定义"对话框中选择"命令"选项卡，如图 A.43 所示，选择要重新排列的菜单或工具栏，然后选择相应的控件，执行相应的命令即可。例如，在"生成"工具栏中添加"开始执行（不调试）"命令按钮，执行下述操作：选择"生成"工具栏，单击"添加命令"按钮，弹出如图 A.44 所示的"添加命令"对话框，选择"调试"类别中的"开始执行（不调试）"，单击"确定"按钮，返回到图 A.43 所示的对话框中，单击"关闭"按钮。

3) 行号的显示设置

执行"工具"菜单中的"选项"命令，在弹出的"选项"对话框中，选择"文本编辑器"选项中的"所有语言"，在右侧"显示"中勾选"行号"复选框，如图 A.45 所示，单击"确定"按钮，即可显示行号。

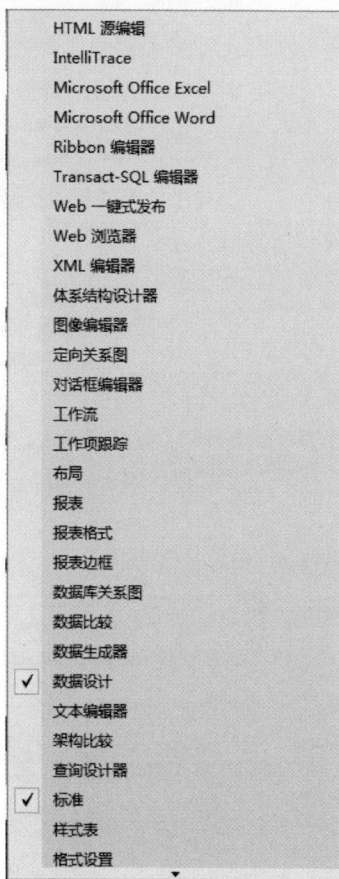

图 A.41　工具栏列表

图 A.42　"自定义"对话框中的"工具栏"选项卡

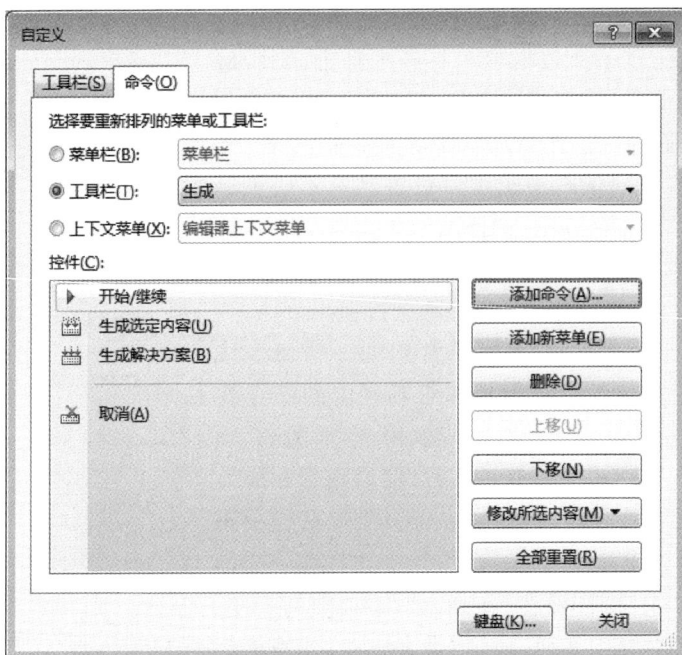

图 A.43 "自定义"对话框中的"命令"选项卡

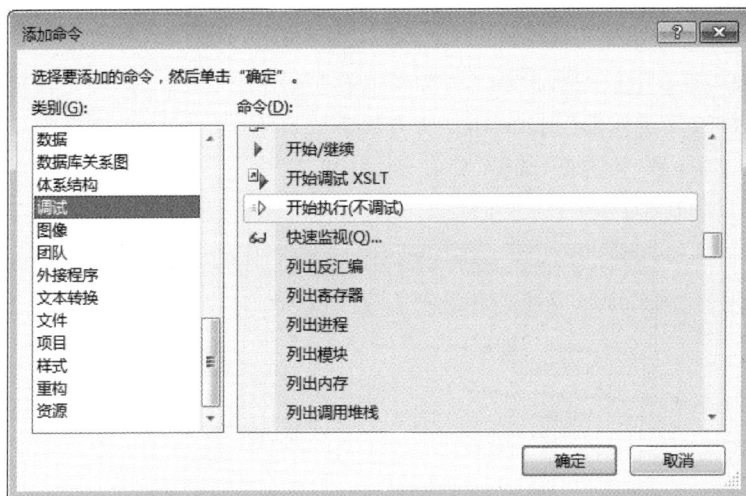

图 A.44 "添加命令"对话框

4）字体和颜色设置

在"选项"对话框中，选择"环境"选项中的"字体和颜色"，如图 A.46 所示，可以设置不同显示项的前景色、背景色、字体、大小等。

A.3.3 Win32 控制台应用程序的创建与执行

Visual C++ 2010 不能单独编译一个.cpp 文件，文件必须依赖于某一个项目。需先创建一个项目，然后在该项目中添加.cpp 文件。

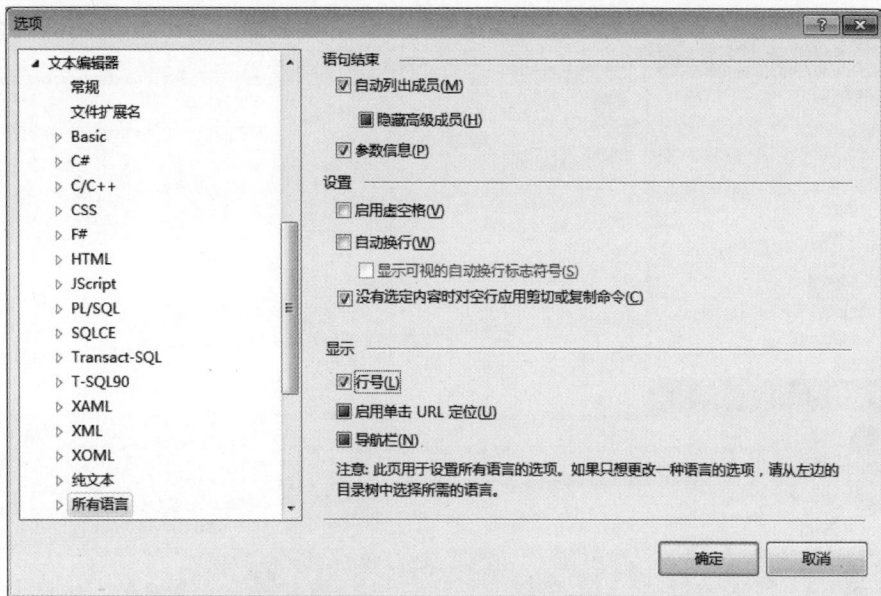

图 A.45　"选项"对话框中的"文本编辑器"选项之"所有语言"

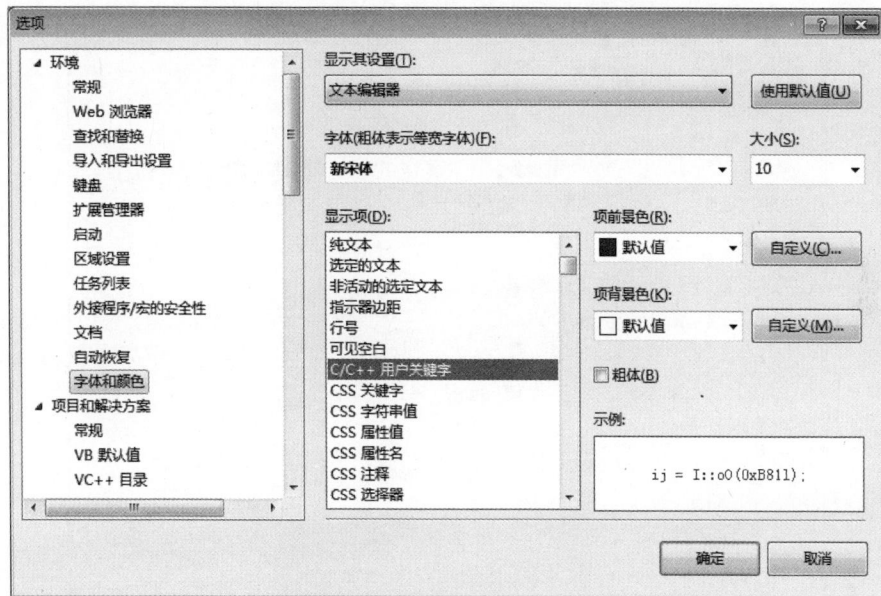

图 A.46　"选项"对话框中的"环境"选项中的"字体和颜色"

1. 新建项目

执行"文件"→"新建"→"项目"命令,或者单击"标准"工具栏上的"新建项目"命令按钮,打开如图 A.47 所示的"新建项目"对话框。选择"Win32 控制台应用程序",输入项目名称和所在位置,单击"确定"按钮,在 Win32 应用程序向导的第一个页面接受当前设置,单击"下一步"按钮,打开图 A.48 所示的"Win32 应用程序向导-Test"对话框中的"应用程序设置"对话框,在"附加选项"中选择"空项目",不选择"预编译头",单击"完成"按钮。

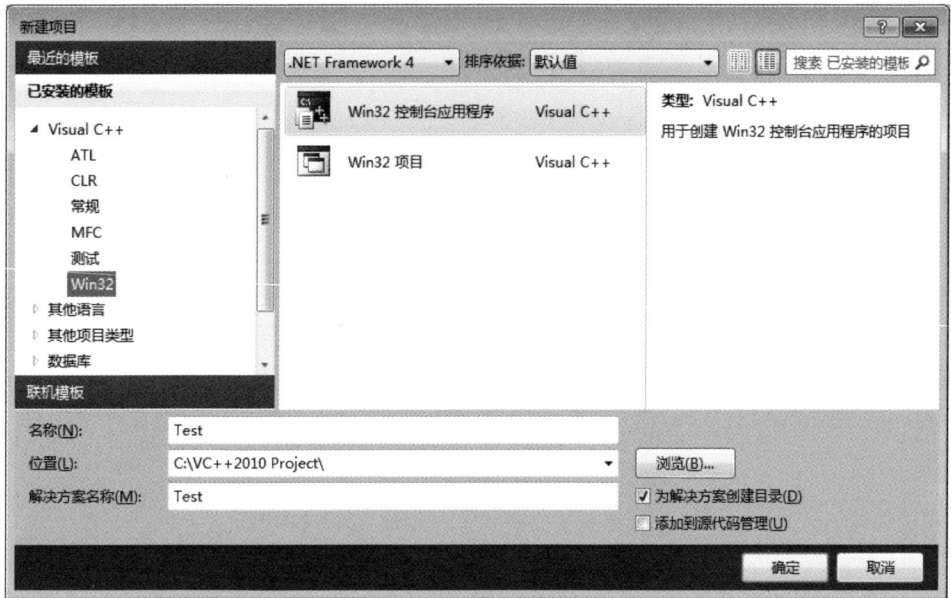

图 A.47 "新建项目"对话框

图 A.48 "Win32 应用程序向导-Test"中的"应用程序设置"对话框

2. 在项目中添加文件

右击"解决方案资源管理器"中的 Test 项目，或者右击该项目中的"源文件"，执行"添加"级联菜单中的"新建项"，如图 A.49 所示，在弹出的如图 A.50 所示的"添加新项"对话框中，选择"C++文件"，输入文件名 area，单击"添加"按钮即可在 Test 项目中添加一个内容为空的 area.cpp 源程序文件。在 area.cpp 源程序文件中输入下述简单代码：

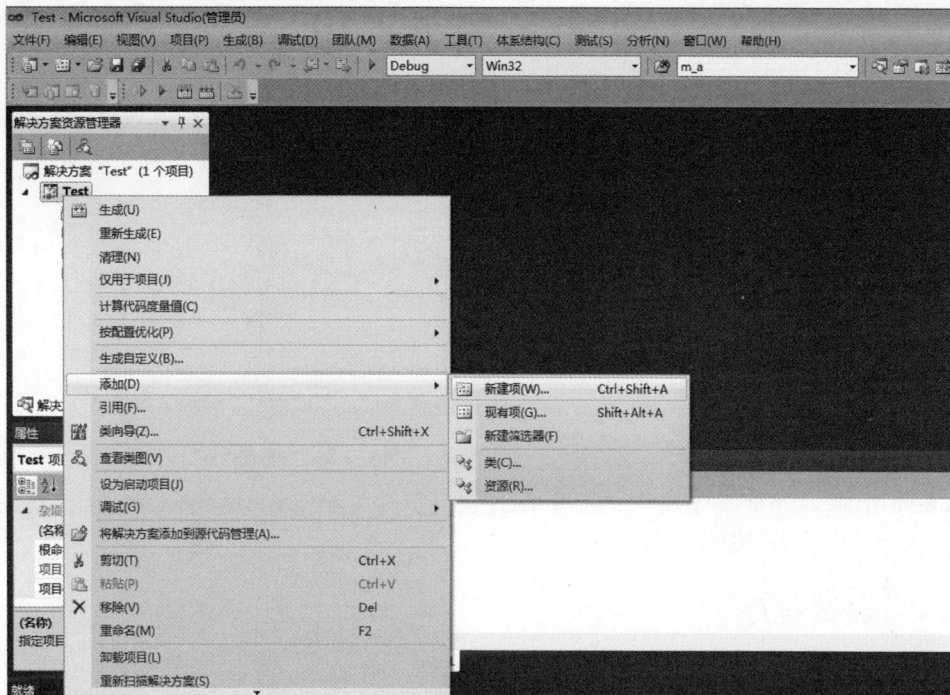

图 A.49　添加新建项

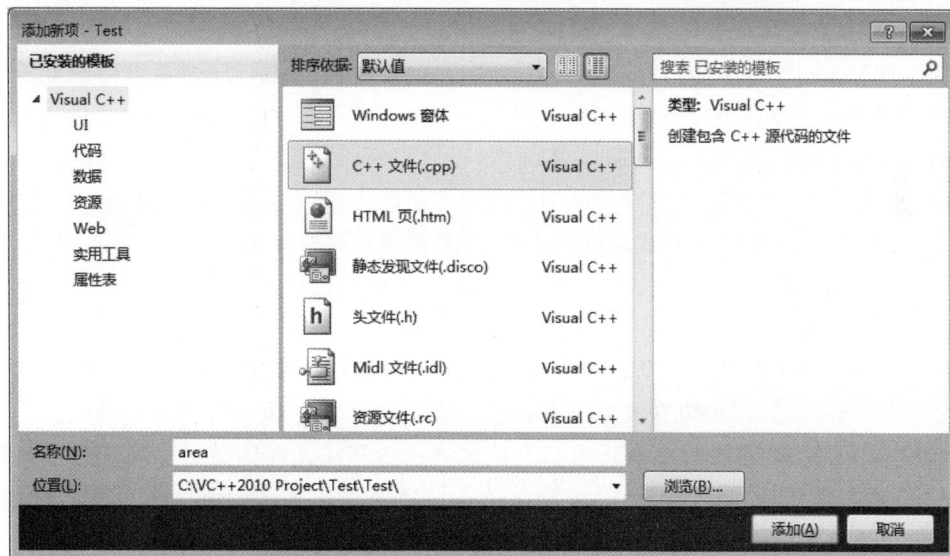

图 A.50　"添加新项"对话框

```
# include <iostream>
using namespace std;

int main()
{
    int width = 2, length = 3;
```

```
        cout <<"The area of the rectangle is "<< width * length << endl;
    }
```

按下 Ctrl+F5 组合键或者单击"生成"工具栏上添加的"开始执行(不调试)"按钮或者"调试"菜单中的"开始执行(不调试)(H)"命令即可运行程序,程序的运行结果如图 A.51 所示。

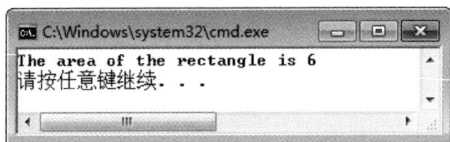

图 A.51　程序的执行结果

若发生生成错误不能正常运行,则需要进行如下的设置:执行"项目"菜单中的"属性"命令,在弹出的"属性页"对话框中,选择"配置属性"→"清单工具"→"输入和输出",将右侧的"嵌入清单"设置为"否"。

A.3.4　调试程序

调试程序就是寻找并消除程序中的错误的过程。初学者应尽快学会使用调试工具,这有助于理解 C++语言中的基本概念和计算机程序的运行机理,提高程序设计能力。常见的错误有变量没有初始化、无效的指针、循环条件错误、没有定义无参构造函数、没有定义拷贝构造函数、没有重载特定的运算符、没有实现类的析构函数等。

借助于 Visual C++ 2010 的调试工具,能让程序在某个位置暂停运行,以便观察程序内部结构和内存状况,快速找到错误产生原因。

Visual C++ 2010 的程序调试器功能强大,可以中断(或挂起)程序的执行以检查代码,查看程序中的变量、寄存器以及查看应用程序所占用的内存空间等。使用编程工具的"编辑并继续"功能,可以在调试时对代码进行更改,然后继续执行。下面列出 Visual C++ 2010 编程环境中调试程序的主要方法。

1. 设置与删除断点

断点是程序中使调试器自动暂停执行的位置,可在程序的多个位置设置断点,以便程序在各个断点处暂停运行,也可在各断点上查看程序中的变量,并对变量值进行修改。

如图 A.52 所示,单击程序编辑窗口左侧区域或者移动光标到指定行按 F9 键,出现红色圆点,即设置了断点。删除断点的方法是单击红色圆点或再次按 F9 键,或者右击断点,在弹出的快捷菜单中选择"删除断点"命令。

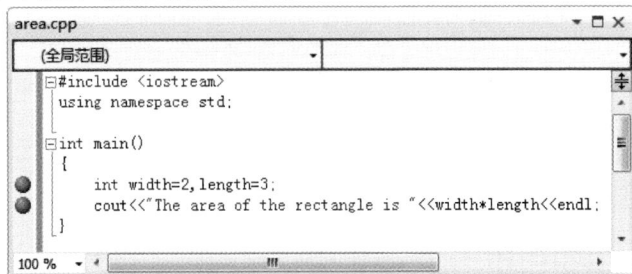

图 A.52　设置断点

调试工具栏如图 A.53 所示,常用的命令按钮有启动调试、停止调试、逐语句、逐过程、跳出等。

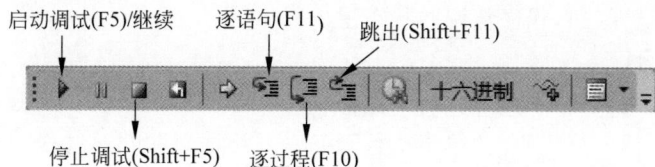

图 A.53　调试工具栏

2. 启动与停止调试

设置断点后,单击"启动调试"按钮,程序开始运行并在第一个断点处停止,此时局部变量 length 和 width 的值为随机值,如图 A.54 所示,单击"继续"按钮,程序运行到第二个断点处,此时局部变量 length 和 width 的值分别为 3 和 2,可以双击变量的值进行修改,如图 A.55 所示。

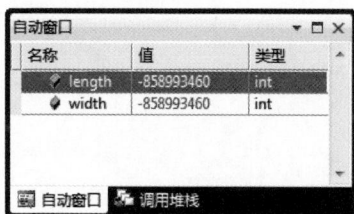

图 A.54　运行到第一个断点处

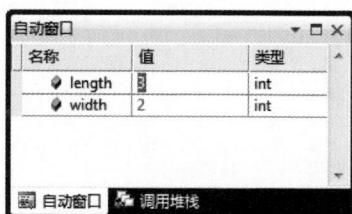

图 A.55　运行到第二个断点处

程序进入调试状态后,可以通过"自动窗口""局部变量""监视窗口"等查看程序运行到当前语句时内存中的变量、寄存器等状态。通过执行"调试"菜单"窗口"级联菜单中的相应命令,打开要查看的内容,如图 A.56 所示。

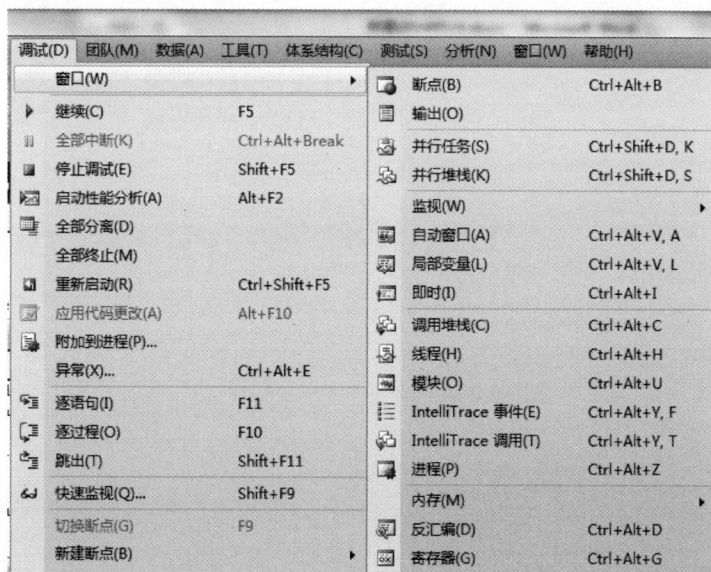

图 A.56　"调试"|"窗口"级联菜单

注意：自动窗口中显示程序员可能感兴趣的一些变量的值，或者函数返回值，而局部变量基本上就是本过程的一些变量的值。

单击"停止调试"按钮，程序从调试状态退出。

3. 程序跟踪运行

进入调试状态后，通过单击"逐语句"按钮（或按 F11 键）或"逐过程"按钮（或按 F10 键）使程序进入一次执行一行代码的"单步执行"状态。"逐语句"和"逐过程"的差异仅在于它们处理函数调用的方式不同。这两个命令都指示调试器执行下一行的代码，差别在于：如果某一行包含函数调用，"逐语句"仅执行调用本身，然后在函数体内的第一行代码行处停止，而"逐过程"则执行整个函数，然后在函数的下一条执行语句处停止。

如果程序调试位于函数调用的内部，立刻返回到调用函数的方法是使用编译器的"跳出"功能，按 Shift+F11 组合键可快速调用跳出功能。

标准字符 ASCII 表

表 B.1 列出了 0~127 标准字符 ASCII 值及对应的字符,表中 Dec 表示十进制数,Hex 表示十六进制数。32 个控制字符及其说明如表 B.2 所示。

表 B.1　标准字符 ASCII 表

Dec	Hex	Char	Dec	Hex	Char	Dec	Hex	Char	Dec	Hex	Char
0	0	NUL	32	20	SPACE	64	40	@	96	60	`
1	1	SOH	33	21	!	65	41	A	97	61	a
2	2	STX	34	22	"	66	42	B	98	62	b
3	3	ETX	35	23	#	67	43	C	99	63	c
4	4	EOT	36	24	$	68	44	D	100	64	d
5	5	ENQ	37	25	%	69	45	E	101	65	e
6	6	ACK	38	26	&	70	46	F	102	66	f
7	7	BEL	39	27	'	71	47	G	103	67	g
8	8	BS	40	28	(	72	48	H	104	68	h
9	9	HT	41	29	)	73	49	I	105	69	i
10	0A	LF	42	2A	*	74	4A	J	106	6A	j
11	0B	VT	43	2B	+	75	4B	K	107	6B	k
12	0C	FF	44	2C	,	76	4C	L	108	6C	l
13	0D	CR	45	2D	—	77	4D	M	109	6D	m
14	0E	SO	46	2E	.	78	4E	N	110	6E	n
15	0F	SI	47	2F	/	79	4F	O	111	6F	o
16	10	DLE	48	30	0	80	50	P	112	70	p
17	11	DC1	49	31	1	81	51	Q	113	71	q
18	12	DC2	50	32	2	82	52	R	114	72	r
19	13	DC3	51	33	3	83	53	S	115	73	s
20	14	DC4	52	34	4	84	54	T	116	74	t
21	15	NAK	53	35	5	85	55	U	117	75	u
22	16	SYN	54	36	6	86	56	V	118	76	v
23	17	ETB	55	37	7	87	57	W	119	77	w
24	18	CAN	56	38	8	88	58	X	120	78	x
25	19	EM	57	39	9	89	59	Y	121	79	y
26	1A	SUB	58	3A	:	90	5A	Z	122	7A	z
27	1B	ESC	59	3B	;	91	5B	[	123	7B	{
28	1C	FS	60	3C	<	92	5C	\	124	7C	|
29	1D	GS	61	3D	=	93	5D	]	125	7D	}
30	1E	RS	62	3E	>	94	5E	^	126	7E	~
31	1F	US	63	3F	?	95	5F	_	127	7F	del

表 B.2　32 个控制字符及其说明

控 制 字 符	说　　明	控 制 字 符	说　　明
NUL	空	DLE	数据连续码
SOH	标题开始	DC1	设备控制 1
STX	正文开始	DC2	设备控制 2
ETX	正文结束	DC3	设备控制 3
EOT	传输结束	DC4	设备控制 4
ENQ	询问字符	NAK	否定
ACK	确认	SYN	空转同步
BEL	报警	ETB	信息组传送结束
BS	退一格	CAN	作废
HT	横向列表	EM	缺纸
LF	换行	SUB	换纸
VT	垂直制表	ESC	换码
FF	走纸	FS	文字分隔符
CR	回车	GS	组分隔符
SO	移位输出	RS	记录分隔符
SI	移位输入	US	单元分隔符

实验

实验一　熟悉实验环境

实验目的

1. 了解和使用 Visual C++ 2010 的集成开发环境。
2. 熟悉 Visual C++ 2010 环境的基本命令和功能键,熟悉常用的菜单命令。
3. 学习使用 Visual C++ 2010 环境的帮助。
4. 学会完整的 C++ 程序开发过程(编辑、编译、连接、调试、运行、查看结果)。

实验内容

1. 输出 100 以内的所有素数。
2. 输入五个字符串,按英文字母顺序排序,由小到大顺序输出。
3. 求 1～20 的阶乘之和。

实验二　C++ 语言对 C 语言的扩充

实验目的

1. 掌握 C++ 语言在结构化程序设计方面对 C 语言的扩充。
2. 进一步掌握程序的调试方法。

实验内容

1. 定义一个函数,比较两个数的大小,形参分别使用指针和引用。
2. 求不同类型的三个数的最大值,要求如下。
(1) 使用重载函数和函数模板两种方法。
(2) 使用带默认参数的函数。
3. 创建一个学生链表,进行链表的插入、删除、查找操作,要求如下。
(1) 使用函数模板。
(2) 使用 new 和 delete 命令进行动态内存的分配和释放。

实验三　类 和 对 象

实验目的

1. 学习类、成员函数、对象的定义方法。
2. 学习使用构造函数和析构函数。

3. 学习使用静态成员、内联成员函数,掌握深拷贝构造函数的使用。

4. 掌握对象成员的使用方法。

5. 掌握多文件结构的程序设计方法。

6. 进一步熟悉 Visual C++的编译和连接过程,掌握 Visual C++ 2010 的调试方法。

实验内容

1. 设计一个学生类 Student,它具有的私有数据成员是注册号、姓名、数学、英语、计算机成绩;具有的公有成员函数是求三门课总成绩的函数 sum(),求三门课平均成绩的函数 average(),显示学生数据信息的函数 print(),获取学生注册号的函数 get_reg_num()和设置学生数据信息的函数 set_stu_inf()。

编制主函数,说明一个 Student 类对象的数组并进行全班学生信息的输入与设置,而后求出每一学生的总成绩、平均成绩和全班学生总成绩最高分、全班学生总平均分,并在输入一个注册号后,输出与该学生有关的全部数据信息。

2. 定义一个字符串类,使其至少具有内容和长度两个数据成员,分别定义不同的成员函数,用于显示字符串、求字符串长度,在原字符串后连接另一个字符串。

3. 定义一个复数类,其属性为复数的实部和虚部,要求定义和使用构造函数和拷贝构造函数,并定义成员函数显示复数的值。

4. 创建一个雇员类,该类中数据成员有姓名、家庭地址和邮政编码等,其功能有修改姓名、显示数据信息,要求其功能函数的原型放在类定义体中。

5. 设计一个计数器类,当建立该类的对象时其初始状态为 0,考虑为计数器定义哪些成员。

6. 使用类创建一个学生链表,进行链表的插入、删除、查找操作。

7. 设计一个队列类,模拟实际生活的队列,队列中的元素服从先进先出的规则。每次有新的元素入队时,就放在队列尾;元素出队时,从队列头出;开始时队列为空。

8. 修改上一个实验得到的队列类,为其增加一个静态数据成员,可以记录程序中产生的队列元素个数。

9. 设计一个学生选课系统。假设每个学生最多只能选修 5 门课程,每门课程最多 30 名学生选修。根据用户要求,可设置并能够得到学生所选课程名称;给出学生姓名,可得到某门课程的成绩,也可得到学生所有课程的平均成绩;给出课程名,可设置选修学生、设置或修改选修学生的成绩,也可计算该课程的平均成绩。

实验四　友　　元

实验目的

1. 了解为什么要使用友元。

2. 掌握友元函数、友元成员、友元类的定义和使用方法。

实验内容

1. 定义复数类 Complex,使用友元,完成复数的加法、减法和乘法运算,以及对复数的输出。

2. 定义矩阵类,使用友元实现矩阵的常用运算。

3. 实现栈的压入和弹出。定义两个类,一个是结点类,它包含结点值和指向上一结点的指针;另一个类是栈类,数据成员为栈的头指针,它是结点类的友元。

实验五　继承与派生

实验目的

1. 理解类的继承概念,能够定义和使用类的继承关系。
2. 掌握派生类的声明与定义方法。
3. 掌握公有、私有和保护派生的访问特性。
4. 掌握类模板和模板类的概念,了解它们的定义和使用方法。
5. 掌握多重继承的使用方法。

实验内容

1. 设计一个大学的类系统,学校中有学生、教师、职员,每类人员都有自己的特性,他们之间又有相同的地方。利用继承机制定义这个系统中的各类及类上必需的操作。

2. 假定车可分为货车和客车,客车又可分为轿车、面包车和公共汽车。请设计相应的类层次结构并加以实现。

3. 设计一个能细分为矩形、三角形、圆形和椭圆形的图形类。使用继承将这些图形分类,找出能作为基类部分的共同特征(如宽、高、中心点等)和方法(如初始化、求面积等),并看看这些图形是否能进一步划分为子类。

4. 考虑大学的学生情况,试利用单一继承来实现学生和毕业生两个类,设计相关的数据成员及成员函数,编程测试继承的情况。

提示:作为学生一定有学号、姓名、性别、学校名称及入学时间等基本信息,而毕业生除了这些信息外,还应有毕业时间、所获学位的信息,可根据这些内容设计类的数据成员,也可加入一些其他信息,除了设计对数据进行相应操作的成员函数外,还要考虑到成员类型、继承方式,并在 main() 函数中进行相应测试。可设计多种继承方式来测试继承的属性。

5. 定义一个哺乳动物类,再由此派生出人类、狗类和猫类,这些类中均有 speak() 函数,观察在调用过程中,到底使用了哪个类的 speak() 函数。

6. 通过多重继承定义研究生类,研究生既有学生的属性,又有教师的属性。

7. 定义商品及其多层派生类。以商品类为基类,派生出服装类、家电类;服装类又派生出帽子类、鞋类、衬衣类等;家电类又派生出空调类、电视类、音响类等。要求给出基本属性和派生过程中增加的属性。

8. 定义一个单向链表的模板类,实现增加、删除、查找和打印操作。要求使用模板类。

9. 某个单位现有的所有员工根据领取薪金的方式分为如下几类:时薪工(HourlyWorker)、计件工(PieceWorker)、经理(Manager)、佣金工(CommissionWorker)。时薪工按工作的小时支付工资,对于每周超过 40 小时的加班时间,按照附加 50% 支付。计件工按生产的产品件数支付固定工资,假定该工人仅制造一种产品。经理每周得到固定的工资。佣金工每周得到少许的固定保底工资,加上该工人在一周内总销售额的固定百分比。试编制一个程序来实现该单位的所有员工类,并加以测试。

10. 从二叉排序树中删除一个结点。

实验六　多态性和虚函数

实验目的

1. 理解运行时的多态性和编译时的多态性。
2. 掌握运算符重载的两种方法。
3. 掌握虚函数的定义和使用方法。
4. 掌握抽象类的概念和使用方法。

实验内容

1. 编写程序，计算汽车运行的时间，首先建立基类 Car，其中含有数据成员 distance 存储两点间的距离。假定距离以英里计算，速度为每小时 80 英里，使用虚函数 travel_time() 计算并显示通过这段距离的时间。在派生类 Truck 中，假定距离以千米计算，速度为 120km/h，使用函数 travel_time() 计算并显示通过这段距离的时间。

2. 编写一个程序，分别用成员函数和友元重载运算符＋和－，将两个二维数组相加和相减，要求第一个二维数组的值由构造函数设置，第二个二维数组的值由键盘输入。

3. 对含有时、分、秒的时间编程设计＋＋、－－运算符的重载。

4. 为日期类重载＋运算符，实现在某一个日期上加一个天数。

5. 设计一个 Animal 基类和它的派生类 Tiger(老虎)、Sheep(羊)，用虚函数实现基类指针对派生类的调用。

提示：可自行定义这些类的成员变量，但基类 Animal 中应有动物性别的成员变量，但要设定每种动物的叫 soar() 及吃 eat() 的成员函数，可用 cout 输出来表示。要求每个派生类生成两个对象，打乱次序存于一个数组中，然后用循环程序访问其 soar() 与 eat() 成员函数，必须用到虚函数。

6. 有三角形、正方形和圆形三种图形，求它们各自的面积。可以先抽象出一个基类，在基类中声明一个虚函数，用来求面积，并利用单界面、多实现版本设计各图形求面积的方法。

7. 现有一个学校管理系统，在其中包含的处理信息有三方面，即教师、学生和职工。利用一个菜单来实现对它们的操作。要求使用虚函数。

8. 异质链表的实现：有经理、雇员两个类，再定义一个链表类，此类用来存放这几个不同类的对象；并将链表类声明为所有这些类的友元，使它可以访问它们的私有成员。

实验七　输入输出流库和异常处理

实验目的

1. 学习进行格式化输入输出。
2. 掌握文件的输入输出操作方法。
3. 掌握异常处理的机制和使用方法。

实验内容

1. 输出十进制、八进制、十六进制显示的数据 0～15。

2. Student 类用来描述学生的姓名、学号、数学成绩、英语成绩，分别建立文本文件和二进制文件,将若干学生的信息保存在文件中,并读出该文件的内容。

3. 设计一个留言类,实现以下功能。

(1) 程序第一次运行时,建立一个 message.txt 文本文件,并把用户输入的信息保存到该文件中。

(2) 以后每次运行时,都先读取该文件的内容并显示给用户,然后由用户输入新的信息,退出时将新的信息保存到这个文件中。文件的内容,既可以是最新的信息,也可以包括以前所有的信息,用户可自己选择。

4. 定义栈类及其相应的成员函数,进行异常处理。

实验八　对话框和控件

实验目的

1. 了解 AppWizard 自动生成的程序框架。

2. 了解利用 Visual C++的 MFC 类库设计面向对象应用程序的过程。

3. 学习使用基本控件和通用对话框。

实验内容

1. 设计如图 C.1 所示的基于对话框的应用程序。具体功能参照例 10.3。

2. 设计如图 C.2 所示的基于对话框的应用程序。

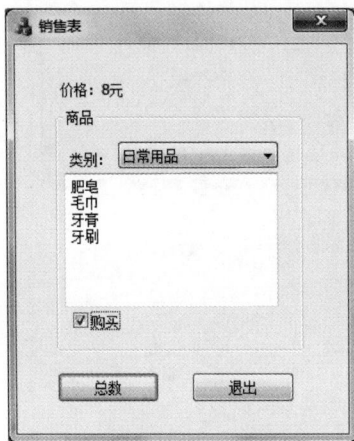

图 C.1　实验八的运行界面(一)　　　　图 C.2　实验八的运行界面(二)

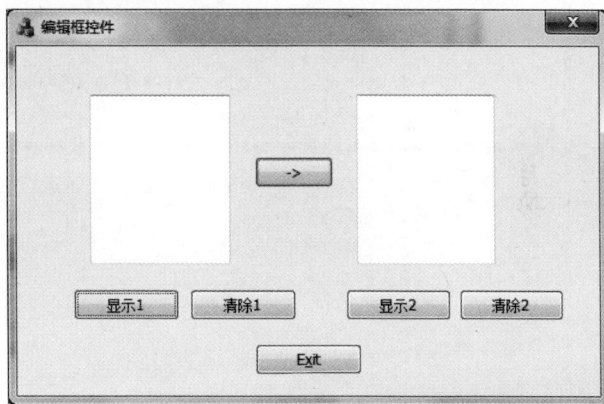

单击"显示 1"和"显示 2"两个按钮分别在两个编辑框中显示自定的一个字符串。单击"清除 1"和"清除 2"两个按钮分别清除两个编辑框中的内容。单击"→"按钮,则把左边编辑框中的内容复制到右边的编辑框中。

3. 建立一个基于对话框的应用程序,使通用对话框完成相应的操作。

实验九　菜单和文档/视图结构、图形设备接口

实验目的

1. 学习菜单的创建和使用。

2. 学习文档/视图结构的应用程序的创建。

3. 学习简单的绘图操作。

4. 学习画笔、画刷和字体的应用。

实验内容

1. 创建一个多文档应用程序，修改菜单栏，添加菜单项和下拉菜单，实现相应的功能。

2. 编写程序，绘制一幅彩色图画。

3. 编写程序，以不同的字体显示文字，如图 C.3 所示。

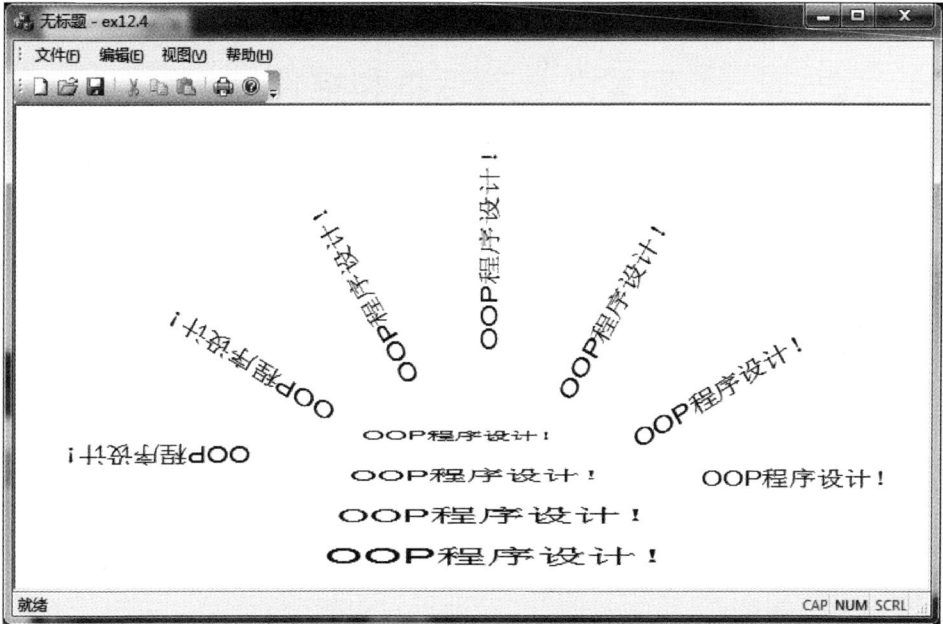

图 C.3 实验九的运行界面

模拟考试题一

第一部分 标准化试题

一、单项选择题(每题 1 分,共 20 分)

1. 构造函数是在_____时被执行的。

   A. 程序编译　　　　B. 创建对象　　　　C. 创建类　　　　D. 程序装入内存

2. 在声明类时,下面的说法正确的是_____。

   A. 可以在类的声明中给数据成员赋初值

   B. 数据成员的数据类型可以是 register

   C. private、protected、public 可以按任意顺序出现

   D. 没有用 private、protected、public 定义的数据成员是公有成员

3. 下面关于友元函数的描述中,正确的说法是_____。

   A. 友元函数是独立于当前类的外部函数

   B. 一个友元函数不能同时定义为两个类的友元函数

   C. 友元函数必须在类的外部定义

   D. 在外部定义友元函数时,必须加关键字 friend

4. 友元的作用之一是_____。

   A. 提高程序的执行效率　　　　　　　　B. 加强类的封装性

   C. 实现数据的隐藏性　　　　　　　　　D. 增加成员函数的种类

5. 在下面有关静态成员的描述中,正确的是_____。

   A. 在静态成员函数中可以使用 this 指针

   B. 在建立对象前,就可以为静态数据成员赋值

   C. 静态成员函数在类外定义时,要用 static 前缀

   D. 静态成员函数只能在类外定义

6. 使用派生类的主要原因是_____。

   A. 提高代码的可重用性　　　　　　　　B. 提高程序的运行效率

   C. 加强类的封装性　　　　　　　　　　D. 实现数据的隐藏

7. 关于虚函数,正确的描述是_____。

   A. 构造函数不能是虚函数　　　　　　　B. 析构函数不能是虚函数

   C. 虚函数可以是友元函数　　　　　　　D. 虚函数可以是静态成员函数

8. 类的定义如下,试问 B 类的对象占据多少字节内存空间?_____(假设 int 型占 4 字节)。

```
class A
{
    int b;
protected:
    int a;
public:
    A(int n){a = n;}
};
class B: public A
{
    int c;
public:
    int d;
};
```

    A. 20   B. 12   C. 8   D. 16

9. 要实现动态链接，派生类中的虚函数_____。

    A. 返回的类型可以与虚函数的原型不同

    B. 参数个数可以与虚函数的原型不同

    C. 参数类型可以与虚函数的原型不同

    D. 以上都不对

10. 类的析构函数的作用是_____。

    A. 一般成员函数   B. 类的初始化

    C. 对象的初始化   D. 删除对象

11. 有关运算符重载，正确的描述是_____。

    A. C++语言允许在重载运算符时改变运算符的操作数个数

    B. C++语言允许在重载运算符时改变运算符的优先级

    C. C++语言允许在重载运算符时改变运算符的结合性

    D. C++语言允许在重载运算符时改变运算符原来的功能

12. 以下叙述中正确的是_____。

    A. 在C++语言中数据封装是通过各种类型来实现的

    B. 在C++语言中数据封装可以由struct关键字提供

    C. 数据封装就是使用结构类型将数据代码连接在一起

    D. 数据封装以后，仍然可以不通过使用函数就能直接存取数据

13. 模板的使用是为了_____。

    A. 提高代码的可重用性   B. 提高代码的运行效率

    C. 加强类的封装性   D. 实现多态性

14. 以下叙述中正确的是_____。

    A. 在定义构造函数时可以指定返回类型

    B. 在定义析构函数时不能指定参数

    C. 一个类只能有一个构造函数

    D. 一个类可以有多个析构函数

15. 假定A类已经定义，对于以A类为基类的单一继承类B类，以下定义中正确的是_____。

A. class B:public A{}; B. class A:public B{};
C. class B:public class A{}; D. class A:class B public {};

16. 下面叙述中不正确的是_____。
    A. 派生类一般都用公有派生
    B. 对基类成员的访问必须是无二义性的
    C. 赋值兼容原则也适用于多重继承的组合
    D. 基类的公有成员在派生类中仍然是公有的

17. 能用友元函数重载的运算符是_____。
    A. +　　　　B. =　　　　C. []　　　　D. ->

18. 下列语句中错误的是_____。
    A. int * p＝new int(100); B. int * p＝new int[100];
    C. int * p＝new int; D. int * p＝new int[40](0);

19. 通过一个构造函数调用虚函数时,C++编译系统对该调用采用_____。
    A. 动态连接 B. 静态连接
    C. 不确定是哪种连接 D. 函数重载

20. 以下叙述中不正确的是_____。
    A. 转换函数不能带有参数 B. 转换函数不能指定返回类型
    C. 转换函数不能说明为虚函数 D. 一个类可以有多个转换函数

二、不定项选择题(每题 2 分,共 20 分)

1. 下面有关类的说法正确的是_____。
    A. 一个类可以有多个构造函数
    B. 一个类只有一个析构函数
    C. 析构函数不能被指定参数
    D. 在一个类中可以说明具有类类型的数据成员

2. 可以访问类对象的私有成员的有_____。
    A. 该类中说明的友元函数
    B. 由该类的友元类派生出的类的成员函数
    C. 该类的派生类的成员函数
    D. 该类本身的成员函数

3. 抽象类应含有_____。
    A. 至多一个虚函数 B. 至多一个虚函数是纯虚函数
    C. 至少一个虚函数 D. 至少一个虚函数是纯虚函数

4. 一个抽象类不能说明_____。
    A. 指向抽象类对象的指针 B. 指向抽象类对象的引用
    C. 抽象类的对象 D. 函数的返回类型,函数参数

5. 在_____情况下适宜采用 inline 定义内联函数。
    A. 函数体含有循环语句 B. 函数体含有递归语句
    C. 函数代码少、频繁调用 D. 函数代码多、不常调用

6. 如果 A 类被说明成 B 类的友元,则_____。

A. A 类的成员即 B 类的成员

B. B 类的成员即 A 类的成员

C. A 类的成员函数可以访问 B 类的成员

D. B 类不一定是 A 类的友元

7. 创建或删除堆对象，需要使用操作符_____。

    A. ->   B. new   C. delete   D. .   E. *

8. 以下描述中正确的是_____。

A. 可以让指向基类的指针指向派生类的对象

B. 不能将一个声明为指向派生类对象的指针指向其基类的一个对象

C. 声明为指向基类对象的指针，当其指向派生类对象时，只能利用它来直接访问派生类中从基类继承来的成员，不能直接访问公有派生类中特定的成员

D. 若在派生类中具有与基类中同名的成员函数，则基类中的此成员函数不允许在派生类中进行访问声明

9. 在派生类中重新定义虚函数时必须在_____方面与基类保持一致。

    A. 参数个数   B. 参数类型   C. 参数名

    D. 操作内容   E. 赋值

10. 下列虚基类的声明中正确的是_____。

    A. class virtual B：public A   B. class B：virtual public A

    C. class B：public A virtual   D. class B：public virtual A

    E. virtual class B：public A

第二部分　非标准化试题

一、填空题（每空 1 分，共 10 分）

1. 引用通常用作函数的_____或_____。

2. 运算符重载时，其函数名由_____构成。成员函数重载双目运算符时，左操作数是_____，右操作数是函数的参数。

3. 当一个派生类具有多个基类时，这种继承方式称为_____。

4. 在保护派生中基类的公有成员在派生类中是_____；基类的私有成员在派生类中是_____的。

5. C++语言支持两种多态性，即编译时的多态性和_____时的多态性，前者通过使用_____获得，后者通过使用_____获得。

二、写出下列程序的运行结果（每题 10 分，共 20 分）

1.

```
# include <iostream>
# include <string>
using namespace std;

class base
{
```

```
        char * p;
public:
    base(int sz, char * bptr)
    {
        p = new char[sz];
        strcpy(p,bptr);
        cout <<"constructor base"<< endl;
    }

    virtual ~base()
    { delete []p; cout <<"destructor base\n"; }
};

class derive: public base
{
    char * pp;
public:
    derive(int sz1, int sz2, char * bp, char * dptr) : base(sz1, bp)
    {
        pp = new char [sz2];
        strcpy(pp, dptr);
        cout <<"constructor derive"<< endl;
    }

    ~derive()
    { delete []pp; cout <<"destructor derive\n"; }
};

int main()
{
    base * px = new derive(5 ,7 , "base", "derive");
    delete px;

    return 0;
}
```

2.

```
# include <iostream>
# include <string>
using namespace std;

class Student
{
public:
    Student(char * pname);
    ~Student();
protected:
    static Student * pfirst;
    Student * pnext;
    char name[40];
};

Student * Student::pfirst = 0;
```

```cpp
Student::Student(char * pname)
{
    strncpy_s(name,pname,sizeof(name));
    name[sizeof(name) - 1] = '\0';
    pnext = pfirst;
    pfirst = this;
}

Student::~Student()
{
    cout << this -> name << endl;
    if(pfirst == this)
    {
        pfirst = pnext;
        return;
    }
    for(Student * ps = pfirst;ps;ps = ps -> pnext)
        if(ps -> pnext == this)
        {
            ps -> pnext = pnext;
            return;
        }
}

Student * fn()
{
    Student * ps = new Student("A");
    Student sb("B");
    return ps;
}

int main()
{
    Student sa("C");
    Student * sb = fn();
    Student sc("D");
    delete sb;

    return 0;
}
```

三、编程题(每题 10 分,共 30 分)

1. 建立普通的基类 Building,用来存储一座楼房的层数、房间数以及它的总平方米数。建立派生类 House,继承 Building 类,并存储下面的内容:卧室与浴室的数量。另外,建立派生类 Office,继承 Building 类,并存储灭火器与电话的数目。要求定义各类的数据成员、成员函数(包括构造函数和显示各数据成员的 show()函数),使用相应的类。

2. 编写程序,计算汽车运行的时间,首先建立基类 Car,其中含有数据成员 distance 存储两点间的距离。假定距离以英里计算,速度为每小时 80 英里,使用虚函数 travel_time()计算并显示通过这段距离的时间。在派生类 Truck 中,假设以千米计算,速度为 120km/h,使用函数 travel_time()计算并显示通过这段距离的时间。并编写相应的主函数。

3. 定义一个抽象类 Shape,在此基础上派生出 Rectangle 类和 Circle 类,二者都由 getArea()函数计算对象的面积,getPerim()函数计算对象的周长。

模拟考试题一参考答案

第一部分　标准化试题

一、单项选择题(每题 1 分,共 20 分)

1. B　　2. C　　3. A　　4. A　　5. B　　6. A　　7. A　　8. D　　9. D
10. D　　11. D　　12. B　　13. A　　14. B　　15. A　　16. D　　17. A　　18. D
19. B　　20. C

二、不定项选择题(每题 2 分,共 20 分)

1. ABCD　2. AD　3. CD　4. CD　5. C　6. CD　7. BC　8. BCD　9. AB　10. B

第二部分　非标准化试题

一、填空题(每空 1 分,共 10 分)

1. 形参　返回值
2. operator 运算符　当前对象
3. 多重继承
4. 受保护的　不可访问
5. 运行　重载函数　继承和虚函数

二、写出下列程序的运行结果(每题 10 分,共 20 分)

1. 程序 1 的运行结果如图 D.1 所示。
2. 程序 2 的运行结果如图 D.2 所示。

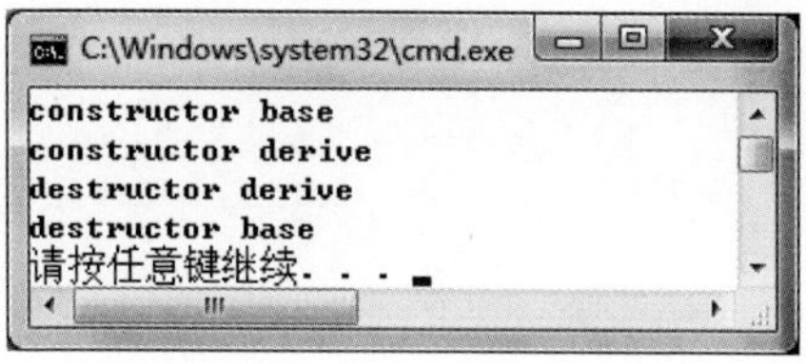

图 D.1　程序 1 的运行结果

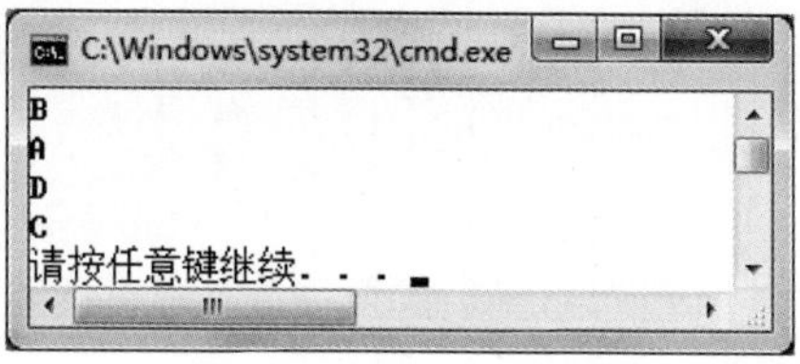

图 D.2　程序 2 的运行结果

三、编程题(每题 10 分,共 30 分)

1. 参考程序如下:

```
#include <iostream>
using namespace std;

class Building
{
public:
    Building(int f, int r, double ft)
    {
        floors = f;
        rooms = r;
```

```cpp
                footage = ft;
        }
    protected:
        int floors;
        int rooms;
        double footage;
};
class House:public Building
{
public:
    House(int f,int r,double ft,int br,int bth):Building(f,r,ft)
    {
        bedrooms = br;
        bathrooms = bth;
    }
    void show()
    {
        cout <<"floors: "<< floors << endl;
        cout <<"rooms: "<< rooms << endl;
        cout <<"square footage: "<< footage << endl;
        cout <<"bedrooms: "<< bedrooms << endl;
        cout <<"bathrooms; "<< bathrooms << endl;
    }
private:
    int bedrooms;
    int bathrooms;
};
class Office:public Building
{
public:
    Office(int f,int r,double ft,int p,int ext):Building(f,r,ft)
    {
        phones = p;
        extinguishers = ext;
    }
    void show()
    {
        cout <<"floors: "<< floors << endl;
        cout <<"rooms: "<< rooms << endl;
        cout <<"square footage: "<< footage << endl;
        cout <<"telephones: : "<< phones << endl;
        cout <<"fire extinguishers: "<< extinguishers << endl;
    }
private:
    int phones;
    int extinguishers;
};

int main()
{
    House h_ob(2,12,5000,6,4);
    Office o_ob(4,25,12000,30,8);
    cout <<"House:    "<< endl;
    h_ob.show();
    cout << endl <<"Office:    "<< endl;
    o_ob.show();
```

```
        return 0;
    }
```

2. 参考程序如下：

```cpp
# include <iostream>
using namespace std;

class Car
{
protected:
    double distance;
public:
    Car(double f)
    {
        distance = f;
    }
    virtual void travel_time()
    {
        cout <<"Car: travel time at 80 mph: "
            << distance/80 << endl;
    }
};

class Truck:public Car
{
public:
    Truck(double f):Car(f){}
    void travel_time(){
        cout <<"Truck:travel time at 120 kph: "
            << distance/120 << endl;
    }
};

int main()
{
    Car * p,aCar(150);
    Truck aTruck(150);
    p = &aCar;
    p -> travel_time();
    p = &aTruck;
    p -> travel_time();

    return 0;
}
```

3. 参考程序如下：

```cpp
# include <iostream>
using namespace std;

class Shape                          //抽象类的定义
{
public:
```

```
        virtual float getArea() = 0;
        virtual float getPerim() = 0;
};

class Rectangle:public Shape                    //矩形类
{
private:
        float h,w;
public:
        Rectangle(float hh = 1,float ww = 1)
        {h = hh; w = ww;}
        float getArea()
        {return h * w;}
        float getPerim()
        {return 2 * (h + w);}
};

class Circle:public Shape                       //圆类
{
private:
        float radius;
public:
        Circle(float r = 1)
        {   radius = r;   }
        float getArea()
        {   return radius * radius * 3.14;   }
        float getPerim()
        {   return 2 * 3.14 * radius;   }
};

int main()
{
        Shape * s[3];                           //指针数组
        s[1] = new Rectangle(2,4);
        s[2] = new Circle(5);
        for (int i = 1;i < 3;i++)
        {
                if (i == 1)
                        cout <<"矩形面积: ";
                else
                        cout <<"圆面积: ";
                cout << s[i] - > getArea()<<'\t';
                if (i == 1)
                        cout <<"矩形周长: ";
                else
                        cout <<"圆周长: ";
                cout << s[i] - > getPerim()<<'\t';
                cout << endl;
        }

        return 0;
}
```

模拟考试题二

一、单项选择题(每题 2 分,共 20 分)

1. 派生类对象可访问基类中的_____成员。

   A. 公有继承的公有成员   B. 公有继承的私有成员

   C. 公有继承的保护成员   D. 私有继承的公有成员

2. 定义析构函数时,应该注意_____。

   A. 其名与类名完全相同   B. 返回类型是 void 类型

   C. 无形参,也不可重载   D. 函数体中必须有 delete 语句

3. 如果类 A 被说明成类 B 的友元,则_____。

   A. 类 A 的成员即类 B 的成员   B. 类 B 的成员即类 A 的成员

   C. 类 A 的成员函数不得访问类 B 的成员   D. 类 B 不一定是类 A 的友元

4. 应在下列程序画线处填入的正确语句是_____。

```cpp
#include <iostream>
using namespace std;
class Base
{
public:
    void fun(){cout <<"Base::fun"<< endl;}
};
class Derived: public Base
{
    void fun()
    { _____    //显示调用基类的函数 fun()
      cout <<"Derived::fun"<< endl;
    }
};
```

   A. fun();   B. Base.fun();

   C. Base::fun();   D. Base-> fun();

5. 面向对象程序设计将数据与_____放在一起,作为一个相互依存、不可分割的整体来处理。

   A. 对数据的操作   B. 信息

   C. 数据隐藏   D. 数据抽象

6. 在类中声明转换函数时不能指定_____。

   A. 参数   B. 访问权限   C. 操作   D. 标识符

7. 在派生类中重新定义虚函数时必须在_____方面与基类保持一致。

   A. 参数类型   B. 参数名字   C. 操作内容   D. 赋值

8. 下面关于 C++ 中类的继承与派生的说法错误的是_____。

A. 基类的 protected 成员在公有派生类的成员函数中可以直接使用

B. 基类的 protected 成员在私有派生类的成员函数中可以直接使用

C. 公有派生时，基类的所有成员访问权限在派生类中保持不变

D. 基类的 protected 成员在保护派生类的成员函数中可以直接使用

9. 重载赋值操作符时，应声明为_____函数。

A. 友元　　　　　B. 虚　　　　　C. 成员　　　　　D. 多态

10. 语句"ofstream f("SALARY.DAT",ios::app|ios::binary);"的功能是建立流对象 f，试图打开文件 SALARY.DAT 并与之连接，并且_____。

A. 若文件存在，则将文件写指针定位于文件尾；若文件不存在，则建立一个新文件

B. 若文件存在，则将其置为空文件；若文件不存在，则打开失败

C. 若文件存在，则将文件写指针定位于文件首；若文件不存在，则建立一个新文件

D. 若文件存在，则打开失败；若文件不存在，则建立一个新文件

二、填空题（每空 2 分，共 30 分）

1. 假定 AB 为一个类，则语句 AB(AB& x);为该类_____构造函数的原型说明。

2. C++支持的两种多态性分别是_____多态性和_____多态性。

3. 定义类的动态对象数组时，系统只能够自动调用该类的_____构造函数对其进行初始化。

4. 运算符重载时，其函数名由_____构成。成员函数重载双目运算符时，左操作数是_____，右操作数是_____。

5. C++标准库中的异常层次的根类为_____类；MFC 类库中的绝大多数类都源自根类_____类。

6. 在下面横线处填上适当字句，完成类中成员函数的定义。

```
class A{
    int * a;
public:
    A( int aa = 0){
        a = _____;            //用 aa 初始化 a 所指向的动态对象
    }
    ～A(){_____;}             //释放动态存储空间
};
```

7. C++支持面向对象程序设计的四个要素是：_____、封装性、继承性和_____。

8. 模板分为_____模板和_____模板。

三、指出下面程序段中的错误，说明理由或直接加以改正（每错 2 分，共 16 分）

```
1. class base {
       int a;
   public:
       int b;int f(int i,int j);
   };
   class derive:base{
       int c;
   public:
       int base::b;
       base::f(int i,int j);
   };
```

```
    [1]_____
    [2]_____
2.  #include <iostream>
    using namespace std;
    class A{
    public:
        void A(int i = 0){m = i;}
        void show(){cout << m;}
        void ~A(){}
    private:
        int m;
    };

    int main(){
        A a(5);
        a.m += 10;
        a.show();
        return 0;
    }
    [3]_____
    [4]_____
    [5]_____
3.  #include <iostream>
    using namespace std;
    class base{
        int a;
        static int b;
    public:
        base(int m, int n):a(m),b(n){}
        static int geta(){return a;}
        static int getb(){return b;}
        void show(){cout << geta()<<","<< getb()<< endl;}
    };
    base::int b = 45;
    int main(){ return 0;}
    [6]_____
    [7]_____
    [8]_____
```

四、写出下列程序的运行结果(1、2 题各 5 分,第 3 题 4 分,共 14 分)

1.

```
#include <iostream>
using namespace std;

class Base
{
    char * p;
public:
    Base(int sz, char * bptr)
    {
        p = new char [sz];
```

```
            strcpy( p, bptr);
            cout <<"Base constructor "<< endl;
        }
        ~Base()
        {
            delete [ ]p;
            cout << "Base destructor\n";
        }
};
class Derive: public Base
{
        char * pp;
public:
Derive( int sz1, int sz2, char * bp, char * dptr) : Base(sz1, bp)
{
    pp = new char [ sz2];
    strcpy( pp, dptr);
    cout <<"Derive constructor"<< endl;
}
~Derive()
{
    delete [ ]pp;
    cout << "Derive destructor\n";
}
};
int main()
{
    Base * px = new Derive(5 ,7 , "Base", "Derive");
    delete px;

    return 0;
}
```

2.

```
# include <iostream>
using namespace std;

class Base{
    int x;
public:
    Base( int a)
    {   x = a; cout <<"Base     "<< x << endl;    }
    Base(Base&t)
    {   x = t. x; cout <<"Base copy     "<< x << endl;    }
};
class Derived:public Base{
    int y;
public:
    Derived( int a, int b):Base(b)
    {   y = a; cout <<"Derived     "<< y << endl; }
    Derived(Derived&t):Base(t)
    {   y = t. y; cout <<"Derived     "<< y << endl;    }
};
int main()
```

```
{
    Base * pb = new Derived(52,54);
    Base a( * pb);
    delete pb;

    return 0;
}
```

3.

```
# include <iostream>
using namespace std;

class Base{
    int num;
public:
    Base(int x) {num = x; cout <<"Initilizing num = "<< num << endl;}
};
int main(){
    cout <<"Entering main"<< endl;
    cout <<"Exiting main"<< endl;
    return 0;
}
static Base a(548);
```

五、编程题(每小题 10 分,共 20 分)

1. 定义复数类 Complex,使用成员函数重载运算符＋和－;使用友元函数重载运算符 * ,实现复数的加法、减法和乘法运算,并定义主函数对这些运算符进行测试。

2. 如图 E.1 所示为各类的继承关系,分别定义交通工具类 Vehicle、船类 Boat、汽车类 Automobile 和跑车类 SportsCar,其中 Vehicle 类为抽象类,定义虚函数 display 用来显示各类的相关信息,编写主函数对其加以测试(要求体现多态性)。

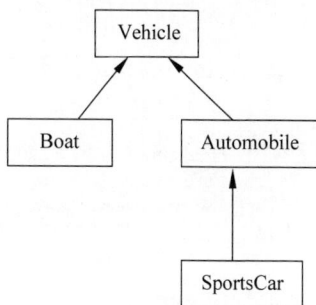

图 E.1　各类的继承关系

模拟考试题二参考答案

一、单项选择题(每题 2 分,共 20 分)

1. A　2. C　3. D　4. C　5. A　6. A　7. A　8. C　9. C　10. A

二、填空题(每空 2 分,共 30 分)

1. 拷贝(或复制)

2. 运行(时)　编译(时)(或改为静态和动态也可)

3. 无参(默认)

4. operator 运算符　(当前)对象　函数的形参(参数)

5. exception　CObject

6. new int(aa)   delete a

7. 抽象性   多态性

8. 类   函数

三、指出下面程序段中的错误，说明理由或直接加以改正（每错 2 分，共 16 分）

1. 错误：[1] int base::b;

    [2] base::f(int i,int j);

 改正：[1] base::b;（或访问声明仅仅调整名字的访问，不可为它说明任何类型）

    [2] base::f;（或访问声明不应说明函数参数）

2. 错误：[3] void A(int i=0){m=i;}

    [4] void ~A(){}

    [5] a.m+=10;

 改正：[3] 构造函数去掉 void（或构造函数不能指定返回值类型）

    [4] 析构函数去掉 void（或析构函数不能指定返回值类型）

    [5] 对象不能访问私有成员

3. 错误：[6] base(int m,int n):a(m),b(n){}

    [7] static int geta(){return a;}

    [8] base::int b=45;

 改正：[6] 不能通过构造函数初始化静态数据成员（只要把,b(n)去掉即可）

    [7] 静态成员函数中不能引用非静态成员数据成员（或去掉 static）

    [8] int base::b=45;

四、写出下列程序的运行结果（1、2 题各 5 分，第 3 题 4 分，共 14 分）

1. 程序 1 的运行结果如图 E.2 所示。

2. 程序 2 的运行结果如图 E.3 所示。

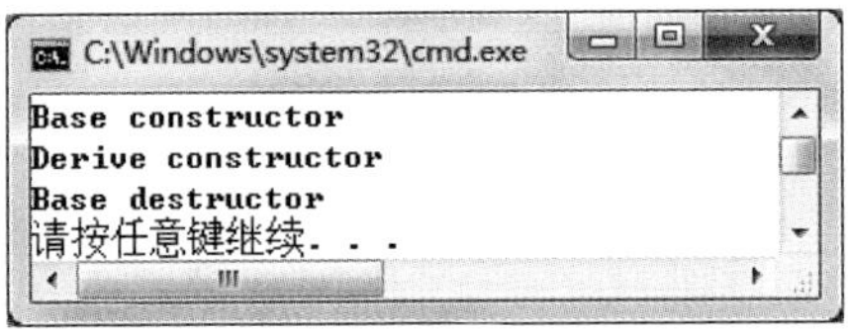

```
C:\Windows\system32\cmd.exe
Base constructor
Derive constructor
Base destructor
请按任意键继续. . .
```

```
C:\Windows\system32\cmd.exe
Base    54
Derived 52
Base copy  54
请按任意键继续. . .
```

图 E.2   程序 1 的运行结果 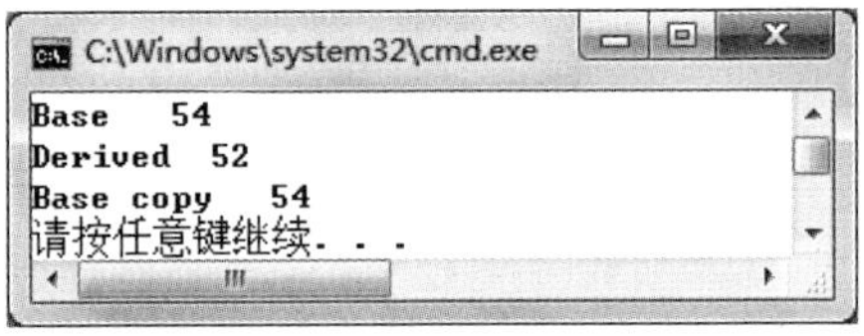   图 E.3   程序 2 的运行结果

3. 程序 3 的运行结果如图 E.4 所示。

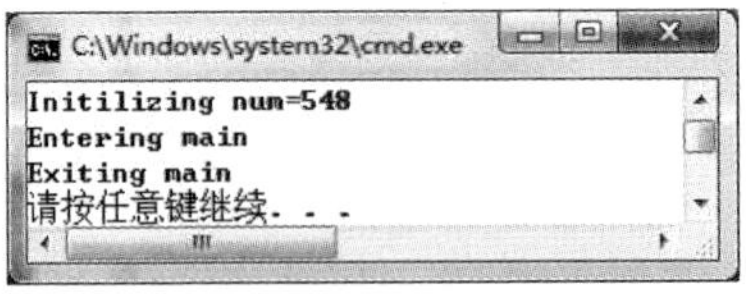

```
C:\Windows\system32\cmd.exe
Initilizing num=548
Entering main
Exiting main
请按任意键继续. . .
```

图 E.4   程序 3 的运行结果

五、编程题（每小题 10 分，共 20 分）

1. 参考程序如下：

```
#include <iostream>
```

```
using namespace std;

class Complex{
    float real,image;
public:
    Complex(float r = 0,float i = 0);
    void display();
    float getreal();
    float getimage();
    Complex operator + (Complex&a);
    Complex operator - (Complex&a);
    friend Complex operator * (Complex a,Complex b);
};

Complex::Complex(float r,float i){
    real = r;   image = i;
}

void Complex::display(){
    if(image!= 0)
        cout << real <<" + "<< image <<"i"<< endl;
    else
        cout << real << endl;
}

float Complex::getimage(){
    return image;
}

float Complex::getreal(){
    return real;
}

Complex Complex::operator + (Complex &a){
    float rimage = image + a.image;
    float rreal = real + a.real;
    return Complex(rreal,rimage);
}

Complex Complex::operator - (Complex &a){
    float rimage = image - a.image;
    float rreal = real - a.real;
    return Complex(rreal,rimage);
}
Complex operator * (Complex a,Complex b){
    Complex result;
    result.real = a.real * b.real - a.image * b.image;
    result.image = a.real * b.image + a.image * b.real;
    return result;
}

int main(){
    Complex a(2.3,4.6),b(3.6,2.8),c;
    cout <<"复数 a: ";
    a.display();
    cout <<"复数 b: ";
    b.display();
    c = a + b;
    cout <<"复数 a + b: ";
    c.display();
```

```
        c = a - b;

        cout <<"复数 a - b: ";
        c.display();
        c = a * b;
        cout <<"复数 a * b: ";
        c.display();

        return 0;
    }
```

2. 参考程序如下：

```cpp
# include <iostream>
using namespace std;

class Vehicle
{
public:
    virtual void display() = 0;
};
class Boat:public Vehicle
{
public:
    void display(){
        cout <<"This is a boat"<< endl;
    }
};

class Automobile:public Vehicle{
public:
    void display(){
        cout <<"This is a automobile"<< endl;
    }
};

class SportsCar:public Automobile{
public:
    void display(){
        cout <<"This is a sportsCar"<< endl;
    }
};

int main()
{
    Vehicle * p;
    p = new Boat;
    p->display();
    p = new Automobile;
    p->display();
    p = new SportsCar;
    p->display();

    return 0;
}
```

参考课时安排

序号	课堂讲授		实验	
	内　容	学时	内　容	学时
1	第 1 章　绪论	2		
2			实验一　熟悉实验环境	2
3	第 2 章　C++语言对 C 语言的扩充	2		
4			实验二　C++语言对 C 语言的扩充	2
5	第 3 章　类和对象	6		
6			实验三　类和对象	6
7	第 4 章　友元	2		
8			实验四　友元	2
9	第 5 章　继承与派生	7		
10			实验五　继承与派生	7
11	第 6 章　多态性和虚函数	7		
12			实验六　多态性和虚函数	6
13	第 7 章　C++语言的输入输出流库	1		
14	第 8 章　异常处理	1		
15			实验七　输入输出流库和异常处理	3
16	第 9 章　Windows 编程基础和 MFC 编程基础	1		
17	第 10 章　对话框和控件	1		
18			实验八　对话框和控件	2
19	第 11 章　菜单和文档/视图结构	1		
20	第 12 章　图形设备接口	1		
21			实验九　菜单和文档/视图结构、图形设备接口	2
合计		32		32

图 书 资 源 支 持

感谢您一直以来对清华版图书的支持和爱护。为了配合本书的使用,本书提供配套的资源,有需求的读者请扫描下方的"书圈"微信公众号二维码,在图书专区下载,也可以拨打电话或发送电子邮件咨询。

如果您在使用本书的过程中遇到了什么问题,或者有相关图书出版计划,也请您发邮件告诉我们,以便我们更好地为您服务。

我们的联系方式:

清华大学出版社计算机与信息分社网站: https://www.SHUIMUSHUHUI.com/

地　　址:北京市海淀区双清路学研大厦 A 座 714

邮　　编:100084

电　　话:010-83470236　010-83470237

客服邮箱:2301891038@qq.com

QQ:2301891038(请写明您的单位和姓名)

资源下载:关注公众号"书圈"下载配套资源。

资源下载、样书申请

图书案例

书圈　　　　清华计算机学堂　　　　观看课程直播